国家社会科学基金（教育学科）“十一五”规划课题研究成果
全国高等职业院校计算机教育规划教材

# Photoshop 图像处理能力教程

## （第二版）

主　编　张卫国
副主编　王习忠　孙振池　田晶泉
参　编　王　涛　杨朝辰　陈庆侠　张凌云
张丽云　钱言平　韩　毅　刘　洁
赵　芳　陈　凌　刘艳芝



中国铁道出版社
CHINA RAILWAY PUBLISHING HOUSE

## 内 容 简 介

本书以任务驱动的方式介绍了 Photoshop CS4 的常用功能，从初级的海报制作到与印刷版前软件 CorelDRAW 联合制作，几乎涵盖了 Photoshop 的所有基础操作及知识点，其中对一些知识点的扩充、对辅助软件的使用更能够使读者领悟“只选对的，不选贵的”的创作理念。本书共分 8 个单元：个人画展宣传——海报制作，儿童写真——制作电子相册，卫国科技——企业 VI 设计，绿色世界——环保公益广告，《滤镜详解》封面——书籍装帧，批量水印图、倒计时与 3D 旋转——动作、批处理及 3D 动画，制作拼图游戏——与 Flash 的强强合作，功夫酒——包装盒设计等。

本书适合作为高等职业院校学生的教材，也可作为各类计算机培训班的培训教材，还可作为计算机动画、广告设计等相关专业人士的参考用书。

**图书在版编目（CIP）数据**

Photoshop 图像处理能力教程/张卫国主编．—2 版．—北京：中国铁道出版社，2011.2

图家社会科学基金（教育学科）“十一五”规划课题研究成果　全国高等职业院校计算机教育规划教材

ISBN 978-7-113-12493-9

Ⅰ．①P…　Ⅱ．①张…　Ⅲ．①图形软件，Photoshop—高等学校：技术学校—教材　Ⅳ．①TP391.41

中国版本图书馆 CIP 数据核字（2011）第 008670 号

**书　　名：** Photoshop 图像处理能力教程（第二版）
**作　　者：** 张卫国　主编

---

**策划编辑：** 翟玉峰　王春霞
**责任编辑：** 翟玉峰　　**读者热线电话：** 400-668-0820
**编辑助理：** 赵　鑫
**封面设计：** 付　巍　　**封面制作：** 白　雪
**责任印制：** 李　佳

---

**出版发行：** 中国铁道出版社（北京市宣武区右安门西街 8 号　　邮政编码：100054）
**印　　刷：** 三河市华业印装厂
**版　　次：** 2006 年 8 月第 1 版　2011 年 2 月第 2 版　2011 年 2 月第 4 次印刷
**开　　本：** 787mm×1092mm　1/16　**印张：** 20　**字数：** 479 千
**印　　数：** 3000 册
**书　　号：** ISBN 978-7-113-12493-9
**定　　价：** 30.00 元

---

# 序

PREFACE

国家社会科学基金（教育学科）“十一五”规划课题“以就业为导向的职业教育教学理论与实践研究”（课题批准号 BJA060049）在取得理论研究成果的基础上，选取了高等职业教育十个专业类开展实践研究，高职高专计算机类专业是其中之一。

本课题研究发现，高等职业教育在专业教育上承担着帮助学生构建起专业理论知识体系、专业技术框架体系和相应职业活动逻辑体系的任务，而这三个体系的构建需要通过专业教材体系和专业教材内部结构得以实现，即学生的心理结构来自于教材的体系和结构。为此，这套高职高专计算机类专业系列教材的设计，依据不同教材在其构建知识、技术、活动三个体系中的作用，采用了不同的教材内部结构设计和编写体例。

承担专业理论知识体系构建任务的教材，强调了专业理论知识体系的完整与系统，不强调专业理论知识的深度和难度；追求的是学生对专业理论知识整体框架的把握，不追求学生只掌握某些局部内容，而求其深度和难度。

承担专业技术框架体系构建任务的教材，注重让学生了解这种技术的产生与演变过程，培养学生的技术创新意识；注重让学生把握这种技术的整体框架，培养学生对新技术的学习能力；注重让学生在技术应用过程中掌握这种技术的操作，培养学生的技术应用能力；注重让学生区别同种用途的其他技术的特点，培养学生职业活动过程中的技术比较与选择能力。

承担职业活动体系构建任务的教材，依据不同职业活动对所从事人特质的要求，分别采用了过程驱动、情景驱动、效果驱动的方式，形成了“做学”合一的各种教材结构与体例，如项目结构、案例结构等。过程驱动培养所从事人的程序逻辑思维；情景驱动培养所从事人的情景敏感特质；效果驱动培养所从事人的发散思维。

本套教材从课程标准的开发、教材体系的建立、教材内容的筛选、教材结构的设计，到教材素材的选择，均得到了信息技术产业专家的大力支持，他们根据信息技术行业职业资格标准和各类技术在我国应用的广泛程度，提出了十分有益的建议；国内知名职业教育专家和一百多所高职高专院校参与本课题研究，他们对高职高专信息技术类人才培养提出了宝贵意见，对高职高专计算机类专业教学提供了丰富的素材和鲜活的教学经验。

这套教材是我国高职教育近年来从只注重学生单一职业活动逻辑体系构建，向专业理论知识体系、技术框架体系和职业活动逻辑体系三个体系构建的转变的有益尝试，也是国家社会科学研究基金课题“以就业为导向的职业教育教学理论与实践研究”研究成果的具体应用之一。

如本套教材有不足之处，敬请各位专家、老师和广大同学不吝赐教。希望通过本套教材的出版，为我国高等职业教育和信息技术产业的发展做出贡献。

2009 年 8 月

# 第二版前言

FOREWORD

Photoshop 的强大功能有目共睹，它的应用可以说无处不在。在图像处理方面，Photoshop 的龙头地位无可替代。

本书摒弃了传统讲菜单、讲工具的教学方式，采用了“有所用，有所求”的任务驱动方式，通过实例教学，将基础知识点、基本操作技巧融入每一个实例当中，使读者每解决一个实际问题，就会掌握一些实用操作技巧。问题都解决完后，相信 Photoshop 在大家眼中也就没有那么神秘了。

本书结构清晰，内容由浅入深，力求以最简单的方法达到最好的效果，使得那些对该软件接触不深的读者在阅读本书时，也能轻松上手。书中以基础知识为起点，循序渐进地讲解了 Photoshop CS4 中的一些基本功能和高级技巧，配以丰富的实例和具体操作步骤，使读者可以亲自动手按照步骤进行操作，在练习的同时，巩固所学的技能，达到举一反三的效果。每章后面均配有操作题，以使读者进一步巩固所学知识，并能理解运用，创作出自己的作品。

“他山之石，可以攻玉”，Photoshop 也不是一枝独秀，恰当地使用辅助软件，会事半功倍。在本书当中，并不仅仅介绍 Photoshop 的知识，还介绍了其他辅助软件，如光影魔术手等。在本书中，读者还会看到大型软件之间的强强合作，如 Photoshop 与 Flash、CorelDRAW 等的配合使用。

将枯燥的理论融入操作中，将高深的理论通俗易懂地演示，让更多的人能够随心所欲地使用 Photoshop 就是本书的目的。

本书共分 8 个单元：个人画展宣传——海报制作，儿童写真——制作电子相册，卫国科技——企业 VI 设计，绿色世界——环保公益广告，《滤镜详解》封面——书籍装帧，批量水印图、倒计时与 3D 旋转——动作、批处理及 3D 动画，制作拼图游戏——与 Flash 的强强合作，功夫酒——包装盒设计等。书中的各个实例都是从实践中精心提炼出来的，涵盖了学习 Photoshop CS4 的要点和难点。本书中的许多方法都是从实践出发，简单、高效。

本书由张卫国担任主编，由王习忠、孙振池、田晶泉担任副主编，王涛、杨朝辰、陈庆侠、张凌云、张丽云、钱言平、韩毅、刘洁、赵芳、陈凌、刘艳芝参与编写。

作者在本书的写作过程中付出了很多心血，并将多年从事 Photoshop 设计的经验毫无保留地奉献给了读者，但是由于作者水平有限，加之创作时间仓促，不足之处在所难免，敬请读者批评指正。

编者

2010 年 10 月

FOREWORD

# 第一版前言

针对目前计算机教学的现状与发展，针对以能力为本位教学改革的指导思想，中国铁道出版社计算机图书中心邀请国内知名职业教育专家邓泽民教授作为丛书主编，出版一套“教育部职业教育教材建设与开发规划课题研究组推荐教材—高职高专计算机应用能力系列”教材。

本套丛书应用现代职业教育课程理论、学习理论、教学理论和教材理论研究的最新成果，注重学生创业精神、创新意识和实践能力的培养，体现了现代职业教育的课程观、学习观、教学观和教材观，较好地贯彻了以全面素质教育为基础、以能力为本位的教学指导思想。本套教材的读者定位在高等职业院校计算机专业或和多媒体专业的学生。

本教材是“高职高专计算机应用能力系列”教材之一，可作为高职高专计算机专业或多媒体专业的教材，可作为办公人员、家庭电脑初学者的自学书，也可作为各类计算机培训班的培训教程。全书共有 8 章，各章内容简介如下：

第一章　安装与配置 Photoshop CS2 介绍 Photoshop CS2 安装和配置的方法及 Photoshop 中的一些基本概念。

第二章　使用 Photoshop 工具　介绍 Photoshop CS2 中的选择工具、绘图工具等基本工具的使用方法

第三章　使用图层　介绍图层的创建、使用、改变样式、编组等操作。

第四章　使用路径　介绍路径的创建、编辑和路径面板的使用方法。

第五章　使用蒙版和通道　讲解使用蒙版和通道处理图片的方法。

第六章　修正图像　详细介绍调整图像层次和色彩及修正图像的方法。

第七章　使用滤镜　讲解内置滤镜和常用外挂滤镜的使用。

第八章　联合使用其他程序　介绍 Photoshop 和其它软件的联合应用。

第九章　自动化处理　介绍如何使用自动化命令处理大量图像。

第十章　综合设计实例　详细讲解两个实例的制作过程。

本书主要传授技能性知识，结合了大量的图片效果与综合实例，实践性很强。书中摒弃了以前教材中连篇的术语和晦涩难懂的语言，以最接近学生的语言、最直接的图片对比效果、最简捷的操作、最实用的例子，重新组织了知识结构，力求使学生用最短的时间和最快的速度掌握基本的操作，创作出丰富多彩、另人称奇的作品。

本书的指导思想和结构设计由邓泽民主持，内容组织和教材的统一审订由孙振池完成。本书的第一章由李素俊编写，第二章由王玉峰编写，第三章由陈凌编写，第四章由王涛编写，第五章由陈晨编写，第六章由郗秋玲编写，第七章由张卫国编写，第八章由田晶泉编写，第九章由何柳佳编写，第十章由孙振池编写。

由于编者的水平有限，加上时间仓促，书中错误和疏漏之处在所难免，在此衷心希望广大读者批评指正。

编　者

2006 年 6 月

# 目录

CONTENTS

# 单元一

## 个人画展宣传——海报制作

海报又名"招贴"或"宣传画"，属于户外广告。分布在各街道、影剧院、展览会、商业闹区、车站、码头、公园等公共场所。国外也称之为"瞬间"的街头艺术。海报相比其他广告具有画面大、内容广泛、艺术表现力丰富、远视效果强烈等特点。

海报一般具有以下特点：

(1) 广告宣传性。海报希望社会各界的参与，它是广告的一种。有的海报加以美术的设计，以吸引更多的人加入活动。海报可以在媒体上刊登、播放，但大部分张贴于人们易于见到的地方，其广告性色彩极其浓厚。

(2) 商业性。海报是为某项活动作的前期广告和宣传，其目的是让人们参与其中，演出类海报占海报中的大部分，而演出类广告又往往着眼于商业性目的。公益、学术报告类的海报一般是不具有商业性的。

| | |
|---|---|
| 学习目标 | ☑ 了解 Photoshop CS4 新特性，能够完成基础操作，如文件的打开、关闭等，掌握图层的基础运用。<br>☑ 完成一个个人画展的宣传海报综合实例。 |

画展海报通过"制作海报背景"、"添加图像文件"、"输入画展文字"三项任务来完成。

## 任务一　制作海报背景

### 任务描述

Photoshop CS4 是 Adobe 公司历史上最大规模的一次产品升级，软件除了包含 Adobe Photoshop CS3 的所有功能外，还增加了一些特殊的功能，如支持 3D 和视频流、动画、深度图像分析等。Photoshop CS4 被誉为目前最强大的图像处理软件之一，具有十分强大的图像处理功能，而且 Photoshop CS4 具有广泛的兼容性，采用开放式结构，能够外挂其他的处理软件和图像输入输出设备。Photoshop CS4 通过更直观的用户体验、更大的编辑自由度以及大幅提高的工作效率，让使用者能够更轻松地使用其无与伦比的强大功能。

本次任务是在初步了解 Photoshop CS4 的基础上，借助滤镜来完成海报背景的制作，其中强调了快捷键的操作。以黄色为主色调的背景将会把海报的氛围烘托得更为热烈，使海报显得更为醒目。该任务完成后的图像效果如图 1-1-1 所示。

图 1-1-1 海报背景

注意：本书中所有操作能够使用快捷键的地方一律不使用菜单，请读者注意。

## 任务分析

背景在作品创作中有着举足轻重的作用。一个好的背景能够将整个作品提升到一个新的高度，而不合适的背景则会使作品减色不少。

制作背景分为以下几个步骤完成：

（1）启动 Photoshop CS4 程序；

（2）新建图像文件；

（3）填充背景颜色；

（4）使用滤镜增强纹理质感。

## 方法与步骤

### 1. 启动 Photoshop CS4 程序

Photoshop CS4 的启动方式有两种，一种是从程序项中启动，另一种是通过桌面的快捷方式启动。

（1）从程序项中启动。选择“开始”→“程序”→“Adobe Photoshop CS4”菜单命令，启动 Photoshop CS4 程序。

（2）建立桌面快捷方式：

① 选择“开始”→“程序”菜单命令，找到“Adobe Photoshop CS4”，如图 1-1-2 所示。

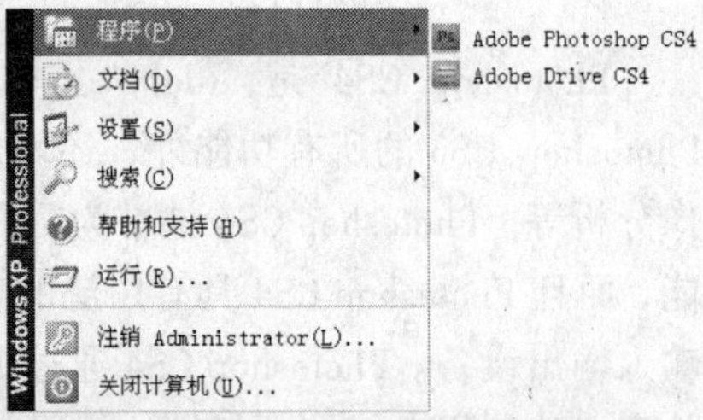


图 1-1-2 开始菜单

② 按住鼠标右键，将该菜单拖动到桌面空白处，然后释放鼠标右键，出现快捷菜单，如图 1-1-3 所示。

③ 选择“复制到当前位置”选项，即可在桌面上创建 Adobe Photoshop CS4 的快捷方式，如图 1-1-4 所示。

图 1-1-3　快捷菜单

图 1-1-4　桌面快捷方式

④ 此后，只要在桌面上双击 Adobe Photoshop CS4 图标即可启动 Adobe Photoshop CS4 程序。启动 Adobe Photoshop CS4 后，将会看到启动过程及默认界面，如图 1-1-5 所示。

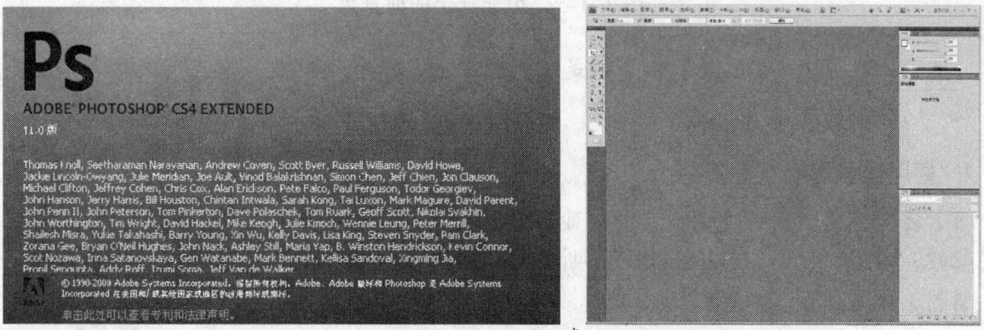


图 1-1-5　启动及默认工作界面

## 2. 新建图像文件

运行 Photoshop CS4 程序，按【Ctrl+N】组合键新建文件。文件名称为“个人画展宣传海报”，宽度为 70，高度为 100，单位为厘米，其他参数默认。单击“确定”按钮，如图 1-1-6 所示。

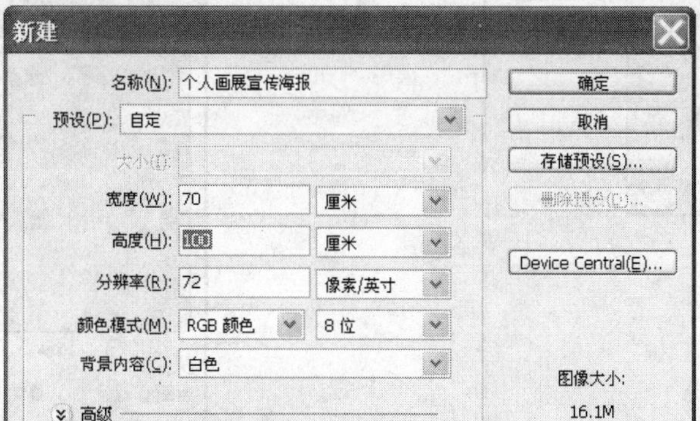


图 1-1-6　新建文件

注意：单位选择的是厘米。

### 3. 填充背景色

按【D】键，恢复默认前景色和背景色。单击“设置前景色”按钮，在弹出的“拾色器（前景色）”对话框中设置参数（R：180，G：180，B：0），单击“确定”按钮。按【Alt+Delete】组合键，填充前景色，如图 1-1-7 所示。

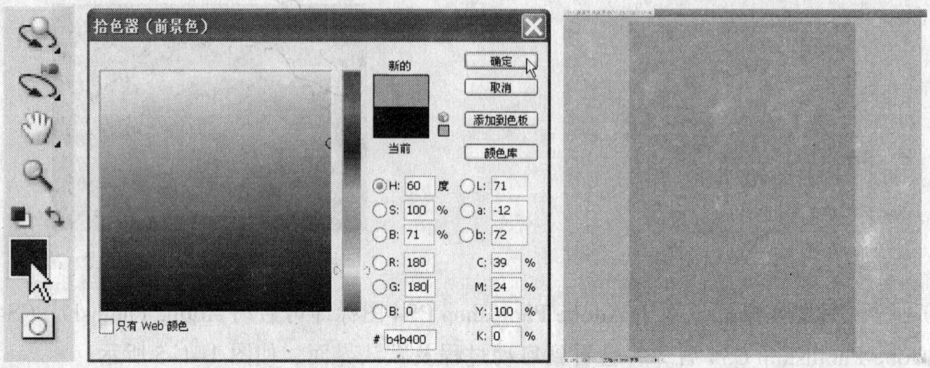


图 1-1-7　填充选定的前景色

注意：按【Ctrl+Delete】组合键是填充背景色。所有快捷键只有在英文输入法状态才有效，以后不另外注明。

### 4. 使用滤镜增强纹理质感

（1）选择“滤镜”→“杂色”→“添加杂色”菜单命令，在弹出的“添加杂色”对话框中设置参数，“数量”为 11%，选中“高斯分布”单选按钮和“单色”复选框，单击“确定”按钮，如图 1-1-8 所示。

（2）选择“滤镜”→“模糊”→“高斯模糊”菜单命令，在弹出的“高斯模糊”对话框中设置参数，“半径”为 0.5，单击“确定”按钮，如图 1-1-9 所示。

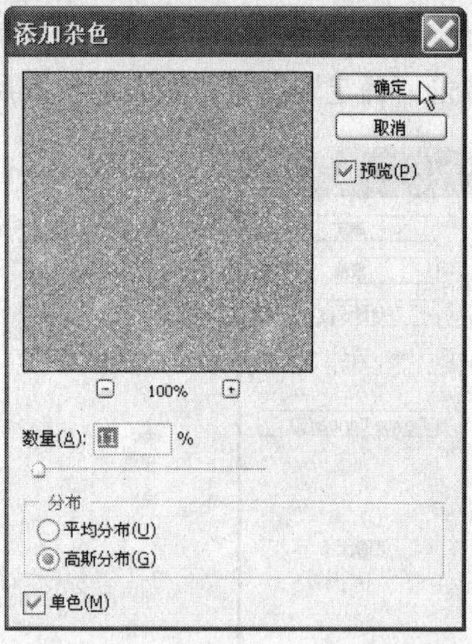


图 1-1-8　“添加杂色”对话框

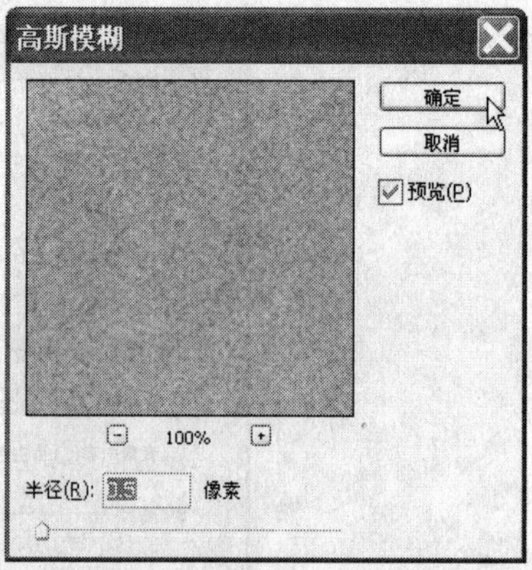


图 1-1-9　“高斯模糊”对话框

（3）选择“滤镜”→“渲染”→“光照效果”菜单命令，在弹出的“光照效果”对话框中设置参数，单击“确定”按钮，如图 1-1-10 所示。

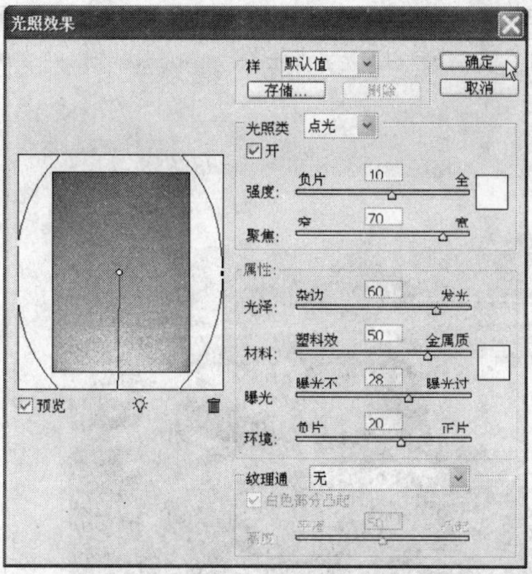


图 1–1–10 “光照效果”对话框

（4）选择“文件”→“存储”菜单命令，在弹出的“存储为”对话框中设置文件格式为“Photoshop（*.PSD,*.PDD）”，其他参数默认，单击“保存”按钮，如图 1–1–11 所示。

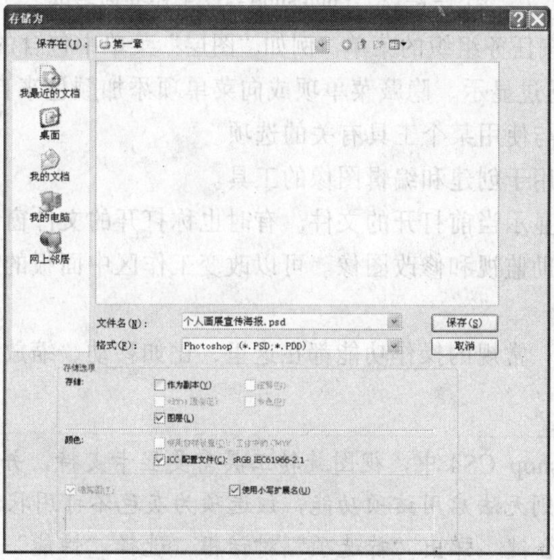


图 1–1–11 保存文件

注意：文件存储位置非常重要，以后用到时要在此目录下找该文件。只有未保存过的文件，“存储”菜单命令才有效，如果保存过则该命令无效。

## 相关知识与技能

### 1. Photoshop CS4 工作界面

在界面方面，Photoshop CS4 重新设计了新的界面样式，去掉了 Windows 本身的“蓝条”，直接以菜单栏代替，在菜单栏的右侧，新增了一批应用程序按钮。

运行 Photoshop CS4 程序，其工作界面组成如图 1–1–12 所示。

图 1-1-12　Photoshop CS4 工作界面组成

（1）菜单栏：包含按任务组织的菜单。例如“图层”菜单中包含的是用于处理图层的命令。在 Photoshop 中，可以通过显示、隐藏菜单项或向菜单项添加颜色来自定义菜单栏。

（2）属性栏：提供与使用某个工具有关的选项。

（3）工具栏：包含用于创建和编辑图像的工具。

（4）图像编辑区：显示当前打开的文件。有时也称打开的文件窗口为文档窗口。

（5）浮动面板：帮助监视和修改图像。可以改变工作区中面板的位置，也可以显示、隐藏浮动面板。

（6）应用程序按钮：常规的操作功能都在这里，比如移动、缩放、显示网格标尺、视图旋转工具等。

**注意：** 在 Photoshop CS4 中，视图旋转工具需要显卡支持，并且设定启用后才可以使用。若显卡不支持，则无法启用该项功能，该选项为灰色不可用状态。

按【Ctrl+K】组合键，弹出“首选项”对话框。选择“性能”标签，在右侧性能显示内容中可以查看显卡是否支持视图旋转功能，如图 1-1-13 所示。

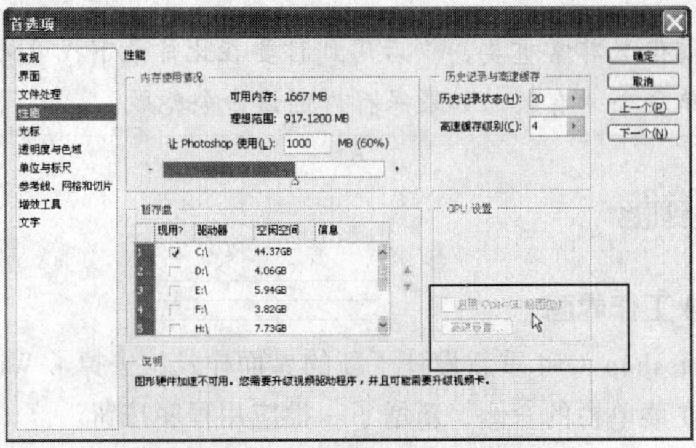


图 1-1-13　视图旋转工具启用设定

## 2. Photoshop CS4 中文档的排列

在 Photoshop CS4 中打开一个或多个图像文件后，文件默认会以选项卡形式来排列显示，这点与 Photoshop CS3 中每个图像文件单独窗口显示有较大的不同，如图 1-1-14 所示。

图 1-1-14　Photoshop CS3 与 Photoshop CS4 多文件界面比较

Photoshop CS4 中如果想把图片以传统的窗口方式显示，只需单击选中图像文件选项卡名称，然后拖放到所需要的位置，松开鼠标左键即可，如图 1-1-15 所示。

图 1-1-15　将选项卡形式转为单独窗口形式

> 注意：本书中所有图像文件均采用传统的单独窗口界面，请读者注意。

按【Ctrl+K】组合键，弹出“首选项”对话框。单击选中“界面”标签，在“面板和文档”选项组中，可以设定是否以“选项卡方式打开文档”或是否“启用浮动文档窗口停放”，如图 1-1-16 所示。

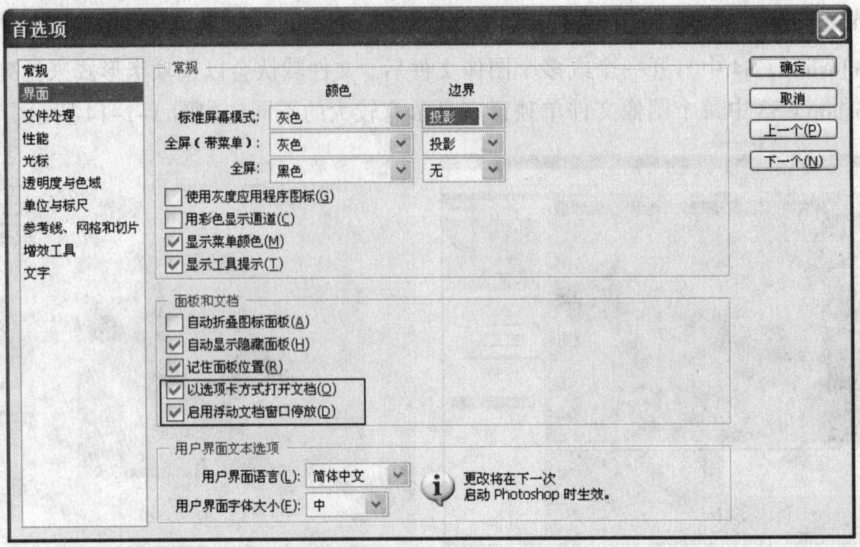


图 1-1-16 “首选项”对话框

在 Photoshop CS4 中多出了一个“排列文档”按钮，它可以控制多个文件在窗口中的显示方式，功能十分强大，使用非常方便，如图 1-1-17 所示。

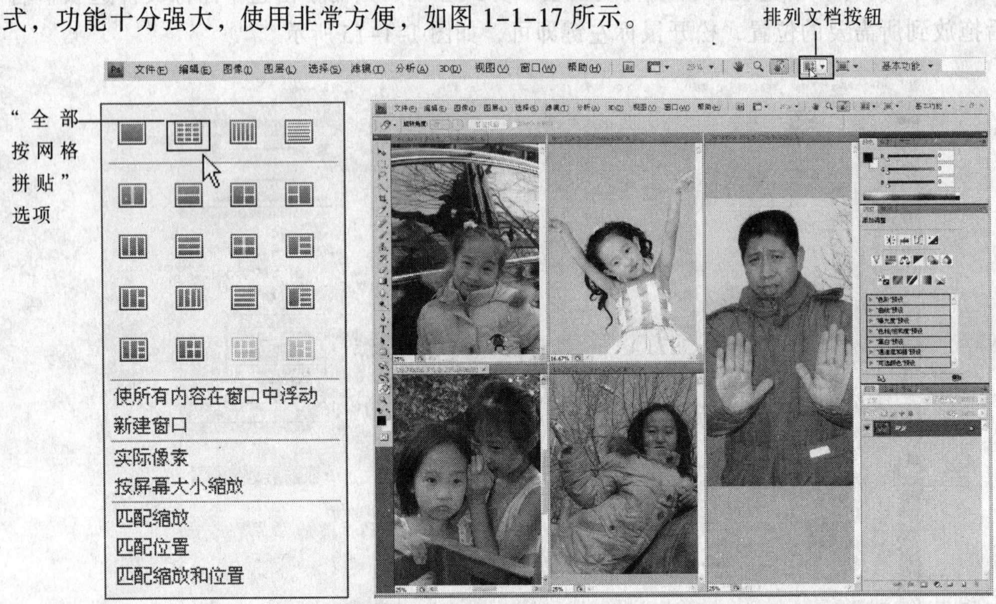


图 1-1-17 “排列文档”显示效果

### 3. 常见概念

（1）英寸：西方常用的打印尺寸单位，1 英寸（in）=2.54 厘米（cm）=25.4 毫米（mm）。

（2）点：跟“像素”大小一样，使用单位是 dpi。

（3）派卡：等于 1/6 英寸的尺寸大小。

（4）列：仅存在于宽度单位中，“列”可精确地确定图像或元素的位置。在使用“新建”、“图像大小”和“画布大小”等命令时，可以用列来指定图像的宽度。如果打算将图像导入到页面排版程序（如 Adobe InDesign），并且希望图像正好占据特定数量的列，使用列将会很方便。

## 4. 常见图像格式

由于各个公司在开发图形处理的软件时都自制标准，导致今日在图形方面有太多的格式，以下就是常见的几种格式：

（1）BMP：由 Microsoft 公司开发，它被 Windows 和 Windows NT 平台及许多应用程序支持，支持 32 位颜色，为 Windows 界面创建图标的资源文件格式。

（2）OS/2 位图（.BMP）：Microsoft 公司和 IBM 公司开发的位图文件格式，它为各种操作系统和应用程序所支持，支持压缩，最大的图像像素为 64 000 × 64 000。

（3）PCX：由 Zsoft 公司推出，它对图像数据进行了压缩，用于 Windows 的画笔，支持 24 位颜色，最大图像像素是 64 000 × 64 000。

（4）GIF：由 Compu Serve 创建，它能以任意大小支持图画，通过压缩可节省存储空间，还能将多幅图画保存在一个文件中，支持 256 色，最大图像像素是 64 000 × 64 000。

（5）PCD：Eastman Kodak 所开发的位图文件格式，被所有的平台支持，PCD 支持 24 位颜色，最大的图像像素是 2 048 × 3 072，用于在 CD－ROM 上保存照片。

（6）MAC：Apple 公司所开发的位图文件格式，被 Macintosh 平台支持，仅支持单色原图，最大图像像素是 576 × 720，支持压缩，主要用于在 Macintosh 图形应用程序中保存黑白图形和剪贴画片。

（7）PSD：全称 Photoshop Document，Adobe 公司的图像处理软件 Photoshop 的专有格式，被 Macintosh 和 Windows 平台支持，最大的图像像素是 30 000 × 30 000，支持压缩，广泛用于商业艺术领域。PSD 可以支持图层、通道、蒙版和不同色彩模式的各种图像特征，是一种非压缩的原始文件保存格式。其特点是图像由多个互不干扰的图层组成，可以很方便地编辑其中一个图层而不影响其他图层的效果，也可以随意添加自己需要的图片、照片或删除掉不必要的部分，最大限度地保留了个性定制的空间。在编辑好后可以很方便地转为通用的 JPG 格式。

## 5. 文件的新建

选择“文件”→“新建”菜单命令，弹出“新建”对话框，如图 1-1-18 所示。

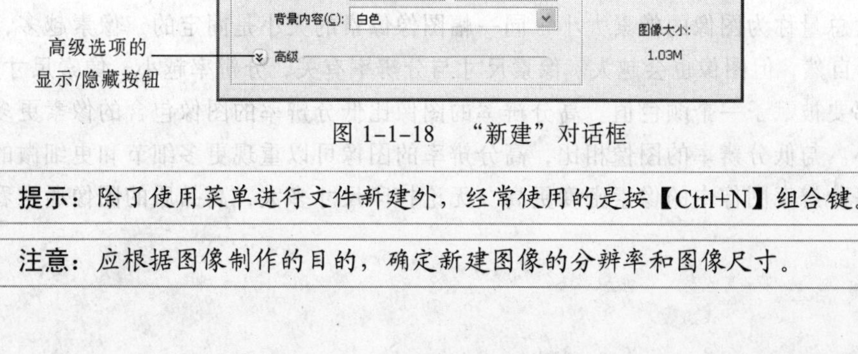


图 1-1-18 “新建”对话框

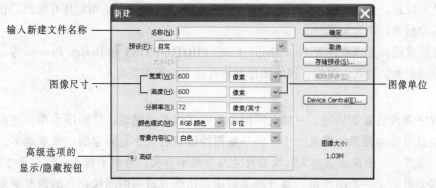

**提示：**除了使用菜单进行文件新建外，经常使用的是按【Ctrl+N】组合键。

**注意：**应根据图像制作的目的，确定新建图像的分辨率和图像尺寸。

6. 文件的关闭

可以使用下列两种方法关闭文件：

（1）选择“文件”→“关闭”菜单命令，可以关闭当前编辑的图像文件。

提示：除了使用菜单进行文件关闭外，经常使用的是按【Ctrl+W】组合键

（2）选择“文件”→“关闭全部”菜单命令，可以同时关闭所有打开的图像文件。

注意：如果文件在关闭前曾做过修改，则系统会弹出提示对话框，确认是否保存文件。

7. 图像分类

（1）矢量图。矢量图利用数学的矢量方式来记录图像内容，因此它的文件所占的容量较小，处理时需要的内存也少，另外在放大缩小或者旋转以后不失真，所以适合于制作 3D 图像以及以线条和色块为主的图像。它的缺点是不易制作色调丰富或色彩变化太多的图像，所以绘制出来的图形不是很逼真，无法像照片一样精确地描写自然界的景物，同时也不易在软件之间交换文件。矢量式图像处理软件有 Illustrator、Freehand、CorelDRAW 和 AutoCAD 等。

（2）点阵图。点阵图是把一幅图画分割为 $X\times Y$ 个像素，每一个像素的特征信息用一组二进制数表示，图像分为黑白图像、灰度图像、彩色图像，图像的灰度级或色彩数量越多，图像就越逼真，位图图像的放大或缩小都会产生失真现象。

点阵图像所共有的特征：图形长宽尺寸越大，文件的字节数越多；文件的色彩越丰富，文件的字节数越多。

优点：色彩和色调变化丰富，可以较逼真地反映自然界的景物，同时也容易在软件之间交换文件。

缺点：在放大缩小或者旋转处理后会产生失真，同时文件数据量巨大，对内存容量要求也较高。例如一条线段在点阵式图像中是由许多像素组成的，每一个像素都是独立的，因此可以表现复杂的色彩纹路，但数据量相对增加，而且构成这条线段的像素是固定且有限的，在变换时就会影响其分辨率，产生失真。

常见的点阵式图像处理软件有 Photoshop、Corel PHOTO-PAINT 和 Design Painter 等。点阵图像是目前印刷制版、写真、喷绘、网络图像等不可缺少的图像类型。

8. 像素

像素是数字图像的基本单元，一幅点阵图像由许多像素点组成，位图图像在高度和宽度方向上的像素总量称为图像的像素大小，同一幅图像像素的大小是固定的，像素越多，图像呈现越细腻、自然，但图像也会越大。像素尺寸与分辨率有关，分辨率越小，像素尺寸越大。每一个像素都要被赋予一个颜色值。高分辨率的图像比低分辨率的图像包含的像素更多，因此像素点更小。与低分辨率的图像相比，高分辨率的图像可以重现更多细节和更细微的颜色过渡，因为高分辨率图像中的像素密度更高。无论打印尺寸多大，高品质的图像通常看起来效果都不错。

9. 分辨率

分辨率就是每英寸长度范围内所包含的像素点的多少。分辨率越高，单位长度上的像素数越多，图像越清晰（这是指原始文件就是高精度的，如果是小图强行放大的，则不存在越清晰的问题，只会感觉模糊），反之图像越粗糙。对于不同的输出要求，图像分辨率设置有所不同，喷绘：20～45dpi；写真：60～150dpi；屏幕、网络：72～96dpi；报纸、打印：150～250dpi；商业印刷：250～300dpi；高档彩色印刷：350dpi～400dpi。

注意：分辨率的单位默认为“像素/英寸”，也可以根据需要改为“像素/厘米”。不过300像素/英寸不等于300像素/厘米，1英寸=2.54厘米，300像素/英寸=118.11像素/厘米；300像素/厘米=762像素/英寸

10. 颜色模式

灰度颜色模式：该模式的图像可以表现出丰富的色调,该模式最多使用256级灰度。灰度图像的每个像素有一个0（黑色）～255（白色）之间的亮度值。使用黑白或灰度扫描仪产生的图像常以“灰度”模式显示。要将彩色图像转换成高品质的黑白图像，Photoshop会丢掉原图像中所有的颜色信息。当从灰度模式再转换为RGB模式时，像素的颜色值会基于以前的灰度值。灰度图像也可以转换为CMYK图像或Lab彩色图像。

RGB颜色模式：RGB颜色模式是Photoshop中最常用的一种颜色模式，该模式给彩色图像中每个像素的 RGB分量分配一个 0（黑色）～255（白色）范围的强度值。RGB图像只使用红、绿、蓝三种颜色，在屏幕上呈现多达1670万种颜色。新建Photoshop图像的默认模式为RGB，计算机显示器总是使用RGB模式显示颜色，这意味着在非RGB颜色模式（如 CMYK）下工作时，Photoshop会临时将数据转换成RGB数据再在屏幕上显示。

CMYK颜色模式：CMYK模式是一种印刷模式，与RGB模式不同的是，RGB是加色法，CMYK是减色法。CMYK即生成CMYK模式的三原色，100%的青色（Cyan）、100%的洋红色（Magenta）、100%的黄色（Yellow）和黑色，其中黑色用K来表示。虽然三原色混合可以生成黑色，但实际上并不能生成完美的黑色或灰色，所以要加黑色。在CMYK模式中，每个像素的每种印刷油墨会被分配一个百分比值。最亮的颜色分配较低的印刷油墨颜色百分比值，较暗的颜色分配较高的百分比值。

## 技能训练

1. 熟悉 Adobe Photoshop CS4 的工作界面。
2. 练习目前已经介绍的快捷键，完成文件的前景色、背景色的填充，拾色器的颜色选定等。

## 完成任务

请写出至少12种图像格式，包括出品公司、图像特性、使用范围。

# 任务二　添加图像文件

## 任务描述

海报的宣传离不开图像的使用，本次任务就是将图像文件应用到背景之上。通过本次任务能够学习图像文件的移动并领会到 Photoshop 图层的强大功能，能够学会非常有用的“套索工具”。

该任务完成后的图像效果，如图 1-2-1 所示。

## 任务分析

在海报的中部右侧摆放画展中典型的良好作品，让观众欣赏并引起观众的兴趣。在海报的左下部摆放画展者的生活照，让观众对画展者有直观的了解。

主要按照以下几大步骤来完成图像文件的添加：

（1）打开图像文件；

（2）拖入画展典型文件；

（3）拖入画展举办者生活照文件并进行处理；

（4）制作嵌套的环形；

（5）存储文件。

## 方法与步骤

### 1. 打开图像文件

运行 Photoshop CS4 程序，按【Ctrl+O】组合键，弹出“打开”对话框。选中要打开的文件，单击“打开”按钮，如图 1-2-2 所示。

图 1-2-1　添加图像后的效果图

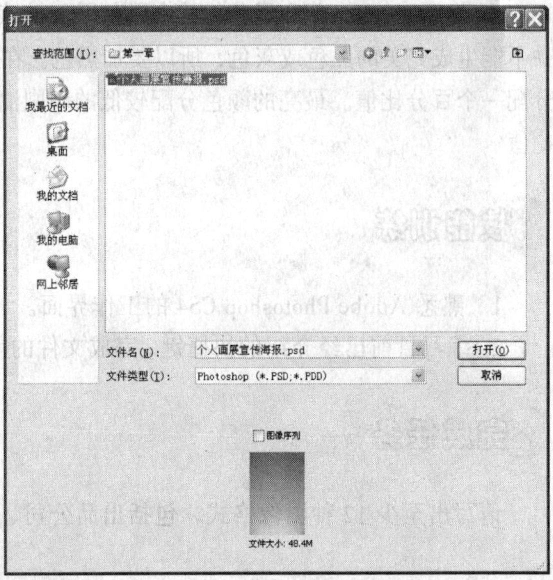


图 1-2-2　打开文件

注意：打开文件位置是保存时的目录位置。

### 2. 拖入画展典型文件

（1）按【Ctrl+O】组合键，打开“上山虎.jpg”文件，如图 1-2-3 所示。

（2）单击选中工具栏中的“移动工具”，拖至当前处理的文档中。按【Ctrl+T】组合键，使用自由变形工具按比例中心缩放后，按【Enter】键应用变形。用“移动工具”移动到合适位置。更改“图层 1”图层为“上山虎”图层，如图 1-2-4 所示。

图 1-2-3 “上山虎.jpg”文件

图 1-2-4 调整图像

### 3. 拖入画展举办者生活照文件并进行处理

（1）按【Ctrl+O】组合键，打开“人物.jpg”文件，如图 1-2-5 所示。

（2）单击选中工具栏中的“移动工具”，拖至当前处理的文档中，如图 1-2-6 所示。

图 1-2-5 “人物.jpg”文件

图 1-2-6 移动图像

（3）单击选中工具栏中的“磁性套索工具”。按【Ctrl+Space】组合键，单击图像右耳部分，放大图像，单击确定套索起始位置，如图 1-2-7 所示。

（4）沿着人物轮廓线移动鼠标，“磁性套索工具”会自动勾画边缘选区，当“磁性套索工具”闭合时会自动生成选区，如图 1-2-8 所示。

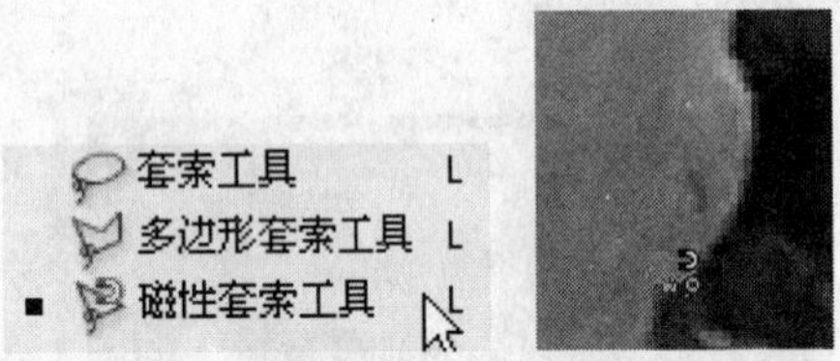


图 1-2-7 “磁性套索工具”及起始位置

图 1-2-8 “磁性套索工具”闭合形成的选区

**提示：**套索工具组是 Photoshop 中常用的抠图工具之一，由三部分组成，即自由套索、多边形套索、磁性套索，具体工具针对具体环境、对象。当曲线要闭合时注意鼠标形状的改变。只有闭合的套索才会形成选区。

自由套索：多用于勾画不规则选区。

多边形套索：多用于勾画几何线条比较明显的选区。

磁性套索：多用于勾画选取部分与边缘线部分有较大色差的选区。

（5）按【Shift+F7】组合键，反选选区，按【Delete】键删除选区，如图 1-2-9 所示。

图 1-2-9 反选并删除选区

（6）按【Ctrl+D】组合键，取消选区，用“移动工具”移动到合适位置。更改“图层 1”图层为“人物”图层，如图 1-2-10 所示。

图 1-2-10　移动图像到合适位置

4．制作嵌套的环形

（1）单击“图层”面板下方的“创建新图层”按钮，新建“图层 1”图层。更改“图层 1”图层为“圆环 1”图层，如图 1-2-11 所示。

（2）单击工具栏上的“设置前景色”按钮，在弹出的“拾色器（前景色）”对话框中设置颜色（R：230，G：30，B：25），单击“确定”按钮，如图 1-2-12 所示。

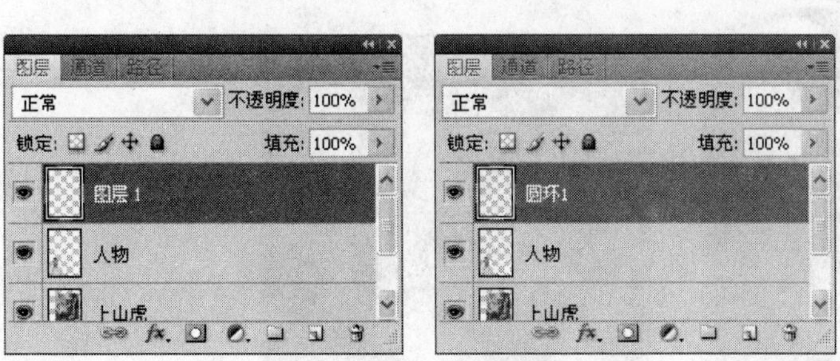


图 1-2-11　新建并更改图层名称

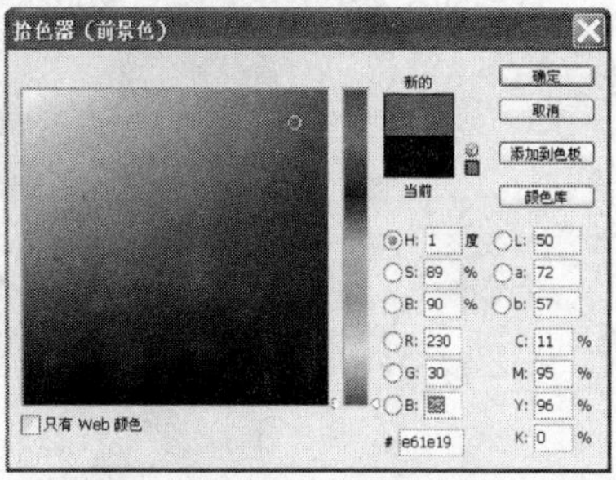


图 1-2-12　设置前景色

（3）单击选中工具栏上的“椭圆选框工具”，按住【Shift】键，拉取一个正圆选区，按【Alt+Delete】组合键，填充前景色。按【Ctrl+D】组合键，取消选区。重新拉取一个较小的正圆选区，如图 1-2-13 所示。

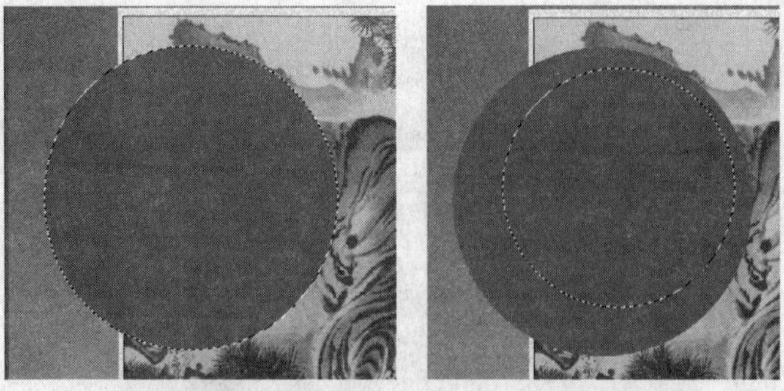

图 1-2-13　使用“椭圆选框工具”

（4）单击选中工具栏上的“移动工具”，在属性栏上分别单击“水平居中对齐”按钮、“垂直居中对齐”按钮，当前图层自动与选区垂直、水平居中对齐，如图 1-2-14 所示。

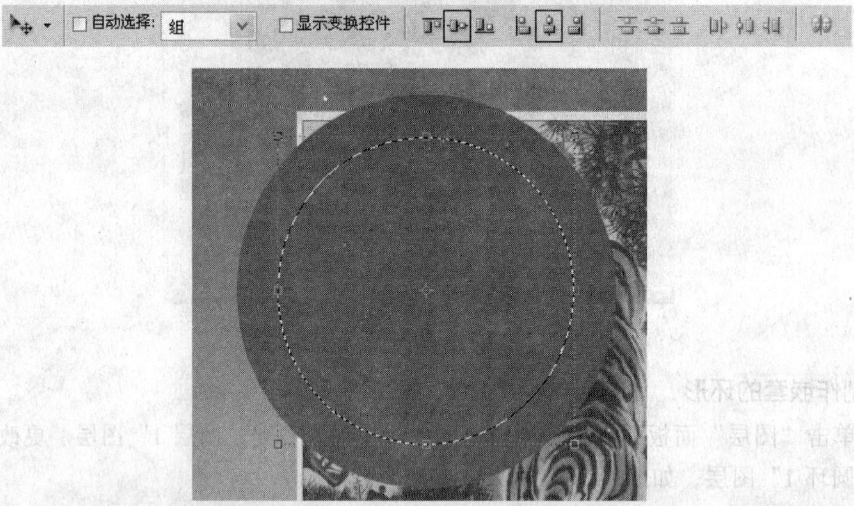


图 1-2-14　“移动工具”对齐方式

（5）按【Delete】键，删除选区内容，按【Ctrl+D】组合键，取消选区，如图 1-2-15 所示。

图 1-2-15　删除选区内容

（6）单击选中“圆环 1”图层，按住鼠标左键不放，拖动到“创建新图层”按钮上，松开鼠标左键，完成“圆环 1”图层的复制。更改“圆环 1 副本”图层为“圆环 2”图层，如图 1-2-16 所示。

（7）单击工具栏上的“设置前景色”按钮，在弹出的“拾色器（前景色）”对话框中设置颜色（R：80，G：180，B：50），单击“确定”按钮，如图 1-2-17 所示。

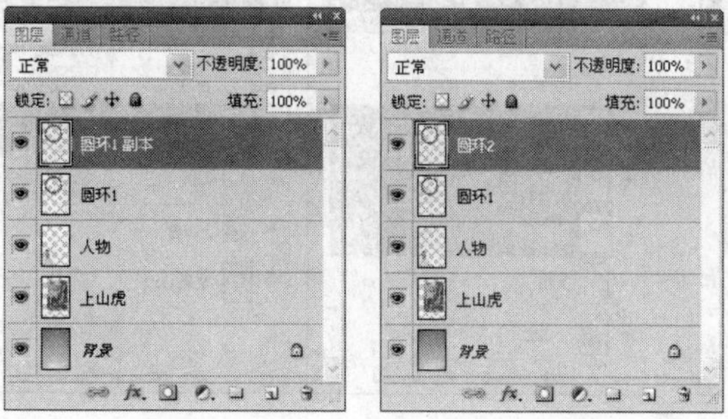


图 1-2-16 复制“圆环 1”图层

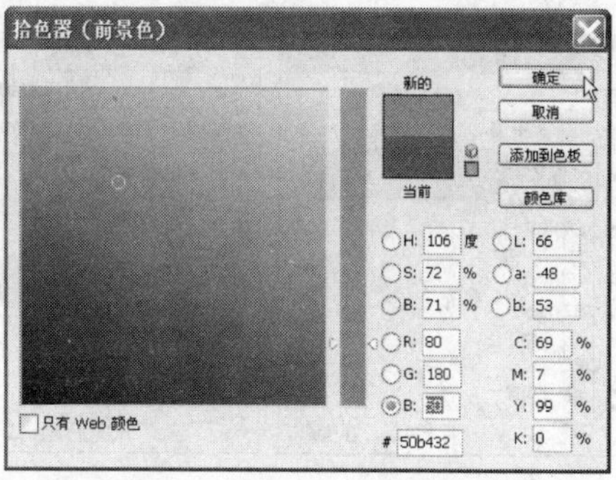


图 1-2-17 设置前景色

（8）按住【Ctrl】键，单击“圆环 2”图层，激活该图层选区。按【Alt+Delete】组合键，填充前景色，如图 1-2-18 所示。

（9）按【Ctrl+D】组合键，取消选区。用“移动工具”移动到合适位置，如图 1-2-19 所示。

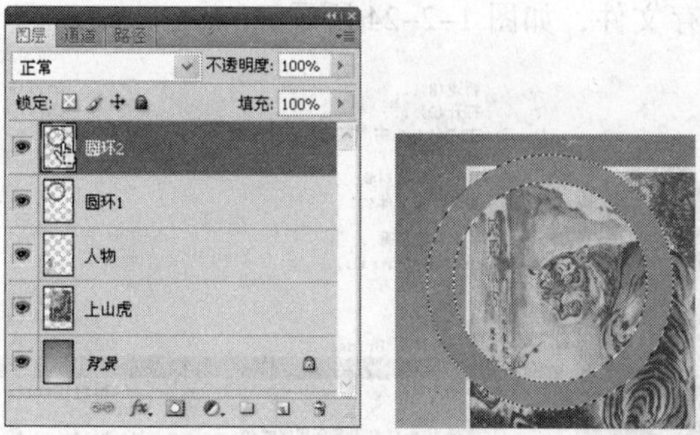


图 1-2-18 填充前景色

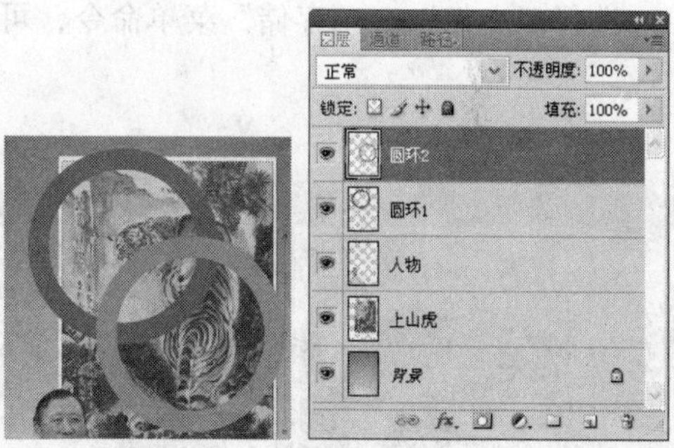


图 1-2-19 使用“移动工具”

（10）单击选中工具栏中的“矩形选框工具”，拉取矩形选区。在选区上方右击，弹出快捷菜单，选中“通过剪切的图层”选项，如图 1-2-20 所示。

图 1-2-20 生成剪切图层

（11）按【Ctrl+[】组合键，移动“图层 1”图层到“圆环 1”图层之下，如图 1-2-21 所示。

（12）单击选中“圆环 2”图层，按住【Shift】键，单击“图层 1”图层，则会连续选中图层。按【Ctrl+E】组合键，合并选中图层，如图 1-2-22 所示。

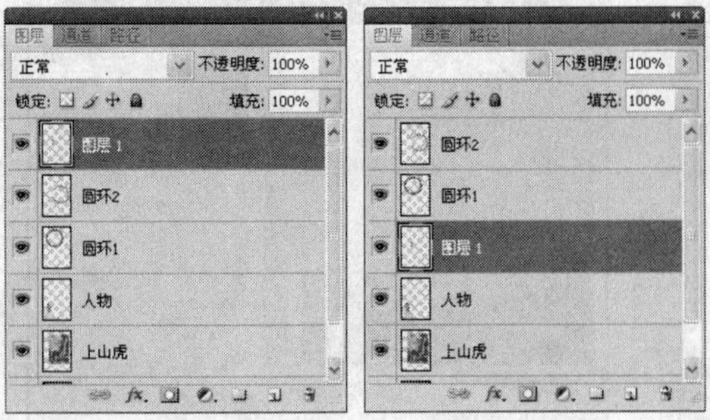


图 1-2-21 移动图层位置

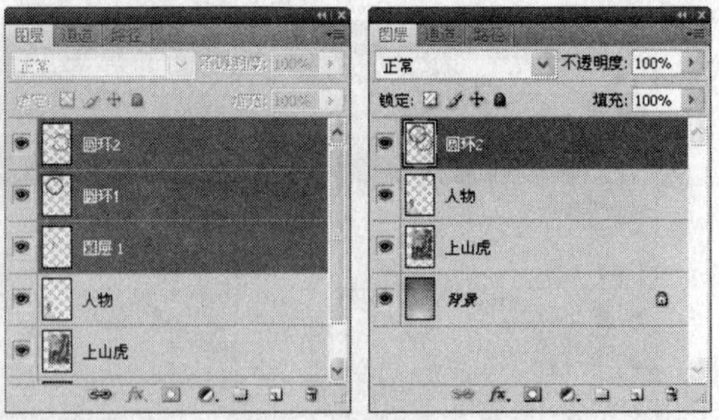


图 1-2-22 合并图层

（13）按【Ctrl+T】组合键，使用自由变形工具按比例中心缩放后，按【Enter】键应用变形。再用“移动工具”移动到合适位置，如图 1-2-23 所示。

### 5. 存储文件

选择“文件”→“存储”菜单命令，可以保存文件，如图 1-2-24 所示。

图 1-2-23 使用“自由变形工具”调整图形

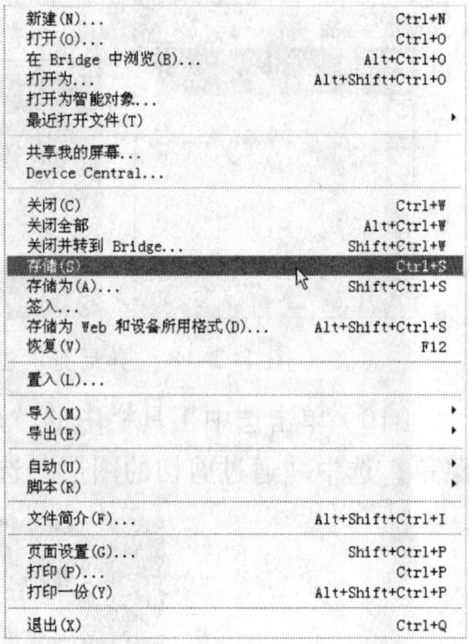


图 1-2-24 存储文件

> 注意：存储文件的快捷键是【Ctrl+S】。

## 相关知识与技能

### 1. 图层

图层也称层、图像层，是 Photoshop 中十分重要的概念，这一概念几乎贯穿了所有的图形图像软件，极大地方便了图形设计和图像的编辑。

图层是来自于动画制作领域的一个概念。Photoshop 3.0 开始引入图层的功能，到了 Photoshop CS4，图层功能已经有了相当的发展与完善。图层就好像一张玻璃纸，但它的功能较玻璃纸更为强大。它不仅可以保存图像信息，而且还可以通过运用图层的合成模式、图层不透明度以及图层调整命令来调整图层中的对象，充分体现了数字图像的特点。

图层上有图像的部分可以是透明或不透明的，而没有图像的部分一定是透明的。如果图层上没有任何图像，透过图层可以看到下面的可见图层。制作图片时，用户可以先在不同的图层上绘制不同的图形并编辑它们，最后将这些图层叠加在一起，就构成了想要的完整的图像。当对一个图层进行操作时，图像文档的其他图层将不受影响。

2.“文件”菜单中的常见命令

（1）新建：用于建立 Photoshop 的新文件，执行“新建”命令，会弹出“新建”对话框，可以设定文件名、尺寸、分辨率、色彩模式、背景颜色等。

（2）打开：用于打开文件，在“打开”对话框中可以选择路径和文件格式。

（3）置入：Adobe Photoshop 中可以引入由其他程序设计的矢量图形文件，该命令用于在当前图形文件中放置 EPS 和 AI 格式的矢量图形文件，其优势是置入的图像保持矢量特性。

提示：直接使用“复制”、“粘贴”的方法也可以将矢量图像复制到当前文档，但从精度上说是比较粗糙的，因为图像一旦复制过来就成为点阵图了，失去了矢量图像特性。

注意：如果置入的是 PDF、EPS 或 Adobe Illustrator 文件，可根据需要设置选项栏中的“消除锯齿”复选框。如果要在栅格化过程中混合边缘像素，则需选中“消除锯齿”复选框。在栅格化过程中，如果要在边缘像素之间生成硬边转换，需取消选中“消除锯齿”复选框。

（4）导入：该命令的作用主要是从扫描仪或数码照相机等设备获取图像文件，也可以将 PDF 格式的文件导入到 Photoshop 中。

（5）导出：该命令允许将 Photoshop 中编辑的图形文件输出到其他配套的程序中去。例如，输出到 Adobe Illustrator 中。

（6）存储为 Web 和设备所用格式：该命令允许将 Photoshop 中编辑的图形文件输出成网页动画格式，例如 GIF 文件。

（7）自动：该命令的使用与“动作”面板是相互联系的。可以根据在“动作”面板中录制的操作对相同目录下的图像文件进行同样的处理，以达到相同的效果，还可以进行自动化操作处理。

3.“图层”面板

“图层”面板是编辑图层的窗口，主要用于显示当前图像的图层编辑信息。

打开“图层”面板的方法：选择“窗口”→“图层”菜单命令；单击面板中的“图层”标签；按【F7】键，打开“图层”面板，“图层”面板如图 1-2-25 所示。

（1）设置图层的混合模式：在此下拉列表中可以选择当前图层的混合模式。

（2）设置图层的总体不透明度：控制当前图层不透明度，数值越小则当前图层越透明。

（3）图层锁定选项：可以分别控制图层的编辑、移动、透明区域可编辑性等图层属性。

（4）指示图层可见性：单击此控制图标可以控制当前图层的显示与隐藏状态。

（5）链接图层：表示该图层与作用图层链接在一起，可以同时进行移动、旋转和变换等操作。

（6）添加图层样式：单击此按钮可以在弹出的下拉菜单中选择图层样式命令，为当前图层添加图层样式。

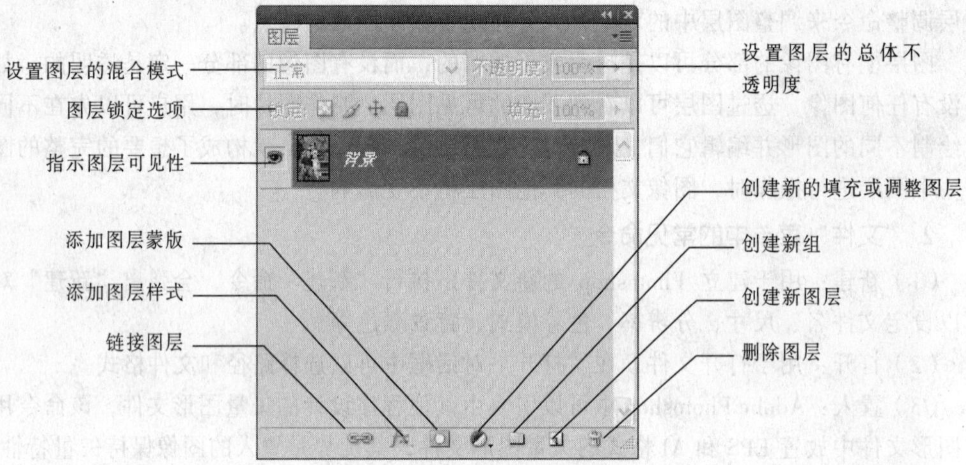


图 1-2-25 “图层”面板

（7）添加图层蒙版：单击此按钮可以为当前图层添加蒙版。

（8）创建新的填充或调整图层：单击此按钮可以在弹出的下拉菜单中为当前图层创建新的填充或调整图层。

（9）创建新组：单击此按钮可以创建一个新集合。

（10）创建新图层：单击此按钮可以增加新图层。

（11）删除图层：单击此按钮可以删除当前图层。

### 4. 自由变换

在 Photoshop 中，自由变换工具具有强大的功能。自由变换工具的快捷键为【Ctrl+T】，辅助功能键为【Ctrl】、【Shift】、【Alt】。

【Ctrl】键控制自由变化；【Shift】键控制方向、角度和等比例放大缩小；【Alt】键控制中心对称。

（1）单击角柄拖动，可任意缩放、变换图形。

（2）按住【Ctrl】键不放，单击角柄拖动，可实现任意变形。

（3）按住【Alt】键不放，单击角柄拖动，可实现中心缩放变形。

（4）按住【Shift】键不放，单击角柄拖动，可实现按比例缩放变形。

（5）按住【Shift +Alt】组合键不放，单击角柄拖动，可实现按比例中心缩放变形。

（6）按住【Ctrl +Alt+Shift】组合键不放，单击四个角柄拖动，可实现透视变形。

### 5. 存储与存储为

存储：存储当前正在处理的图像文件，若该图像文件在打开后没有被修改，则该命令显示为无效状态。

存储为：把当前的图像文件保存到不同的位置，或以不同的文件格式保存，原来的文件仍保持不变。

## 技能训练

1. 掌握 Photoshop CS4 的图层特性。
2. 掌握 Photoshop CS4 的环形制作方法。

### 完成任务

请完成彩虹效果的制作，如图 1-2-26 所示。

图 1-2-26　“彩虹”效果

## 任务三　输入画展文字

### 任务描述

文字是海报制作中非常重要的内容。图案与文字的关系，一般人都认为图案是主体，但是好的文字，有时能够起到画龙点睛的作用。在绝大多数情况下，海报的宣传都离不开文字的阐述、说明，以达到解释、突出主题的目的。

本次任务完成画展相关文字的输入、布局，该任务完成后的图像效果，如图 1-3-1 所示。

图 1-3-1　画展文字效果图

### 任务分析

海报一般要具体真实地写明活动的地点、时间及主要内容。

画展海报相关文字的输入分成五个步骤：

（1）打开前期保存文件；

（2）输入展出地点、日期；

（3）输入个人画展作者姓名；

（4）输入个人画展类型；

（5）输入画展举办时间。

### 方法与步骤

#### 1. 打开前期保存文件

（1）选择“文件”→“打开”菜单命令，可以打开以前保存过的文件，如图 1-3-2 所示。

（2）在弹出的“打开”对话框中，找到以前保存过的文件“个人画展宣传海报.psd”，单击“打开”按钮，如图 1-3-3 所示。

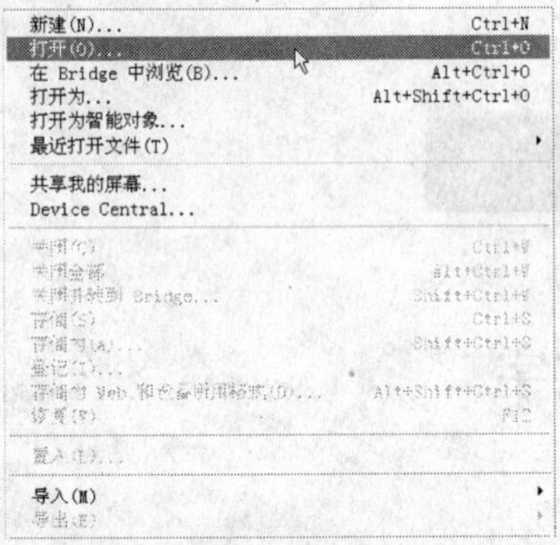


图 1-3-2 “文件”菜单

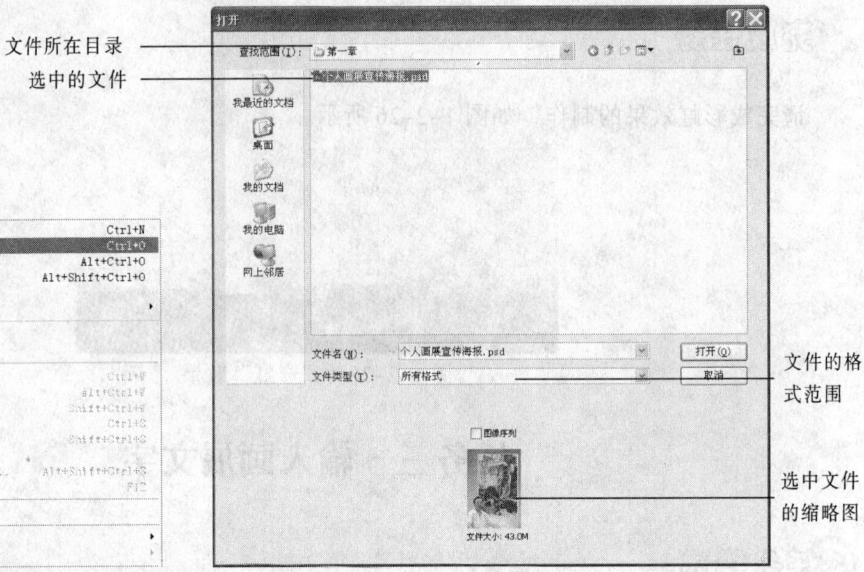


图 1-3-3 打开文件

> **提示：** 除了使用菜单打开文件外，经常使用的还有两种方式，即双击文件直接打开或在 Photoshop 中按【Ctrl+O】组合键弹出“打开”对话框。

> **注意：** “文件”→“打开”菜单命令与“文件”→“打开为”菜单命令之间的不同。“打开”命令是打开一些文件，默认是所有格式；“打开为”命令是用来打开某类型的文件，必须指明文件类型，一般用在苹果机与 PC 之间（苹果机文件没有扩展名）。

### 2. 输入展出地点、日期

（1）单击选中工具栏上的“文字工具”，在属性栏中设置参数，字体为“黑体”，字体大小为“100”点，文本颜色为（R：230，G：30，B：10），如图 1-3-4 所示。

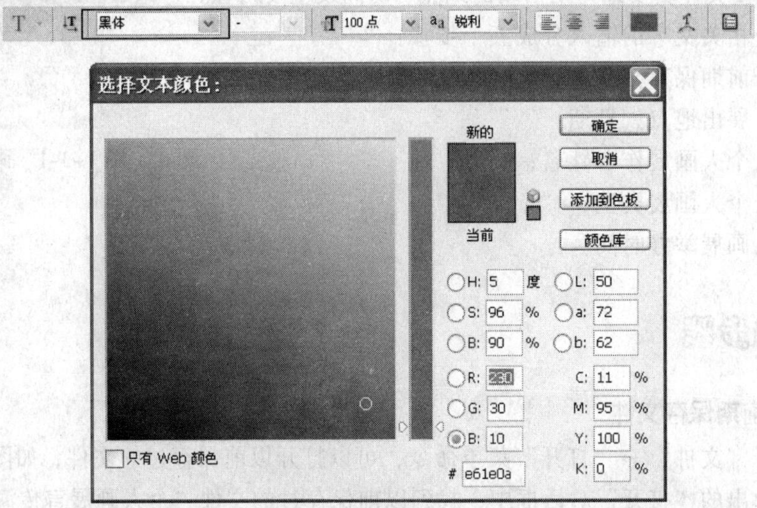


图 1-3-4 文字属性设置

（2）输入文本内容“展出地点：”，如图 1-3-5 所示。

（3）按【Ctrl+T】组合键，在弹出的“字符”面板中，单击右侧的下拉三角按钮，在下拉菜单中选择“更改文本方向”选项，如图 1-3-6 所示。

图 1-3-5　文本内容

提示：在文字工具状态下，按【Ctrl+T】组合键不是自由变形快捷键。

（4）单击选中工具栏中的“移动工具”，将竖排文本移动到合适位置，如图 1-3-7 所示。

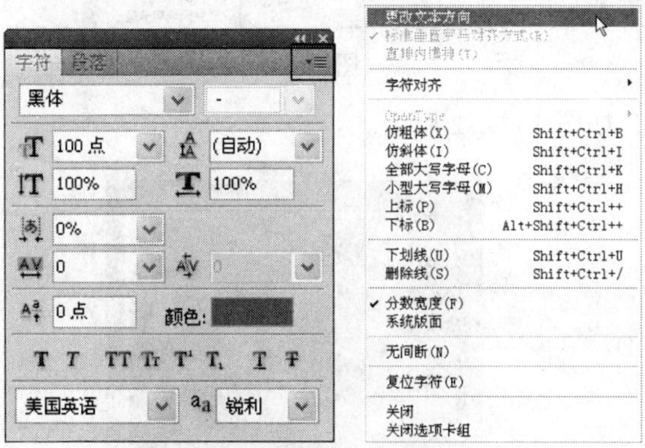

图 1-3-6　更改文本方向

图 1-3-7　竖排文本位置

（5）单击选中工具栏上的“文字工具”，在属性栏中设置参数，字体为“黑体”，字体大小为“100”点，文本颜色为（R：0，G：0，B：0），如图 1-3-8 所示。

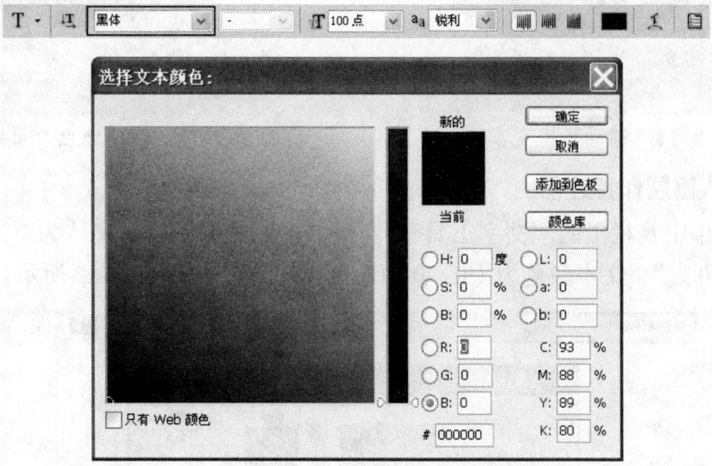

图 1-3-8　文字属性设置

（6）输入文本内容“廊坊万庄石油矿区工人文化宫”，如图 1-3-9 所示。

（7）按【Ctrl+T】组合键，在弹出的“字符”面板中单击右侧的下拉三角按钮，在下拉菜单中选择“更改文本方向”选项，如图 1-3-10 所示。

（8）单击选中工具栏中的“移动工具”，将竖排文本移动到合适位置，如图 1-3-11 所示。

图 1-3-9　文本内容

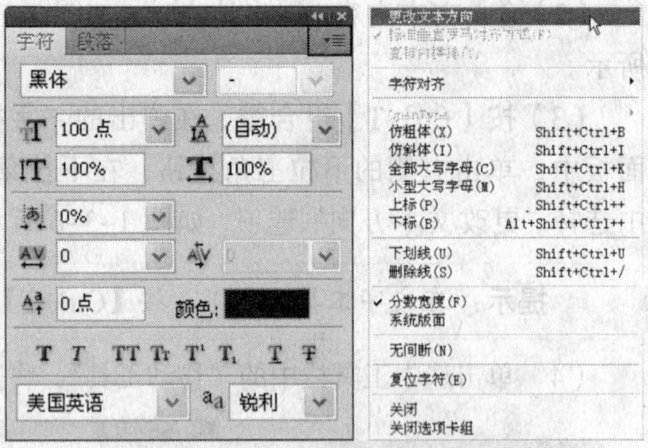


图 1-3-10　更改文本方向

（9）与此类似，完成展出日期文本输入，如图 1-3-12 所示。

图 1-3-11　移动竖排文本

图 1-3-12　展出地点、日期文本位置

### 3. 输入个人画展作者姓名

（1）单击选中工具栏上的“文字工具”，在属性栏中设置参数，字体为“迷你简硬行书”，字体大小为“250 点”，文本颜色为（R：0，G：0，B：0），如图 1-3-13 所示。

图 1-3-13　文字属性设置

（2）输入文本内容“张吉祥”。单击选中工具栏中的“移动工具”，将文本移动到合适位置，如图 1–3–14 所示。

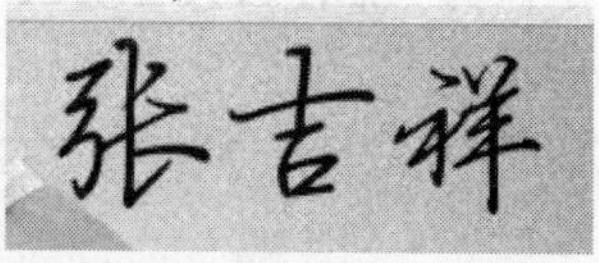


图 1–3–14 移动文字

（3）单击选中工具栏上的“文字工具”，在属性栏中设置参数，字体为“黑体”，字体大小为“100 点”，文本颜色为（R：0，G：0，B：0），如图 1–3–15 所示。

图 1–3–15 文字属性设置

（4）输入文本内容“先生”，如图 1–3–16 所示。

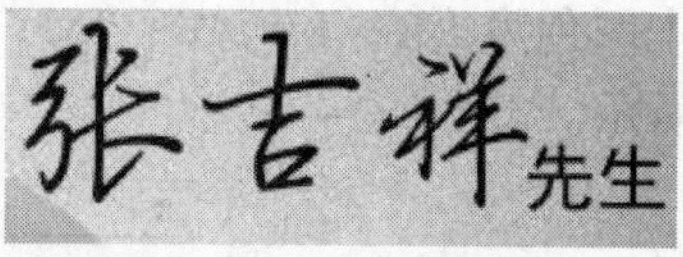


图 1–3–16 文字内容

4. 输入个人画展类型

（1）单击选中工具栏上的“文字工具”，在属性栏中设置参数，字体为“迷你简竹节”，字体大小为“120 点”，文本颜色为（R：230，G：30，B：10），如图 1–3–17 所示。

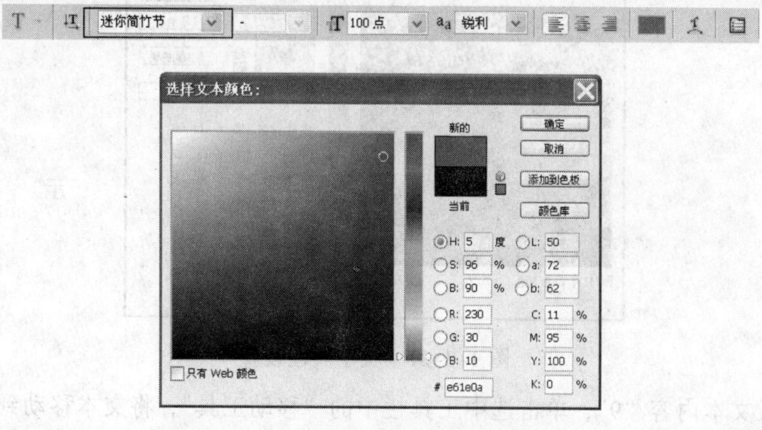


图 1–3–17 文字属性设置

（2）输入文本内容“个人国画展”。单击选中工具栏中的“移动工具”，将文本移动到合适位置，如图 1–3–18 所示。

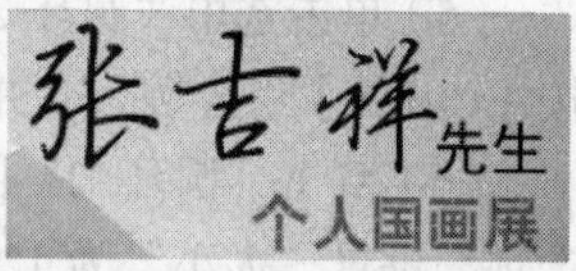


图 1–3–18 移动文字

5. 输入画展举办时间

（1）单击选中工具栏上的“文字工具”，在属性栏中设置参数，字体为“黑体”，字体大小为“450 点”，文本颜色为（R：230，G：100，B：60），如图 1-3-19 所示。

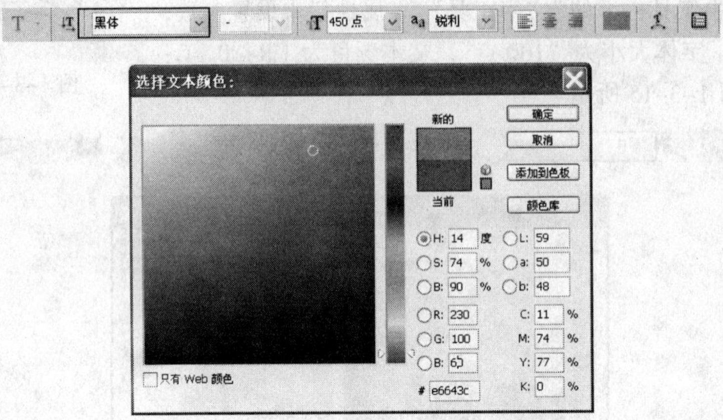


图 1-3-19　文字属性设置

（2）输入文本内容“2”，单击选中工具栏中的“移动工具”，将文本移动到合适位置，如图 1-3-20 所示。

图 1-3-20　文字内容

（3）单击选中工具栏中的“文字工具”，在属性栏中设置参数，字体为“黑体”，字体大小为“450 点”，文本颜色为（R：178，G：151，B：198），如图 1-3-21 所示。

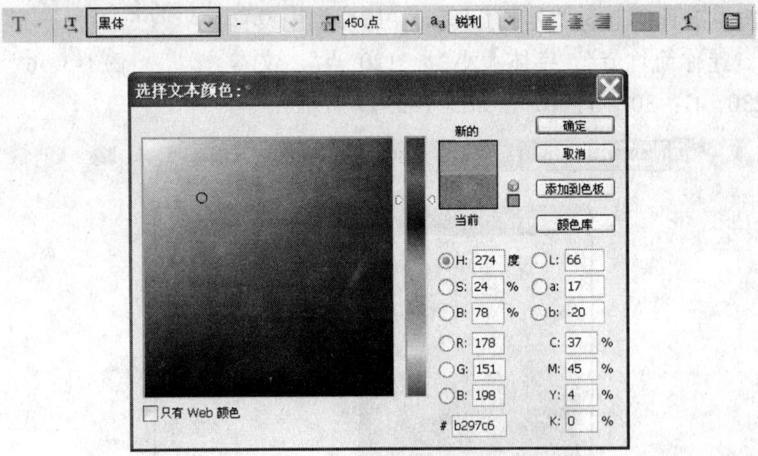


图 1-3-21　文字属性设置

（4）输入文本内容“9”，单击选中工具栏中的“移动工具”，将文本移动到合适位置，如图 1-3-22 所示。

（5）单击选中“圆环 2”图层，按住【Shift】键，单击“2”文字图层，则会连续选中图层。按【Ctrl+E】组合键，合并选中图层，如图 1-3-23 所示。

（6）双击“圆环 2”图层蓝色部分，弹出“图层样式”对话框。单击选中“斜面和浮雕”选项，设置“大小”为 12，“软化”为 10，其他参数默认，如图 1-3-24 所示。

图 1-3-22 文字内容

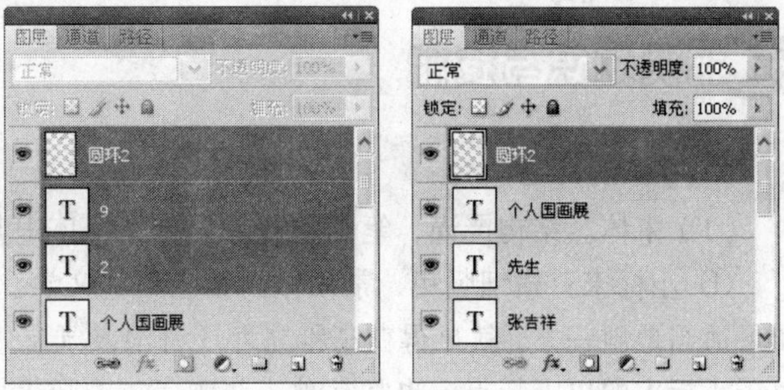


图 1-3-23 合并图层

（7）单击选中“外发光”选项，设置“扩展”为 10，“大小”为 40，其他参数默认，单击“确定”按钮，如图 1-3-25 所示。

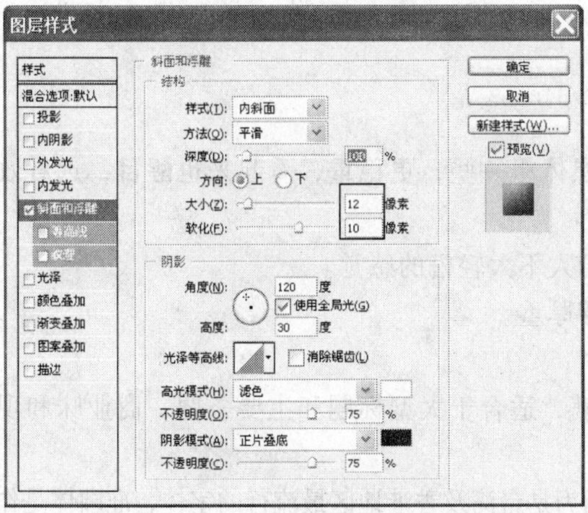


图 1-3-24 “斜面和浮雕”参数

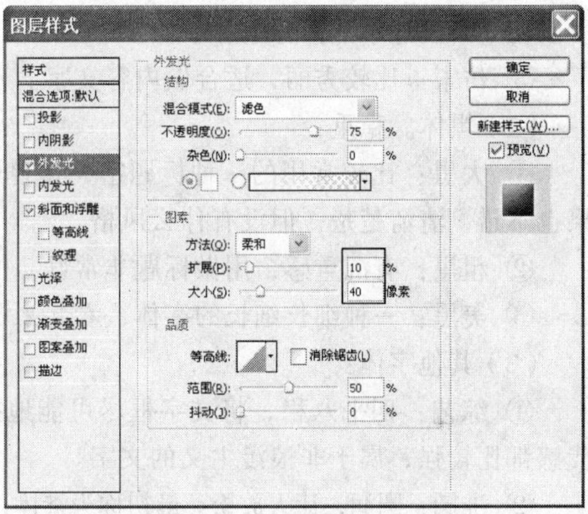


图 1-3-25 “外发光”参数

（8）最后效果如图 1-3-26 所示。

图 1-3-26 “个人画展宣传海报”效果图

## 相关知识与技能

### 1. 字体的介绍

（1）宋体。结构严谨，笔画整齐，是中文字体中非常典雅华贵的一种字体：

① 小标宋：横细竖粗，常用做高雅艺术、文学、学术等标题，正着写让人觉得层次高雅，如果适当地斜一下，就显得在高雅之外还有浪漫气息。缺点是横笔过细，做标题时要适当加边。由于小标宋的以上特点，也常常被一些酒店、酒吧等用于招牌上的文字。

② 中宋：笔画较小标宋细一些，适合于副标题字。

③ 宋体（印刷宋体）：标准的正文字，但绝不可用做标题。

④ 宋黑：宋体与黑体的结合，将横笔适当加粗，但正因如此，破坏了标宋的严谨氛围，所以在平面设计中不推荐这种字体。

⑤ 仿宋：比较秀丽，适合做内容文字。

（2）黑体。稳重：

① 大黑：比较常用的一种标题字，比普通黑体粗一些，更稳重，看起来也醒目，远看效果也不错，清清楚楚，但没有什么风格。

② 粗黑：有沉重感，用做标题非常好，但给人不太轻松的感觉。

③ 美黑：一种细长细长的字体，看起来不够厚重。

（3）其他字体：

① 综艺：四平八稳，将文字框尽可能地撑满，适合于大型标题和主要条题，商业味和现代感都比较强，属于非浪漫主义的文字。

② 准圆：圆润，让人放松。最初称为港体，因为是台湾及香港地区最流行的字体，准圆体是作为文章内容的最好字体之一，但一般不适用于标题。平面设计中较大段的说明文字，可以选用准圆。

准圆是圆体的一种，准圆变细成为细圆、幼圆，准圆加粗成为中圆、粗圆，一般来说，准圆用得最多，粗圆有时候也用做招牌字。

③ 舒体：给人以自由奔放又不失秀丽的感觉，适合比较软性的广告方案。

④ 隶书：一种古老的字体，非常圆润。

⑤ 行楷：很漂亮的一种字体。

⑥ 魏碑：苍劲有力，适合一些传统文化平面作品。

不同的文字字体，代表着不同的含义，一般来说，文字在平面应用中应注意以下几点：

（1）根据平面的诉求内容来选择主体文字，即标题或者主题文字。

（2）根据条目的主次来选择主标题与次标题以及内容简介的字体。

（3）字体搭配合理，不能全部都太重，也绝不可都太轻。

（4）在主标题上适当运用特效，但不可全篇都是特效，否则会显得杂乱无主题。

### 2. 纸张的度量

常用纸张按尺寸可分为 A 和 B 两类。

A 类就是通常说的大度纸，整张纸的尺寸是 889mm × 1192mm，可裁切 A1（大对开，570mm × 840mm）、A2（大 4 开，420mm × 570mm）、A3（大 8 开，285mm × 420mm）、A4（大 16 开，210mm × 285mm）、A5（大 32 开，142.5mm × 210mm）。

B 类就是通常说的正度纸，整张纸的尺寸是 787mm × 1092mm，可裁切 B1（正对开，520mm × 740mm）、B2（正 4 开，370mm × 520mm）、B3（正 8 开，260mm × 370mm）、B4（正 16 开，185mm × 260mm）、B5（正 32 开，130mm × 185mm）。

注：成品尺寸=纸张尺寸 - 修边尺寸。

### 3. 纸张幅面规格

纸张的规格是指纸张制成后，经过修整切边，裁成一定的尺寸。过去是以多少“开”（例如 8 开或 16 开等）来表示纸张的大小，现在采用国际标准，规定以 A0、A1、A2、B1、B2 等标记来表示纸张的幅面规格。标准规定纸张的幅宽（以 $X$ 表示）和长度（以 $Y$ 表示）的比例关系为 $X:Y=1:n$。

按照纸张幅面的基本面积，把幅面规格分为 A 系列、B 系列和 C 系列，幅面规格为 A0 的幅面尺寸为 841mm × 1189mm，幅面面积为 1 $m^2$；B0 的幅面尺寸为 1000mm × 1414mm，幅面面积为 2.5 $m^2$；C0 的幅面尺寸为 917mm × 1279mm，幅面面积为 2.25 $m^2$；复印纸的幅面规格只采用 A 系列和 B 系列。若将 A0 纸张沿长度方式对开成两等分，便成为 A1 规格，将 A1 纸张沿长度方向对开，便成为 A2 规格，如此对开至 A8 规格；B0 纸张亦按此法对开至 B8 规格。

若纸张规格标记字母的前面加一个字母 R（或 S）时，表示纸张没有切毛边，经过切边修整后，将减少到标准尺寸，例如 RA4（或 SA4）表示不切边纸张的尺寸为 240mm × 330mm，经过切边修整后其尺寸为 210mm × 297mm。

若进行倍率放大或倍率缩小复印时，所使用的复印纸的幅面规格有着相应的关系。例如，若将 A3 幅面的原稿倍率放大 1 : 1.22 时，复印纸应采用 B3 幅面规格；若倍率缩小 1 : 0.8 时，复印纸应采用 B4 规格，若倍率缩小 1 : 0.7 时，复印纸应采用 A4 规格。

## 技能训练

1. 熟悉“字体”面板各项功能。
2. 练习字体变形。

## 完成任务

1. 完成两种特效字体制作：黑白字、球形字，如图 1-3-27 所示。
2. 完成段落文字布局编排，如图 1-3-28 所示。

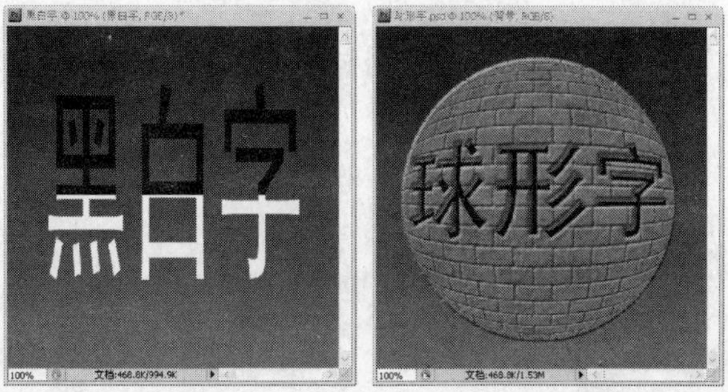


图 1-3-27　“黑白字”、“球形字”效果图

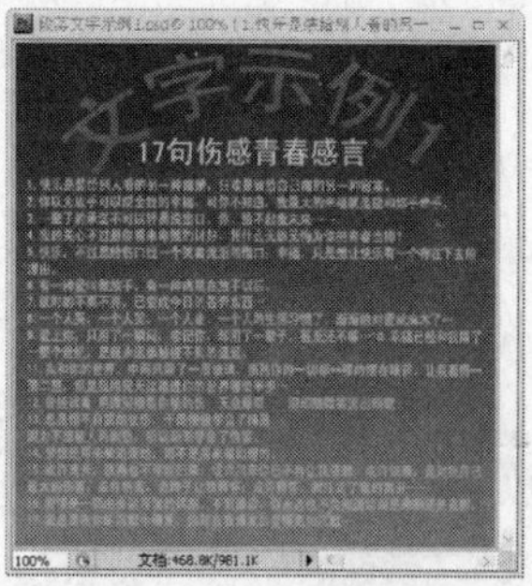


图 1-3-28　文字布局安排

## 自评价

学习评价表

| 项目 | 内容：能力目标 | 内容：评价项目 | 评价：3 | 评价：2 | 评价：1 |
|---|---|---|---|---|---|
| 职业能力 | 能简单使用 Photoshop CS4 | 能使用菜单 | | | |
| | | 能使用快捷键 | | | |
| | 能熟练操作图像文件 | 能新建和打开文件 | | | |
| | | 能保存和关闭文件 | | | |
| | 能熟练使用图层面板 | 能创建和删除图层 | | | |
| | | 能复制和合并图层 | | | |
| | 能掌握文字的简单编辑 | 能创建文字 | | | |
| | | 能编辑文字 | | | |
| | 能使用不同字体 | 能安装字体 | | | |
| | | 能灵活应用字体 | | | |
| 通用能力 | 能清楚、简明地发表自己的意见与建议 | | | | |
| | 能服从分工，自动与他人共同完成任务 | | | | |
| | 能关心他人，并善于与他人沟通 | | | | |
| | 能协调好组内的工作，在某方面起到带头作用 | | | | |
| | 积极参与任务，并对任务的完成有一定贡献 | | | | |
| | 对任务中的问题有独特的见解，带来良好效果 | | | | |
| 综合评价 | | | | | |

# 单元二

## 儿童写真——制作电子相册

电子相册是以各类照片为基本素材，配上相关背景、文字、录音、背景音乐等特效，用计算机制作而成的影视作品。电子相册是一种现代新兴的影视艺术形式，与电影、电视节目一样，它同样具有图文并茂、声影交融的视觉冲击效果，富有极强的叙事性、观赏性和艺术表现力。电子相册不仅能以艺术摄像的各种变换手法较完美地展现摄影（照片）画面的精彩瞬间，给家庭和亲友带来振奋和欢乐，并可通过文字文学编辑，充分展示照片主题，发掘相册潜在的思想内涵，还能作为家庭或个人艺术档案资料，并用光盘刻录成影碟 VCD、DVD 永久保存。

儿童相册是电子相册中的一种，指用幼儿或儿童照片制作的相册。

| | |
|---|---|
| 学习目标 | ☑ 掌握 Photoshop CS4 中的图像修饰、修复工具的使用，能够对图像的色彩进行校正，熟悉图层的混合模式及使用技巧。<br>☑ 完成儿童写真电子相册的制作。 |

儿童写真是通过“修正相片”、“处理素材”、“制作写真”、“输出电子相册”四项任务来完成的。

### 任务一　修 正 相 片

#### 任务描述

本次任务将实现对图片的校正、修饰、修复工作。通过本次学习将熟练掌握 Photoshop CS4 中的修复工具、色彩调整功能。

该任务完成后的图像效果之一，如图 2-1-1 所示。

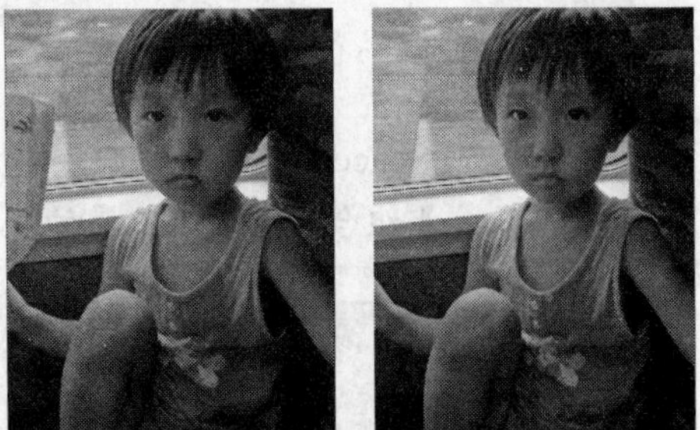

（a）修补前　　（b）修补后

图 2-1-1　修补前后的图像

#### 任务分析

随着数码产品的普及，尤其是数码照相机的普及，传统照相机逐渐淡出市场，相应的数码照片渐渐步入了普通家庭，数码照片的瑕疵处理则日益显得迫切。数码照片常因拍照光线、环境等物理性问题造成相片失真或有瑕疵，为了修正这些问题，我们可采用 Photoshop 所提供的修复工具及图像色彩调整功能达到目的。

评价图像质量的三个指标是阶调、色彩和图像表观质量。图像的阶调又称层次，是指图像的整体明暗变化。图像的黑场与白场决定了图像的反差效果，也就是说色彩明暗层次丰富的图片，可以真实地反映出物体的质感。图像的色彩是由色相、亮度、饱和度三个基本要素组成。图像表观质量指的是图像表面的均匀性、颗粒度、洁净程度以及因为划伤、沾染污点等原因使其画面质量受到的影响。

可以按照以下步骤来完成相片的校正：

（1）修补工具修复图片；

（2）调整色阶修复图片；

（3）调整曲线修复图片；

（4）调整阴影/高光修复图片。

## 方法与步骤

### 1. 修补工具修复图片

（1）运行 Photoshop CS4 程序，按【Ctrl+O】组合键，打开“宝宝婴儿照.jpg” 文件，如图 2-1-2 所示。

（2）按住【Ctrl+Space】组合键，单击即可放大鼠标所在位置的图像，如图 2-1-3 所示。

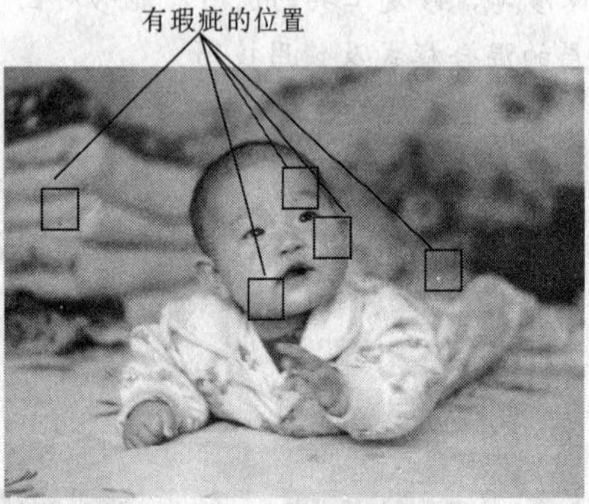


图 2-1-2　打开文件

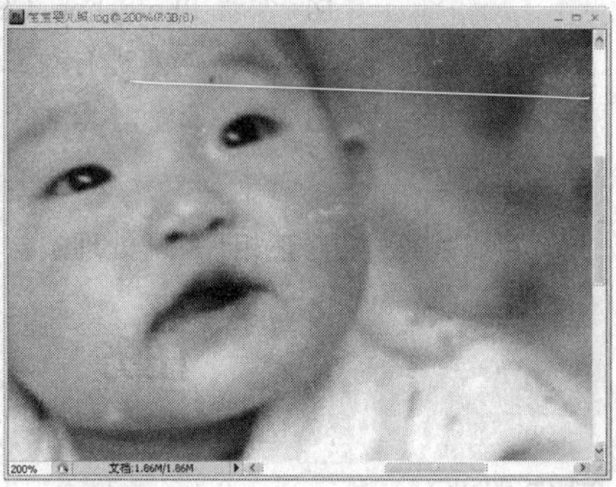


图 2-1-3　放大图像指定位置

注意：【Space】键是手形工具的快捷键；【Ctrl+Space】组合键是放大工具的快捷键；【Alt+ Space】组合键是缩小工具的快捷键，如图 2-1-4 所示。

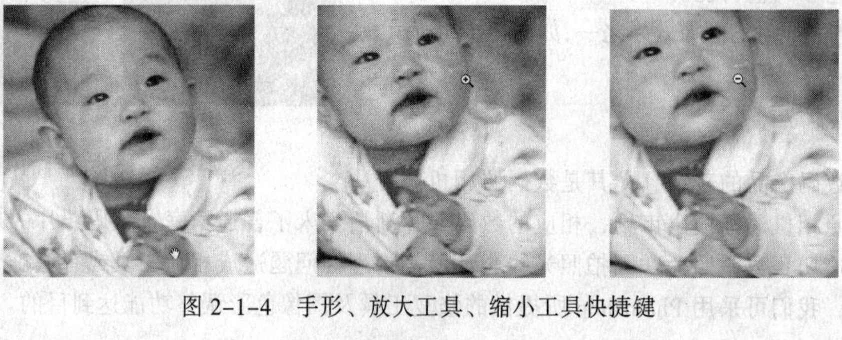

图 2-1-4　手形、放大工具、缩小工具快捷键

（3）单击工具栏中的“修复、修补工具”，在弹出的下拉菜单中选择“修复画笔工具”选项，如图 2–1–5 所示。

（4）单击需要修复的皮肤附近，按住【Alt】键，鼠标变成十字形，单击完成取样操作。移到需要修复的皮肤上方单击，如图 2–1–6 所示。

图 2–1–5　选中修复画笔工具

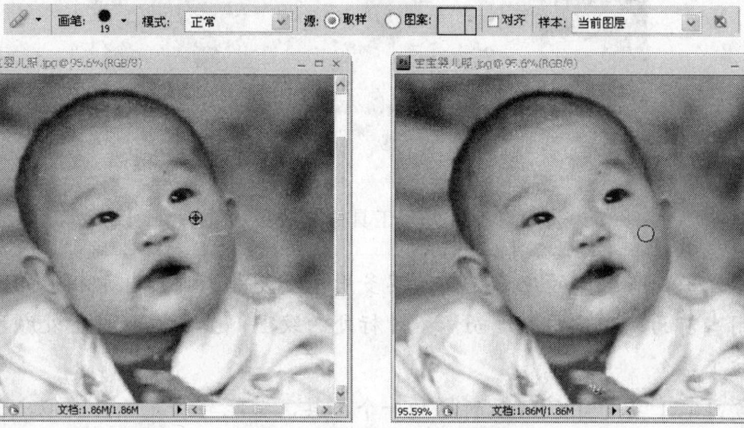


图 2–1–6　取样并进行修复

注意：修复画笔工具必须要取样，否则无法使用。

（5）使用修复工具后的效果，如图 2–1–7 所示。

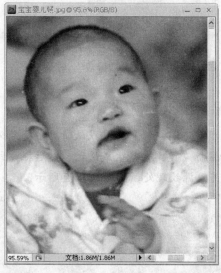

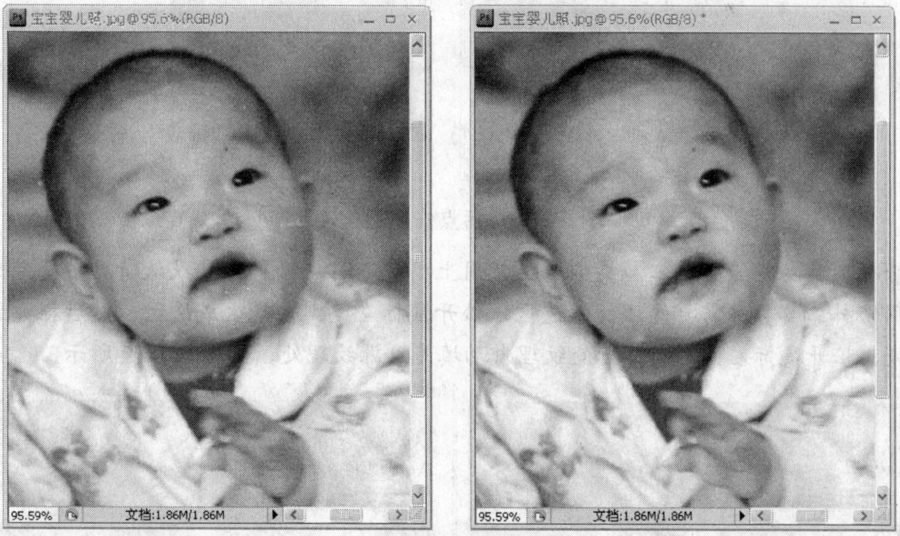


图 2–1–7　修复前后对比

（6）同理，完成其他瑕疵部分的修复，最后效果如图 2–1–8 所示。

注意：根据实际情况，调整属性栏当中的笔刷大小。

图 2-1-8　修复工具修复后图片效果

**提示：**修复工具有自身的应用范围，其多用于修复源、目标背景相似的图片，在使用后会自动使用当前的色相、饱和度而保留目标处的纹理，如果源和目标处颜色反差较大则不适合使用该工具。

污点修复画笔工具是自 CS3 后新增的一个工具，功能与修复工具类似，但使用比较简单，只需要在目标处涂抹即可，但精度不如修复工具，如图 2-1-9 所示。

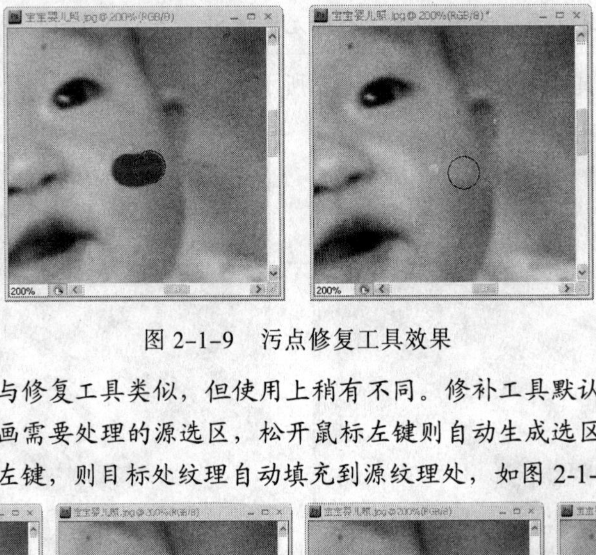

图 2-1-9　污点修复工具效果

修补工具功能与修复工具类似，但使用上稍有不同。修补工具默认情况下是定义源目标：用修补工具勾画需要处理的源选区，松开鼠标左键则自动生成选区，然后拖放到目标纹理处，松开鼠标左键，则目标处纹理自动填充到源纹理处，如图 2-1-10 所示。

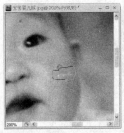

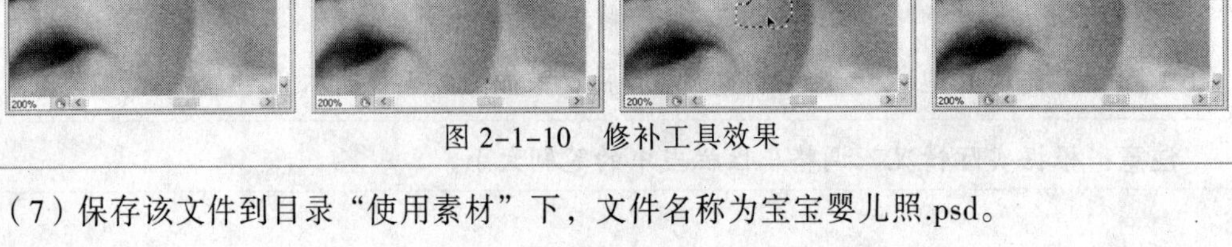

图 2-1-10　修补工具效果

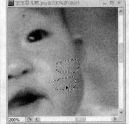

（7）保存该文件到目录“使用素材”下，文件名称为宝宝婴儿照.psd。

### 2. 调整色阶修复图片

（1）按【Ctrl+O】组合键，打开“色阶调整.jpeg”文件，如图 2-1-11 所示。

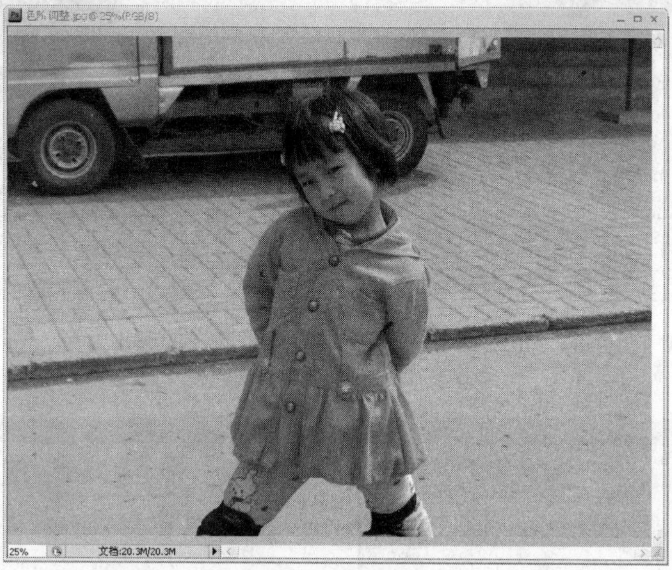


图 2-1-11　色阶调整前图像

（2）按【Ctrl+L】组合键，弹出“色阶”对话框。调整色阶参数，输入色阶暗调为 5，半色调为 1.8，亮调为 218，如图 2-1-12 所示。

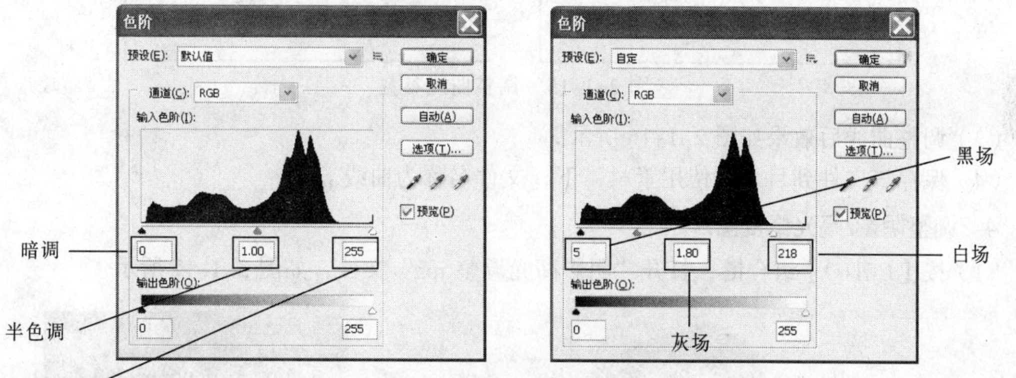


图 2-1-12　色阶调整参数

> **提示：**之所以这样调整色阶参数是因为原色阶参数中亮调、暗调处没有值，则说明该图像对比度不强，调整亮调、暗调值后增强对比度，通过向左调整半色调值使得图像整体偏亮些，达到简单的漂白效果。

（3）调整色阶效果如图 2-1-13 所示。

（4）保存该文件到目录“使用素材”下，文件名称为色阶调整.psd。

### 3. 调整曲线修复图片

（1）按【Ctrl+O】组合键，打开“曲线.jpg”文件，如图 2-1-14 所示。

图 2-1-13　色阶调整后图像

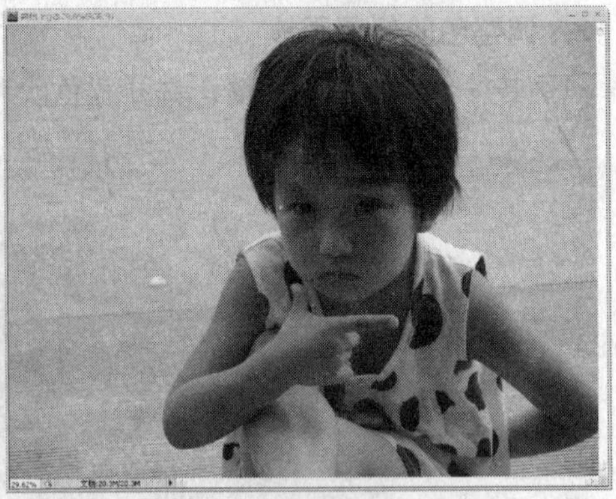

图 2-1-14　曲线调整前图像

（2）按【Ctrl+M】组合键，弹出“曲线”对话框。调整曲线参数，输出为 68，输入为 33，如图 2-1-15 所示。

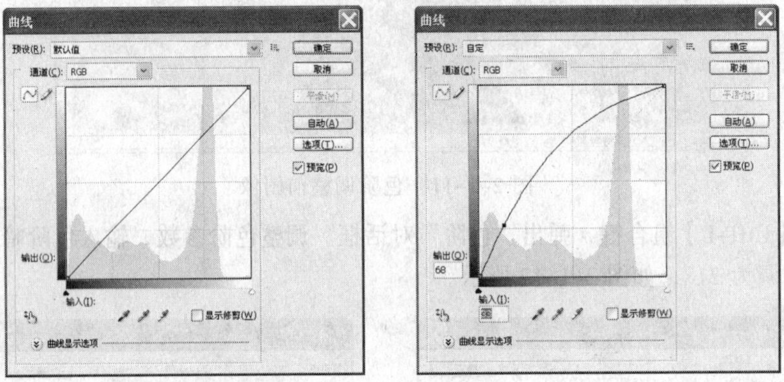

图 2-1-15　调整曲线参数

（3）调整曲线后效果如图 2-1-16 所示。

（4）保存该文件到目录“使用素材”下，文件名称为曲线.psd。

### 4. 调整阴影/高光修复图片

（1）按【Ctrl+O】组合键，打开“阴影高光调整.jpg”文件，如图 2-1-17 所示。

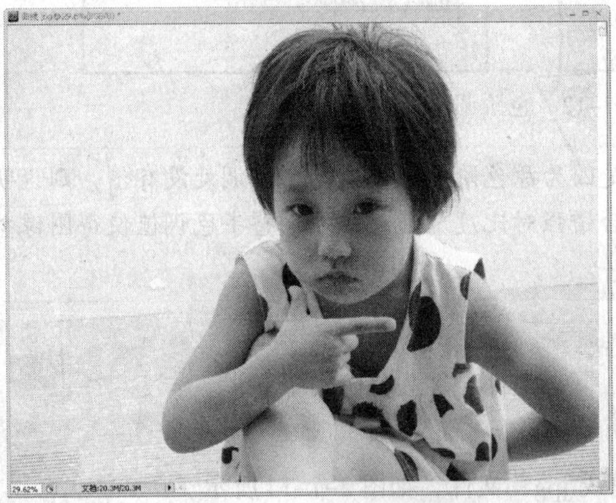

图 2-1-16　曲线调整后图像

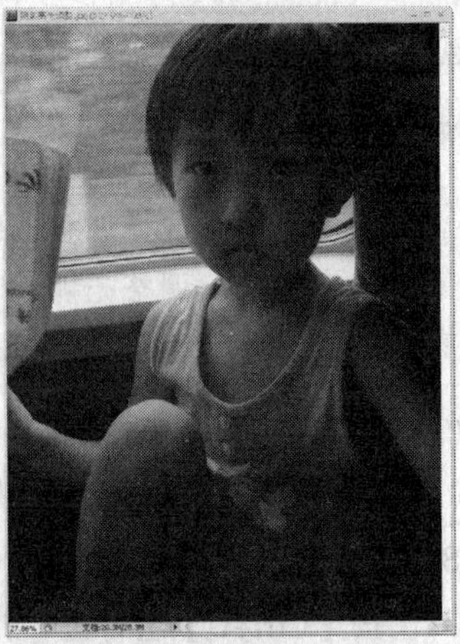

图 2-1-17　“阴影/高光”调整前图像

（2）选择“图像”→“调整”→“阴影/高光”菜单命令，可弹出“阴影/高光”对话框，如图 2-1-18 所示。

（3）按照默认参数，单击“确定”按钮，如图 2-1-19 所示。

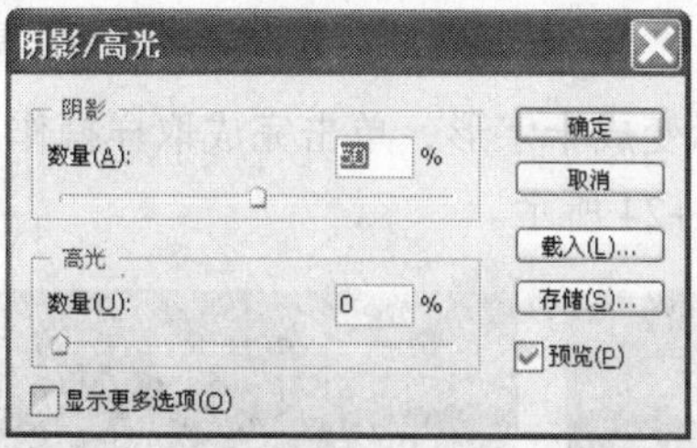


图 2-1-18 “阴影/高光”对话框

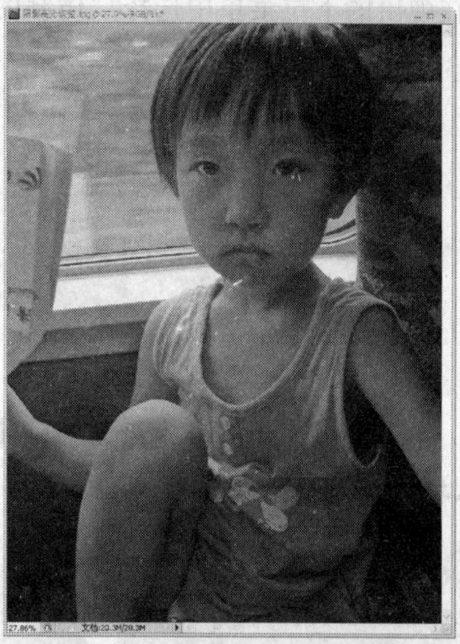

图 2-1-19 “阴影/高光”调整后图像

（4）保存该文件到目录“使用素材”下，文件名称为阴影高光调整.psd。

## 相关知识与技能

### 1. 修饰、修补工具补充

（1）红眼工具。红眼工具是 Photoshop CS4 图像修复、修补工具中新增的一项。它对图像中各种红眼有很好的消除作用，只需一次即可移除红眼。

① 按【Ctrl+O】组合键，打开“红眼.jpg”文件，如图 2-1-20 所示。

② 单击工具栏中的“修复、修补工具”，在弹出的下拉菜单中选择“红眼工具”选项，然后鼠标移到红眼部分单击，如图 2-1-21 所示。

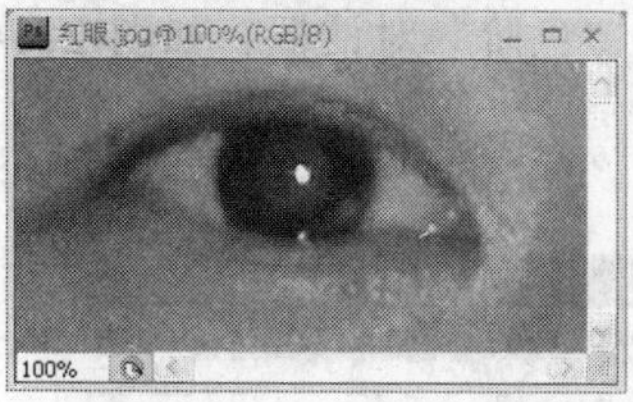


图 2-1-20 红眼图像

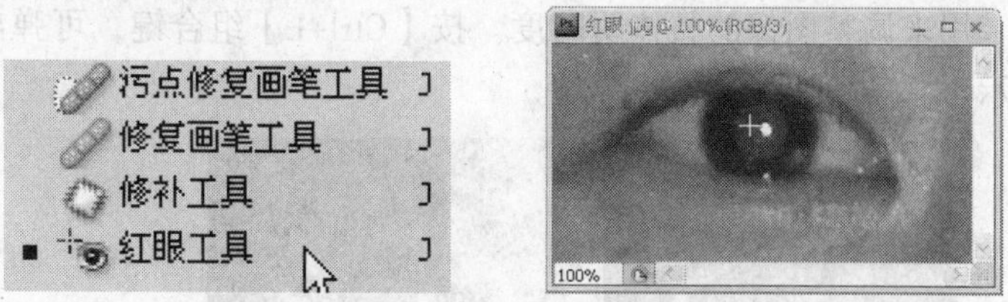


图 2-1-21 在红眼处单击

③ 红眼去除效果如图 2-1-22 所示。

（2）印章工具。在 Photoshop CS4 中，图章工具根据其作用方式被分成两个独立的工具：仿制图章工具和图案图章工具，它们一起组成了 Photoshop 的图章工具组。常用的是仿制图章工具。

仿制图章工具是 Photoshop 工具箱中很重要的一种编辑工具。在实际工作中，仿制图章可以复制图像的一部分或全部，从而产生某部分或全部的拷贝，它是修补图像时经常要用到的编辑工具。

仿制图章工具用法与图像修复工具类似，使用前都必须进行取样。其操作步骤如下：

① 按【Ctrl+O】组合键，打开“阴影高光调整.psd”文件。单击工具栏中的“仿制图章工具”，在弹出的下拉菜单中选择“仿制图章工具”选项，如图 2-1-23 所示。

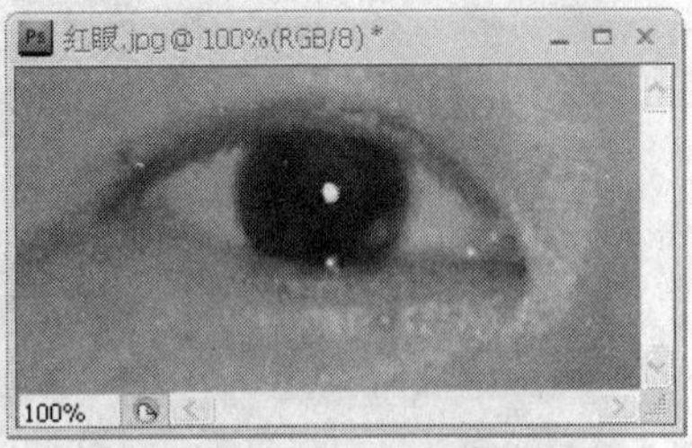


图 2-1-22　红眼去除效果图

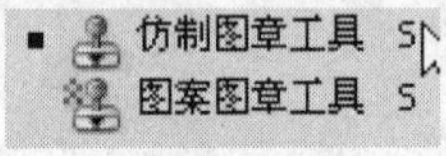


图 2-1-23　选中仿制图章工具

② 单击需要处理部分附近，按住【Alt】键，鼠标变成十字形，单击完成取样操作。移到需要处理部分上方，按住鼠标左键拖动复制，如图 2-1-24 所示。

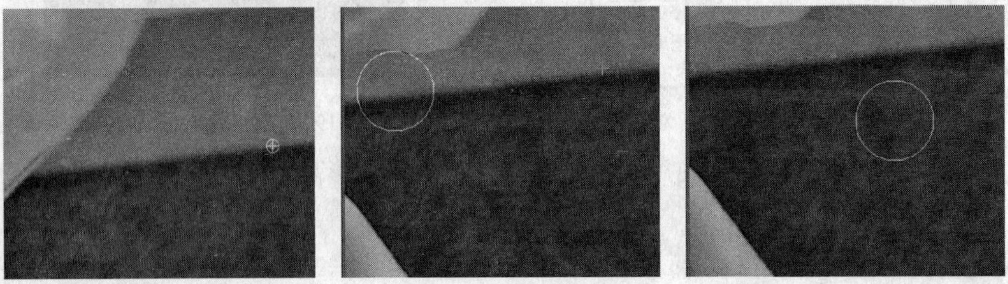

图 2-1-24　定义取样点并开始复制

**提示：**使用印章工具一定要随时根据目标不同改变取样点，并更改笔刷大小、属性。

③ 与此类似，松开鼠标左键，重新取样，完成其他部分的处理。最后效果如图 2-1-25 所示。

**提示：**使用印章工具处理图像是个辛苦、需要耐心的工作，只有认真，才能做好。

### 2. 色阶

用来调整图像的整体明暗度。按【Ctrl+L】组合键，可弹出“色阶”对话框，如图 2-1-26 所示。

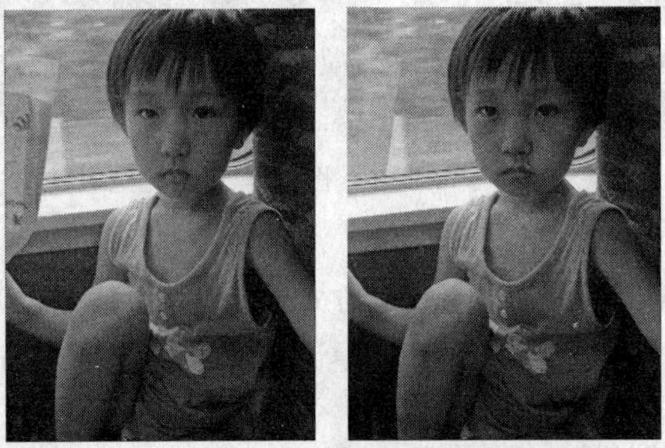

图 2-1-25　应用仿制图章工具后

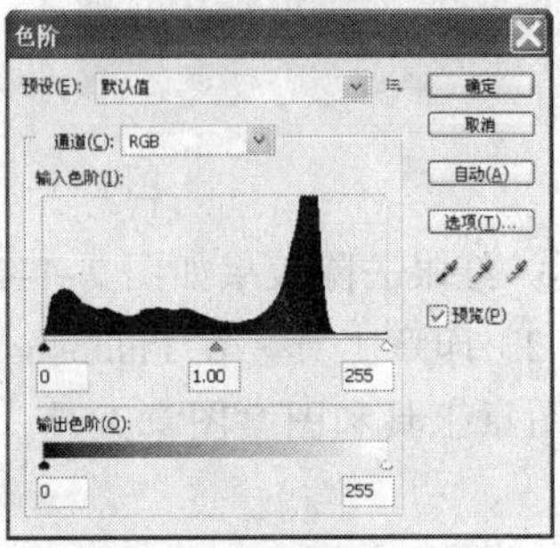


图 2-1-26　“色阶”对话框

（1）通道：可通过其下拉列表选择不同的通道来进行调整。

（2）输入色阶：控制与调整图像所选区域中最亮和最暗的色彩。既可输入数值进行调整，也可拖动三角滑块调整图像。

（3）输出色阶：可使较暗的像素变亮，而较亮的像素变暗，使图像整体的对比度降低。

（4）“设置黑场”按钮：选择此吸管在图像中单击后，可将图像中最暗值设为单击部分的颜色，而其他更暗的像素都将变成黑色。

（5）“设置灰点”按钮：选择此吸管在图像中单击后，图像中所有像素的亮度值将会根据吸管单击处像素的亮度值进行调整。

（6）“设置白场”按钮：选择此吸管在图像中单击后，图像中所有像素的亮度值将被加上吸管单击处像素的亮度值，从而使图像整体变亮。

（7）“自动”按钮：单击此按钮后，Photoshop 将按一定的比例自动调整图像的整体亮度。

### 3. 曲线

通过调整曲线表格中的曲线来修改色阶的工具。此工具可以根据 0~255 色调范围微调任何一种亮度级别。按【Ctrl+M】组合键，可弹出“曲线”对话框。

调整曲线的过程中，按【Alt】键，可进行网格普通模式与网格精密模式的切换，如图 2-1-27 所示。

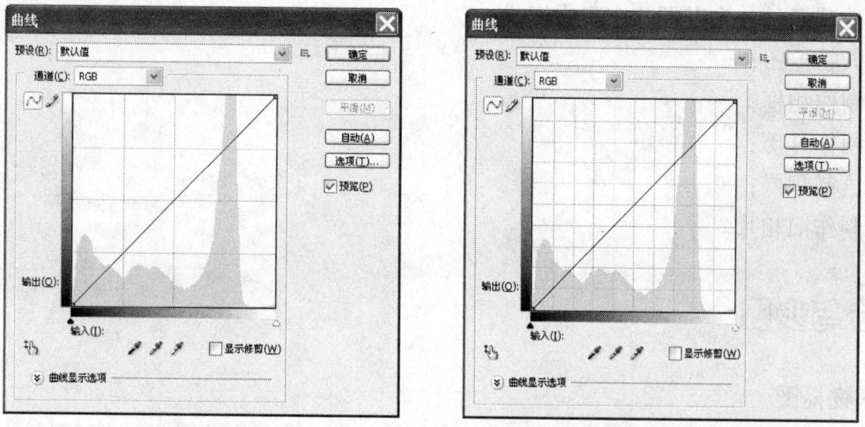


a 网格普通模式　　b 网格精密模式

图 2-1-27　“曲线”对话框两种模式

（1）输入：显示曲线横轴的值。

（2）输出：显示图像色阶改变后的新值。

## 技能训练

1. 掌握常见的修复、修补工具使用。
2. 掌握色阶、曲线工具的使用。

## 完成任务

请以自己的数码照片为素材进行色彩校正练习。

# 任务二　处理素材

## 任务描述

素材是制作作品的基础，素材处理是完成作品的必须过程，经过处理的素材才能在作品中得到更好发挥。

本次任务主要是在 Photoshop CS4 中完成人物抠图操作，掌握简单的抠图技巧，并借助一些辅助软件快速完成一些特效制作。该任务完成后的图像效果之一，如图 2-2-1 所示。

图 2-2-1　胶卷效果

## 任务分析

随着使用对象的环境、氛围不同，即使是同一个素材也有着不同的处理技巧。素材处理大致分为两类：抠图或者修饰。

本次处理素材分为以下几个步骤完成：

（1）人物抠图；

（2）制作相框；

（3）制作月历；

（4）绘制蝴蝶；

（5）制作旧相片。

## 方法与步骤

### 1. 人物抠图

（1）单击图层面板上的“背景”图层，按鼠标左键不放将其拖动至“创建新图层”按钮上，创建“背景副本”图层，单击“背景”图层前的眼睛图标，关闭“背景”图层，如图 2-2-2 所示。

（2）选择“滤镜”→“抽出”菜单命令，打开“抽出”滤镜，如图 2-2-3 所示。

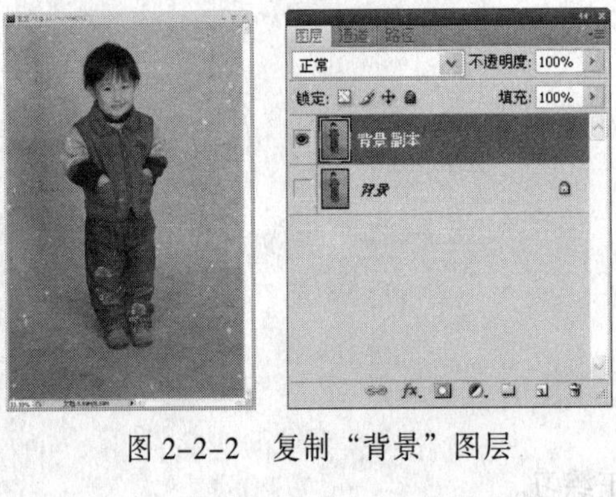


图 2-2-2　复制“背景”图层

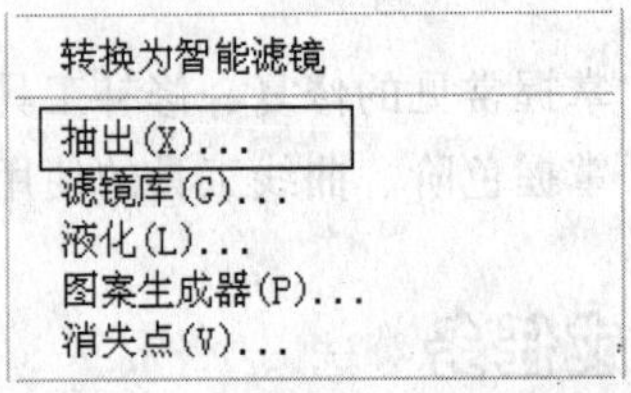


图 2-2-3　选择“抽出”滤镜

注意：Photoshop CS4 中“抽出”滤镜的安装见本任务中“相关知识与内容”章节。

（3）单击选中“强制前景”复选框，此时吸管可用；使用吸管工具在头部上方位置吸取强制抽出的前景色；单击选中“边缘高光器工具”，在调整画笔大小后，用画笔将整个画布填充满；单击“确定”按钮，如图 2-2-4 所示。

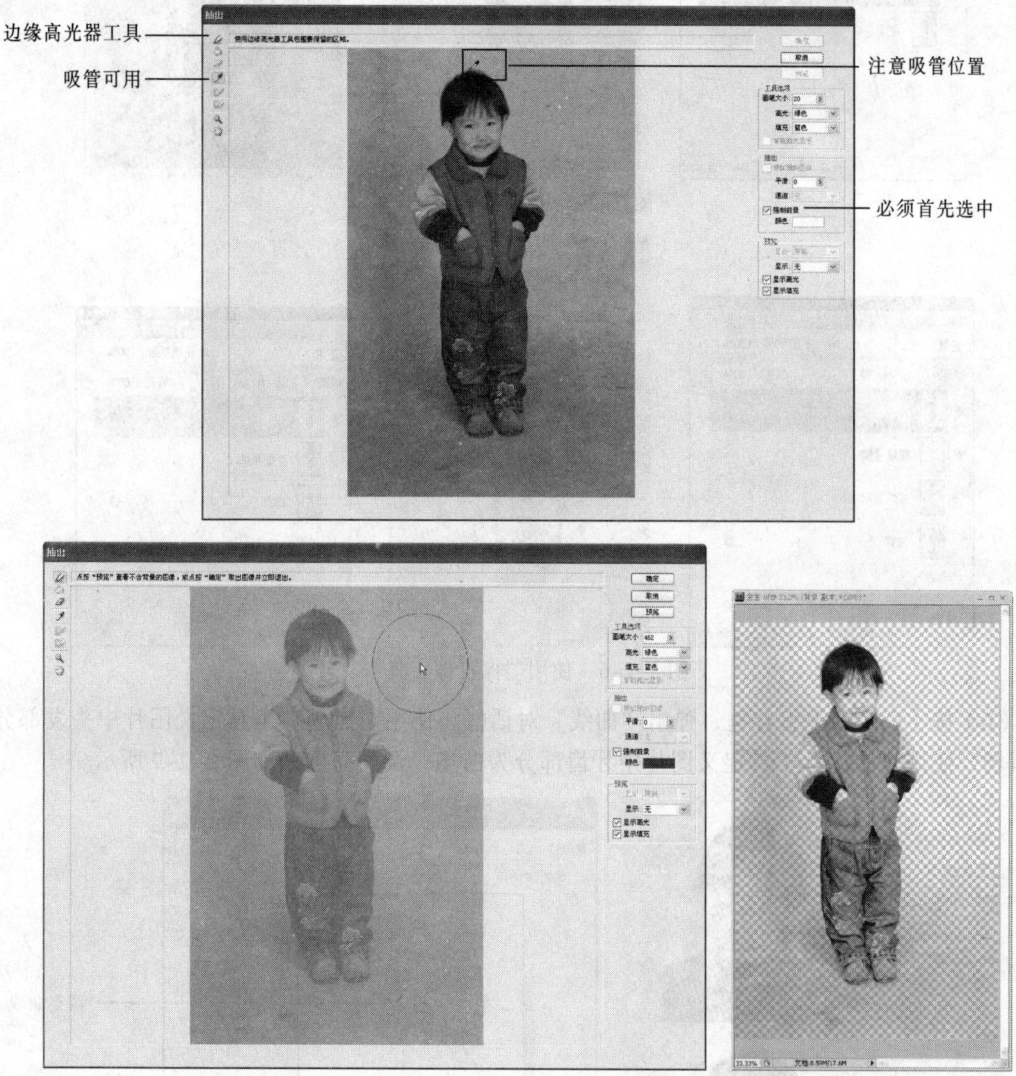


图 2-2-4　“抽出”滤镜效果

（4）将“背景”层复制为“背景副本 2 ”图层，并关闭其他图层眼睛图标；单击选中“磁性套索工具”，沿着衣服轮廓进行选区勾勒，如图 2-2-5 所示。

（5）按【Ctrl+J】组合键，复制当前选区内容为“图层 1 ”图层；按【Ctrl+]】组合键，将“图层 1”置于顶层；单击选中工具栏中的“橡皮擦工具”，沿着头部来回擦除。头部头发的细节抠出来后，连续选中“图层 1”图层、“背景副本”图层，合并链接图层为“图层 1”图层，如图 2-2-6 所示。

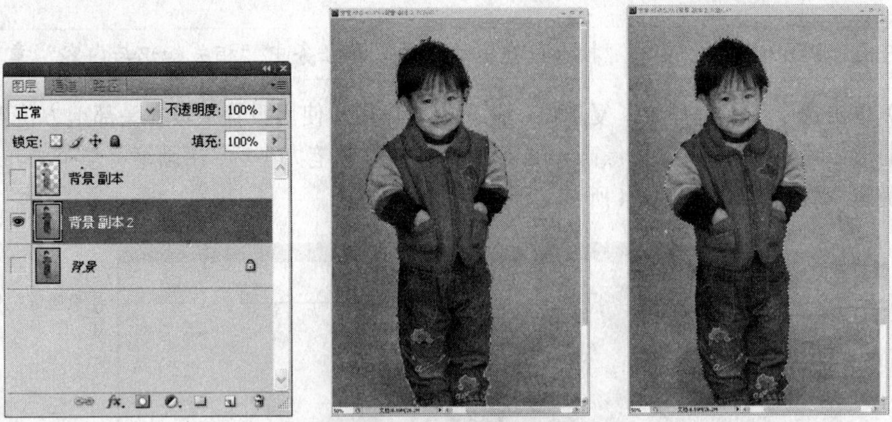


图 2-2-5　使用磁性套索

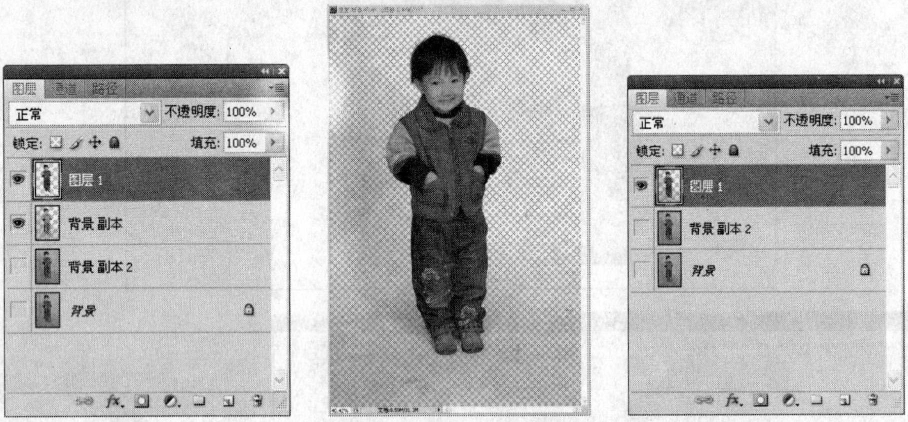


图 2-2-6　使用“橡皮擦工具”

（6）按【Ctrl+M】组合键，弹出“曲线”对话框。使用“黑场”工具定义图片中头发部分为黑场，使用“白场”工具定义图片中牙齿部分为白场，调高亮度，如图 2-2-7 所示。

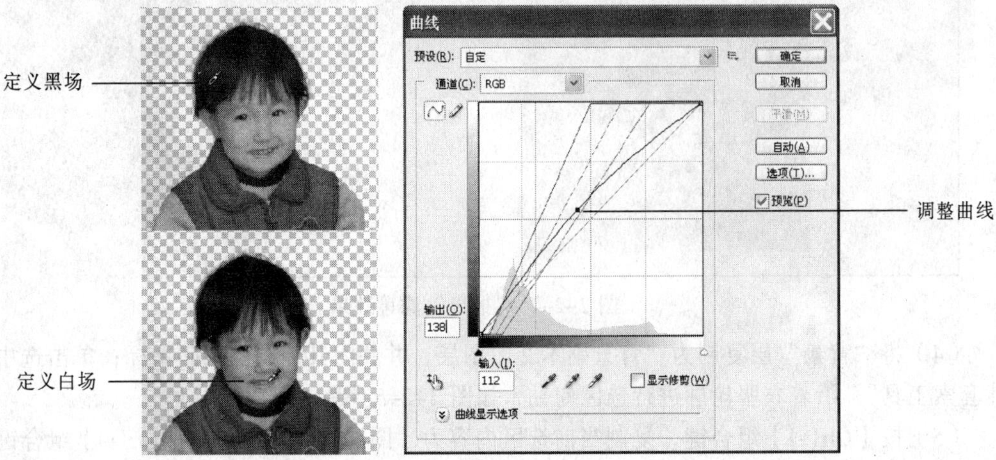


图 2-2-7　图像色彩校正

（7）按【Ctrl+W】组合键，保存该文档。最后效果如图 2-2-8 所示。

图 2-2-8　调整后效果图

（8）保存该文件到目录“使用素材”下，文件名称为宝宝.psd。

### 2. 制作月历

（1）按【Ctrl+O】组合键，打开“月历图 1.tif”文件。单击图层面板上的“背景”图层，按住鼠标左键不放将其拖动至“创建新图层”按钮上，创建“背景副本”图层，关闭掉“背景”图层眼睛图标，如图 2-2-9 所示。

图 2-2-9　打开文件

（2）单击选中工具栏中的“矩形选框工具”，拉取选区。按【D】键，恢复默认“前景色/背景色”。按【Alt+Delete】组合键，填充前景色，如图 2-2-10 所示。

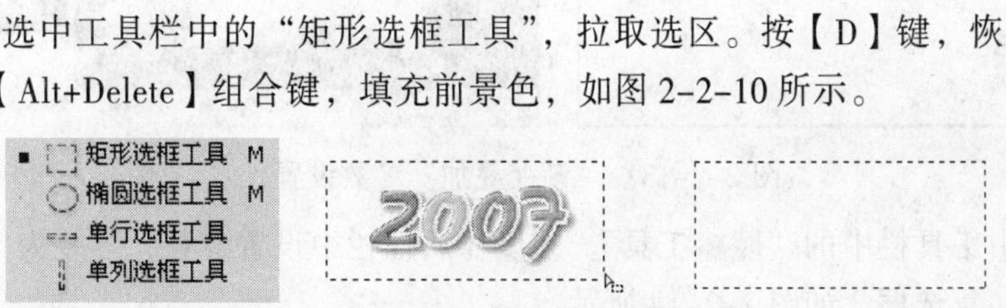


图 2-2-10　拉取选区

（3）单击选中工具栏中的“文字工具”，设置字体为迷你简卡通，文字大小为30点。输入文字内容，如图2-2-11所示。

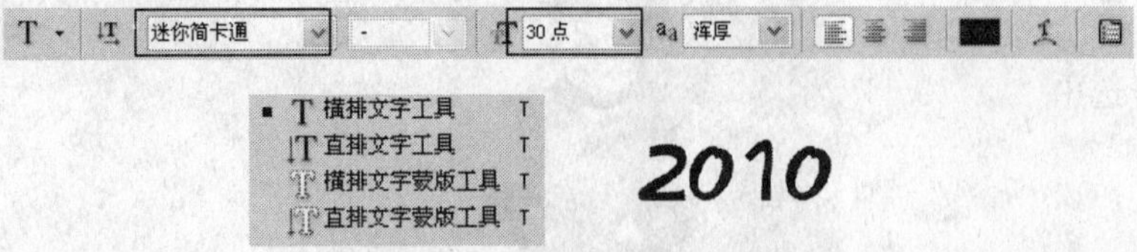


图 2-2-11　输入新的年份

（4）双击文字“2010”图层蓝色部分，在弹出的“图层样式”对话框中选中“渐变叠加”复选框，单击“渐变编辑器”，在弹出的“渐变编辑器”对话框中单击“色谱”选项。单击“确定”按钮，如图2-2-12所示。

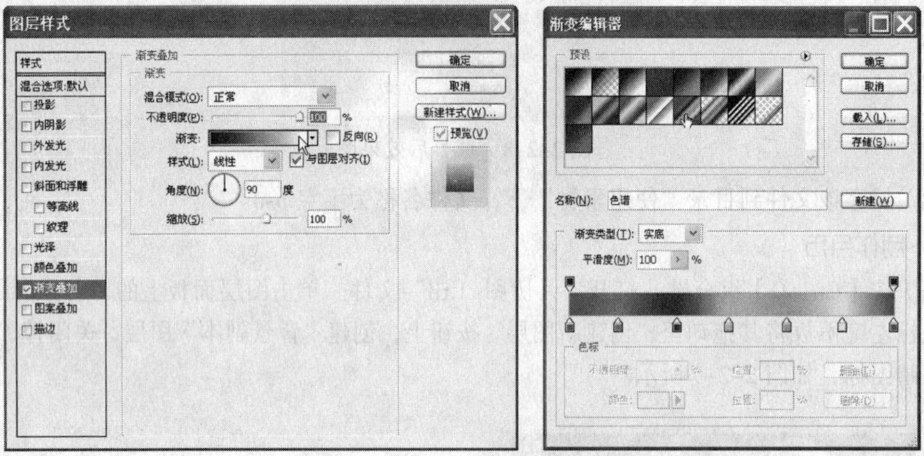

图 2-2-12　修改渐变编辑器

（5）在图层样式“渐变叠加”面板中设置参数，角度为 0，其他参数默认，单击“确定”按钮，如图2-2-13所示。

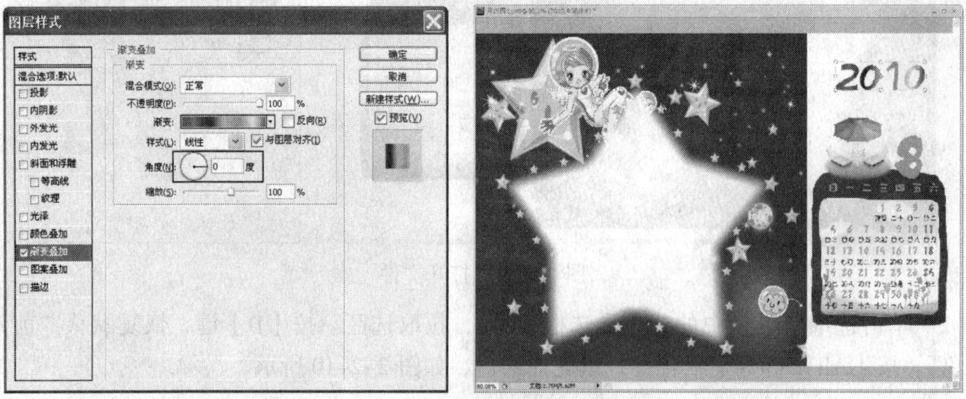

图 2-2-13　“渐变叠加”参数设置

（6）单击选中工具栏中的“魔棒工具”。在魔棒属性栏中设置参数，容差为 10，选中“消除锯齿”、“连续”复选框，如图2-2-14所示。

图 2-2-14 属性栏参数

（7）单击选中“背景副本”图层。单击星形中心位置，自动生成选区。按【Ctrl+J】组合键，将选区内容复制成“图层 1”图层，如图 2-2-15 所示。

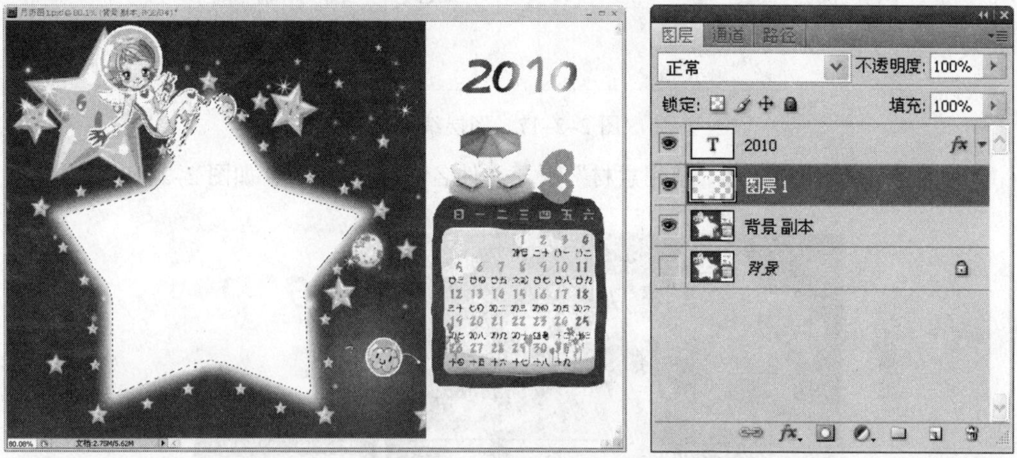


图 2-2-15 选中星形选区

（8）按【Ctrl+O】组合键，打开“月历图 2.tif”文件。用“移动工具”移到当前打开的“月历图 1.tif”中。通过自由变形工具按比例约束缩放后，摆放到合适位置。调整图层位置，如图 2-2-16 所示。

图 2-2-16 调整图层位置

（9）单击选中“图层 2”图层，按住【Alt】键，鼠标放置在“图层 2”图层、“图层 1”图层之间，可以看到鼠标改变了形状，单击完成“编组”操作，如图 2-2-17 所示。

> **提示：** 编组简单地说就是上一图层出现在下一图层有效选区内。上一图层可以任意移动而不会离开下一图层的有效范围。

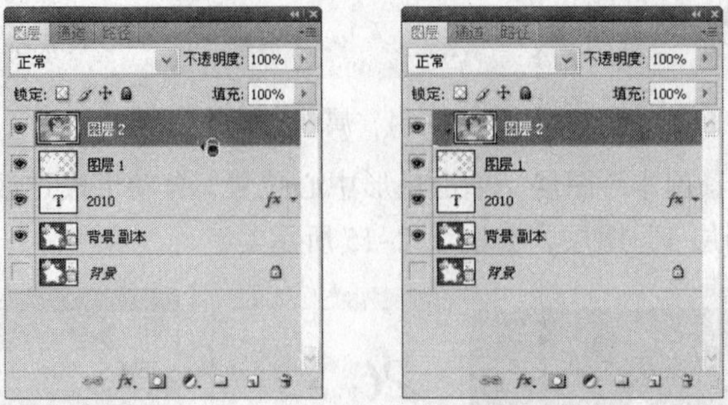


图 2-2-17　图层编组

（10）保存该文件到目录“使用素材”下，文件名称为月历.jpg，如图 2-2-18 所示。

图 2-2-18　月历效果图

3. 制作旧相片

（1）运行相片刷子程序，在默认启动界面，单击“继续”按钮，如图 2-2-19 所示。

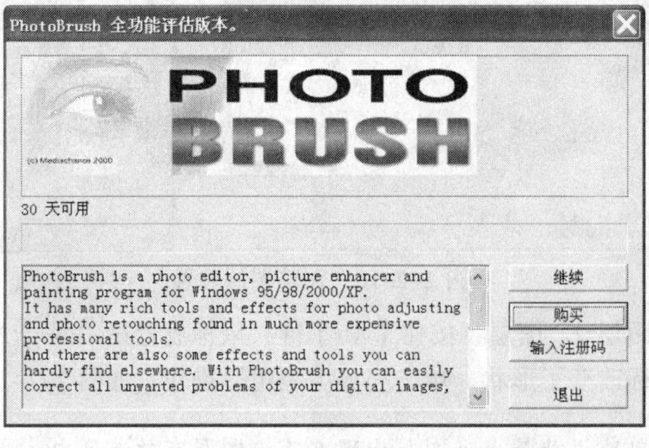


图 2-2-19　“相片刷子”启动界面

提示：如果经过正版注册则直接进入工作界面。

（2）按【Ctrl+O】组合键，打开“宝宝婴儿照.psd”文件，如图 2-2-20 所示。

（3）单击选中“特效”选项卡，然后选择“旧照片”特效，如图 2-2-21 所示。

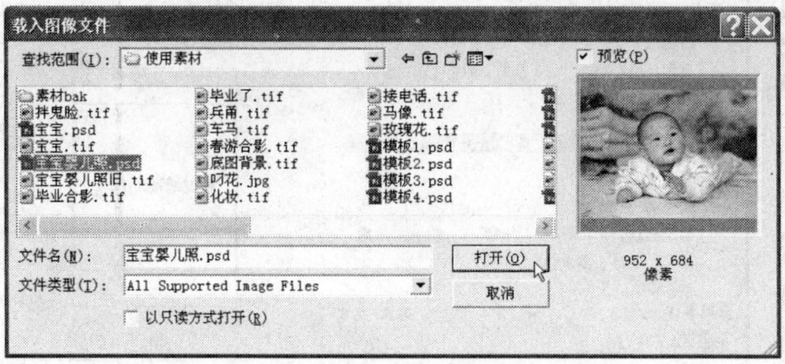


图 2-2-20　载入图像文件

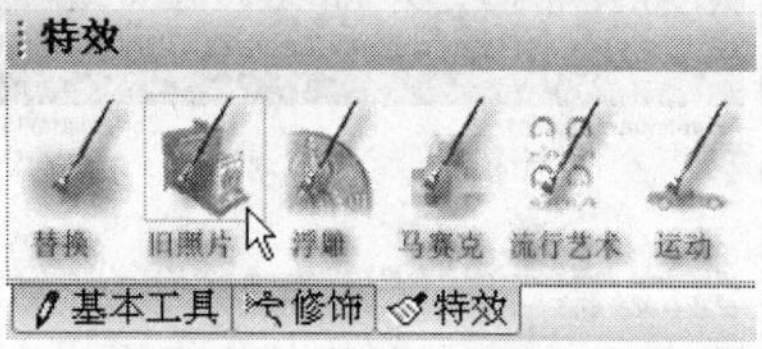


图 2-2-21　特效面板

（4）单击选中“画笔”工具中较大的画笔，然后在要处理的图片上开始涂抹，如图 2-2-22 所示。

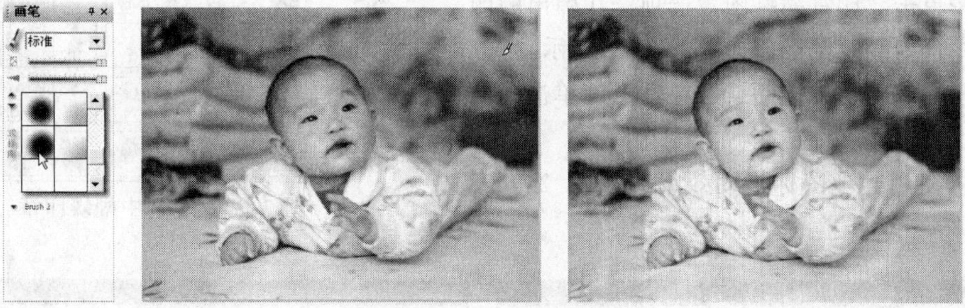


图 2-2-22　旧画像效果

（5）按【Ctrl+S】组合键，弹出“保存图像”对话框。文件名为“宝宝婴儿照.jpg”，单击“确定”按钮。在“JPEG”面板中选择保存 JPEG 图像质量，单击“保存”按钮，如图 2-2-23 所示。

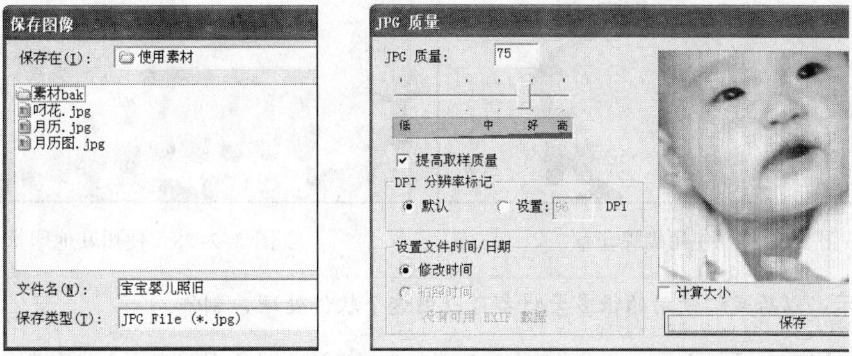


图 2-2-23　保存文件

### 4. 绘制蝴蝶

（1）运行 PhotoImpact 10 程序，如图 2-2-24 所示。

（2）按【Ctrl+N】组合键，弹出“新建图像”对话框。设置文件参数，图像大小选标准 800×600 像素，其他参数默认，单击“确定”按钮，如图 2-2-25 所示。

图 2-2-24 “PhotoImpact 10”启动界面

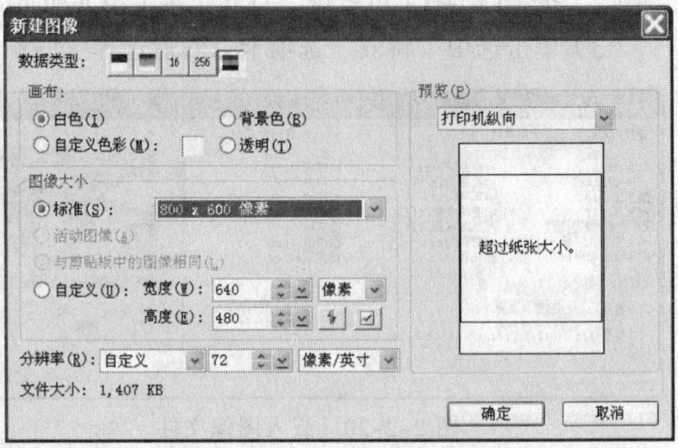


图 2-2-25 新建图像设置界面

（3）单击选中“印章工具”，在“印章工具”属性栏中单击“印章缩略图”选项，在弹出的印章图标中选中蝴蝶图标，如图 2-2-26 所示。

（4）在编辑器内拖动或者在任意处单击，如图 2-2-27 所示。

（5）使用其他图标拖动效果，如图 2-2-28 所示。

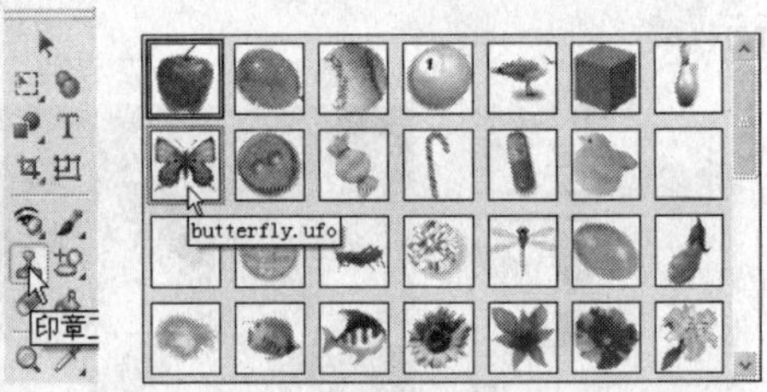


图 2-2-26 选中蝴蝶印章

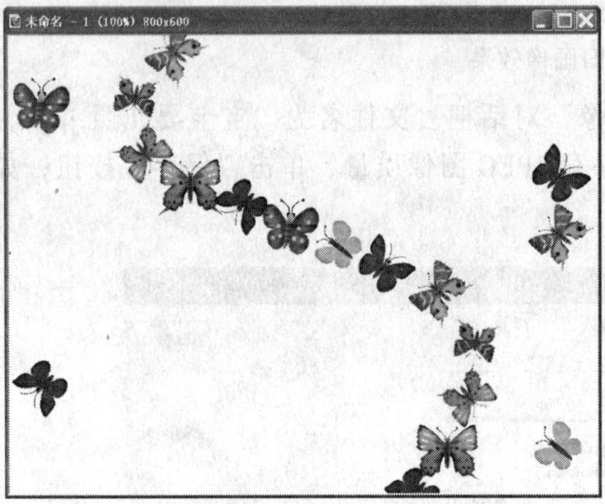


图 2-2-27 使用蝴蝶印章

图 2-2-28 使用其他印章

**提示：**以后我们使用的很多素材都可以用这个软件处理、制作。

（6）按【Ctrl+S】组合键，弹出“另存为”对话框。设置存储文件参数，文件名称为蝴蝶.psd，保存类型为 PSD。单击“保存”按钮，如图 2-2-29 所示。

5. 制作相框

（1）运行光影魔术手（nEO iMAGING）程序，如图 2-2-30 所示。

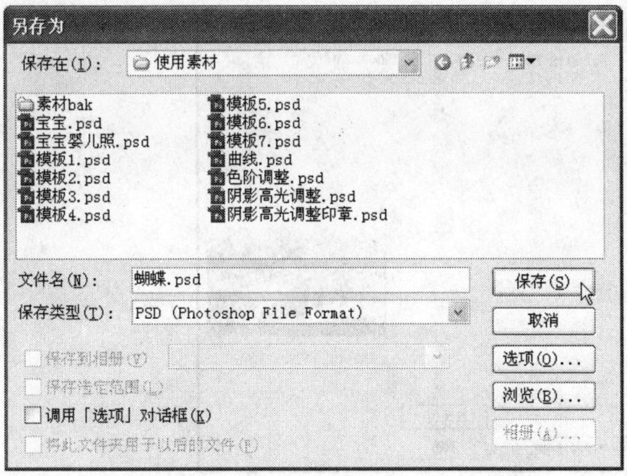


图 2-2-29 保存为 PSD 格式文件

图 2-2-30 光影魔术手启动界面

（2）按【Ctrl+O】组合键，打开 “宝宝婴儿照旧.jpg” 文件，如图 2-2-31 所示。

（3）单击右上角的边框下拉菜单，选中“多图边框”选项，如图 2-2-32 所示。

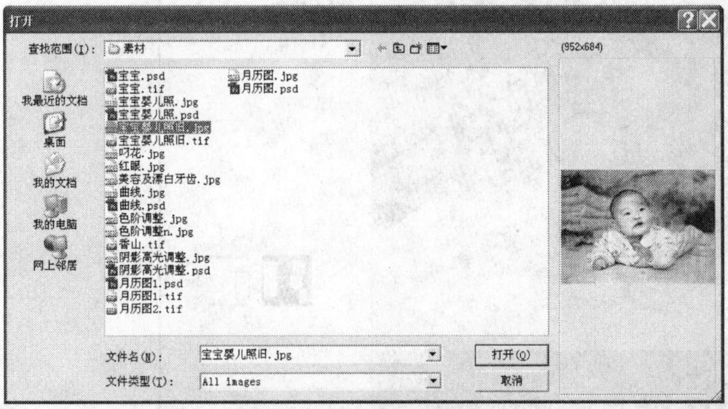


图 2-2-31 打开文件

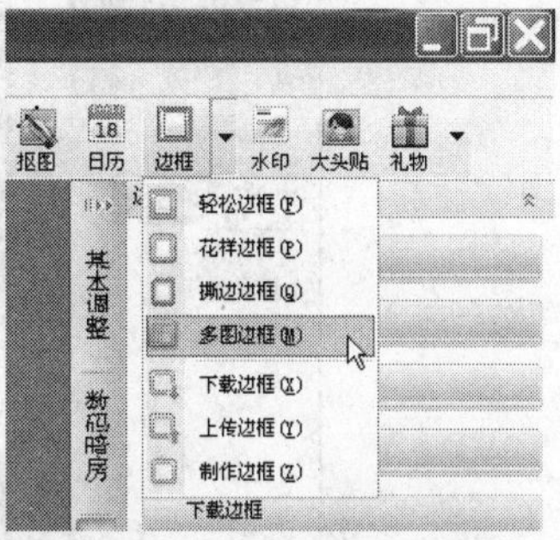


图 2-2-32 边框下拉菜单

（4）单击左侧下方“添加图片”按钮，如图 2-2-33 所示。

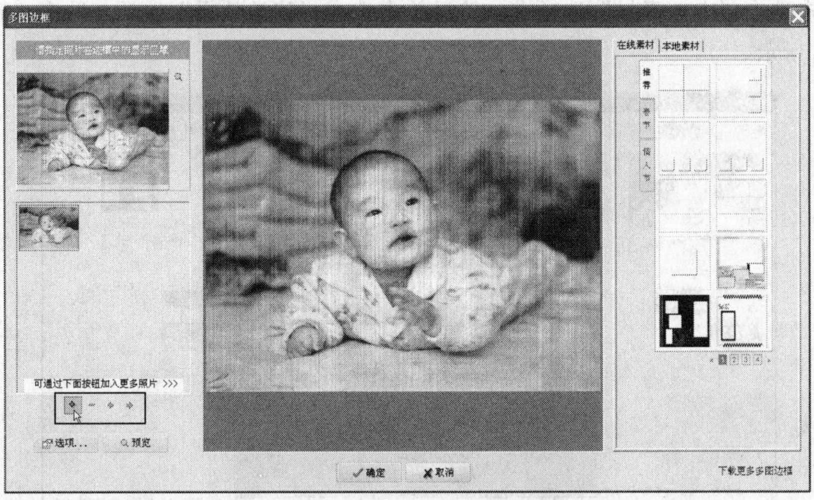


图 2-2-33 “添加图片”按钮

（5）单击选中“香山.tif”文件，单击“打开”按钮，如图 2-2-34 所示。

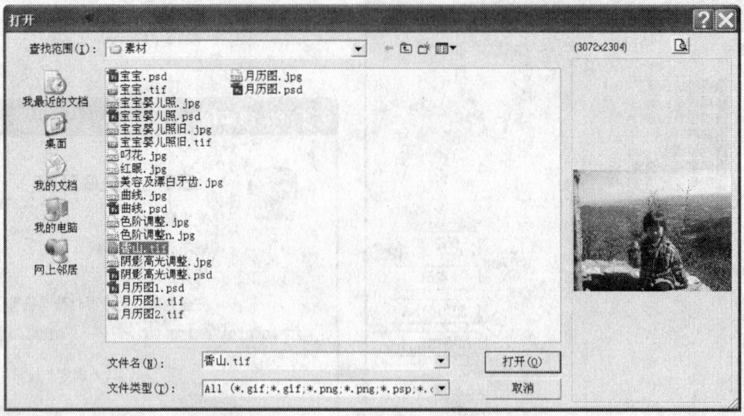

图 2-2-34　选定添加的图片文件

（6）与上步类似，添加“叼花.jpg”文件，如图 2-2-35 所示。

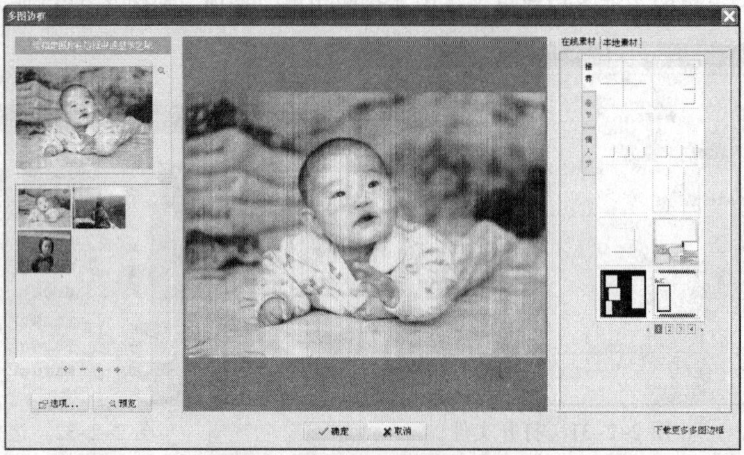

图 2-2-35　添加的多张图片

（7）单击选中“本地素材”选项卡，然后单击选中“胶卷效果”选项，单击“确定”按钮，如图 2-2-36 所示。

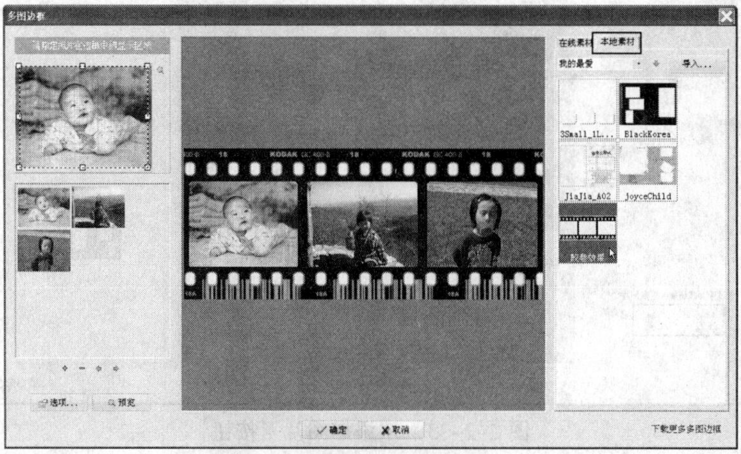

图 2-2-36　选中胶卷效果

提示：如果本地素材没有此边框的话，可以通过在线素材下载，默认会存储在“本地素材”选项卡下的“推荐”下拉列表中。此操作要求必须联网。如果边框名称不一致，可直接通过缩略图确认。

（8）最后效果如图 2-2-37 所示。

（9）按【Ctrl+Q】组合键，弹出“另存为”对话框。设置存储文件参数，文件名称为胶卷效果，保存类型为 Jpeg 文件，单击“保存”按钮；在弹出的“保存图像文件”对话框中，参数默认，单击“确定”按钮，如图 2-2-38 所示。

图 2-2-37 “多边框胶卷”效果图

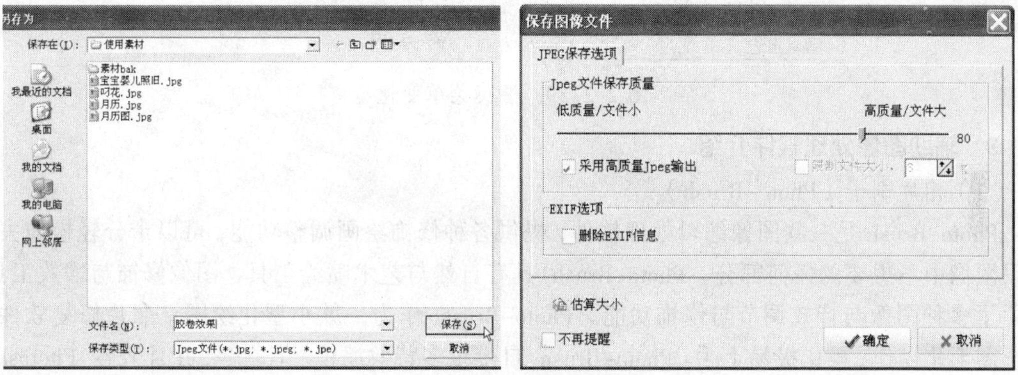


图 2-2-38 保存文件

（10）与上述步骤类似，完成其他图片的相框处理。

提示：光影魔术手还有很多其他强大功能，就不一一举例了，读者请自行尝试。

## 相关知识与技能

### 1. 魔棒工具

魔棒工具是根据相邻像素的颜色相似程度来确定选区的选取工具。

当使用魔棒工具时，Photoshop 将确定相邻近的像素是否在同一颜色范围容许值之内，这个容许值可以在魔棒选项浮动窗口中定义，所有在容许值范围内的像素都会被选上。

魔棒工具中容差的范围在 0～255 之间，默认值为 32。输入的容许值越低，则所选取的像素颜色和所单击的那一个像素颜色越相近。反之，可选颜色的范围越大。用于所有图层选项和 Photoshop 中特有的图层有关，当选择此选项后，不管当前是在哪个图层上操作，所使用的魔棒工具将对所有的图层都起作用，而不仅仅对当前图层起作用。

### 2. Photoshop CS4 中“抽出”滤镜的安装

Photoshop CS4 中增加了一些很实用的功能，但也去掉了一些功能，比如“抽出”滤镜。

在 Photoshop CS4 中可按如下方式重新安装“抽出”滤镜：

（1）如果计算机中有 Photoshop CS3 中文版，只需将 X:\Program Files\Adobe\Adobe Photoshop CS3\增效工具\滤镜目录下的 ExtractPlus.8BF（抽出滤镜）复制到 X:\Program Files\Adobe\Adobe Photoshop CS3\Plug-ins\Filters 文件夹中就可以了。（X 为系统盘符）

（2）如果能够连上 Internet，可以到 Adobe 的官方网站去下载补充控件，其中包含这个滤镜。网址：http://download.adobe.com/pub/adobe/photoshop/win/cs4/PHSPCS4_Cont_LS3.exe 。

双击 PHSPCS4_Cont_LS3.exe 后，软件会自动解压到桌面，然后进入桌面的 Adobe CS4\Photoshop Content\简体中文\实用组件\可选增效工具\增效工具（32 位）\Filters 文件夹，把里面的 ExtractPlus.8BF 文件复制到 CS4 安装目录下的滤镜文件夹下。

安装滤镜“抽出”前后，滤镜菜单变化如图 2-2-39 所示。

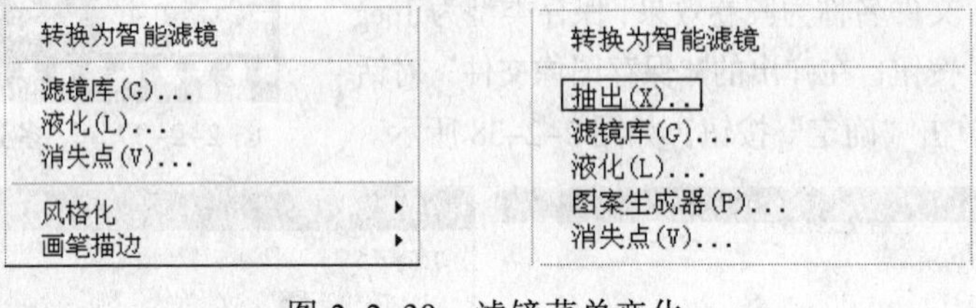


图 2-2-39 滤镜菜单变化

### 3. 辅助图像处理软件介绍

（1）相片刷子（Photo-Brush）。

Photo-Brush 是一款图像编辑处理软件，提供各种修饰绘画调整功能，可以十分轻松地去掉数码图像中不想要的任何部分。Photo-Brush 具有自然与艺术喷绘工具，图像修饰与增效工具，集中了多种图像与特效调节与修饰功能。Photo-Brush 作为一款小型化绘图、照片修复软件，完全图形化操作，操作极易上手。Photo-Brush 自带很多特效滤镜、笔刷等，并且兼容 Photoshop 插件滤镜。Photo-Brush 支持压敏手写板，可以方便绘图。

（2）Ulead PhotoImpact。

Ulead PhotoImpact 是友立公司出品的一套图像处理、网页绘图的全能制作软件。目前最新版本是 X3，但只有繁体中文版，在简体 Windows XP 系统下很多内容显示为乱码，所以不再介绍。PhotoImpact 10 有简体中文版，不存在乱码问题。

PhotoImpact 10 使用创新的双模式操作界面，不论是入门或高级用户都可轻易地通过可视化亲和界面学习操作。PhotoImpact 10 强大无可取代的图像编修功能，如快速修片工具，提供整体曝光、主题曝光、色偏、色彩饱和、焦距与美化皮肤等六大模块，可快速改善图像至最佳效果；完美的相片修容工具可修去脸部的雀斑、黑痣、鱼尾纹、皱纹、疤痕等，轻松修脸，呈现肤质好气色；独特的智慧 HDR 工具，可自动进行图像合成，让作品看起来专业细致。

（3）光影魔术手（nEO iMAGING）。

“nEO iMAGING”是一个对数码照片画质进行改善及效果处理的软件。光影魔术手简单、易用，不需要任何专业的图像技术就可以制作出专业胶片摄影的色彩效果。

> 提示：Photoshop 仅仅是点阵处理软件中功能最强大的，并不是说所有的特效就必须都由 Photoshop 来完成。我们要养成一个良好的创作习惯：创意是第一位的，使用的工具是第二位的。如果有其他简单但能达到效果的软件，我们要毫不犹豫地去使用。
>
> 以上软件大家都可以从 Internet 找到。

## 技能训练

1. 熟悉辅助软件。
2. 练习素材处理。

## 完成任务

1. 请使用辅助软件光影魔术手完成数码素材的多边框相框处理，如图 2-2-40 所示。
2. 请使用辅助软件 Ulead PhotoImpact 完成常见环形文字制作，如图 2-2-41 所示。

图 2-2-40　多边框效果图

图 2-2-41　环形文字效果

# 任务三　制 作 写 真

## 任务描述

写真与艺术照是不同的，但目前国内将写真与艺术照有些混淆，通常所说的写真其实是指艺术照的意思。本次任务中涉及图层调整、图层混合模式的使用等技巧，其中还使用到了模板，以达到风格统一的目的。

该任务完成后的图像效果之一如图 2-3-1 所示。

图 2-3-1　“相册首页”效果图

## 任务分析

通过处理的写真照中的人物会比真实的照片人物更加耐看，是理想状态的画面，比如通过处理去掉了痤疮、雀斑或改变了照片背景等，总之增强了艺术氛围。

本次制作写真分为以下几个步骤完成：

（1）制作相册首页；

（2）制作相册内容；

（3）制作相册封底。

## 方法与步骤

### 1. 制作相册首页

（1）制作电子相册封面底图。通过光影魔术手（nEO iMAGING）程序，完成电子相册封面底图制作，文件存储为“电子相册封面修正图.jpg”，如图 2-3-2 所示。

图 2-3-2　电子相册封面底图

（2）运行 Photoshop CS4 程序，按【Ctrl+O】组合键，打开“电子相册封面修正图.jpg”文件。单击选中“图层”面板上的“背景”图层，按住鼠标左键不放将其拖动至“创建新图层”按钮上，会创建“背景副本”图层，关闭掉“背景”图层眼睛图标，如图 2-3-3 所示。

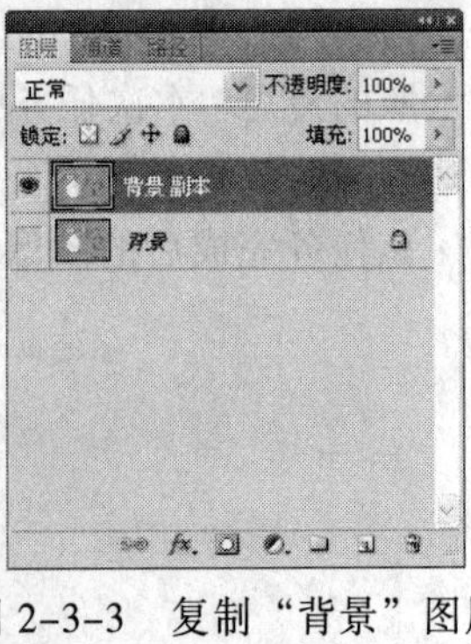


图 2-3-3　复制“背景”图层

（3）单击选中工具栏中的“魔棒工具”。设置魔棒属性栏中参数，容差为 32，选中“消除锯齿”、“连续”复选框，如图 2-3-4 所示。

（4）单击选中“背景副本”图层。单击魔棒取样区域，自动生成选区。按【Ctrl+J】组合键，将选区内容复制成“图层 1”图层，如图 2-3-5 所示。

图 2-3-4　“魔棒工具”属性栏参数

（5）按【Ctrl+O】组合键，打开“电子相册封面素材 1.jpg”文件。用“移动工具”拖至当前处理的文档中。按【Ctrl+T】组合键，使用自由变形工具按比例中心缩放后，按【Enter】键应用变形，用“移动工具”移动到合适位置，如图 2-3-6 所示。

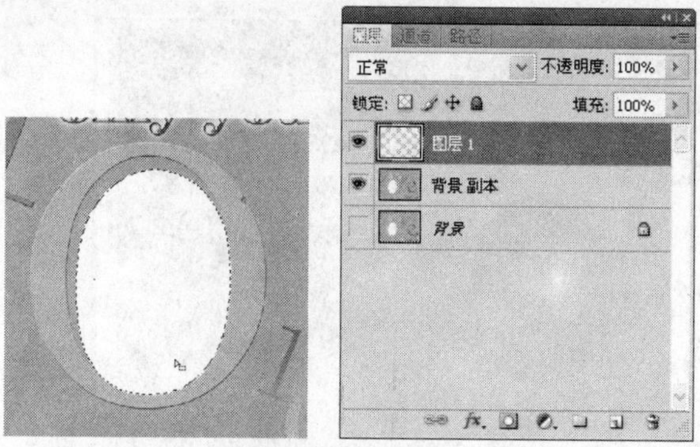


图 2-3-5　复制选区为图层

图 2-3-6　移动图像位置

（6）单击选中“图层 2”图层，按住【Alt】键，鼠标放置在“图层 1”、“图层 2”之间，可以看到鼠标改变了形状，单击完成“编组”操作，如图 2-3-7 所示。

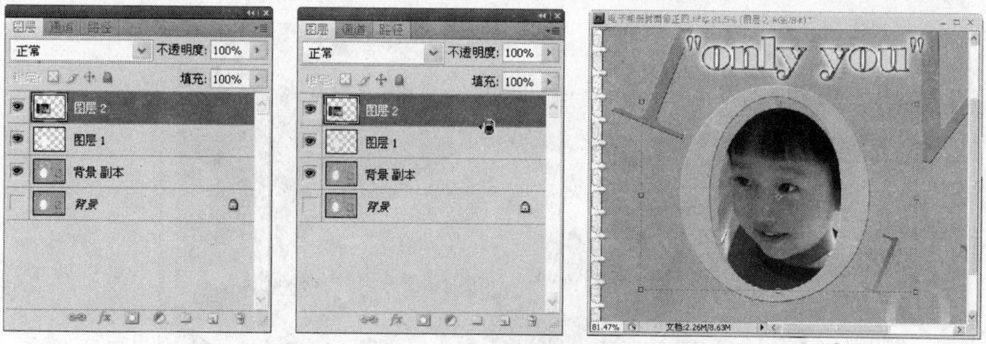


图 2-3-7　图层编组

（7）按【Ctrl+O】组合键，打开“电子相册封面素材 2.jpg”文件。用“移动工具”拖至当前处理的文档中。按【Ctrl+T】组合键，使用自由变形工具按比例中心缩放后，按【Enter】键应用变形。用“移动工具”移动到合适位置，如图 2-3-8 所示。

图 2-3-8　打开并移动素材到合适位置

（8）按【D】键，恢复默认“前景色/背景色”。单击选中工具栏上的“渐变工具”，然后单击属性栏上的“径向渐变”。选中“图层 3”图层，单击图层面板下方的“添加图层蒙版”按钮，生成蒙版，拉径向渐变，如图 2-3-9 所示。

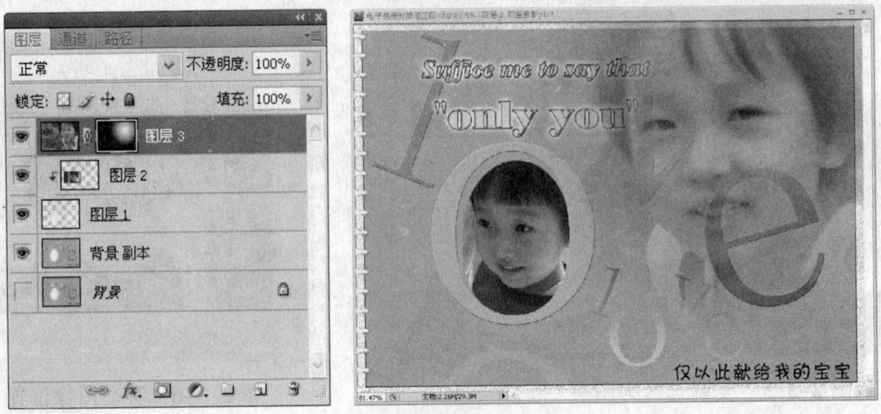


图 2-3-9　“图层蒙版”效果

（9）按【Ctrl+O】组合键，打开“电子相册封面素材 3.jpg”文件，如图 2-3-10 所示。

图 2-3-10　打开素材

（10）单击选中工具栏上的“磁性套索工具”。单击定义起始位置，然后拖动鼠标开始进行选区勾画，如图 2-3-11 所示。

（11）套索工具闭合后自动生成选区，如图 2-3-12 所示。

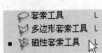

图 2-3-11　使用“磁性套索工具”

图 2-3-12　“磁性套索工具”闭合

（12）用“移动工具”将选区拖至当前处理的文档中。按住【Ctrl】键，鼠标移至“图层 4”所在的缩略图，则鼠标会变为激活选区形状，单击激活当前选区，如图 2-3-13 所示。

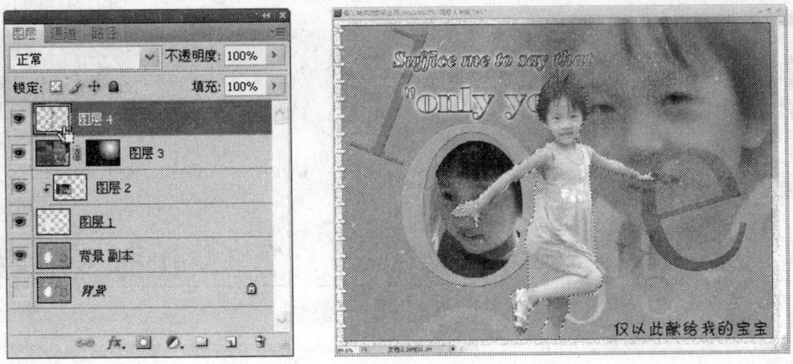


图 2-3-13　激活“图层 4”选区

（13）选择“选择”→“修改”菜单命令，在弹出的菜单中选择“收缩”选项，如图 2-3-14 所示。

（14）在弹出的“收缩选区”对话框中，设置收缩量为 2 像素，单击“确定”按钮，按【Shift+F6】组合键，在弹出的“羽化选区”对话框中设置羽化半径为 1 像素，单击“确定”按钮，如图 2-3-15 所示。

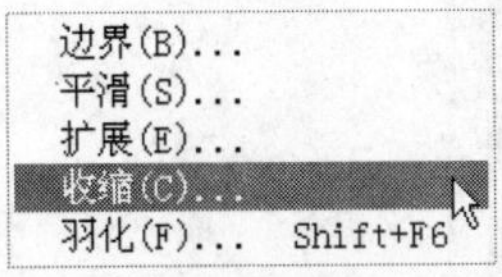


图 2-3-14　选中“收缩”选项

图 2-3-15　收缩羽化参数

**提示：**这几步都是微调修饰图像，避免毛边现象。

（15）按【Shift+F7】组合键，进行反选。按【Delete】键，删除选区内容。按【Ctrl+T】组合键，使用自由变形工具，按比例中心缩放后，按【Enter】键应用变形。通过“移动工具”移动到合适位置，如图 2-3-16 所示。

（16）关闭“图层 4”图层的眼睛图标，单击选中“背景副本”图层，用磁性套索工具勾画选区并闭合，如图 2-3-17 所示。

图 2-3-16　使用“自由变形”工具

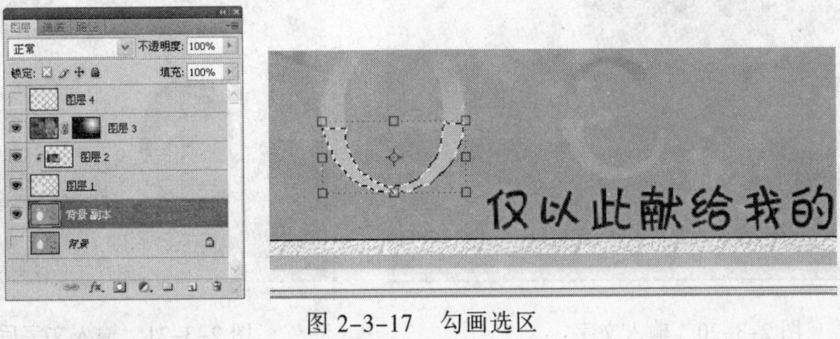


图 2-3-17　勾画选区

（17）按【Ctrl+J】组合键，将选区内容复制成“图层 5”图层。单击选中“图层 5”图层，按【Ctrl+Shift+]】组合键，将“图层 5”图层置为顶层，如图 2-3-18 所示。

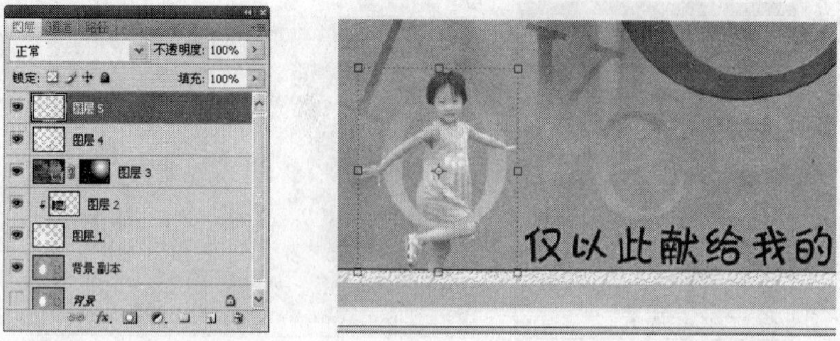


图 2-3-18　“图层 5”图层置顶

提示：按【Ctrl+Shift+[】组合键，可以将选中图层置为底层。

（18）与此类似，修改其他图层位置，最后效果如图 2-3-19 所示。

图 2-3-19　更改图层位置后效果图

（19）单击选中工具栏中的“文字工具”，在属性栏中设定字体为迷你简丫丫，字体大小为 120 点，输入文字“宝”并拖动到合适位置，如图 2-3-20 所示。

（20）与上步类似，完成其他文字的录入、摆放，如图 2-3-21 所示。

图 2-3-20　输入文字　　　　图 2-3-21　输入文字后效果图

### 2. 制作相册内容

（1）运行 Photoshop CS4 程序，按【Ctrl+O】组合键，打开“模板 1.psd”文件。选择“图像”→“图像大小”菜单命令，在弹出的对话框中设置参数，宽度为 1024，高度为 720，单位为像素。单击“确定“按钮，如图 2-3-22 所示。

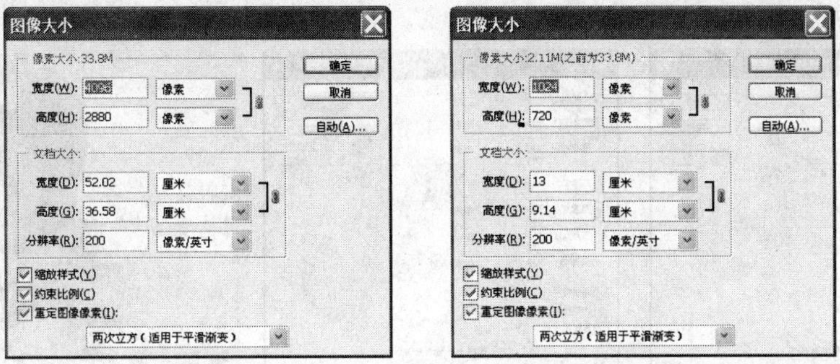


图 2-3-22　更改图像大小

> **提示：**图像大小的更改包括画面、画布大小的更改，不包括图像内容。

（2）按【Ctrl+O】组合键，打开“色阶调整.psd”文件。使用磁性套索进行选区勾画并闭合曲线产生选区，如图 2-3-23 所示。

（3）按【Shift+F6】组合键，弹出“羽化选区”对话框，设置羽化半为 10，单击“确定”按钮，如图 2-3-24 所示。

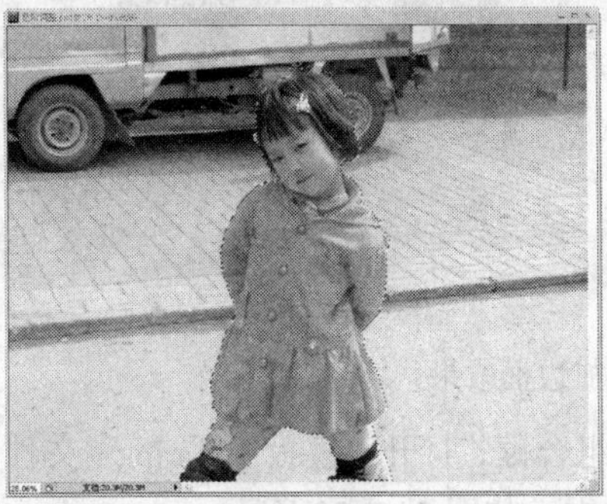

图 2-3-23　使用“磁性套索工具”

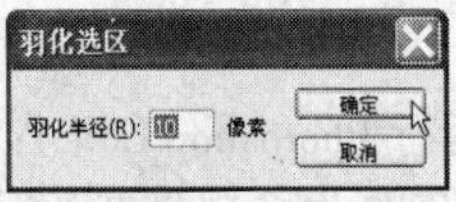


图 2-3-24　“羽化选区”参数设定

（4）按【Shift+F7】组合键，进行反选。选择“滤镜”→“模糊”→“径向模糊”菜单命令。进行参数设置，如图 2-3-25 所示。

图 2-3-25　“径向模糊”效果

（5）选择“图像”→“图像大小”菜单命令，在弹出的对话框中，设置参数，宽度为 800，高度为 600，单位为像素。单击“确定“按钮，如图 2-3-26 所示。

（6）按【Ctrl+S】组合键，文件存储为“模板 1-1.jpg”,关闭该文件。

（7）按【Ctrl+O】组合键，打开“曲线.psd”文件。更改图像大小为 400 × 300，如图 2-3-27 所示。

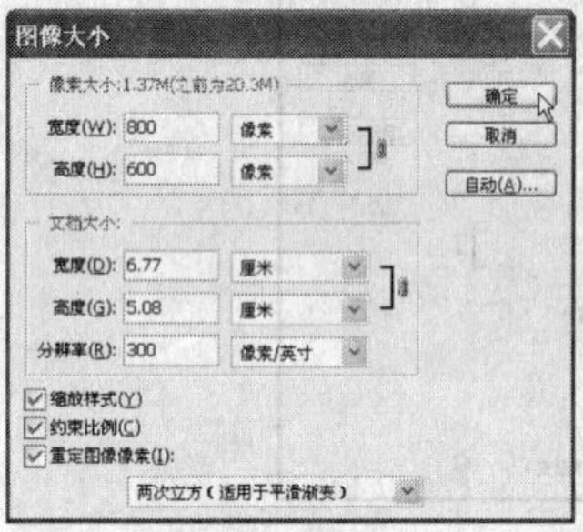


图 2-3-26　设置图像大小

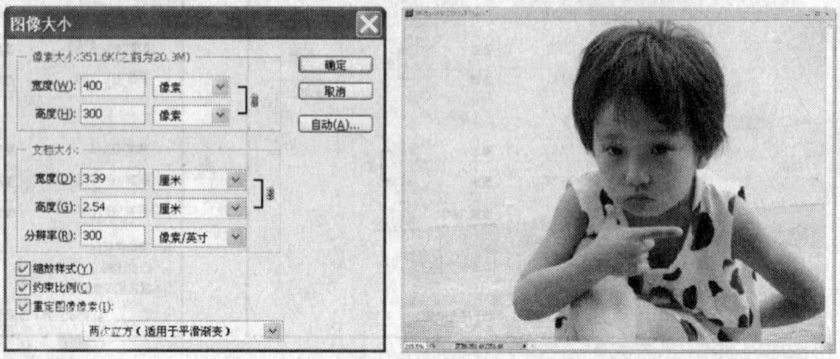


图 2-3-27　设置图像大小

（8）按【Ctrl+S】组合键，文件存储为“模板 1-2.jpg”，关闭该文件。

（9）运行光影魔术手（nEO iMAGING）程序，完成“模板 1-1.jpg”、“模板 1-2.jpg”照片的相框处理，并分别存储为模板 1-1a.jpg、模板 1-2a.jpg，如图 2-3-28 所示。

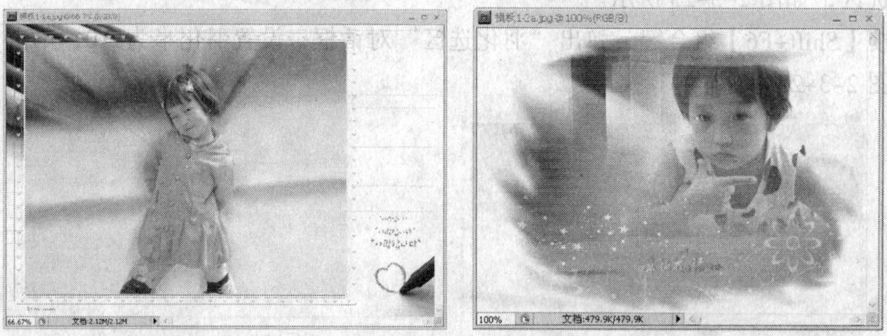

图 2-3-28　增加边框效果

（10）运行 Photoshop CS4 程序，按【Ctrl+O】组合键，打开“模板 1-1a.jpg”文件。使用“移动工具”将图像拖动到打开的“模板 1.psd”文件中，如图 2-3-29 所示。

图 2-3-29　移动图像位置

（11）选中“美”图层，按住【Shift】键，单击“真”图层，则连续选中4个图层。按【Ctrl+Shift+]】组合键，将链接图层置为顶层，如图2-3-30所示。

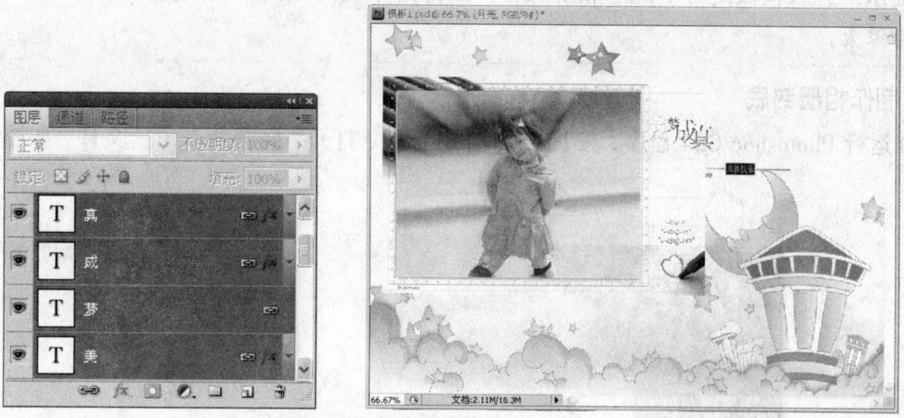


图2-3-30　链接图层置顶

（12）与上步类似，将月亮置为顶层。

（13）按【Ctrl+O】组合键，打开“模板1-2a.jpg”文件。使用“移动工具”将当前图像拖动到当前处理文件中，如图2-3-31所示。

（14）将图层的混合模式由“正常”更改为“正片叠底”，如图2-3-32所示。

图2-3-31　移动图像位置

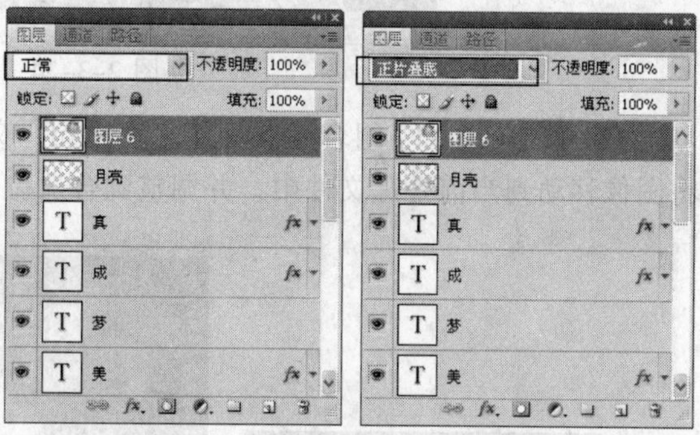


图2-3-32　改变“图层混合模式”

（15）最后效果如图2-3-33所示。

图2-3-33　“模板1.psd”效果图

（16）与上述步骤类似，完成其他模板的制作。

提示：引入模板是为了统一相册风格。注意图像大小，我们这里一律采用 1024×768，单位为像素。

### 3. 制作相册封底

（1）运行 Photoshop CS4 程序，按【Ctrl+O】组合键，打开“底图背景.tif”文件，如图 2-3-34 所示。

图 2-3-34　打开文件

（2）按【Ctrl+O】组合键，打开“宝宝.tif”文件和“玫瑰花.tif”文件。分别用“移动工具”将图像移动到当前处理文件中，并调整到合适位置，如图 2-3-35 所示。

图 2-3-35　调整图像位置

（3）将“图层 2”复制为“图层 2 副本”图层，用“移动工具”拖动到合适位置；在图层面板上方的“设置图层的混合模式”的下拉列表中选择“滤色”选项；单击选中“图层 2”图层，同样在“设置图层的混合模式”的下拉列表中选择“滤色”选项，如图 2-3-36 所示。

图 2-3-36 混合模式效果

注意：这是抠图的一种技巧，通过混合模式的特性达到去除背景的目的。

（4）按【Ctrl+O】组合键，打开“蝴蝶.tif”文件。用“移动工具”将图像移动到当前处理文件中；用选区工具选取蝴蝶范围，右击，在弹出的快捷菜单中选择“通过剪切的图层”选项，生成一个新图层；按【Ctrl+Shift+[】组合键，将该层置于底层。根据需要，进行蝴蝶位置的调整，如图 2-3-37 所示。

图 2-3-37 调整图层位置

（5）按【Ctrl+O】组合键，打开“月历图.jpg”文件。用“移动工具”将图像移动到当前处理文件中，如图 2-3-38 所示。

图 2-3-38　移动图像

> **提示**：根据需要可做一些拉伸变形，以适应图像大小。

（6）按【Ctrl+Shift+[】组合键，将月历层置于底层。根据需要，可以调整图层位置及图像位置，如图 2-3-39 所示。

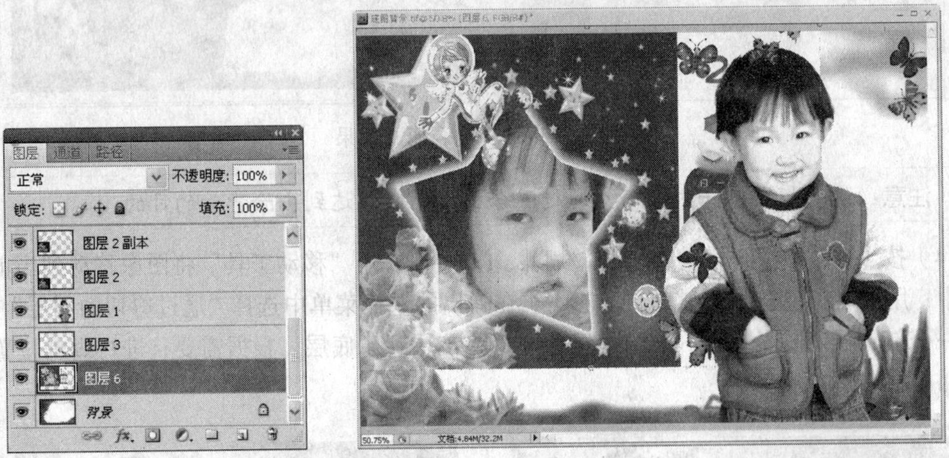


图 2-3-39　调整图层位置

（7）按【D】键，恢复默认“前景色/背景色”。按【X】键，切换“前景色/背景色”；单击选中工具栏中的“画笔工具”，在属性栏中设置笔刷参数。为“图层 6”图层增加图层蒙版，拖动笔刷在“图层 6”图层的边缘部分进行涂抹，如图 2-3-40 所示。

> **注意**：柔角笔刷在使用时，在图像边缘部分会产生类似羽化的效果；硬角笔刷在使用时，图像边缘不会产生柔和过渡，可根据需要选取。
>
> 在图层蒙版中，黑色代表透明（透出下一图层内容），白色代表不透明（恢复当前图层内容），其余黑色和白色之间的灰色过渡代表了不同的透明度。

图 2-3-40　使用图层蒙版

> **提示：** 如果在涂抹中出现不合适的地方，可通过按【X】键切换前景色/背景色重新涂抹。

（8）为了活跃画面氛围，可以置入两个卡通矢量图片。最终效果如图 2-3-41 所示。

图 2-3-41　“底图背景”效果图

## 相关知识与技能

### 1. 图层混合模式详解

当上下两个图层叠加在一起时，除了设置图层的不透明度以外，图层混合模式也将影响两个图层叠加后产生的效果。

（1）正常模式：“混合色”的显示与不透明度的设置有关。当“不透明度”为 100%，也就是说完全不透明时，“结果色”的像素将完全由所用的“混合色”代替；当“不透明度”小于

100%时，混合色的像素会透过所用的颜色显示出来，显示的程度取决于不透明度的设置与“基色”的颜色。如果在处理“位图”颜色模式图像或“索引颜色”颜色模式图像时，“正常”模式就改称为“阈值”模式了，不过功能是一样的。

（2）溶解模式：主要是在编辑或绘制每个像素时，使其成为“结果色”。但是，根据任何像素位置的不透明度，“结果色”由“基色”或“混合色”的像素随机替换。因此，“溶解”模式最好是同 Photoshop 中的一些着色工具一同使用效果比较好，如“画笔”、“仿制图章”、“橡皮擦”工具等，也可以使用文字。当“混合色”没有羽化边缘，而且具有一定的透明度时，“混合色”将溶入到“基色”内。如果“混合色”没有羽化边缘，并且“不透明度”为 100%时，那么“溶解”模式不起任何作用。

（3）变暗模式：查看每个通道中的颜色信息，并选择“基色”或“混合色”中较暗的颜色作为“结果色”。比“混合色”亮的像素被替换，比“混合色”暗的像素保持不变。“变暗”模式将导致比背景颜色更淡的颜色从“结果色”中被去掉。

（4）正片叠底模式：查看每个通道中的颜色信息，并将“基色”与“混合色”复合。“结果色”总是较暗的颜色。任何颜色与黑色复合产生黑色。任何颜色与白色复合保持不变。当用黑色或白色以外的颜色绘画时，绘画工具绘制的连续描边产生逐渐变暗的过渡色，其实“正片叠底”模式就是从“基色”中减去“混合色”的亮度值，得到最终的“结果色”。

（5）颜色加深模式：查看每个通道中的颜色信息，并通过增加对比度使基色变暗以反映混合色，如果与白色混合的话将不会产生变化。“颜色加深”模式创建的效果和“正片叠底”模式创建的效果比较类似。

（6）线性加深模式：查看每个通道中的颜色信息，并通过减小亮度使“基色”变暗以反映混合色。如果“混合色”与“基色”上的白色混合，将不会产生变化。

（7）变亮模式：查看每个通道中的颜色信息，并选择“基色”或“混合色”中较亮的颜色作为“结果色”。比“混合色”暗的像素被替换，比“混合色”亮的像素保持不变。 在这种与“变暗”模式相反的模式下，较淡的颜色区域在最终的“合成色”中占主要地位。较暗区域并不出现在最终结“合成色”中。

（8）滤色模式：与“正片叠底”模式正好相反，它将图像的“基色”颜色与“混合色”颜色结合起来产生比两种颜色都浅的第三种颜色。其实就是并将“混合色”的互补色与“基色”复合。“结果色”总是较亮的颜色。用黑色过滤时颜色保持不变，用白色过滤将产生白色。无论在“滤色”模式下用着色工具采用一种颜色，还是对“滤色”模式指定一个层，合并的“结果色”始终是相同的合成颜色或一种更淡的颜色。此效果类似于多个摄影幻灯片在彼此之上投影一样。此“滤色”模式对于在图像中创建霓虹辉光效果是有用的。如果在层上围绕背景对象的边缘涂了白色或任何淡颜色，然后指定层“滤色”模式，通过调节层的“不透明度”设置就能获得饱满或稀薄的辉光效果。

（9）颜色减淡模式：查看每个通道中的颜色信息，并通过减小对比度使基色变亮以反映混合色，与黑色混合则不发生变化。除了指定在这个模式的层上边缘区域更尖锐，以及在这个模式下着色的笔画之外，“颜色减淡”模式类似于“滤色”模式创建的效果。另外，不管何时定义“颜色减淡”模式混合“混合色”与“基色”像素，“基色”上的暗区域都将会消失。

（10）线性减淡模式：查看每个通道中的颜色信息，并通过增加亮度使基色变亮以反映混合色。但是不要与黑色混合，那样是不会发生变化的。

（11）叠加模式：把图像的“基色”颜色与“混合色”颜色相混合产生一种中间色。“基色”内颜色比“混合色”颜色暗的颜色使“混合色”颜色倍增，比“混合色”颜色亮的颜色将使“混合色”颜色被遮盖，而图像内的高亮部分和阴影部分保持不变，因此对黑色或白色像素着色时“叠加”模式不起作用。

“叠加”模式以一种非艺术逻辑的方式把放置或应用到一个层上的颜色同背景色进行混合，然而，却能得到有趣的效果。背景图像中的纯黑色或纯白色区域无法在“叠加”模式下显示层上的“叠加”着色或图像区域。背景区域上落在黑色和白色之间的亮度值同“叠加”材料的颜色混合在一起，产生最终的合成颜色，使背景图像看上去好像是同设计或文本一起拍摄的。

（12）柔光模式：会产生一种柔光照射的效果。如果“混合色”颜色比“基色”颜色的像素更亮一些，那么“结果色”将更亮；如果“混合色”颜色比“基色”颜色的像素更暗一些，那么“结果色”颜色将更暗，使图像的亮度反差增大。例如，如果在背景图像上涂了50%黑色，这是一个从黑色到白色的梯度，那着色时梯度的较暗区域变得更暗，而较亮区域呈现出更亮的色调。 其实使颜色变亮或变暗，具体取决于“混合色”。此效果与发散的聚光灯照在图像上相似。如果“混合色”比 50% 灰色亮，则图像变亮，就像被减淡了一样。如果“混合色”比 50% 灰色暗，则图像变暗，就像被加深了一样。用纯黑色或纯白色绘画会产生明显较暗或较亮的区域，但不会产生纯黑色或纯白色。

（13）强光模式：将产生一种强光照射的效果。如果“混合色”颜色比“基色”颜色的像素更亮一些，那么“结果色”颜色将更亮；如果“混合色”颜色比“基色”颜色的像素更暗一些，那么“结果色”将更暗。除了根据背景中的颜色而使背景色是多重的或屏蔽的之外，这种模式实质上同“柔光”模式是一样的。它的效果要比“柔光”模式更强烈一些，同“叠加”一样，这种模式也可以在背景对象的表面模拟图案或文本，例如，如果混合色比 50% 灰色亮，则图像变亮，就像过滤后的效果，这对于向图像中添加高光非常有用；如果混合色比 50%灰色暗，则图像变暗，就像复合后的效果，这对于向图像添加暗调非常有用。用纯黑色或纯白色绘画会产生纯黑色或纯白色。

（14）亮光模式：通过增加或减小对比度来加深或减淡颜色，具体取决于混合色。如果混合色（光源）比 50% 灰色亮，则通过减小对比度使图像变亮；如果混合色比 50% 灰色暗，则通过增加对比度使图像变暗。

（15）线性光模式：通过减小或增加亮度来加深或减淡颜色，具体取决于混合色。如果混合色（光源）比 50% 灰色亮，则通过增加亮度使图像变亮；如果混合色比 50% 灰色暗，则通过减小亮度使图像变暗。

（16）点光模式：就是替换颜色，其具体取决于“混合色”。如果“混合色”比 50% 灰色亮，则替换比“混合色”暗的像素，而不改变比“混合色”亮的像素。如果“混合色”比 50% 灰色暗，则替换比“混合色”亮的像素，而不改变比“混合色”暗的像素。这对于向图像添加特殊效果非常有用。

（17）差值模式：查看每个通道中的颜色信息，“差值”模式是将图像中“基色”颜色的亮度值减去“混合色”颜色的亮度值，如果结果为负，则取正值，产生反相效果。由于黑色的亮度值为 0，白色的亮度值为 255，因此用黑色着色不会产生任何影响，用白色着色则产生被着色的原始像素颜色的反相。“差值”模式创建背景颜色的相反色彩，例如，在“差值”模式下，当把蓝色应用到绿色背景中时将产生一种青绿组合色。“差值”模式适用于模拟原始设计的底片，而且尤其可用来在其背景颜色从一个区域到另一区域发生变化的图像中生成突出效果。

（18）排除模式：与“差值”模式相似，但是具有高对比度和低饱和度的特点。比用“差值”模式获得的颜色要柔和、更明亮一些。在处理图像时，可以首先选择“差值”模式，若效果不够理想，可以选择“排除”模式。其中与白色混合将反转“基色”值，而与黑色混合则不发生变化。其实无论是“差值”模式还是“排除”模式都能使人物或自然景色图像产生更真实或更吸引人的图像合成。

（19）色相模式：只用“混合色”颜色的色相值进行着色，而使饱和度和亮度值保持不变。当“基色”颜色与“混合色”颜色的色相值不同时，才能使用描绘颜色进行着色。但是要注意的是“色相”模式不能用于灰度模式的图像。

（20）饱和度模式：与“色相”模式相似，它只用“混合色”颜色的饱和度值进行着色，而使色相值和亮度值保持不变。当“基色”颜色与“混合色”颜色的饱和度值不同时，才能使用描绘颜色进行着色处理。在无饱和度的区域上（也就是灰色区域中）用“饱和度”模式是不会产生任何效果的。

（21）颜色模式：能够使用“混合色”颜色的饱和度值和色相值同时进行着色，而使“基色”颜色的亮度值保持不变。“颜色”模式可以看成是“饱和度”模式和“色相”模式的综合效果。该模式能够使灰色图像的阴影或轮廓透过着色的颜色显示出来，产生某种色彩化的效果。这样可以保留图像中的灰阶，并且对于给单色图像上色和给彩色图像着色都会非常有用。

（22）亮度模式：能够使用“混合色”颜色的亮度值进行着色，而保持“基色”颜色的饱和度和色相数值不变。其实就是用“基色”中的“色相”和“饱和度”以及“混合色”的亮度创建“结果色”。此模式创建的效果与“颜色”模式创建的效果相反。

**2. 写真**

“写真”实际上是日语，念做“xia xin”。日本字是由汉字（日本汉字）和日本字（假名）组成的，用日语写中文的“照相”就写成“写真”。不知从什么时候开始一些赶时髦的人士把“写真”两个字当成汉语使用，取代了中文的“照相”二字，如“照相馆”写成“写真馆”，“明星照相”写成“明星写真”，从而它也就成了一种时尚。

**3. 艺术照**

艺术照就是视觉艺术的一种，总体传达给欣赏者的是美感，是经过优化的照片，是来源于生活又高于生活的。

总之，艺术照以摆脱实际或超越时空来表现个人的品位，用一个较好的氛围、角度来表现一个人最漂亮的一面。

**4. 生活照和写真照的不同**

（1）形象。写真照通常都是有化妆这个过程的，包括发型、衣着、化妆。生活照一般没有这个过程。

（2）设备。写真照的拍摄设备一般都要求使用专业级的相机，这类相机的镜头一般都比较好。胶卷机器还要选择好的胶卷，好的数码照相机的感光板更好。拍摄生活照不需要这样专业的机器和设备。

（3）环境。写真照的环境一般有设计的过程，比如可能使用摄影棚或者专业的取景地点。生活照则比较随意。

（4）效果。写真照可能会采取很多美化的效果。比如模糊，柔光等，画面效果至上，而生活照一般比较写实。

（5）灯光。写真照对灯光的要求很严格，比如拍摄的时候可能会使用补光或反光板等设备。生活照一般没有这样的要求，大都使用自然光。

（6）后期。写真照后期加工与制作的成分比较多，比如色彩和对比的调整，生活照一般比较随意。

简单说来生活照就是更写实些。

5. PSD 模板

PSD 模板是一幅已经制作好的精美的 PSD 图片，可以改写里面的已经处理好效果的文字内容，或替换掉某个图层人物加入自己的图片。

一把来说，模板必须是分层的、可编辑的，否则没有意义，不能称之为模板。

## 技能训练

1. 熟练掌握图层混合模式。
2. 熟悉模板的使用。

## 完成任务

请完成数码素材的其他模板写真处理。

# 任务四 输出电子相册

## 任务描述

电子相册是最近几年才流行起来的新时尚，DVD 电子相册是可以直接用计算机或 DVD 机来播放的动态电子相册。

本次任务需要借助专门的电子相册软件完成。

## 任务分析

电子相册制作简单，只要将扫描后的照片加工处理后，就可以使用相关软件直接套用生成电子相册了。本次任务分成两个步骤：

（1）电子相册制作软件介绍；

（2）电子相册输出。

## 方法与步骤

1. 电子相册制作软件介绍：DVD 相片电影故事

DVD 相片电影故事是一款非常优秀的家庭 DVD 电子相册/Photo TV（PTV）制作软件，原名数码故事，是首款专业的国产 PTV 刻录软件。

DVD 相片电影故事能将数码照片转成 VCD/DVD/SVCD 所支持的格式，功能实用强大，又简单易用，是家庭 VCD/DVD 电子相册制作软件的最佳选择。

DVD 相片电影故事可以从日常所拍摄的数码照片中精选出一部分，配上喜爱的背景音乐、字幕和转换特效，用计算机把它刻成光盘后，就可以像播放 MTV 一样在电视上播放自编自演的 PTV 了。

DVD 相片电影故事是所有数码照相机用户必备的软件。自投入国际市场以来，已被包括美国、加拿大、德国、法国、英国等在内的全球 50 多个国家数十万用户所选用，该软件的下载链接已经覆盖全球 80%以上的下载网站，并且荣获全球著名专业软件网站 CNET 四星级评价，其他网站给予的五星级荣誉更是数不胜数。国际权威产品评测与技术应用杂志——CHIP《新电脑》将该软件评测为数字电子相册类软件第一名，荣获该杂志编辑推荐奖。

**2. 电子相册输出**

（1）运行 DVD 相片电影故事程序，如图 2-4-1 所示。

（2）如果以前没有注册，启动后软件会提示用进行注册。如果不注册，可以单击“继续试用”按钮，可以免费使用 30 天，如图 2-4-2 所示。

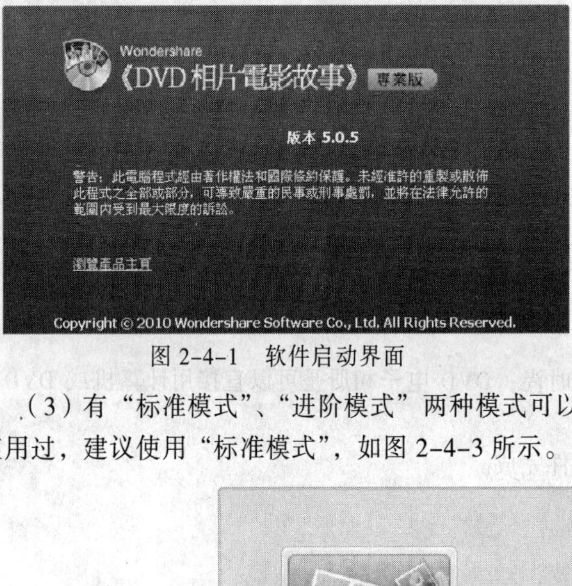


图 2-4-1 软件启动界面

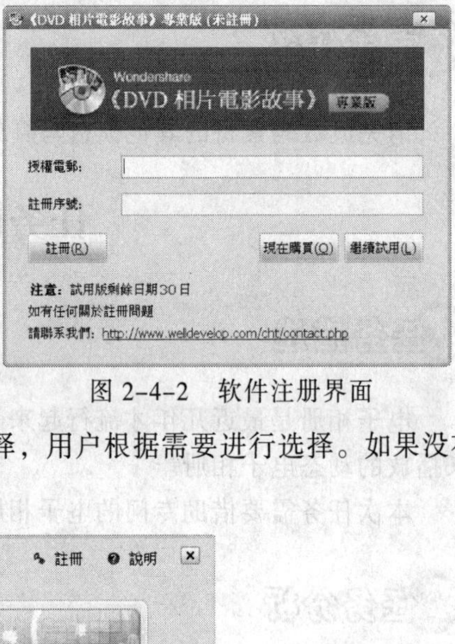


图 2-4-2 软件注册界面

（3）有“标准模式”、“进阶模式”两种模式可以选择，用户根据需要进行选择。如果没有使用过，建议使用“标准模式”，如图 2-4-3 所示。

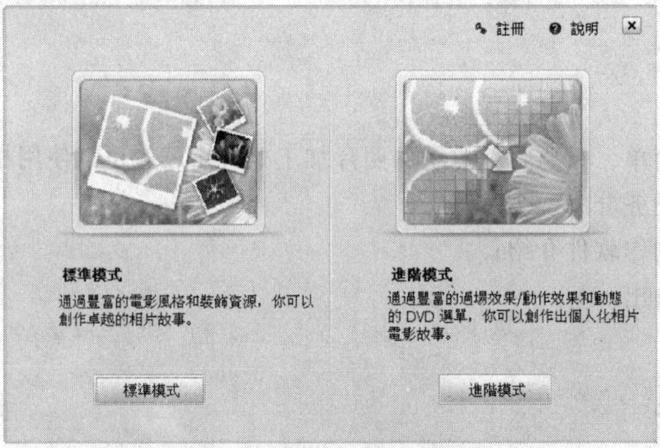


图 2-4-3 软件模式选择

（4）在标准模式下运行界面，如图 2-4-4 所示。

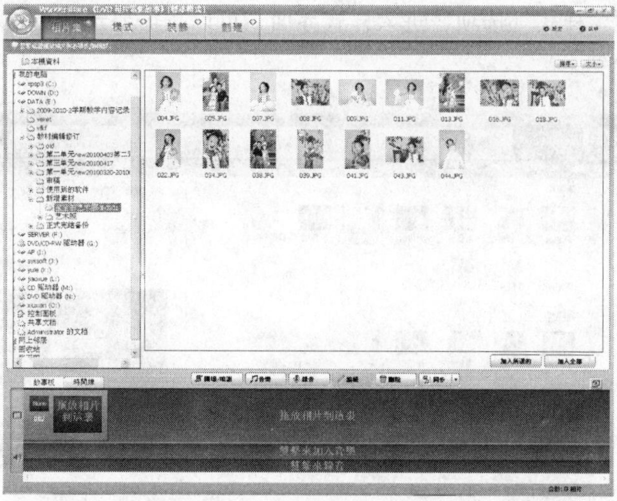

图 2-4-4　标准模式工作界面 .

（5）选中需要的图像文件，单击“加入所选的”按钮，所选中的图片就直接导入到故事板/时间线上了，如图 2-4-5 所示。

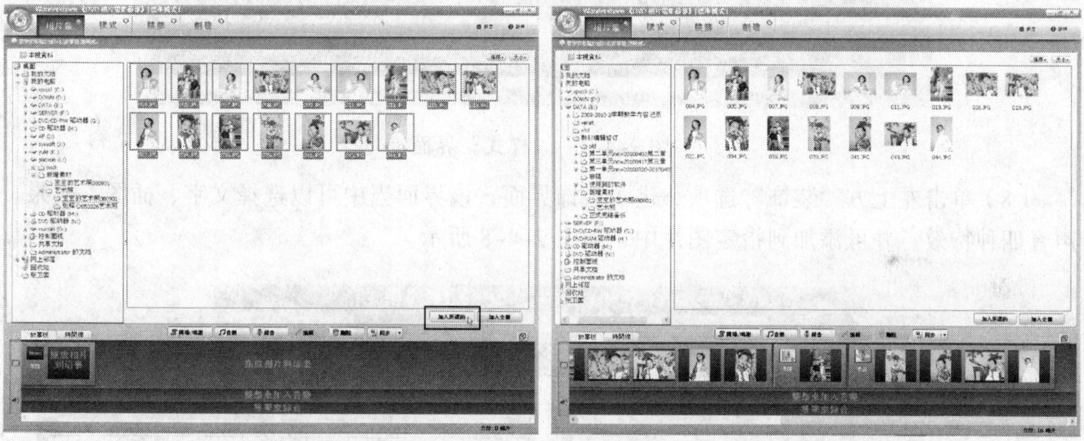

图 2-4-5　导入选中的图片到时间线上

（6）图像导入后，故事板/时间线的不同界面如图 2-4-6 所示。

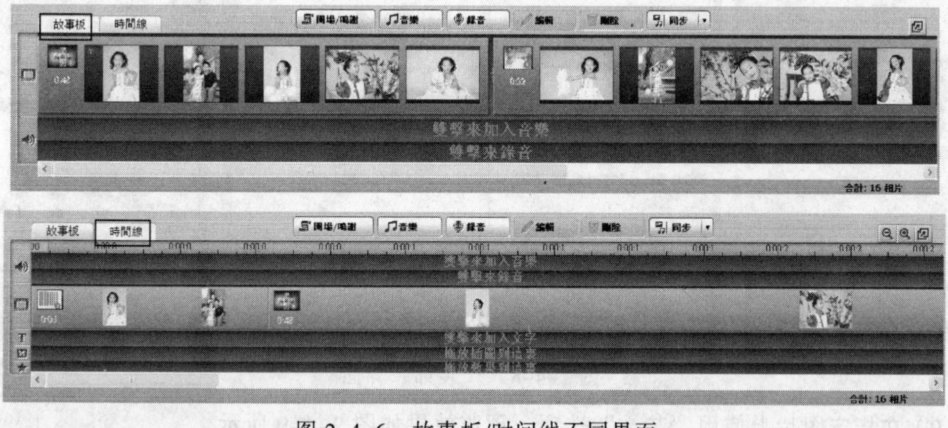


图 2-4-6　故事板/时间线不同界面

（7）单击左上方“样式”选项，进入样式界面，可以按需要选择不同种类的样式效果，如图 2-4-7 所示。

图 2-4-7　“样式”界面

（8）单击左上方“装饰”选项，进入装饰界面，该界面当中可以选择文字、插图、效果、声音四种特效，并可添加到指定图片中，如图 2-4-8 所示。

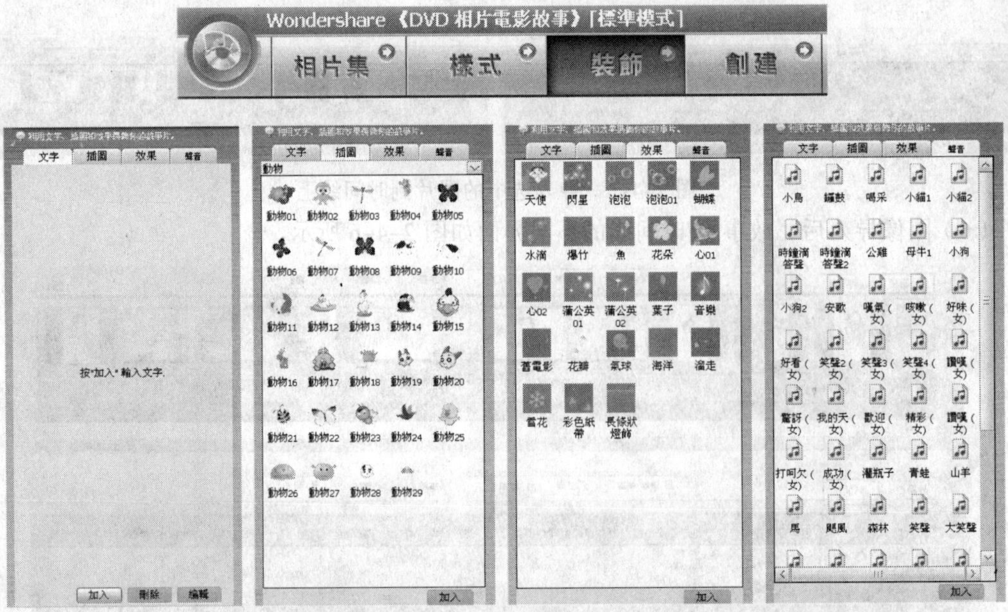


图 2-4-8　“装饰”界面

（9）在指定图片上使用“装饰”选项，预览效果如图 2-4-9 所示。

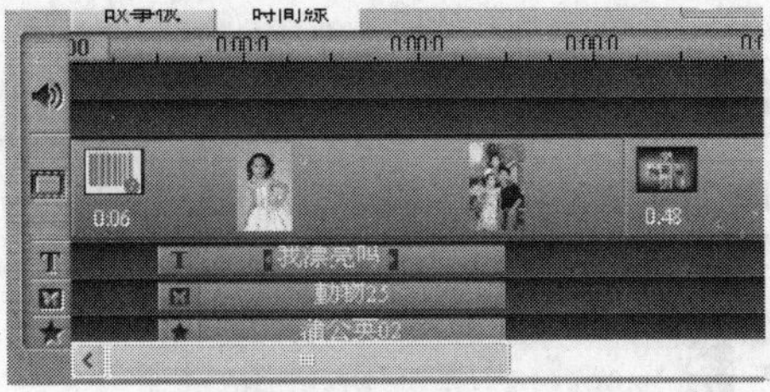

图 2-4-9　预览“装饰”效果

（10）单击左上方“创建”选项，进入创建界面，该界面当中可以选择电子相册输出格式：“创建 DVD”、“为设备”、“为视频”，如图 2-4-10 所示。

（11）单击创建界面中左上方的“创建 DVD”选项，会弹出“储存项目”对话框，在此对话框中指定故事片名称及故事片资料夹的文件位置，指定后单击“确定”按钮，即可进行 DVD 视频的创建，如图 2-4-11 所示。

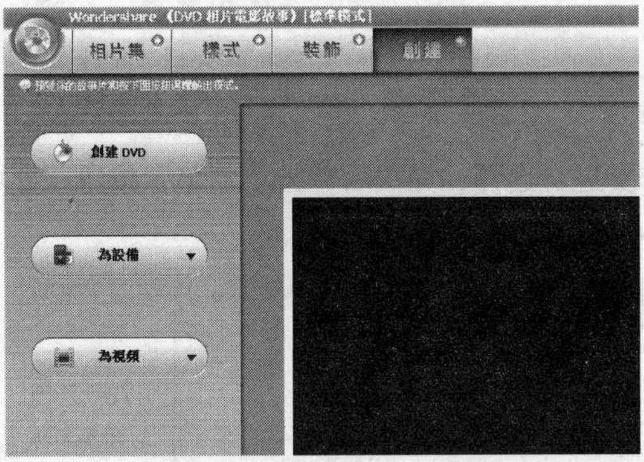


图 2-4-10　“创建”界面

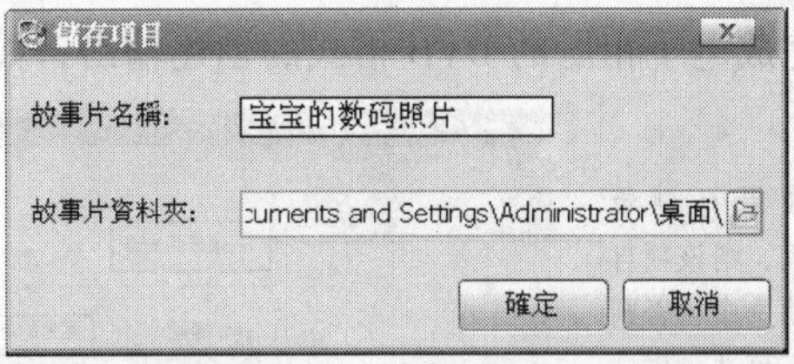


图 2-4-11　“储存项目”对话框

（12）进入“步骤 1：加入故事片创建 DVD”，如果不进行修改，单击“下一步”按钮，如图 2-4-12 所示。

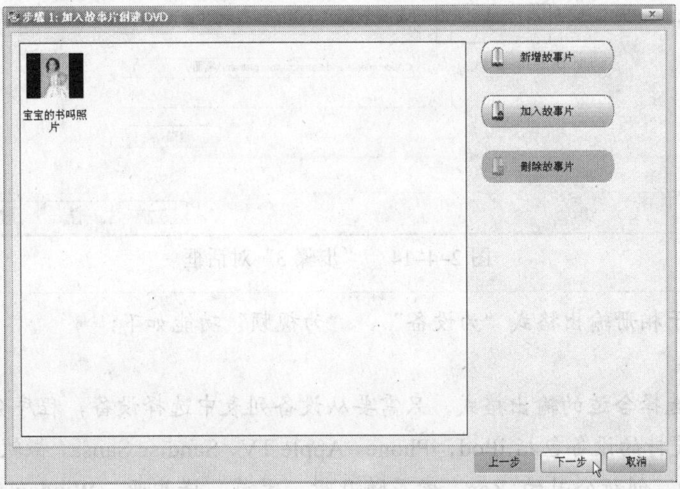


图 2-4-12　“步骤 1”对话框

（13）进入“步骤 2：选择 DVD 选单”，根据需要进行修改，完成后单击“下一步”按钮，如图 2-4-13 所示。

图 2-4-13 “步骤 2”对话框

（14）进入“步骤 3：设定和创建”，根据需要进行选择，完成后单击“创建”按钮，即可完成电子相册的 DVD 格式的创建输出，如图 2-4-14 所示。

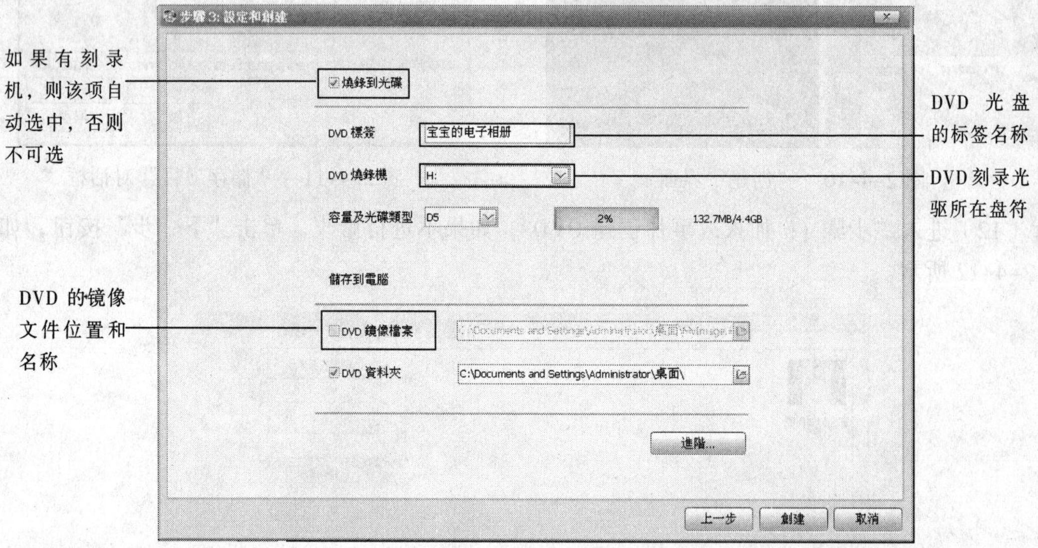


图 2-4-14 “步骤 3”对话框

**提示：**电子相册输出格式“为设备”、“为视频”功能如下：

1. 为设备

根据设备选择合适的输出格式。只需要从设备列表中选择设备，程序会自动选择合适的视频格式。支持的设备包括 iPod、iPhone、Apple TV、Sandisc Sansa、微软 Zune 播放器、爱可视 Archos、创新公司的 Zen、索尼随身听、黑莓、诺基亚、Windows 移动、移动电话、游戏硬件、Flash 视频、高清视频等，如图 2-4-15 所示。

2. 为视频

输出为常见的视频格式，可直接在硬盘上播放，如图 2-4-16 所示。

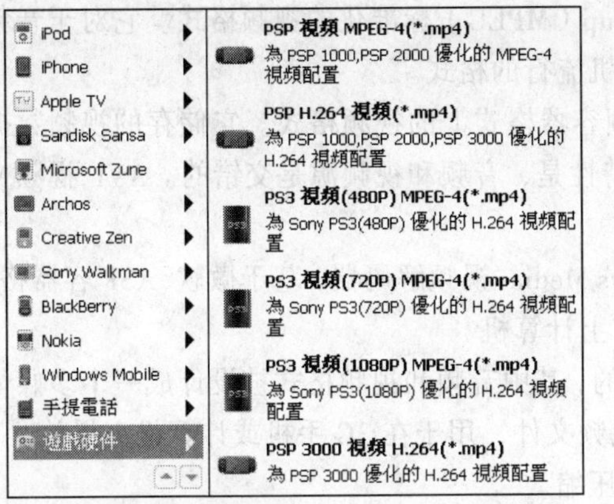


图 2-4-15 “为设备”界面

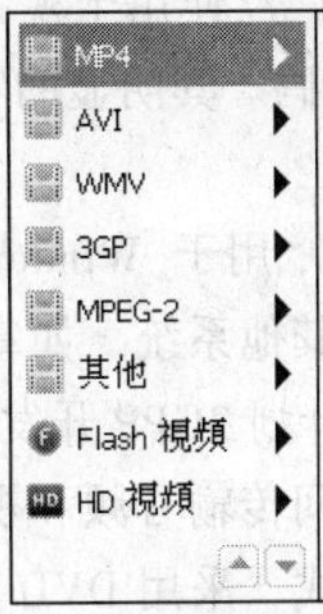

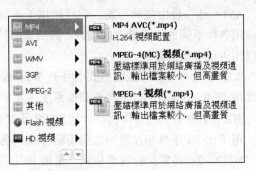


图 2-4-16 “为视频”界面

## 相关知识与技能

### 1. 电子相册相片标准尺寸

电子相册相片标准尺寸：横相 720 × 576，竖相 449 × 576，单位为像素。

### 2. 数码照相机和可冲印照片最大尺寸对照表

500 万像素：有效像素 2560×1920，可冲洗照片尺寸 17×13，对角线 21 英寸；
400 万像素：有效像素 2272×1704，可冲洗照片尺寸 15×11，对角线 19 英寸；
300 万像素：有效像素 2048×1536，可冲洗照片尺寸 14×10，对角线 17 英寸；
200 万像素：有效像素 1600×1200，可冲洗照片尺寸 11×8，对角线 13 英寸；
130 万像素：有效像素 1280×960，可冲洗照片尺寸 9×6，对角线 11 英寸；
80 万像素：有效像素 1024×768，可冲洗照片尺寸 7×5，对角线 9 英寸；
50 万像素：有效像素 800×600，可冲洗照片尺寸 5×4，对角线 7 英寸；
30 万像素：有效像素 640×480，可冲洗照片尺寸 4×3，对角线 5 英寸。

所以：

5 寸照片（3×5），采用 800×600 分辨率；6 寸照片（4×6），采用 1024×768 分辨率；
7 寸照片（5×7），采用 1024×768 分辨率；8 寸照片（6×9），采用 1280×960 分辨率。

按照目前的通行标准，照片尺寸大小是有较严格规定的。

### 3. 电子相册的六大优势

（1）易于保存：传统相片的个体数量多，时间长了会自然褪色、发黄，电子相册不会。

（2）易于复制：传统相片底片遗失就很难复制，电子相册易于复制，并可再进行数码晒像。

（3）易于展示：电子相册携带方便，可以在计算机、影碟机上播放，可边聊天、边欣赏。

（4）更具娱乐性：不同的照片、不同的美化效果，不同的特技变换、转场，不同的音乐，充分体现个人特色，符合现代人个性化的追求。

（5）更具观赏性：自己的相片不仅可以制作成电子相册，还可以制成个人卡拉 OK、个人 MTV 等。

（6）更具时尚性：随着计算机、影碟机的普及，数字化生活逐步融入普通百姓生活。

4. 常见视频格式

MP4：是一种由 Moving Picture Experts Group（MPEG）标准化的视频格式。它对于音频和视频轨道分别进行压缩。目前，MP4 视频是手机流行的格式。

AVI：是一种由微软开发，广泛使用于视频容器格式上的视频格式。它储存的视频数据可以使用各种不同的编码器上的编码。其明显的特性是，音频和视频源是交错的。AVI 视频文件可以用于很多播放器上。

WMV：是一种视频压缩格式，用于 Windows Media 视频解码器，基于微软 ASF 容器格式。通常用于 Windows 平台上以及其他系统，如掌上计算机。

3GP：是由第三代合作伙伴计划 3GPP 开发的，其中音频和视频格式被设计成一个多媒体格式，用于在 3G 手机和互联网之间传输音频和视频文件，用于在 3G 手机或计算机上播放。

MPEG-2：是常见的视频格式，采用 DVD 压缩。

MOV：是常见的多媒体格式，通常用于保存电影和其他视频文件，采用了苹果计算机开发的专有的压缩算法，兼容 Macintosh 和 Windows 平台。

MKV：是类似 AVI 和 MOV 的视频容器格式，支持多种类型的视频压缩和视频编码器，可以播放 SRT、SSA 和 USF 文字字幕以及 DVD 光盘 VobSub 字幕。

5. 喷绘写真

在广告设计范围里，喷绘写真指的是和喷绘相对应的写真。一般是指室内使用的，它输出的画面一般就只有几平方米大小。如在展览会上厂家使用的广告小画面。

输出机型如 HP5000，一般是 1.5 米的最大幅宽。写真机使用的介质一般是 PP 纸、灯片，墨水使用水性墨水。在输出图像完毕还要覆膜、裱板才算成品，输出分辨率可以达到 300～1200 DPI（机型不同会有不同），它的色彩比较饱和、清晰。

6. 写真与喷绘

写真是纸的，清晰度较好，适合挂在室内用，怕水、怕晒。

喷绘是一种喷绘布，塑料性质的，清晰度较差，适合放在室外，不怕水、耐晒

7. 常用电子相册制作软件介绍

（1）MemoriesOnTV。MemoriesOnTV 的前身就是 PictureToTV，一个非常不错的电子相册制作工具，该软件上手非常容易，制作的电子相册的过场特效非常专业，还可以向相册中添加视频及文本幻灯，同时增加了相片特效。不但可以用它来刻录电子相册 VCD、SVCD，而且还可用它来刻录 DVD，且所刻视频盘均可在普通 VCD、SVCD、DVD 播放机上播放。

新版本支持生成 DVD 运动菜单和缩略图，并新增了相框和对相片脸部的自动识别功能。

（2）友立 DVD 拍拍烧。面对庞大的图片库，友立 DVD 拍拍烧可以对它们进行整理，分门别类地将数字相片保存为 VCD、SVCD 或 DVD 格式，并用相应的播放器进行播放。

DVD 拍拍烧的界面很简洁，处理流程也很清晰简明。处理完所有的相册和照片设置后，DVD 拍拍烧可选择 DVD 或 VCD 的菜单设置，它提供了五大类共数十种风格的菜单模板，而且还可以指定菜单显示时的背景音乐以及是否显示相册编号。

（3）会声会影。会声会影是一套操作最简单、功能最强悍的 DV、HDV 影片剪辑软件。不仅完全符合家庭或个人所需的影片剪辑功能，甚至可以挑战专业级的影片剪辑软件。无论是剪

辑新手、老手，会声会影都可以完整纪录生活大小事，发挥无限创意。会声会影还有着最完整的影音规格支持，独步全球的影片编辑环境，令人目不暇接的剪辑特效。

（4）premiere。最强大的电子相册制作软件当属非编软件 premiere，电子相册模板大多是运行在该平台下。但因其对硬件环境有较高要求，且操作起来具有专业性，因此多用于商用领域，个人及家庭多不采用。

## 技能训练

熟悉相关电子相册制作软件。

## 完成任务

完成电子相册的输出、播放。

## 评　价

学习评价表

| 项　目 | 内容：能力目标 | 内容：评价项目 | 评价 3 | 评价 2 | 评价 1 |
|---|---|---|---|---|---|
| 职业能力 | 能熟练调整图层 | 能新建图层 | | | |
| | | 能调整图层 | | | |
| | 能熟练使用编组 | 了解编组目的 | | | |
| | | 能使用编组 | | | |
| | 能熟练图层蒙版 | 能创建和删除图层蒙版 | | | |
| | | 能复制和合并图层蒙版 | | | |
| | 能熟练使用混合模式 | 能掌握混合模式原理 | | | |
| | | 能熟练使用混合模式 | | | |
| | 能使用辅助软件 | 能找到软件 | | | |
| | | 能熟练使用 | | | |
| | 能生成电子相册 | 能找到软件 | | | |
| | | 能熟练使用 | | | |
| 通用能力 | 能清楚、简明地发表自己的意见与建议 | | | | |
| | 能服从分工，自动与他人共同完成任务 | | | | |
| | 能关心他人，并善于与他人沟通 | | | | |
| | 能协调好组内的工作，在某方面起到带头作用 | | | | |
| | 积极参与任务，并对任务的完成有一定贡献 | | | | |
| | 对任务中的问题有独特的见解，带来良好效果 | | | | |
| 综合评价 | | | | | |

# 单元三

## 卫国科技——企业 VI 设计

CI 是 CIS 的简称，即企业形象识别系统，英文为 Corporate Identity System。

所谓企业识别，就是一个企业借助于直观的标示符号和内在的理念等证明自身性与内在同一性的传播活动，其显著的特点是同一性和差异性。

VI 只是 CI 的一个部分。在 CI 设计系统中，视觉识别设计（VI）是最直接、最具有传播力和感染力的部分。VI 设计是将企业标志化的基本要素，以强力方针及管理系统有效地展开，形成企业固有的视觉形象，透过视觉符号的设计统一化来传达精神与经营理念，有效地推广企业及其产品的知名度和形象。因此，企业识别系统是以视觉识别系统为基础的，并将企业识别的基本精神充分地体现出来，使企业产品名牌化，同时对推进产品进入市场起着直接的作用。VI 设计从视觉上表现了企业的经营理念和精神文化，从而形成独特的企业形象，就其本身又具有形象的价值。

| | |
|---|---|
| 学习目标 | ☑ 掌握 Photoshop CS4 中的路径工具。<br>☑ 制作完成一个企业 VI 设计。 |

企业 VI 设计是通过“熟悉制作工具”、“制作企业标志”、“制作企业信封”等三项任务来完成的。

### 任务一　熟悉制作工具

#### 任务描述

路径形状是最终 VI 的表现形式，而钢笔工具则是绘画路径的主要工具。如何熟悉、掌握钢笔工具的使用是能否最终绘制出企业标志的关键。在这个任务中通过路径工具的练习从而掌握路径工具的使用。

该任务完成后的图像效果之一，如图 3-1-1 所示。

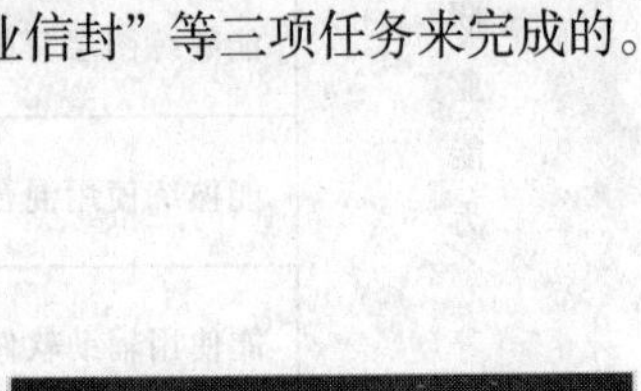

图 3-1-1　路径工具的效果

#### 任务分析

路径是 Photoshop 中重要的一部分内容，掌握路径工具的使用即掌握了矢量工具的使用。可以通过以下几大步骤熟悉路径工具：

（1）创建路径；
（2）编辑路径；
（3）管理“路径”面板；
（4）应用路径工具。

## 方法与步骤

### 1. 创建路径

（1）路径的定义。

使用钢笔工具画出来的任何线条或形状称为路径。

路径是不包含像素的矢量对象，它与位图图像是分开的，不会打印出来（剪贴路径除外）。

路径由锚点和曲线片段构成，而锚点是标记路径上曲线片段的端点。在曲线片段上，每个选择的锚点显示一个或两个方向线，方向线以方向点结束。方向线和方向点的位置确定曲线片段的大小和形状。移动这些元素会改变路径中曲线片段的形状，如图3-1-2所示。

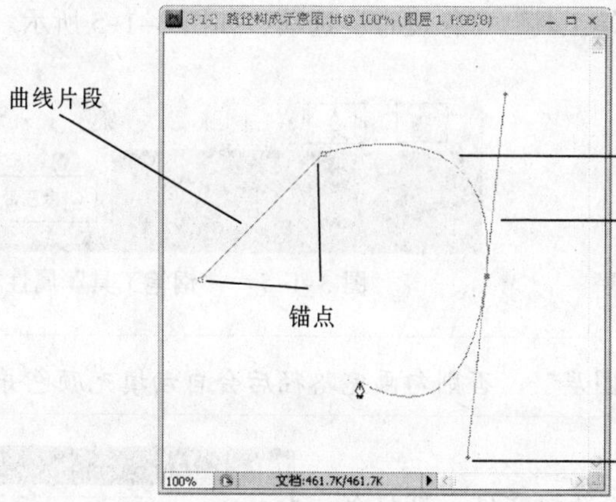


图 3-1-2　路径构成示意图

路径可以是闭合的，没有起点和终点（例如，一个三角形）；也可以是开放的，带有明显的端点（例如，一条曲线），如图3-1-3所示。

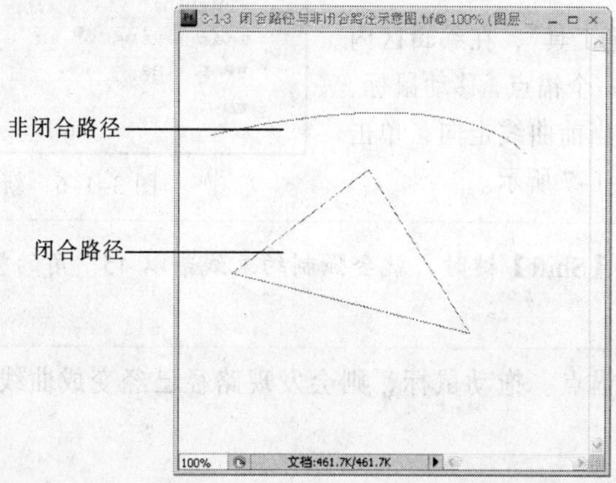


图 3-1-3　闭合路径与非闭合路径示意图

**注意：** 对于非闭合性路径，系统将自动以直线线段连接起点与终点，可以转换为有效选区。如果是一条直线段（无论是由多少锚点构成），则不能转换为选区。

路径的实质是贝塞尔曲线。路径的引入，既提高了 Photoshop 的工作效率，又增强了绘图的精确性、造型的准确性和视觉的直观性。

路径常用的功能：

① 描取复杂的曲线，并进行路径保留，多用于抠图。

② 勾画复杂的线条，并进行上色等操作，多用于鼠绘。

③ 通过路径的矢量特性，制作徽标或企业标识，以便于打印、输出。

④ 将路径转换为形状，进行保存，并应用于矢量蒙版。

（2）创建路径的工具。

创建路径最主要的工具是钢笔工具。钢笔工具（见图 3-1-4）属于矢量绘图专用工具，其特点是可以勾画平滑的曲线，在缩放或者变形之后仍能保持平滑效果。

在使用钢笔工具创建路径之前，必须先做好如下准备工作：单击工具栏中的“钢笔工具”，在属性栏中选中“路径”、“钢笔工具”、“橡皮带”选项，如图 3-1-5 所示。

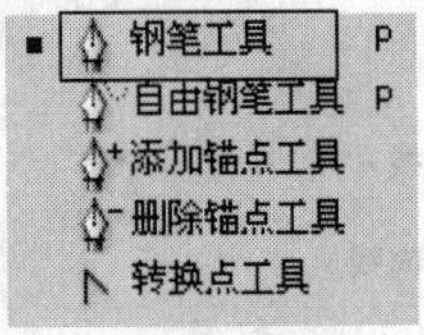


图 3-1-4 “钢笔工具”选项

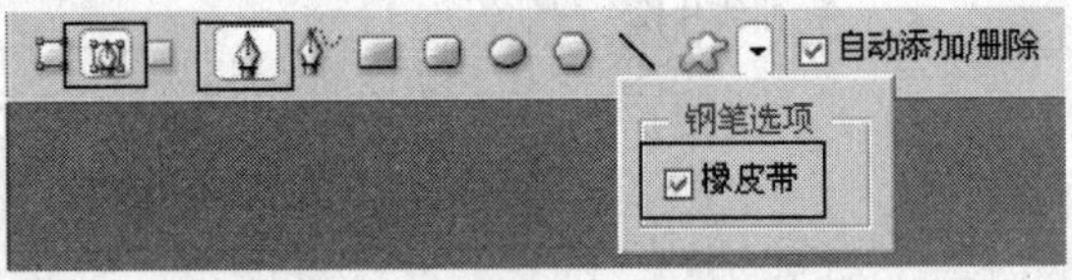


图 3-1-5 “钢笔工具”属性栏设定

**注意：** 不能使用“形状图层”，否则勾画完路径后会自动填充颜色并新建形状图层。

（3）创建路径的演示。

① 按【Ctrl+N】组合键，新建文件。文件名称为“路径演示”，宽为 400，高度为 400，单位为像素，其他参数默认。单击“确定”按钮，如图 3-1-6 所示。

② 单击工具栏中的“钢笔工具”，在编辑区内任意处单击，会出现定义的第一个锚点，移动鼠标，根据“橡皮带”可以知道定位当前曲线走向，单击可以定义第二个锚点，如图 3-1-7 所示。

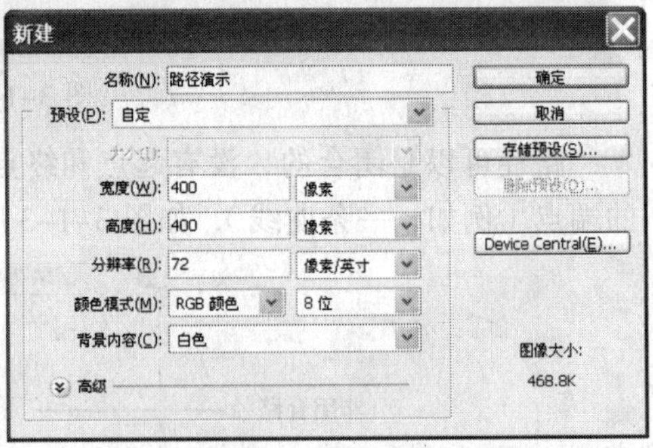


图 3-1-6 新建文件

**注意：** 当按住键盘上的【Shift】键时，就会强制约束线条以 45° 角的整数倍偏转，如图 3-1-7 所示。

③ 单击可以定义第三个锚点。拖动鼠标，则会发现路径已经变成曲线了，如图 3-1-8 所示。

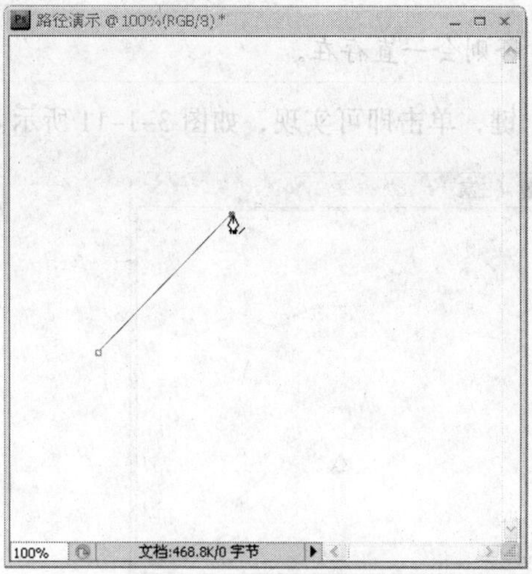


图 3-1-7 勾画路径 1

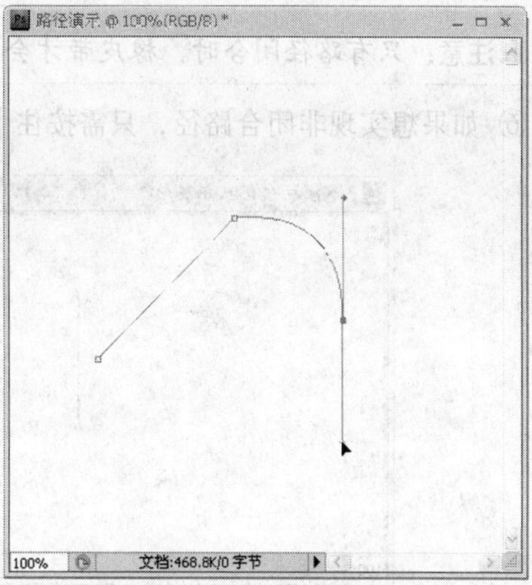


图 3-1-8 勾画路径 2

④ 松开鼠标左键，可以发现橡皮带变成了曲线形状，而不是刚开始的直线形状了。要想改变这种情况，将鼠标移到第三个锚点上，按住键盘上的【Alt】键，注意鼠标提示变成了。在锚点上单击，然后松开【Alt】键，拖动鼠标，可以发现橡皮带又变成了直线，如图 3-1-9 所示。

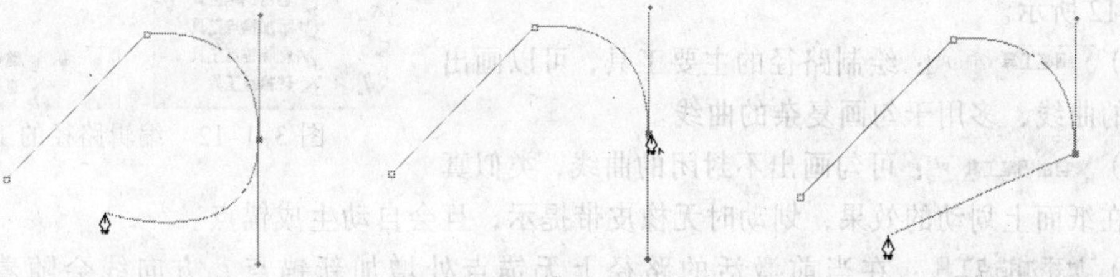

图 3-1-9 路径演示

注意：当鼠标停留在锚点上，并且按住键盘上的【Alt】键时，则“钢笔工具”将暂时变成“转换点工具”。

⑤ 拖动鼠标左键到第一个锚点，鼠标形状变成了，代表该路径可以闭合，单击，则该路径闭合，如图 3-1-10 所示。

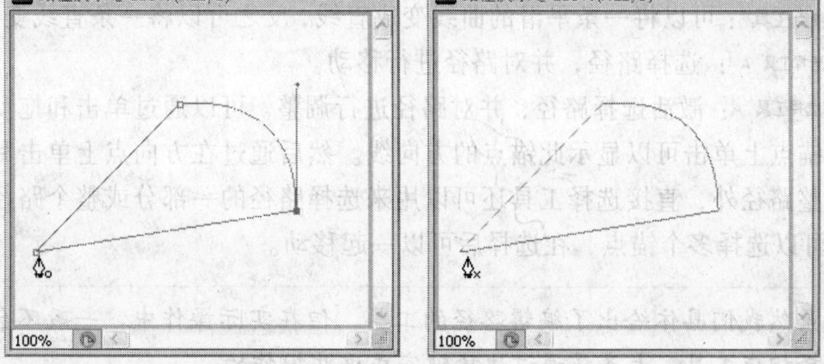


图 3-1-10 闭合路径

**注意**：只有路径闭合时，橡皮带才会消失，否则会一直存在。

⑥ 如果想实现非闭合路径，只需按住【Ctrl】键，单击即可实现，如图 3-1-11 所示。

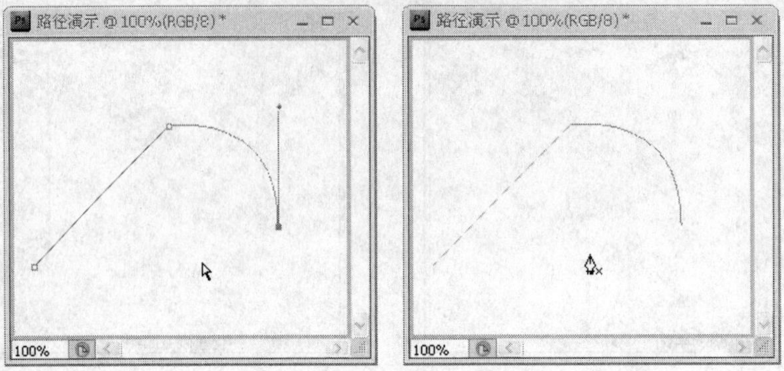


图 3-1-11　非闭合路径

## 2. 编辑路径

能够方便、高效地进行路径编辑，也是路径功能之所以强大的一个原因。

Photoshop 中编辑路径的工具在工具栏上有两组，如图 3-1-12 所示。

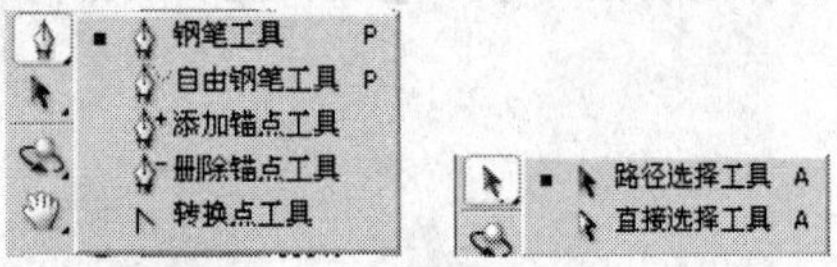


图 3-1-12　编辑路径的工具

（1）钢笔工具 P：绘制路径的主要工具，可以画出很精确的曲线，多用于勾画复杂的曲线。

（2）自由钢笔工具 P：可勾画出不封闭的曲线，类似真实钢笔在纸面上划动的效果，划动时无橡皮带提示，且会自动生成锚点。

（3）添加锚点工具：在当前激活的路径上无锚点处增加新锚点，方向线会随着锚点出现，由新增处的曲率确定方向线方向。通过单击和拖动可调整方向线，改变路径段的曲率。

**注意**：拖动方向线时按住【Shift】键，可强制呈水平、垂直和 45° 方向。

（4）删除锚点工具：在当前激活的路径上删除选择的锚点。

**注意**：如果光标是放在路径段上而不是锚点上，删除锚点工具将变成直接选择工具。

（5）转换点工具：可以将一条平滑的曲线变成直线，反之可以将一条直线变成平滑的曲线。

（6）路径选择工具 A：选择路径，并对路径进行移动。

（7）直接选择工具 A：激活选择路径，并对路径进行调整。可以通过单击和拖动调整锚点的位置。另外，在锚点上单击可以显示此锚点的方向线。然后通过在方向点上单击和拖动来调整方向线。除了调整路径外，直接选择工具还可以用来选择路径的一部分或整个路径。在单击时按住【Shift】键可以选择多个锚点，在选择后可以一起移动。

**注意**：虽然我们具体给出了编辑路径的工具，但在实际操作中，一般不会单击工具栏相应位置选择相应工具，大多是通过快捷键完成这些操作的。

### 3. 管理“路径”面板

为了更好地实现对路径的管理，Photoshop 中提供了一个专门的浮动面板：路径面板。“路径”面板的构成如图 3-1-13 所示。

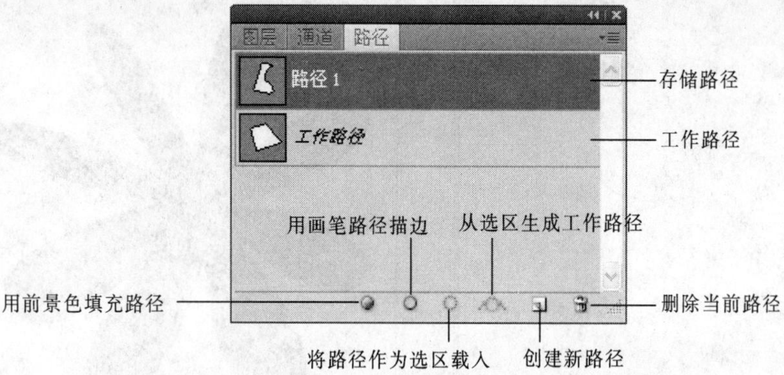


图 3-1-13　“路径”面板构成

（1）工作路径。工作路径是出现在“路径”面板中的临时路径层，是个公用层。任何没有保存的路径形状都出现在该层中。

路径与“图层”面板中的图层位置无关，如果没有关闭或隐藏路径，路径会一直显示在图层上，如图 3-1-14 所示。

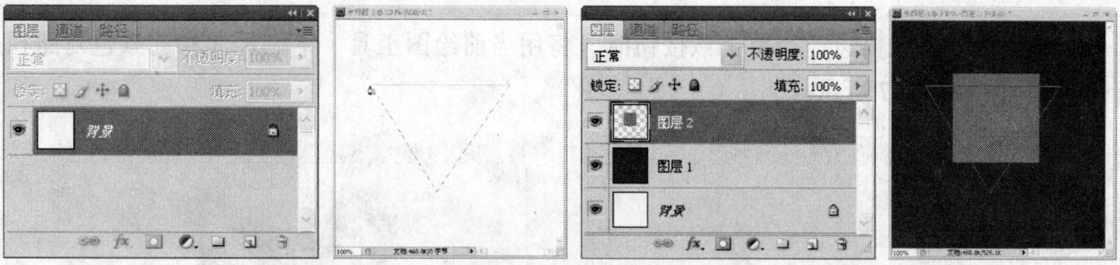


图 3-1-14　增加图层与未增加图层时路径显示情况

当工作路径为蓝色时，任何新勾画的路径都会被保存在工作路径中。当在“路径”面板“工作路径”下方任意灰色空白处单击时，则工作路径会显示成灰色，这时，任何新勾画的路径都会被保存，而以前的路径形状则会被覆盖，如图 3-1-15 所示。

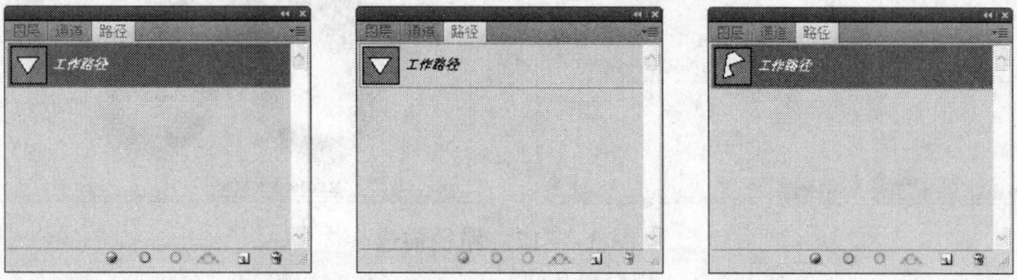


图 3-1-15　工作路径内的形状随时会被覆盖

（2）存储路径。选择“路径”面板中的工作路径，双击即可存储工作路径。存储后的工作路径不必担心会被新工作路径覆盖。

（3）用前景色填充路径。当单击该按钮时，可以采用前景色对路径进行填充，如图 3-1-16 所示。

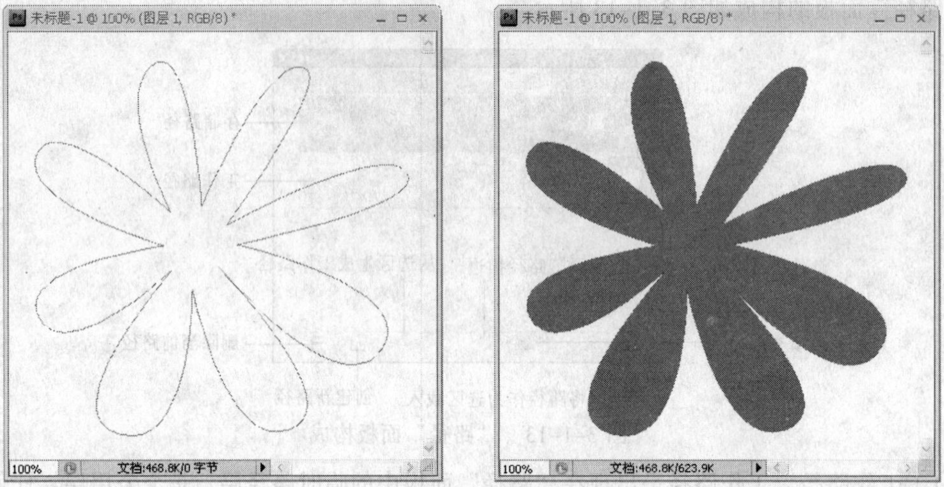


图 3-1-16　填充路径

注意：如果要填充的路径不是封闭的，Photoshop 将用直线连接起点和终点，然后对封闭区进行填充，但是直线路径不包括在内。

（4）用画笔路径描边。当单击该按钮时，将用当前绘图工具、笔刷尺寸和前景色对路径进行描边，如图 3-1-17 所示。

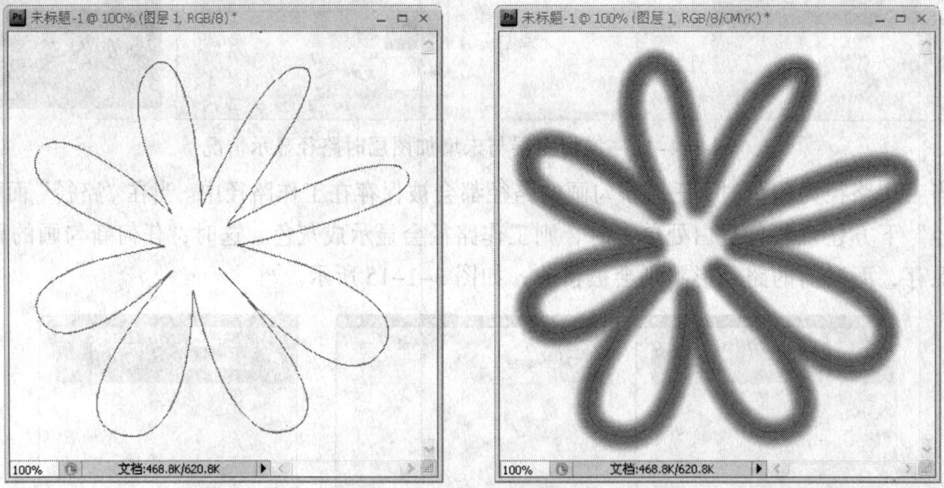


图 3-1-17　路径描边

（5）将路径作为选区载入。在“路径”面板中单击该按钮，就可以将路径快速转换成选区。这是路径的一个强大功能，如图 3-1-18 所示。

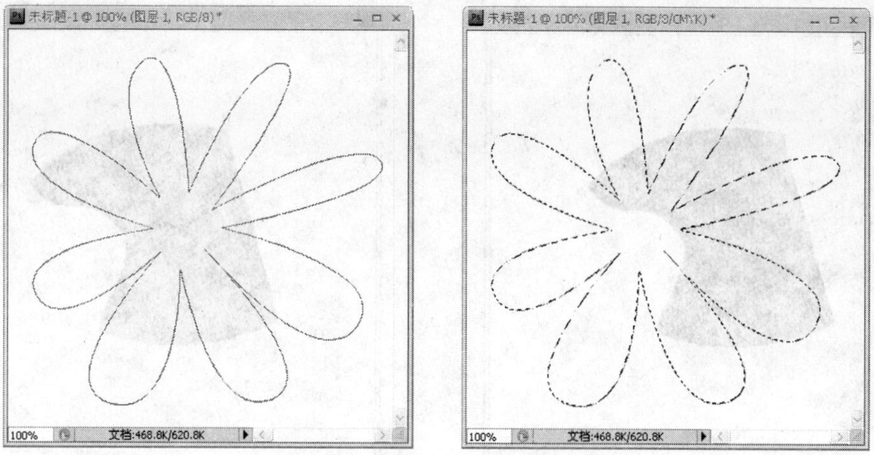


图 3-1-18　路径转换为选区

（6）从选区生成工作路径。在“路径”面板中单击该按钮，就可以将选区快速转换成路径。这也是路径的一个强大功能，如图 3-1-19 所示。

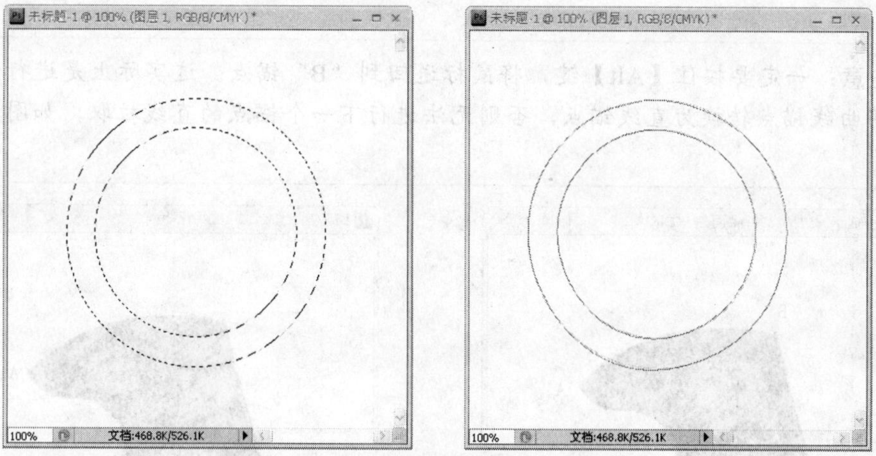


图 3-1-19　选区转换为路径

（7）创建新路径。在“路径”面板中单击该按钮，就可以新建一个路径层，之后勾画的路径都会保留在当前路径层，而不会发生被工作路径覆盖的情况。

（8）删除当前路径。在“路径”面板中单击该按钮，会弹出确认删除对话框，单击“是”按钮，就可以删除当前选择的路径层。

**注意：**一般情况下，我们都是将要删除的路径层直接拖放到该按钮上，可直接删除而不需要确认。

**4. 应用路径工具**

（1）形状抠图。

① 按【Ctrl+O】组合键，打开“路径描曲线.psd”文件，如图 3-1-20 所示。

② 选择工具栏上的“钢笔工具”，在 A 点定义第一个锚点，在 B 点定义第二个锚点，拖动鼠标，使橡皮带的弧形紧贴曲线形状，如图 3-1-21 所示。

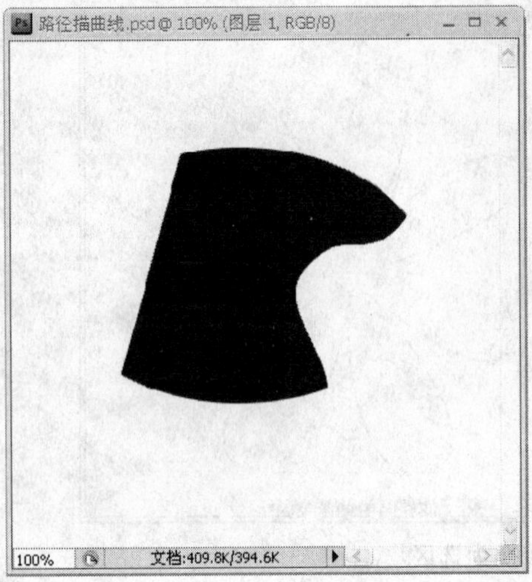


图 3-1-20 打开示例文档

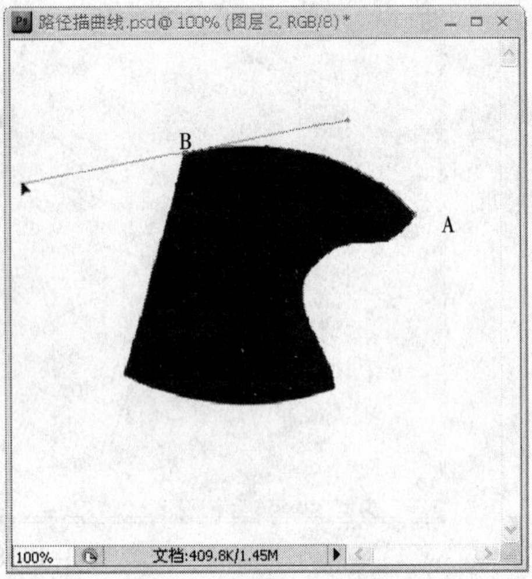


图 3-1-21 A 点到 B 点的曲线勾画

③ 按住【Alt】键，将鼠标送回到“B”锚点，然后在“C”处定义第三个锚点，如图 3-1-22 所示。

**注意：一定要按住【Alt】键，将鼠标送回到“B”锚点。这实际上是进行锚点转换，将曲线锚点转换为直线锚点，否则无法进行下一个锚点的直线拉取，如图 3-1-23 所示。**

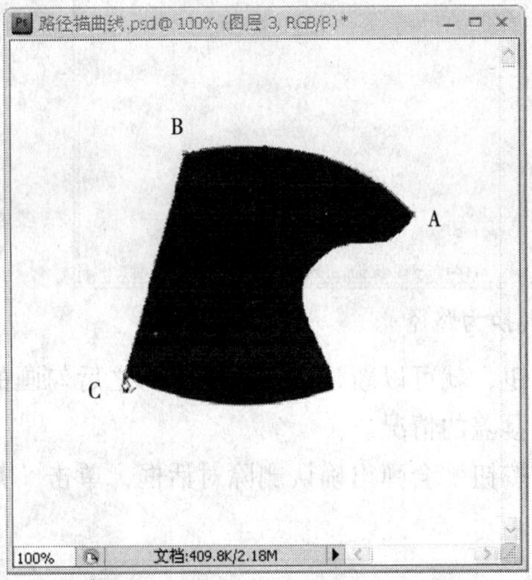


图 3-1-22 锚点转换后，B 点到 C 点的曲线勾画

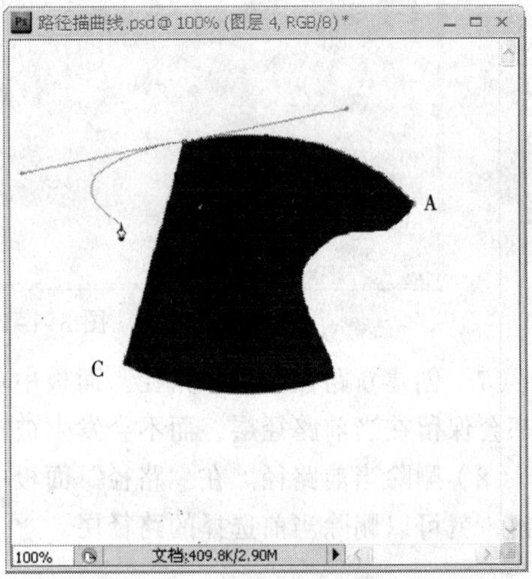


图 3-1-23 锚点不转换时的橡皮带形状

④ 在 D 点定义第四个锚点，拖动鼠标，使橡皮带的弧形紧贴曲线形状。按住【Alt】键，将鼠标送回到“D”锚点。与此类似，分别完成 E、F、G 锚点的曲线勾画。最后闭合路径如图 3-1-24 所示。

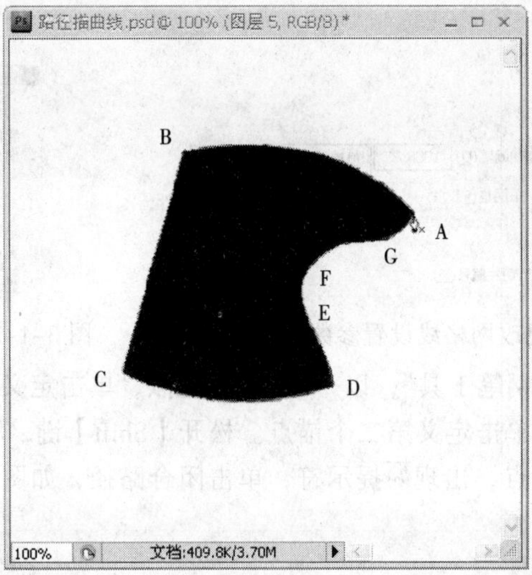


图 3-1-24 闭合路径，完成曲线勾画

注意：如果有时锚点不合适，勾画完曲线后会留下空隙。要修正这种情况时，需要按住【Ctrl】键，“钢笔工具”暂时会转换成“直接选择工具”，单击需要校正的锚点，拖动方向线可进行校正。

用“钢笔工具”勾画曲线时，对于锚点位置的选择非常重要，这一点大家一定要注意！基本原则是：拐角处一定要定义锚点，平滑曲线部分尽量少用锚点。

本例给的是形状抠图，人物外形曲线的勾画也是一样的。

（2）心形的制作。

① 按【Ctrl+N】组合键，新建文件。文件名称为“心形”，宽度为600，高度为600，单位为像素，其他参数默认。单击“确定”按钮，如图 3-1-25 所示。

② 选择“编辑”→“首选项”→“参考线、网格和切片”菜单命令，如图 3-1-26 所示。

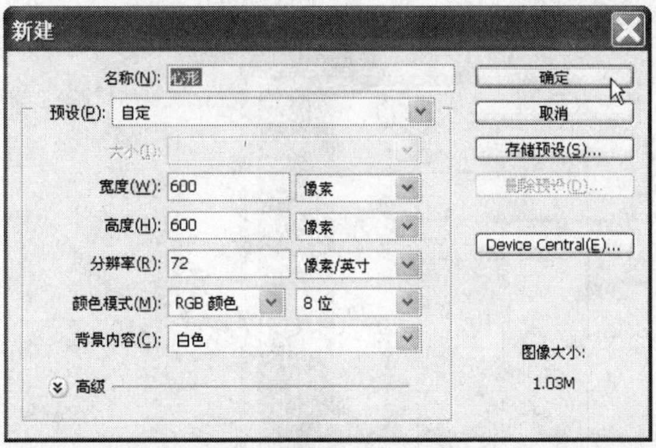


图 3-1-25 新建文件

图 3-1-26 选择菜单命令

③ 设置参数，“网格线间隔”为100，“单位”为像素，其他参数默认。单击“确定”按钮，如图 3-1-27 所示。

④ 选择“视图”→“显示”→“网格”菜单命令，如图 3-1-28 所示。

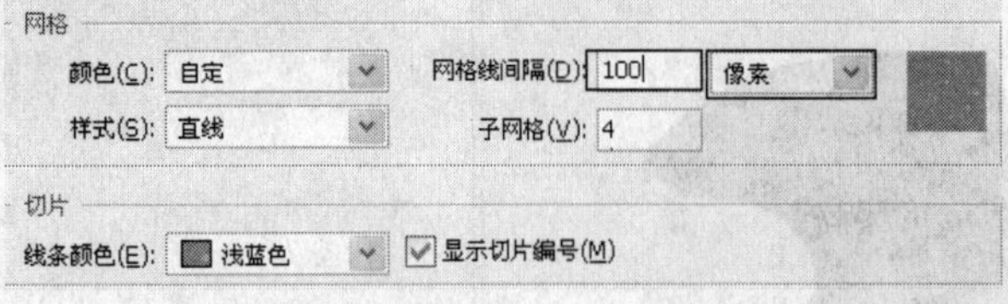


图 3-1-27　更改网格线设置参数

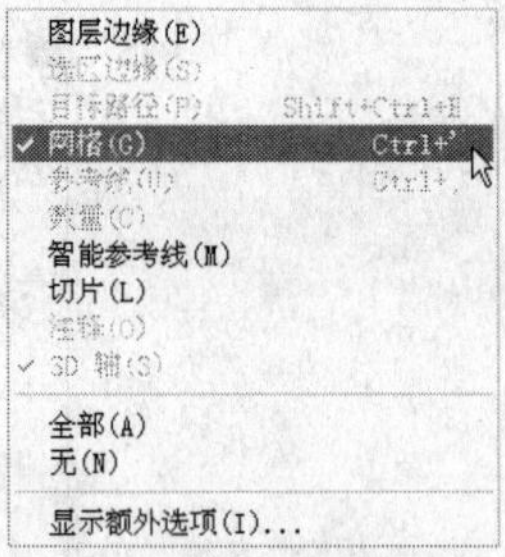


图 3-1-28　更改视图显示内容

⑤ 单击工具栏上的“钢笔工具”，以“A”点为起点，单击定义第一个锚点。按住【Shift】键，将鼠标移至“B”点，单击定义第二个锚点。松开【Shift】键，移至“C”点，单击定义第三个锚点。最后移至“A”点，出现提示符，单击闭合路径，如图 3-1-29 所示。

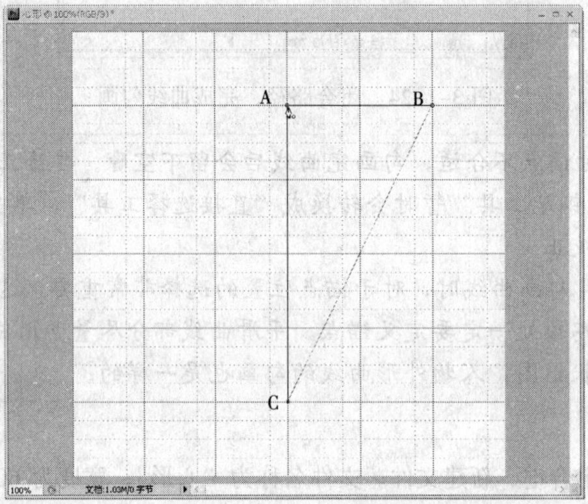


图 3-1-29　闭合路径

⑥ 按住【Ctrl】键，“钢笔工具”变成“直接选择工具”，单击路径上任意一处，即可激活该路，如图 3-1-30 所示。

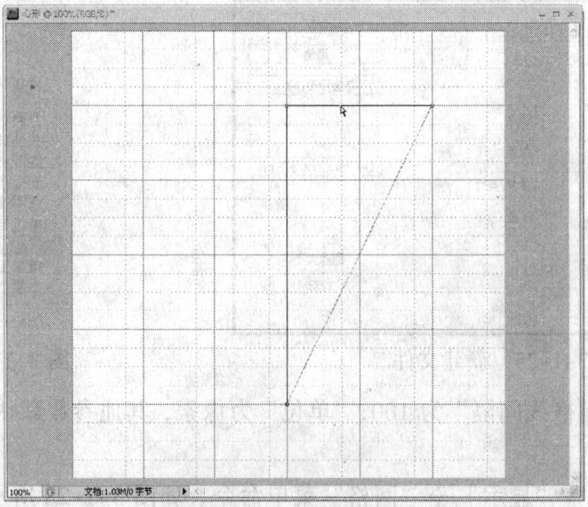


图 3-1-30　激活指定路径

⑦ 鼠标移至“B”点，按住【Alt】键，“直接选择工具”变成“转换点工具”，单击“B”锚点，然后松开【Alt】键，拖动鼠标拉出一个弧形曲线，如图 3-1-31 所示。

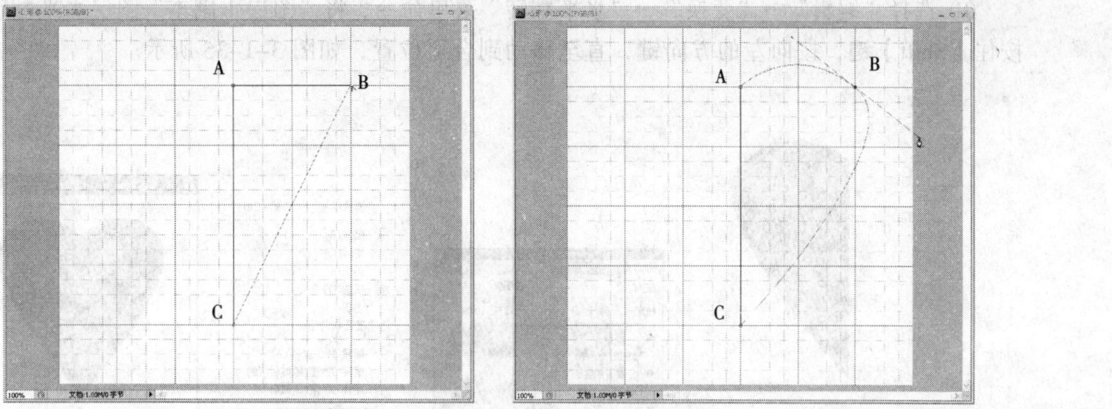


图 3-1-31　转换“B”锚点后进行拉取

⑧ 单击“图层”面板下方的“新建图层”按钮，新建“图层 1”图层。单击工具栏中的“前景色”按钮，设置前景色，RGB 值分别为（R:240，G:20，B:20），单击“确定”按钮，如图 3-1-32 所示。

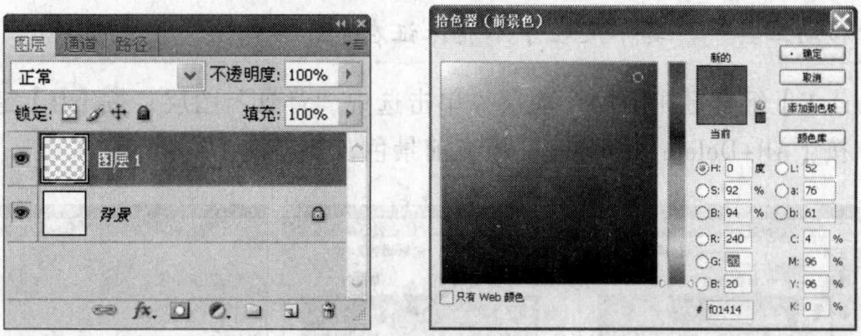


图 3-1-32　新建图层、设置前景色

⑨ 按【Ctrl+Enter】组合键，激活路径选区并隐藏路径。按【Alt+Delete】组合键，填充前景色。按【Ctrl+D】组合键，取消选区，如图 3-1-33 所示。

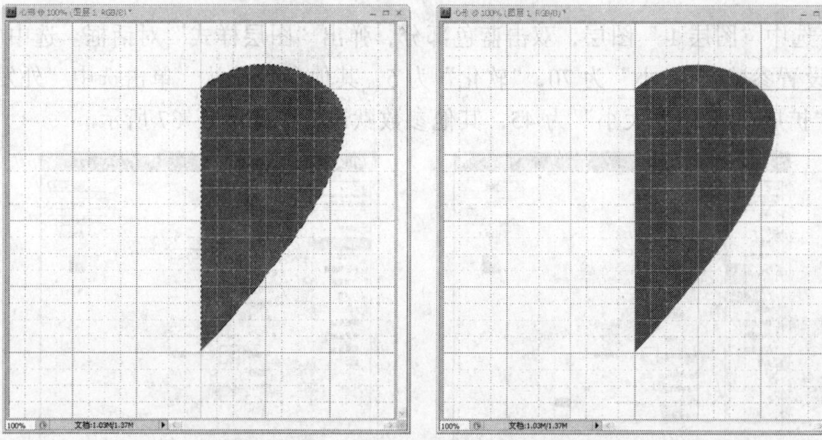

图 3-1-33　填充前景色并取消选区

⑩ 按【Ctrl+'】组合键，隐藏网格。拖动“图层”面板中的“图层 1”到“图层”面板下方的“新建图层”按钮上，复制“图层 1”图层为“图层 1 副本”图层，如图 3-1-34 所示。

⑪ 选择“编辑”→“变换”→“水平翻转”菜单命令，将“图层 1 副本”图层水平翻转后，按住【Shift】键，按向左的方向键，直至移动到合适位置，如图 3-1-35 所示。

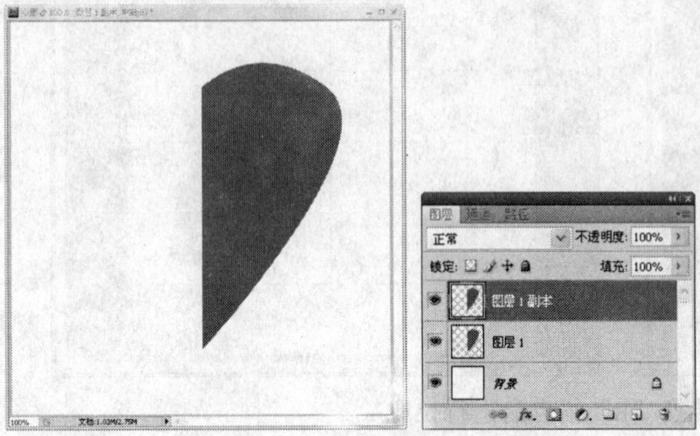


图 3-1-34 隐藏网格并复制“图层 1”

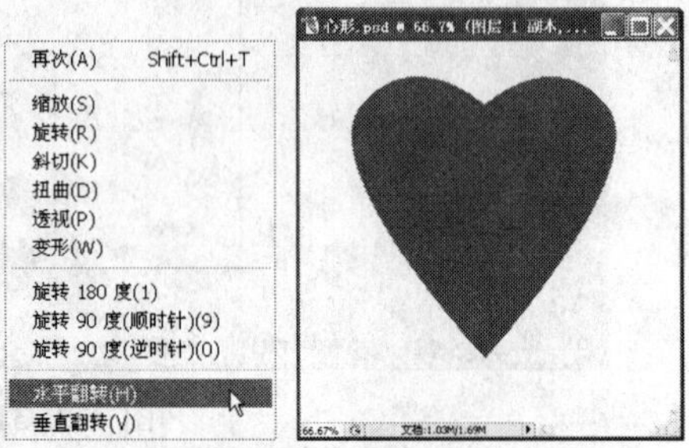


图 3-1-35 “水平翻转”并对齐

> **注意：**【Shift】键+向左的方向键，是以 10 个像素为单位移动，如果需要微调，可直接按向左的方向键，是以 1 个像素为单位。这样做是为了保证图层内容水平移动。也可以使用“移动工具”，其不足在于不能保证在水平方向上完全无偏移。

⑫ 按【Ctrl+E】组合键拼合两个图层。单击选中“背景”图层，按【D】键，恢复默认前景色/背景色。按【Alt+Delete】组合键，填充前景色，如图 3-1-36 所示。

图 3-1-36 拼合图层并填充前景色

⑬ 单击选中“图层 1”图层，双击蓝色部分，弹出“图层样式”对话框。选中“斜面和浮雕”选项，设置参数，“大小”为 70，“软化”为 5，其他参数默认。单击选中“外发光”选项，设置参数，“扩展”为 6，“大小”为 45，其他参数默认，如图 3-1-37 所示。

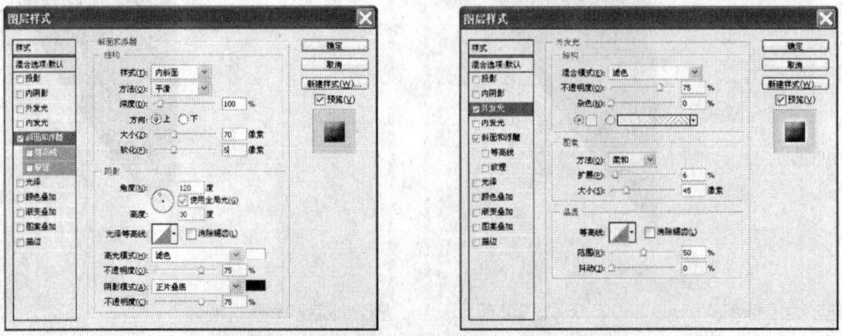

图 3-1-37 设置图层样式参数

⑭ 最后效果如图 3-1-38 所示。

图 3-1-38　心形效果图

## 相关知识与技能

### 1. CI 的作用和定义

CI 设计在 20 世纪 60 年代由美国首先提出，20 世纪 70 年代在日本得以广泛推广和应用，它是现代企业走向整体化、形象化和系统管理的一种全新的概念。其定义是：将企业经营理念与精神文化，运用整体传达系统（特别是视觉传达系统），传达给企业内部与大众，并使其对企业产生一致的认同感或价值观，从而形成良好的企业形象和促销产品的设计系统。

### 2. CI 系统的构成

CI 系统是由理念识别（Mind Identity，MI）、行为识别（Behavior Identity，BI）和视觉识别（Visual Identity，VI）三方面所构成的。

（1）理念识别（MI）。它是确立企业独具特色的经营理念，是企业生产经营过程中设计、科研、生产、营销、服务、管理等经营理念的识别系统，是企业对当前和未来一个时期的经营目标、经营思想、营销方式和营销形态所作的总体规划和界定，主要包括：企业精神、企业价值观、企业信条、经营宗旨、经营方针、市场定位、产业构成、组织体制、社会责任和发展规划等，属于企业文化的意识形态范畴。

（2）行为识别（BI）。它是企业实际经营理念与创造企业文化的准则，是对企业运作方式所作的统一规划而形成的动态识别形态。它以经营理念为基本出发点，对内建立完善的组织制度、管理规范、职员教育、行为规范和福利制度；对外则开拓市场调查、进行产品开发，透过社会公益文化活动、公共关系、营销活动等方式来传达企业理念，以获得社会公众对企业识别的认同。

（3）视觉识别（VI）。它是以企业标志、标准字体、标准色彩为核心展开的完整、系统的视觉传达体系，将企业理念、文化特质、服务内容、企业规范等抽象语意转换为具体符号的概念，塑造出独特的企业形象。视觉识别系统分为基本要素系统和应用要素系统两方面。基本要素系统主要包括：企业名称、企业标志、标准字、标准色、象征图案、宣传口语、市场行销报告书等。应用系统主要包括：办公事务用品、生产设备、建筑环境、产品包装、广告媒体、交通工具、衣着制服、旗帜、招牌、标识牌、橱窗、陈列展示等。VI 在 CI 系统中最具有传播力和感染力，最容易被社会大众所接受，居主导地位。

### 3. CI 系统的含义

（1）CI 是企业形象的塑造过程。有人将 CI 与企业形象混为一谈，这是一种误解。CI 是塑造企业形象的做法、措施，更准确地说是采取各种措施塑造企业形象的过程，而不是企业形象本身。企业形象塑造不是短短一两天内完成的事情，这也反映了实施 CI 同样不仅仅是搞一个活动，而是一个长期的过程。

（2）CI 是企业管理的一项系统工程。有的企业负责人认为，本公司已有名称、标志图案、商标，还搞什么 CI 策划。这是对 CI 片面理解的缘故，因为 CI 还涉及企业文化和企业实践的方方面面，是一个系统性很强的企业整体行为。由于不了解这一点，有些广告公司承接的 CI 只是停留在视觉形象设计的各项美工阶段，导致一些企业花了钱却看不到有什么实效。CI 的系统性，也就是为什么许多人又把它称为“CIS”的原因。

（3）CI 是企业的一项投资行为。由于企业往往缺乏通晓 CI 的行家，因此它们的 CI 策划基本上都是委托专门的顾问公司、公共关系公司、广告公司来承担的。根据目前国内的情况，一般需要花费 30 ~ 100 万元，陕西彩虹集团、河南新飞集团、广东杉杉集团的 CI 投资更在此之上。有些企业觉得一下子花这么多钱，又不一定能马上见实效，很不值得，这种看法是缺乏战略眼光的。因为从导入 CI 到实施完成，往往需要一两年甚至三五年或更长时间，其效果的显现具有滞后性，如果不能认识到 CI 是企业的一项有价值的投资，是很难理解这一点的。

（4）CI 是企业经营战略的组成部分。CI 在塑造企业形象的过程中，最重要的就是把企业理念、行为、视觉要素的信息传播出去。面对日益激烈的市场竞争，以全局为对象、面向未来的战略管理是企业的必然选择。制定企业发展战略，必须站在全局高度，综合考虑供应、生产、技术、销售、服务、财务、人事等各方面，根据总体发展的需要制定企业经营活动的行动纲领。而企业形象的塑造正是企业发展战略必然涉及的问题，要对此做出正确的回答，导入和实施 CI 是有远见的企业家的明智选择。因此，强调 CI 不是孤立的企业行为，而是影响企业未来发展道路的信息传播战略行为。

### 技能训练

1. 熟练使用快捷键进行路径练习。
2. 熟练使用路径工具进行形状勾画。

### 完成任务

完成心形制作。

## 任务二　制作企业标志

### 任务描述

企业标志是特定企业的象征与识别符号，是 CI 设计系统的核心基础。企业标志通过简练的造型、生动的形象来传达企业的理念、具有内容、产品特性等信息。标志的设计不仅要具有强烈的视觉冲击力，必须要表达出独特的个性和时代感，必须广泛地适应各种媒体、各种材料及各种用品的制作。

企业标志表现形式可分为：（1）图形表现（包括再现图形、象征图形、几何图形）；（2）文字表现（包括中外文字和阿拉伯数字的组合）；（3）综合表现（包括图形与文字的结合应用）三个方面。

卫国科技企业标志任务完成后的图像效果，如图 3-2-1 所示。

图 3-2-1　企业标志效果图

## 任务分析

企业标志要以固定不变的标准原型在 CI 设计形态中应用，开始设计时必须绘制出标准的比例图，并表达出标志的轮廓、线条、距离等精密的数值。其制图可采用方格标示法、比例标示法等，以便标志在放大或缩小时能精确地描绘和准确复制。

路径实质是矢量图，具有矢量特性，是制作标志的最佳工具。我们可以按照以下几个步骤来完成企业标志的制作：

（1）设置显示单位；

（2）创建“V”形状；

（3）输入字符串；

（4）标志解读。

## 方法与步骤

### 1. 设置显示单位

（1）按【Ctrl+K】组合键，弹出“首选项”对话框，如图 3-2-2 所示。

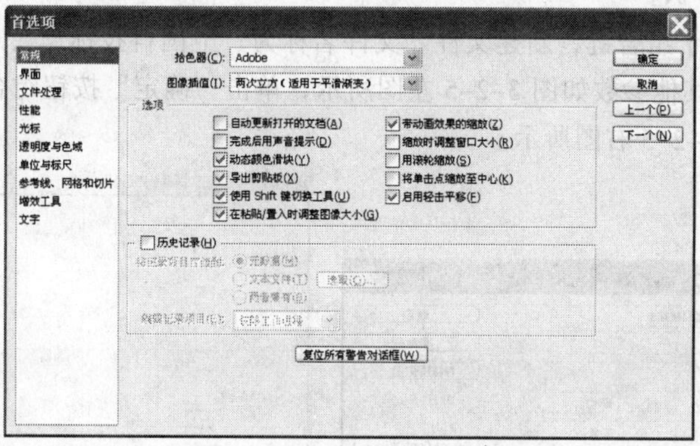


图 3-2-2 “首选项”对话框

（2）单击选中“单位与标尺”选项，更改默认“标尺”单位为毫米，单击“确定”按钮，如图 3-2-3 所示。

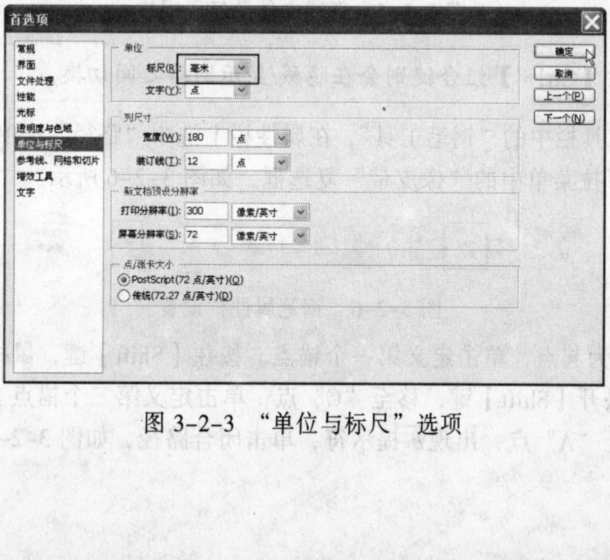


图 3-2-3 “单位与标尺”选项

（3）单击选中“参考线、风格和切片”选项，更改默认“网格线间隔”为 100 毫米，单击“确定”按钮，如图 3-2-4 所示。

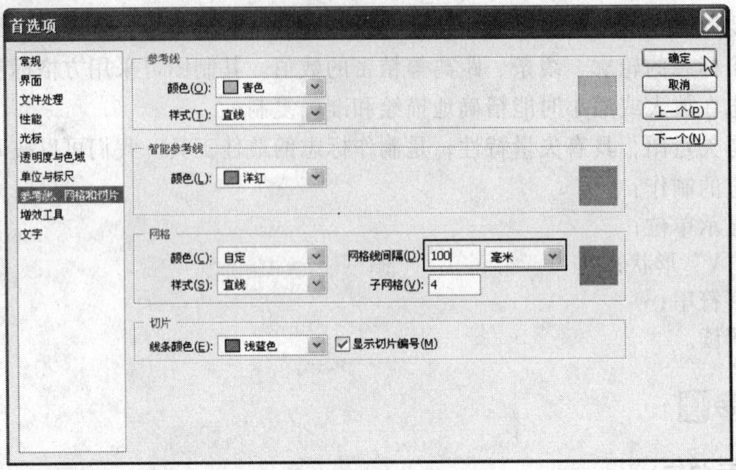


图 3-2-4 “参考线、网格和切片”选项

## 2. 创建“V”形状

（1）按【Ctrl+N】组合键，新建文件。文件名称为“卫国科技标志”，宽度为 600，高度为 500，单位为毫米，其他参数如图 3-2-5 左图所示，单击“确定”按钮组合。按【Ctrl+'】组合键显示网格，如图 3-2-5 右图所示。

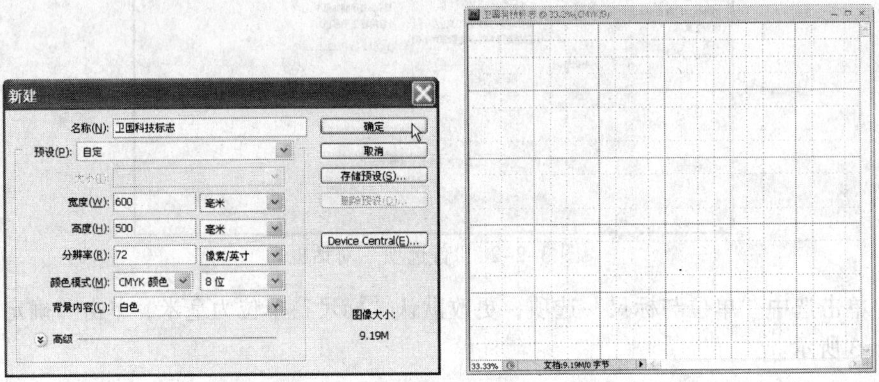


图 3-2-5 新建文件及显示网格

> **提示：**重复按【Ctrl+'】组合键则会在隐藏/显示网格之间切换。

（2）单击选中工具栏中的“钢笔工具”，在属性栏上选中“路径”选项。单击属性栏右侧小黑三角按钮，选中下拉菜单中的“橡皮带”复选框，如图 3-2-6 所示。

图 3-2-6 钢笔属性栏设置

（3）以“A”点为起点，单击定义第一个锚点。按住【Shift】键，鼠标移至“B”点，单击定义第二个锚点。松开【Shift】键，移至“C”点，单击定义第三个锚点。依次在 D、E、F 点定义锚点，最后移至“A”点，出现 提示符，单击闭合路径，如图 3-2-7 所示。

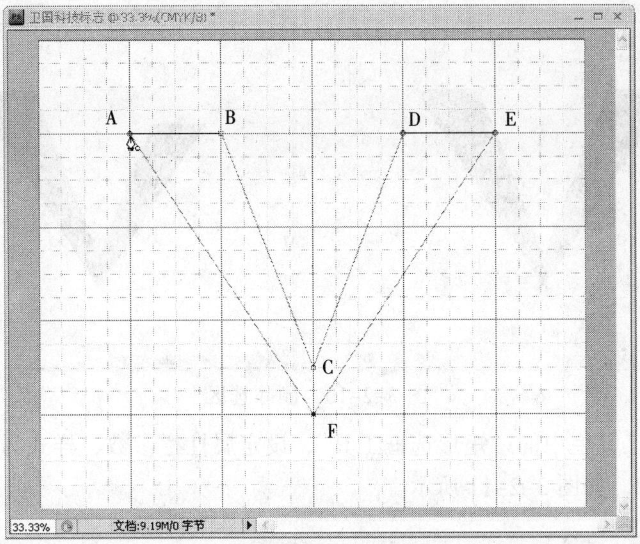

图 3-2-7　闭合路径

（4）单击工具栏中“设置前景色”按钮，弹出“拾色器（前景色）”对话框，设置参数（C：0，M：100，Y：100，K：0）。单击“确定”按钮，如图 3-2-8 所示。

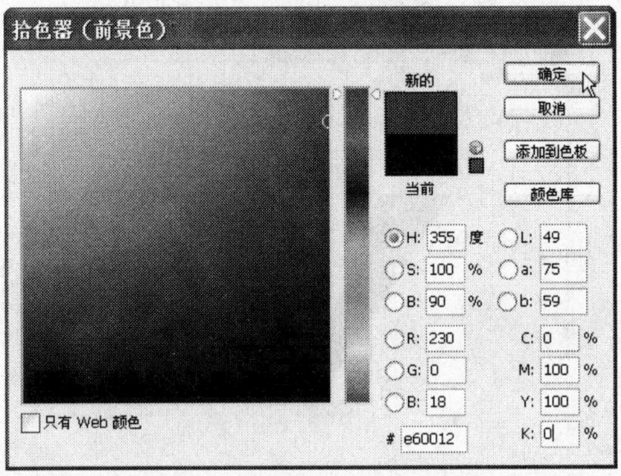

图 3-2-8　设置“前景色”参数

（5）单击“图层”面板右下角的“创建新图层”按钮，新建“图层 1”图层。单击“路径”面板左下方的“用前景色填充路径”按钮，填充前景色，如图 3-2-9 所示。

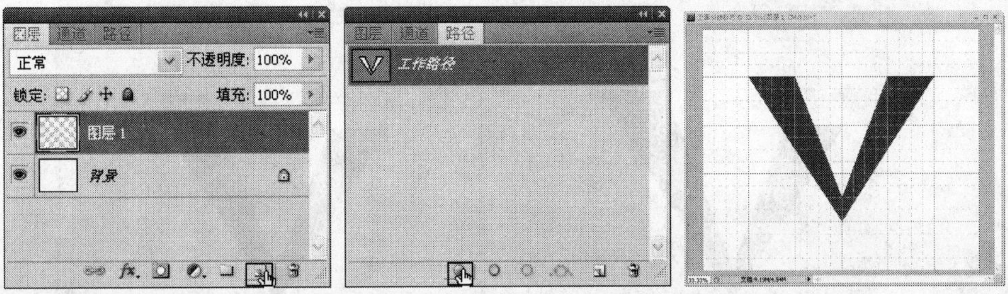

图 3-2-9　填充前景色

（6）单击选中工具栏中的“矩形选框工具”，画出 2 个网格高度的选区，按【Delete】键删除选区内容，如图 3-2-10 所示。

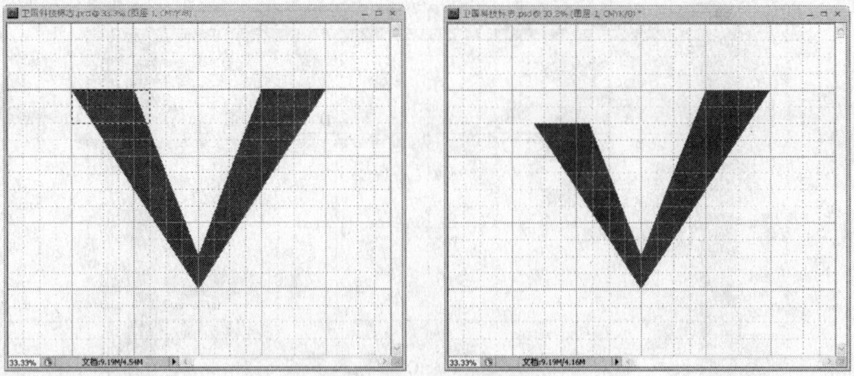

图 3-2-10　删除选区

（7）单击选中工具栏中的“矩形选框工具”，设定属性栏参数，样式为“固定大小”，宽度为 1200，高度为 32，如图 3-2-11 所示。

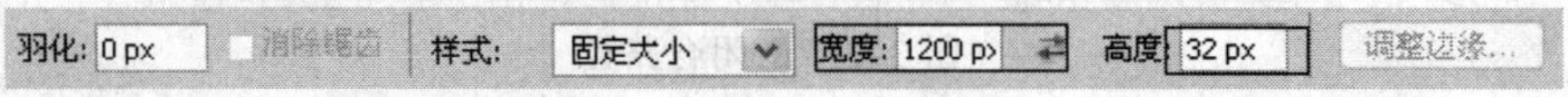


图 3-2-11　设置属性栏参数

（8）单击确定固定选区的起始位置，如图 3-2-12 所示。

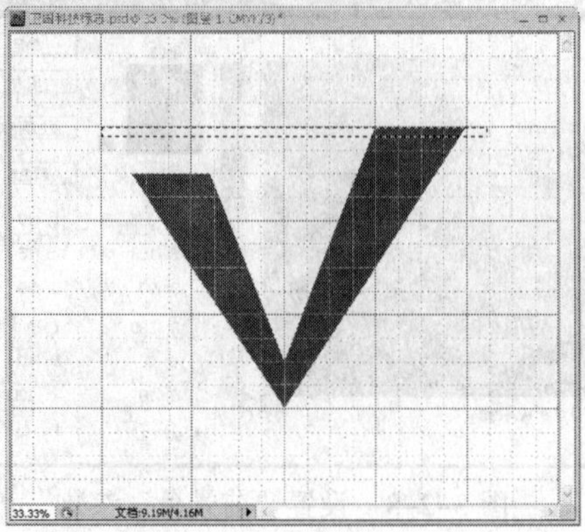

图 3-2-12　确定选区起始位置

（9）按住【Shift】键不放，按向下方向键 4 次。按【Delete】键删除选区内容，如图 3-2-13 所示。

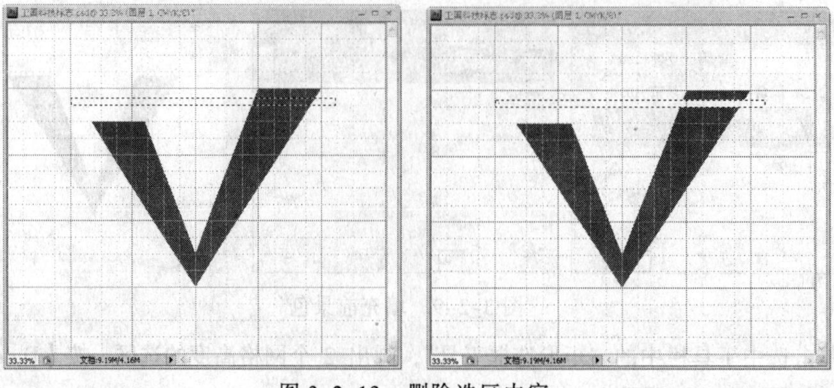

图 3-2-13　删除选区内容

> **提示：**按住【Shift】键不放，按向下方向键，每按一次，选区向下移动10个像素。

（10）按住【Shift】键不放，按向下方向键7次。按【Delete】键删除选区内容，如图3-2-14所示。

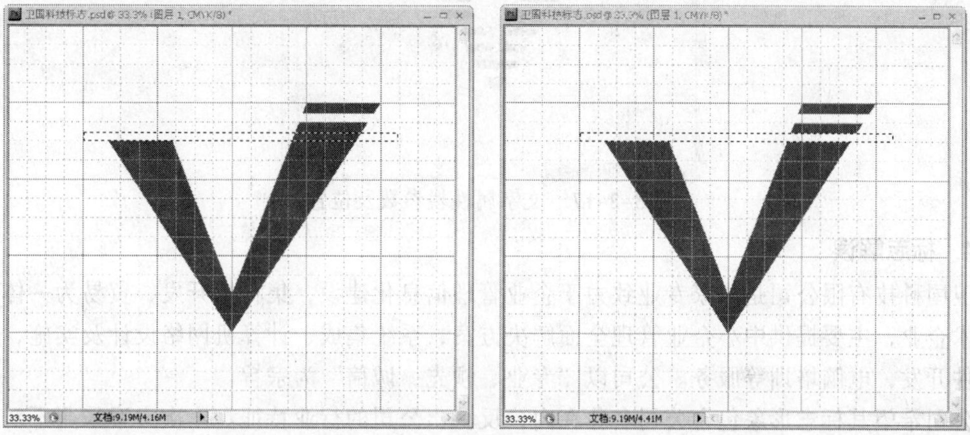

图3-2-14 删除固定选区内容

（11）重复上述类似步骤，最后效果如图3-2-15所示。

3. 输入字符串

（1）单击工具栏中的“设置前景色”按钮，弹出“拾色器（前景色）”对话框，设置参数（C：100，M：0，Y：100，K：0）。单击“确定”按钮，如图3-2-16所示。

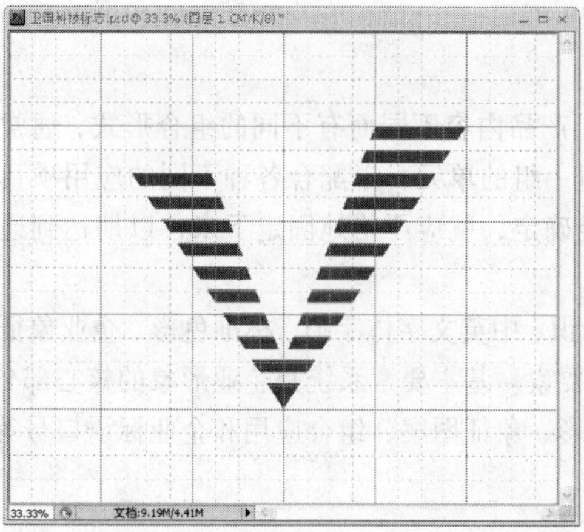

图3-2-15 “V”形效果图

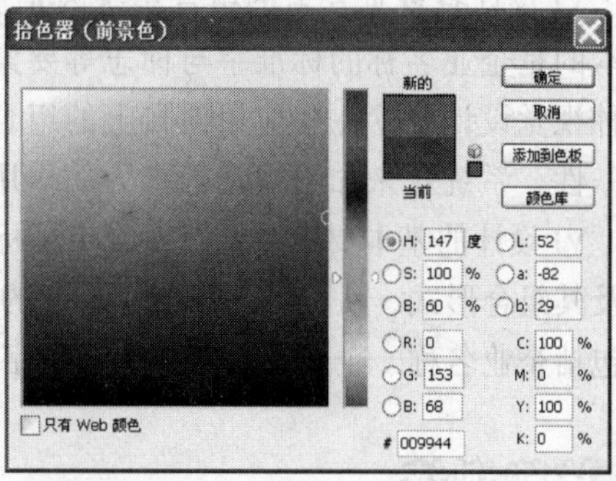


图3-2-16 设置“前景色”参数

（2）单击选中工具栏中的“文字工具”，在属性栏中设置相应参数，字体为DigifaceWide（液晶），大小为180点。单击编辑区，则自动出现文字录入界面，输入文字。单击“移动工具”，可以退出文字编辑状态，并能够移动文字到任意位置处，如图3-2-17所示。

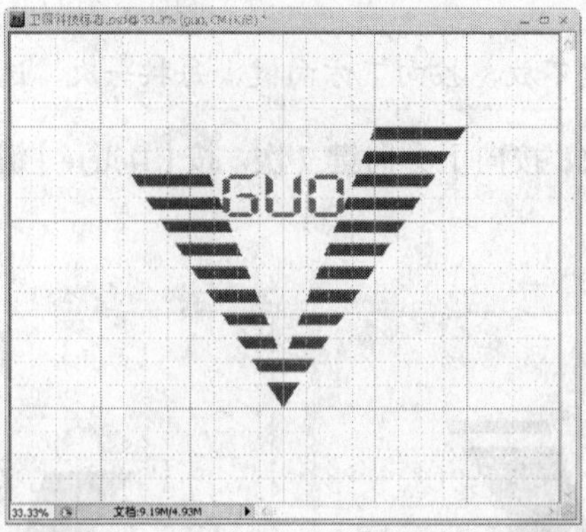


图 3-2-17　文字属性栏参数及位置

### 4. 标志解读

卫国科技有限公司是一家专业致力于企业管理信息化建设，集科技开发、贸易为一体的高新技术企业，主要提供中小企业管理全面解决方案，系统集成、计算机网络设计及实施，计算机软件开发，电脑培训等服务。公司以“专业、领先、诚信”为宗旨。

公司希望其标志形象包含公司名称在内，反映出公司的行业特征。本次方案采用不对称的“V”形，“V”形左低右高，既像一个“V”手指，寓意胜利，又像一个对号，寓意正确选择。拼音“GUO”采用绿色液晶字体，突出了电子行业特征。“V”形被分割，令整个图标充满动感，象征公司蓬勃发展。方案整体由“V”形配合着拼音“GUO”，正是公司“卫国”的谐音。该标志设计作品造型简洁，易记忆、易运用。

## 相关知识与技能

### VI 设计要素

VI 设计各视觉要素的组合系统因企业的规模、产品内容不同而有不同的组合形式，通常最基本的是企业名称的标准字与标志等要素组成一组一组的单元，以配合各种不同的应用项目，各种视觉设计要素在各应用项目上的组合关系一经确定，就应严格地固定下来，以期达到通过统一性、系统化来加强视觉诉求力的作用。

VI 设计的基本要素系统严格规定了标志图形标识、中英文字体字形、标准色彩、企业象征图案及其组合形式，从根本上规范了企业的视觉基本要素。基本要素系统是企业形象的核心部分，它包括企业名称、企业标志、企业标准字、标准色彩、象征图案、组合应用和企业标语口号等。

## 技能训练

1. 熟悉钢笔工具的运用。
2. 完成徽标绘制。

## 完成任务

设计一个电脑公司徽标。

# 任务三　制作企业信封

## 任务描述

信封是办公事务用品的一个品种。办公事务用品的设计制作应充分体现出强烈的统一性和规范化，表现出企业的精神。其设计方案应严格规定办公用品形式排列顺序，以标志图形安排、文字格式、色彩套数及所有尺寸依据形成办公事务用品的严肃、完整、精确和统一规范的格式，给人一种全新的感受并表现出企业的风格，同时也展示出现代办公的高度集中特性，是现代企业文化向各领域渗透传播的途径。

本次任务完成后，类似的包括信纸、便笺、名片、徽章、工作证、请柬、文件夹、介绍信、账票、备忘录、资料袋、公文表格等都可依此制作。

本次任务主要是依靠路径的特性来完成，最后效果如图 3–3–1 所示。

## 任务分析

企业信封的优势：（1）亲切感强，增强员工的归属感；（2）发布面广，且在邮寄过程中可实现二次传播，扩大发布面，增强广告效果；（3）量身定做，推广企业文化。企业信封以公司形象、产品、服务等为主体向客户推广，是企业与个人、个人与个人之间沟通的载体，可以为企业树立良好的品牌形象。

制作企业信封分为以下几个步骤完成：

（1）新建图像文件；

（2）严格绘制出信封尺寸；

（3）完成企业信封制作。

## 方法与步骤

### 1. 新建图像文件

（1）按【Ctrl+K】组合键，弹出“首选项”对话框。单击选中“参考线、网格和切片”选项，更改“网格线间距”为 10 毫米，“子网格”为 5，单击“确定”按钮，如图 3–3–2 所示。

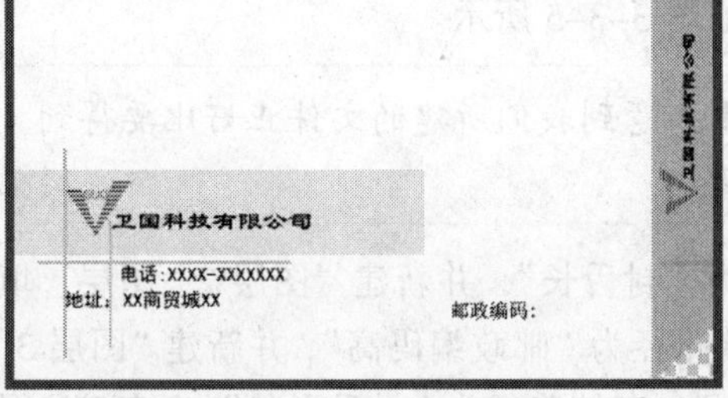


图 3–3–1　信封效果图

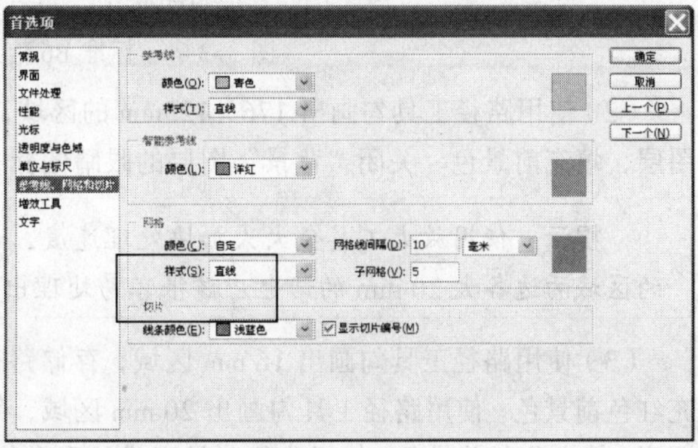


图 3–3–2　“参考线、网格和切片”选项

（2）按【Ctrl+N】组合键，新建文件。文件名称为“企业信封”，宽度为 216，高度为 165，单位为毫米，其他参数见图 3-3-3 左图所示，单击“确定”按钮。按【Ctrl+’】组合键，显示网格，如图 3-3-3 右图所示。

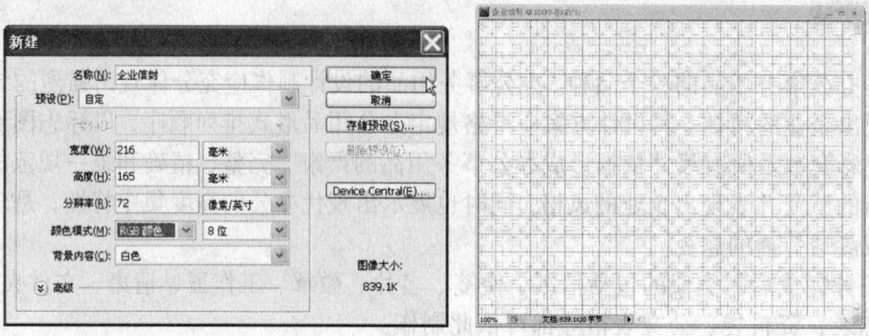


图 3-3-3　新建文件及显示网格

## 2. 严格绘制出信封尺寸

（1）按【Ctrl+O】组合键，打开“信封标准格式.tif”文件，如图 3-3-4 所示。

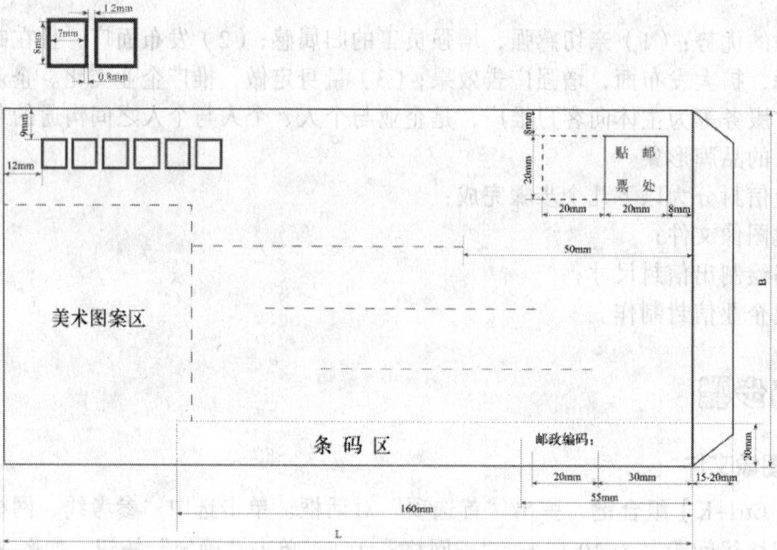


国内信封B6、DL、ZL号正面示意图

图 3-3-4　标准 B6 信封正面示意图

（2）使用路径工具勾画出 176 × 125mm 的区域，存储路径为“区域范围”，并新建“图层 1”图层，填充前景色。关闭“背景”图层的眼睛图标，如图 3-3-5 所示。

> **提示：**使用放大工具会大大加快处理速度。如果注意到我们所建的文件正好比要得到的区域两边各大 20 mm 的话也应该很容易处理出结果。

（3）使用路径工具勾画出 16 mm 区域，存储路径为“封舌长”，并新建“图层 2”图层，填充红色前景色。使用路径工具勾画出 20 mm 区域，存储路径为“邮政编码高”，并新建“图层 3”图层，填充蓝色前景色。使用路径工具完成封舌形状勾画，存储路径为“封舌形状”，并新建“图层 4”图层，填充绿色前景色，如图 3-3-6 所示。

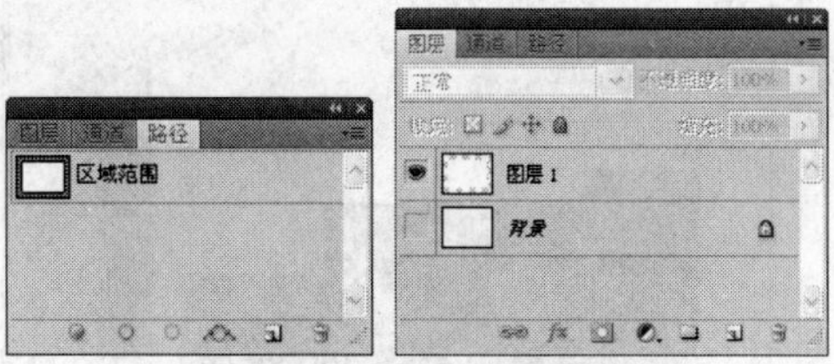


图 3-3-5 勾画信封范围

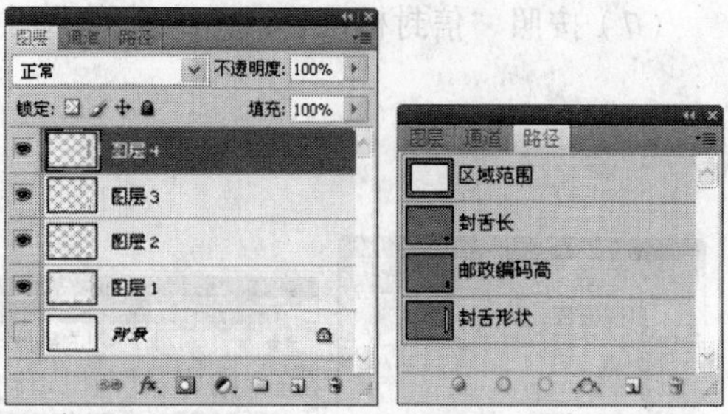


图 3-3-6 勾画路径

（4）按【Ctrl+Shift+E】组合键，合并可见图层。使用选框工具选中封舌部分，按住【Ctrl+Alt】组合键，单击“封舌形状”图层，实现选区相减操作，如图 3-3-7 所示。

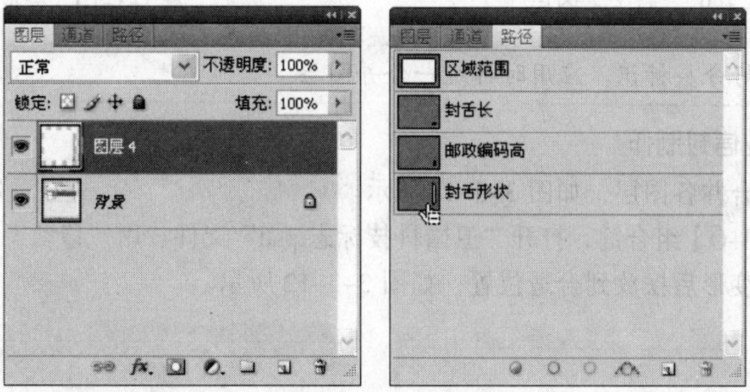


图 3-3-7 选区相减

（5）按【Delete】键，删除选区，如图 3-3-8 所示。

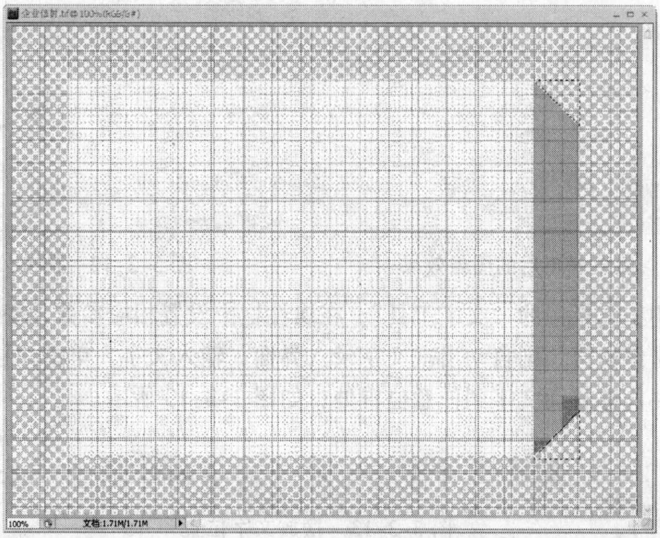

图 3-3-8 删除选区

（6）按【Ctrl+D】组合键取消选区。使用路径工具勾画封舌部分，并新建“封舌”图层，单独存放封舌部分，用纯绿（R：0，G：255，B：0）填充。最后图层效果如图 3-3-9 所示。

（7）按照“信封标准格式.tif”中的尺寸，完成其他部分。最后效果如图 3-3-10 所示。

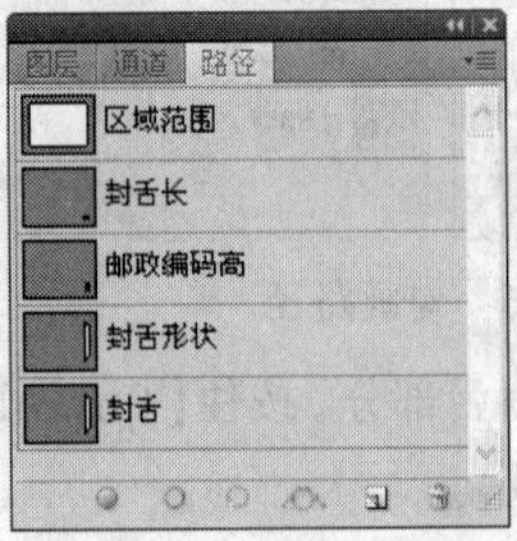


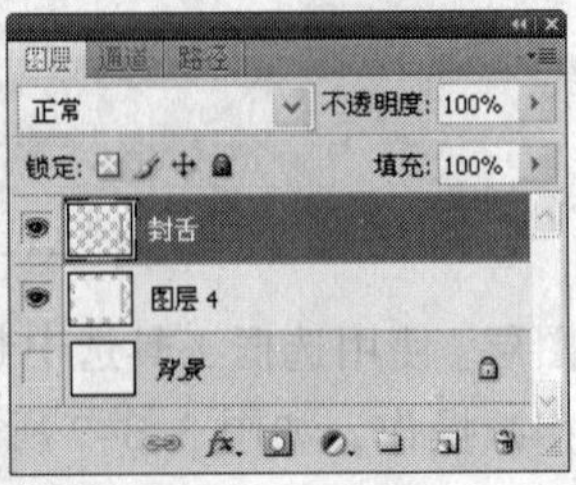


图 3-3-9 “封舌”图层

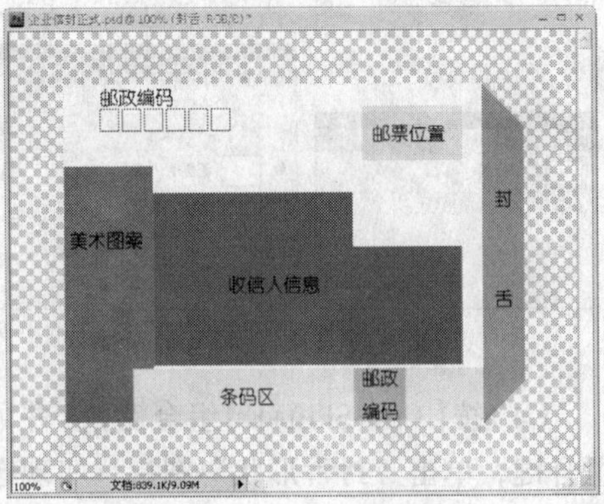


图 3-3-10 完成其他部分

> **提示：** 最好分层标识，应用时再统一合并图层。

### 3. 完成企业信封制作

（1）修正、合并各图层，如图 3-3-11 所示。

（2）按【Ctrl+O】组合键，打开“卫国科技标志.psd”文件。用“移动工具”拖放到当前文件中，经过自由变形后摆放到合适位置，如图 3-3-12 所示。

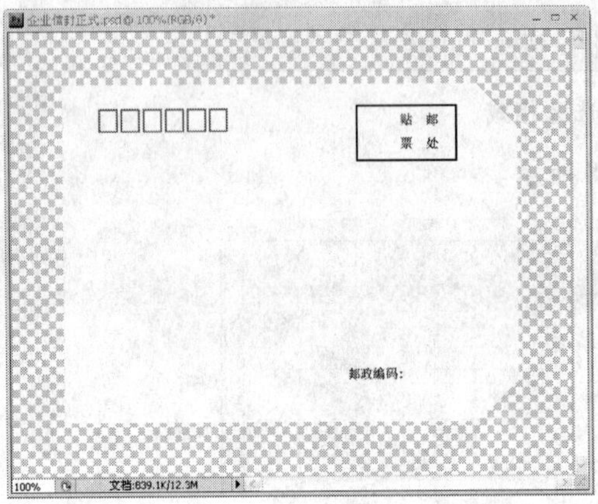


图 3-3-11 简单修正后的图像效果

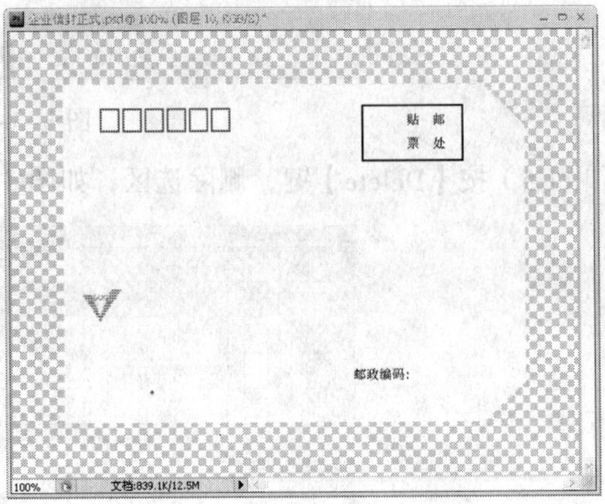


图 3-3-12 摆放公司标志

（3）单击选中工具栏中的“文字工具”，在属性栏中设置相应参数，字体为“隶书”，大小为“14”点。单击编辑区，则自动出现文字录入界面，输入文字。单击“移动工具”可以退出文字编辑状态，并能够移动文字到任意位置处，如图 3-3-13 所示。

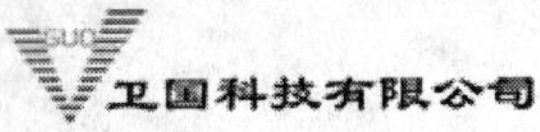


图 3-3-13 摆放文字位置

（4）单击工具栏中的“设置前景色”按钮，弹出“拾色器（前景色）”对话框，设置参数（R：200，G：200，B：200），单击“确定”按钮，如图 3-3-14 所示。

（5）新建“灰度”图层，单击工具栏中的选框工具，拉取选区，如图 3-3-15 所示。

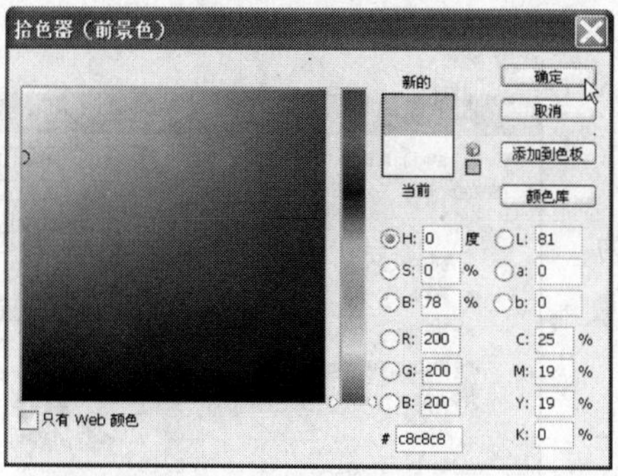


图 3-3-14　设置“前景色”参数

图 3-3-15　拉取新选区

（6）按【Alt+Delete】组合键，填充前景色，更改不透明度为 50%，如图 3-3-16 所示。

（7）随意填充几根线条，如图 3-3-17 所示。

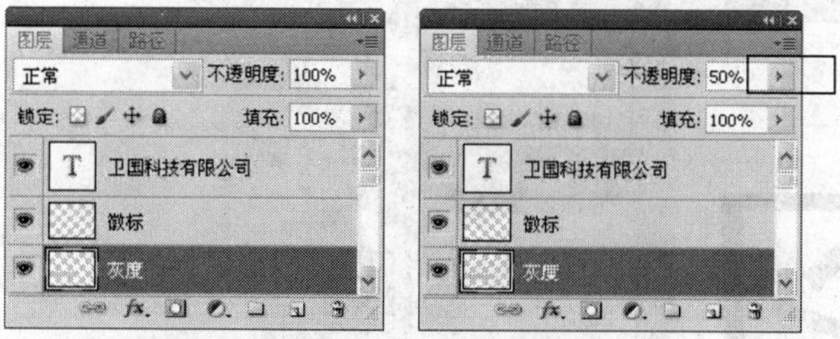


图 3-3-16　更改图层不透明度

图 3-3-17　填充线条

（8）输入文字，进行摆放，如图 3-3-18 所示。

（9）对“封舌”进行类似处理如，图 3-3-19 所示。

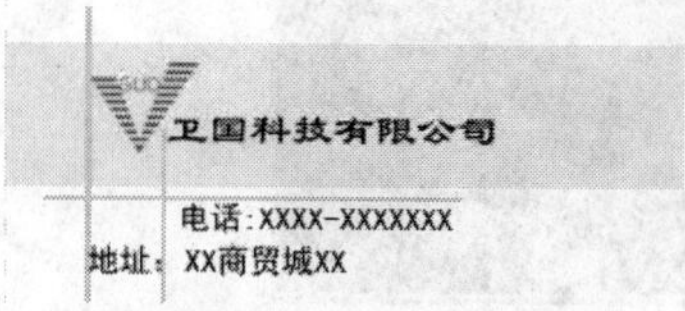


图 3-3-18　增添文字内容

图 3-3-19　封舌处理

（10）最后效果，如图 3-3-20 所示。

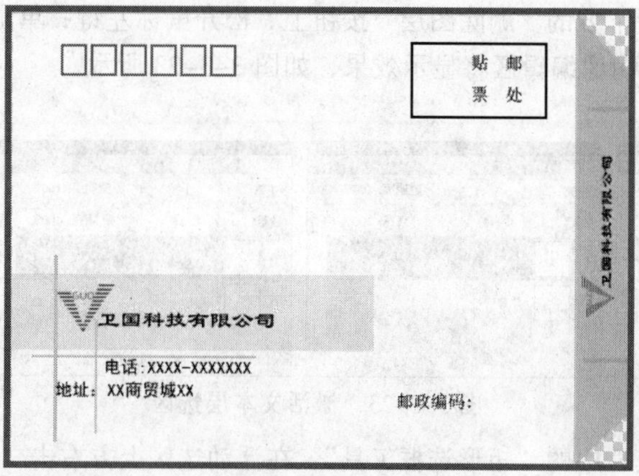


图 3-3-20　信封效果图

## 相关知识与技能

### 1. 路径字

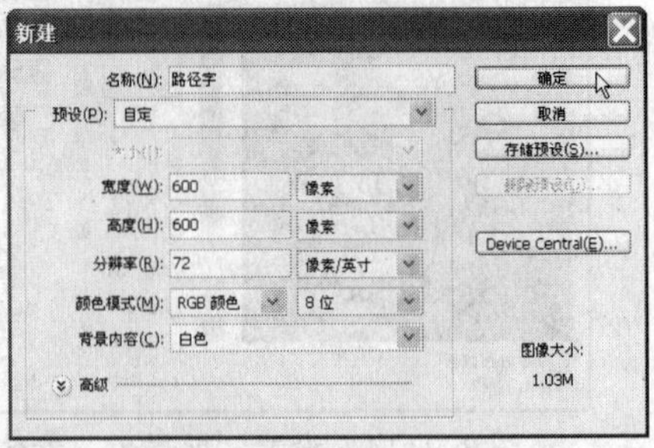


图 3-3-21　创建新文档

（1）按【Ctrl+N】组合键，新建文件。文件名称为“路径字”，宽度为 600，高度为 600，单位为像素，其他参数如图 3-3-21 所示，单击“确定”按钮。

（2）单击选中工具栏中的“文字工具”，在属性栏上设置参数，字体为“黑体”，字号大小为“300 点”，其余使用默认值，文字内容为“学习”，如图 3-3-22 所示。

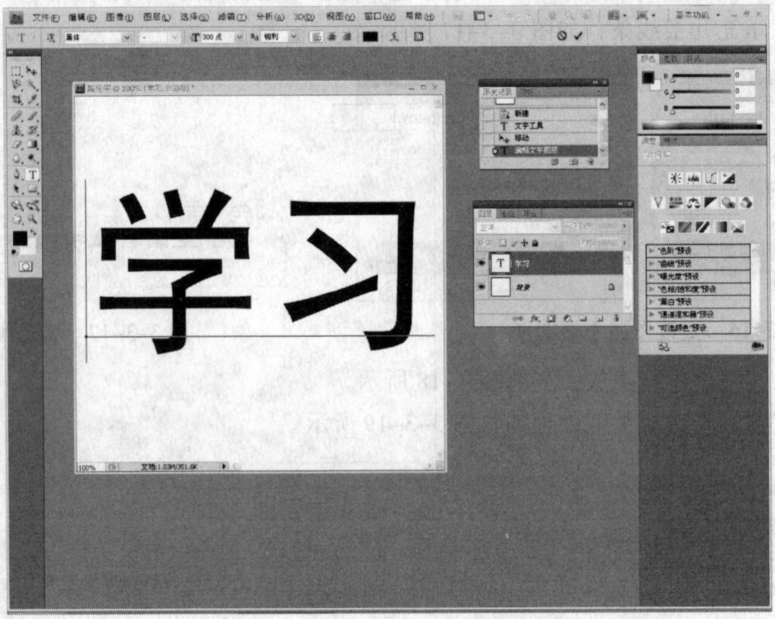


图 3-3-22　输入文字内容

（3）按住【Ctrl】键，单击“学习”图层的缩略图，激活该图层选区；单击选中“学习”图层，将其拖放到面板下方的“删除图层”按钮上，松开鼠标左键；单击“创建新图层”按钮，新建“图层 1”图层；图像编辑区将显示效果，如图 3-3-23 所示。

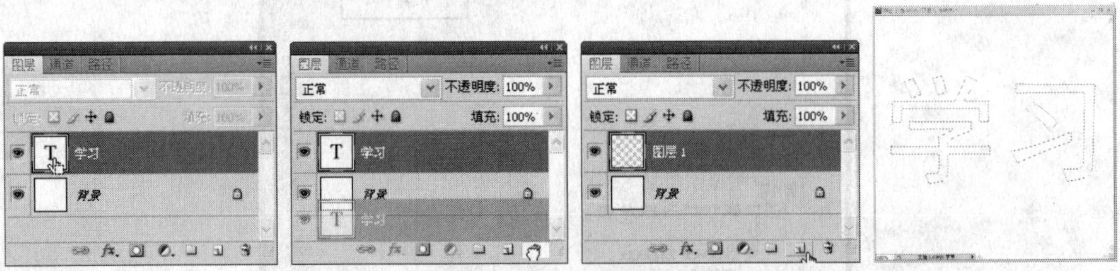


图 3-3-23　激活文本层选区

（4）单击选中工具栏中的“矩形选框工具”，在浮动选区上方右击，在弹出的快捷菜单中选择“建立工作路径”命令，在弹出的对话框中单击“确定”按钮，效果如图 3-3-24 所示。

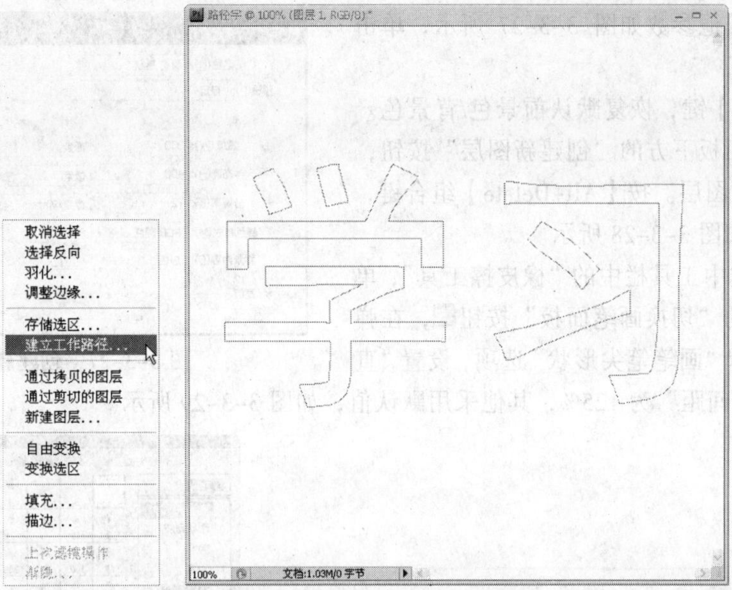


图 3-3-24 将选区转换为路径

（5）单击选中工具栏中的“画笔工具”，单击属性栏右侧的“切换画笔面板”按钮，在弹出的面板中选择“画笔笔尖形状”选项，设置“直径”为 10 px，“间距”为 125%，其他采用默认值，如图 3-3-25 所示。

注意：该参数的设定，一定是在单击属性栏上的“切换画笔面板”按钮时才有效。

（6）按【D】键，恢复默认前景色/背景色。单击“路径”面板下方的“用画笔描边路径”按钮，使用前景色进行描边。最后效果如图 3-3-26 所示。

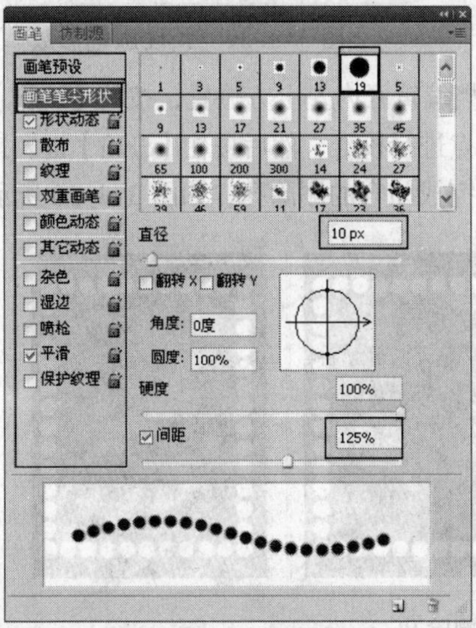


图 3-3-25 设置画笔参数

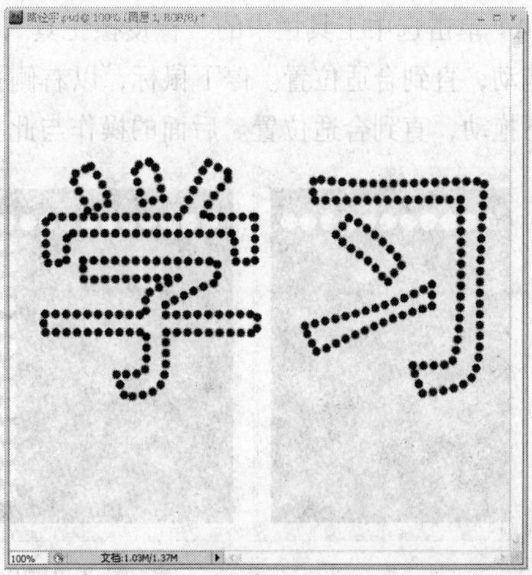

图 3-3-26 路径字效果

## 2. 定义锯齿形状

（1）按【Ctrl+N】组合键，新建文件。文件名称为“锯齿形状”，宽度为 300，高度为 400，单位为像素，其他参数如图 3-3-27 所示，单击“确定”按钮。

（2）按【D】键，恢复默认前景色/背景色。单击“图层”面板下方的“创建新图层”按钮，新建“图层 1”图层。按【Alt+Delete】组合键，填充前景色，如图 3-3-28 所示。

（3）单击选中工具栏中的“橡皮擦工具”，单击属性栏右侧的“切换画笔面板”按钮，在弹出的面板中选择“画笔笔尖形状”选项，设置“直径”为 20px，“间距”为 125%，其他采用默认值，如图 3-3-29 所示。

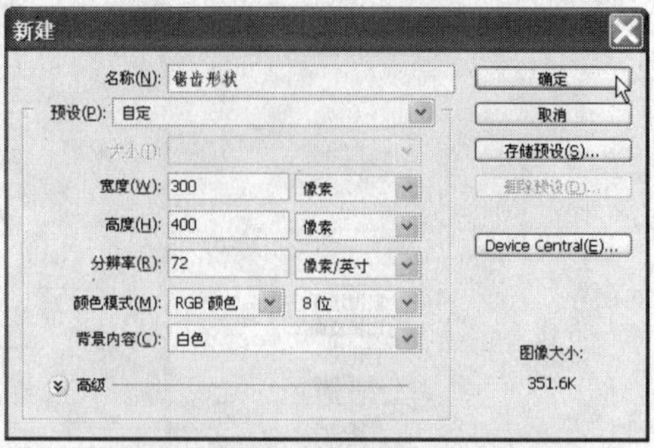


图 3-3-27 创建新文件

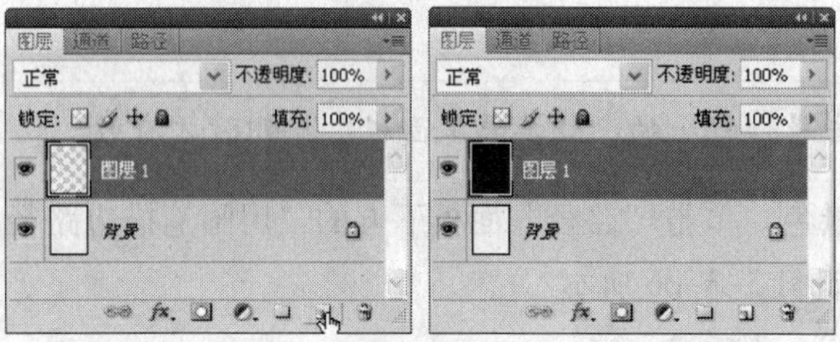


图 3-3-28 用前景色填充“图层 1”

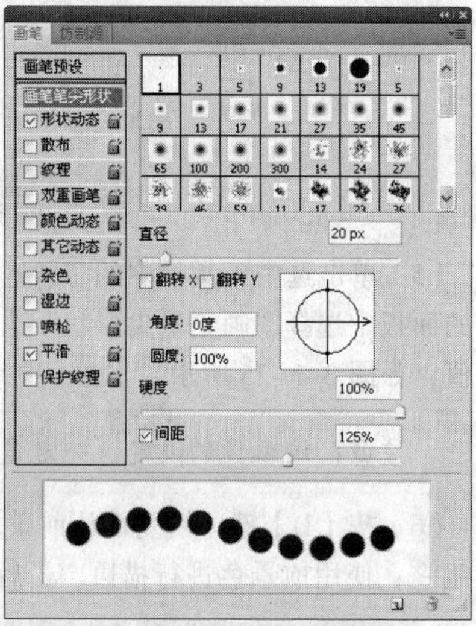


图 3-3-29 预设画笔参数

（4）单击选中工具栏中的“橡皮擦工具”，单击文档编辑区内左上方位置，按住【Shift】键，向左拖动，直到合适位置。停下鼠标，以右侧孔为校对点进行校准，然后按住【Shift】键，鼠标左键向下拖动，直到合适位置。后面的操作与此类似，可完成闭合的删除孔，如图 3-3-30 所示。

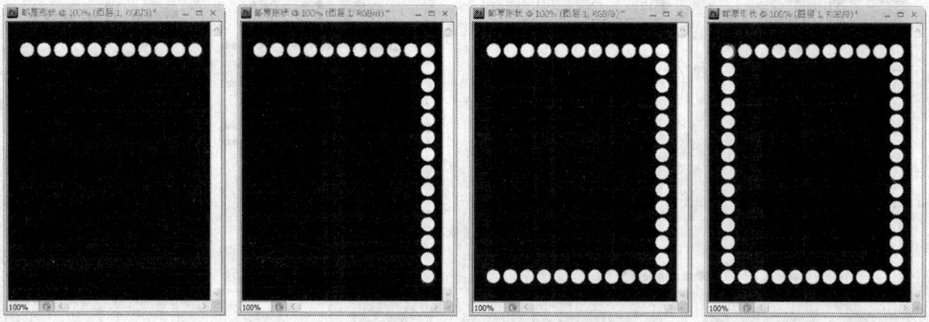

图 3-3-30 闭合的删除孔

（5）单击选中工具栏中的“矩形选框工具”，以左上方孔的中心为起点，右下方孔的中心为终点，拉一个矩形选区；按【Shift+F7】组合键反选选区；按【Delete】键删除选区内容；按【Ctrl+D】组合键取消选区，如图 3-3-31 所示。

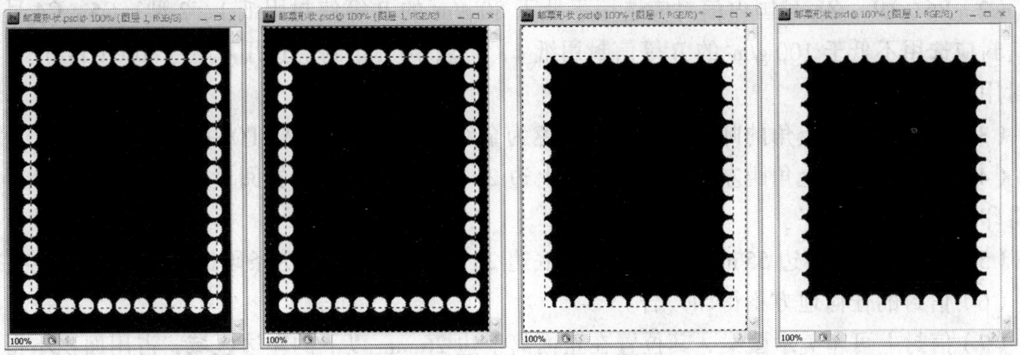

图 3-3-31　做出锯齿选区

（6）按住【Ctrl】键，单击“图层 1”图层缩略图，激活“图层 1”图层选区；在选区上右击，在弹出的快捷菜单中选择“建立工作路径”命令；在弹出的对话框中单击“确定”按钮，即将浮动选区转换为路径，如图 3-3-32 所示。

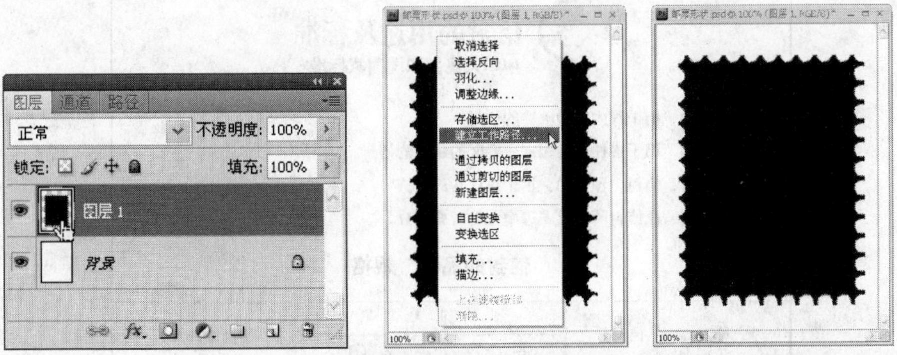


图 3-3-32　将选区存储为路径

（7）选择“编辑”→“定义自定形状”菜单命令，在弹出的对话框中输入名称为“锯齿形状”，单击“确定”按钮，如图 3-3-33 所示。

（8）单击选中工具栏上的“自定形状工具”，单击属性栏中的“形状”下拉按钮，可以看到自定义的形状已经保存，如图 3-3-34 所示。

图 3-3-33　存储形状名称

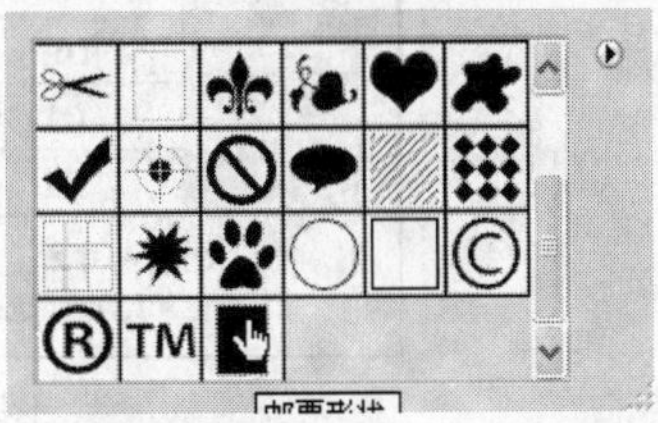


图 3-3-34　查看自定义形状

### 3. 新标准信封规定

自 2004 年 6 月 1 日起，我国邮政信件收寄将执行新的信封国家标准 GB/T1416　2003。这是自 1978 年首次制定信封国家标准以来的第三次修订。

（1）信封一律采用横式，信封的封舌应在信封正面的右边或上边，国际信封的封舌应在信封正面的上边。

（2）B6、DL、ZL 号国内信封应选用不低于 80 g/m² 的 B 等信封用纸 1、2 型；C5、C4 号国内信封应选用不低于 100 g/m² 的 B 等信封用纸 1、2 型；国际信封应选用不低于 100 g/m² 的 A 等信封用纸 1、2 型。

（3）信封正面左上角的邮政编码框格颜色为金红色，色标为 PANTONE1795C。

（4）信封正面左上角距左边 90 mm，距上边 26 mm 的范围为机器阅读扫描区，除红框外，不得印任何图案和文字。

（5）信封正面离右边 55 mm~160 mm，离底边 20 mm 以下的区域为条码打印区，应保持空白。

（6）信封的任何地方不得印广告。

（7）信封上可印美术图案，其位置在正面离上边 26 mm 以下的左边区域，占用面积不得超过正面面积的 18%。超出美术图案区的区域应保持信封用纸原色。

新的信封标准的实施，将有助于进一步维护广大用户的合法权益，保障通信信息的安全和传递时限，更好地满足社会的用邮需要。

信封的用途及标准如图 3-3-35 所示。

**信封的用途及标准**

**中华人民共和国国家标准**

**国内信封** 用于国内寄递函件的信封。

**国际信封** 用于寄往其他国家或地区的函件的信封。

**封 舌** 信封上预留的、用于封口的部分。

**起 墙** 在信封两侧及底边增大的折叠部分。

**信封的品种、规格**

单位：mm

| 品种 | 代号 | 规格 | | 信封展开尺寸 |
|---|---|---|---|---|
| | | 长（L） | 宽（B） | |
| 国内信封 | B6（2号） | 176 | 125 | |
| | DL（5号） | 220 | 110 | |
| | ZL（6号） | 230 | 120 | |
| | C5（7号） | 230 | 162 | |
| | 8号 | 310 | 120 | |
| | C4（9号） | 324 | 230 | |
| 国际信封 | C6 | 162 | 114 | |
| | DL | 220 | 110 | |
| | C5 | 230 | 162 | |
| | C4 | 324 | 230 | |

注：C4、C5信封可有起墙和无起墙两种；起墙厚不大于20mm。
230mm × 120mm规格的信封一般适用于自动封装的商业信函和特种专用信封用。

图 3-3-35　信封的用途及标准

## 技能训练

1. 练习路径填充。
2. 练习矢量蒙版。

## 完成任务

请完成国际航空信封制作，如图 3-3-36 所示。

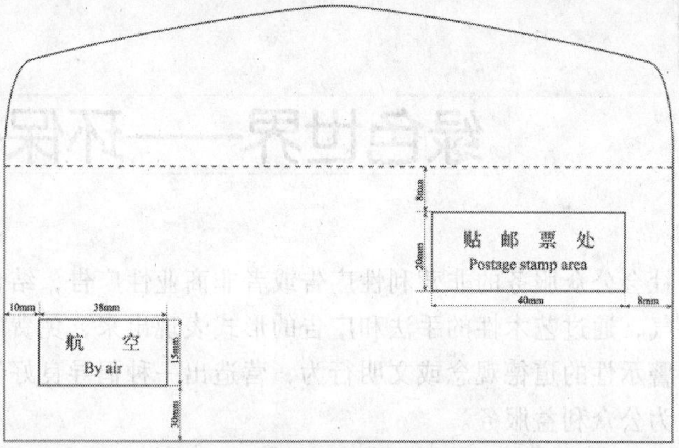


国际航空信封正面示意图

图 3-3-36　国际航空信封

## 评　价

学习评价表

| 项　目 | 内　容 | | 评　价 | | |
|---|---|---|---|---|---|
| | 能力目标 | 评价项目 | 3 | 2 | 1 |
| 职业能力 | 能熟练使用钢笔工具 | 能创建和删除路径 | | | |
| | | 能使用快捷键修正路径 | | | |
| | 能管理“路径”面板 | 能简单完成路径操作 | | | |
| | | 能熟练完成“路径”面板控制 | | | |
| | 能完成路径工具练习 | 能勾画简单形状 | | | |
| | | 能勾画复杂形状 | | | |
| | 能完成企业标志制作 | 能绘制出指定形状 | | | |
| | | 能绘制出构想形状 | | | |
| | 能完成信封制作 | 能完成指定操作 | | | |
| | | 能保存使用形状 | | | |
| 通用能力 | 能清楚、简明地发表自己的意见与建议 | | | | |
| | 能服从分工、自动与他人共同完成任务 | | | | |
| | 能关心他人，并善于与他人沟通 | | | | |
| | 能协调好组内的工作，在某方面起到带头作用 | | | | |
| | 积极参与任务，并对任务的完成有一定贡献 | | | | |
| | 对任务中的问题有独特的见解，带来良好效果 | | | | |
| 综　合　评　价 | | | | | |

# 单元四

## 绿色世界——环保公益广告

公益广告是指为社会公众服务的非营利性广告或者非商业性广告，结合了现实社会中许多良好的风尚或不良习气，通过艺术性的手法和广告的形式表现出来，免费向社会公众传播并具有倡导性、教育性、警示性的道德观念或文明行为，营造出一种倡导良好作风、提高社会文明程度的氛围或声势，为公众利益服务。

公益广告具有以下特性：

（1）非盈利性。公益广告以人与社会、人与自然和谐发展为宗旨，以社会保护与群体素养提升为目的，促进社会的发展，注重社会效益。

（2）观念性。公益广告诉求的是观念，以某一观念的传播，促使公众启迪、自省、关注某一社会性问题。它传播的是精神形态的观念，而不是物质形态的商品。

（3）受众的广泛性。公益广告面对的是社会公众，要针对社会公众的特点和心态，反映公众的意愿和呼声，反映公众普遍关注的社会问题。公益广告期待尽可能多的公众目光，受众的范围越大越好。

（4）利他主义的自觉性。做公益广告的原动力是高度的社会责任感，谁做公益广告谁付费，公众可从中感知公共事业心，是人类的同情心、爱心、责任感等美德的彰显，是社会伦理道德走向和谐、个人智慧趋向成熟的标志。对于那些自愿资助公益广告的个人或团体，社会应给予鼓励和支持。

| | |
|---|---|
| 学习目标 | ☑ 掌握 Photoshop CS4 中的通道及其用法，掌握扩展工具如蒙版、快速蒙版的用法。<br>☑ 制作完成一个环保公益广告。 |

制作环保公益广告是通过“熟悉制作工具”、“处理素材文件”、“制作公益广告主题”、“输入文字内容”四项任务来完成的。

### 任务一　熟悉制作工具

#### 任务描述

通道是 Photoshop 在处理图像中应用最为广泛的工具之一，它的功能是无比强大的，但由于它的特殊性，使得很多人敬而远之，认为可以通过其他技巧来回避它，这是不对的。蒙版、快速蒙版其实本质就是通道，只不过简化了而已。

本次任务将学习通道、蒙版、快速蒙版的相关知识，通过本次学习除了掌握基础知识外还将学会这些工具的使用技巧，从而能够灵活运用这些工具。

该任务完成后的图像效果之一，如图 4-1-1 所示。

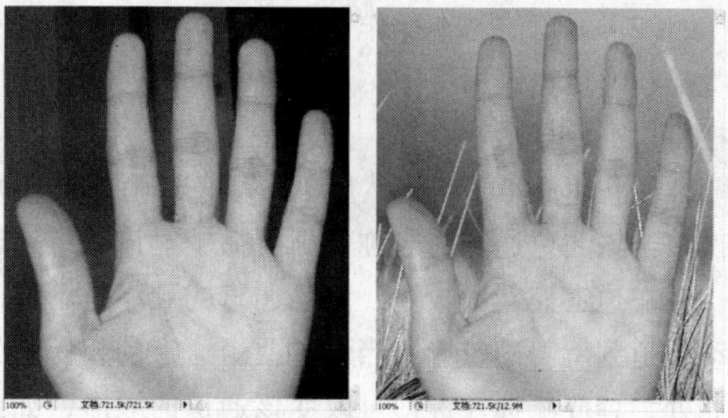

图 4-1-1　抠图效果图

## 任务分析

通道、蒙版和快速蒙版是 Photoshop 中的重要功能，运用它们可以合成许多具有特殊效果的图像。蒙版是以通道的形式存在的，通道是蒙版概念上的延伸，快速蒙版则是两者的重新组合。

我们可以按照以下几个步骤来学习所需要掌握的工具：

（1）通道；

（2）蒙版；

（3）快速蒙版；

（4）应用实例。

## 方法与步骤

### 1. 通道

（1）通道作用：

所谓通道就是在 Photoshop 环境下，将图像的颜色分离成基本的颜色，每一个基本的颜色就是一条基本的通道。因此，当打开一幅以颜色模式建立的图像时，通道工作面板将为其色彩模式和组成它的原色分别建立通道。例如，打开 RGB 图像文件时，通道工作面板会出现主色彩通道 RGB 和 3 个颜色通道（红、绿、蓝）。单击颜色通道左边的"眼睛"图标将使图像中的该颜色隐藏，单击颜色通道的标注部分，则可以见到能通过该颜色滤光镜的图像。

通道分为两类：第一类是用来存储图像色彩资料的，属于内建通道，即颜色通道，无论打开或新建的是哪种色彩模式的文件，通道工作面板上都会有相应的色彩资料；第二类可以用来固化选区和蒙版，进行与图像相同的编辑操作，以完成与图像的混合、创建新选区等操作，也就是 Alpha 通道。

在 Photoshop 中，不同的图片格式有着不同的通道数目和类型，主要有灰度、RGB 颜色、CMYK 颜色、位图、Lab 颜色等类型下的通道。

概括而言，通道的用途主要包括以下几个方面：

① 通道可以代表特定视频荧光的亮度数据。

② 通道可以代表打印墨水的强度。

③ 通道有时可以代表活动选择区。

④ 通道可以代表可变的不透明度。

⑤ 通道可以代表那些将放入页面布局程序和分离出来的 Pantone 上的点色，或是其他非操作过程中的墨水。

（2）通道的基本操作：

在通道控制面板中，单击要编辑的通道名称即可将该通道作为活动通道。此时，通道标题栏将以亮色显示。

按住【Shift】键，然后单击颜色通道名称，则可以在列表中选择任意多个颜色通道，而再次单击该颜色通道的名称，则可撤销对该颜色通道的选择。

在通道控制面板中，颜色通道的顺序是不可改变的，但却可以改变 Alpha 通道的顺序。拖动通道到所需的位置，当经过两个通道的相邻之处时，通道边界会变粗，表示可以将通道插在此处，释放鼠标左键即可改变该通道的顺序，如图 4-1-2 所示。

图 4-1-2　Alpha 通道的互换

（3）使用与编辑通道：

① 新建通道。按住【Alt】键并单击“通道”面板中的（创建新通道）按钮，或在“通道”面板菜单中选择“新建通道”命令，弹出“新建通道”对话框，如图 4-1-3 所示。

- 名称：为新通道命名，系统默认为 Alpha 1、Alpha 2 等。
- 色彩指示：选择颜色的显示方式。“被蒙版区域”表示在新通道中不透明的区域为被遮盖的部分，透明的区域为选择的区域。“所选区域”表示在新通道中透明的区域为被遮盖的部分，不透明的区域为选择的区域。
- 颜色：设置蒙版的颜色和不透明度，默认为红色，单击颜色块即可更改颜色。“不透明度”表示蒙版阻挡光线的程度，默认为 50%。

② 复制通道。在处理图像时，经常需要在同一个图像中或不同图像间复制通道，可以通过以下两种方法来实现：

- 选择要复制的通道，用鼠标拖动到“通道”面板底部的（创建新通道）按钮上。如果要将当前通道复制到另外一个图像，可以直接将通道拖进目的图像窗口。
- 选择要复制的通道，选择“通道”面板菜单中的“复制通道”命令，弹出“复制通道”对话框，如图 4-1-4 所示。

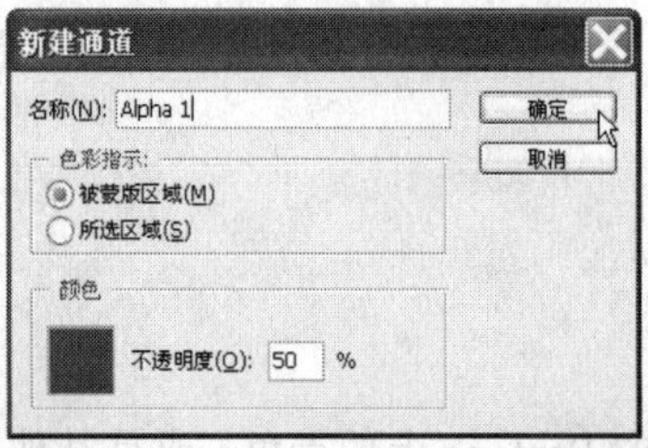

图 4-1-3　“新建通道”对话框

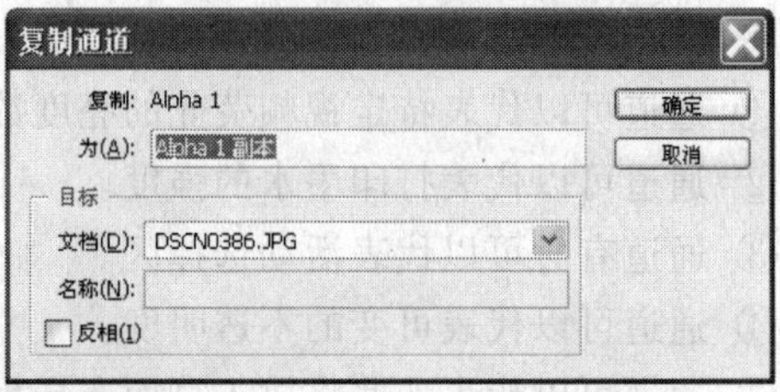

图 4-1-4　“复制通道”对话框

在“复制为”后面的文本框中输入复制的通道名称，在“文档”下拉列表中选择复制通道的目的文件。

> **注意**：通道不能复制到位图中。

③ 删除通道。选择要删除的通道，用鼠标拖动到“通道”面板底部的（删除当前通道）按钮上。

④ 存储通道。如果将当前图像文件保存为PSD、DCS、PICT、TIFF 等格式就可以将通道保存下来。

⑤ 选区与通道的相互转换。

a. 将选区存储为通道：

在图像上创建需要保存的选区，单击“通道”面板上的（将选区存储为通道）按钮，或者选择“选择”→“存储选区”菜单命令，弹出“存储选区”对话框，如图 4-1-5 所示。

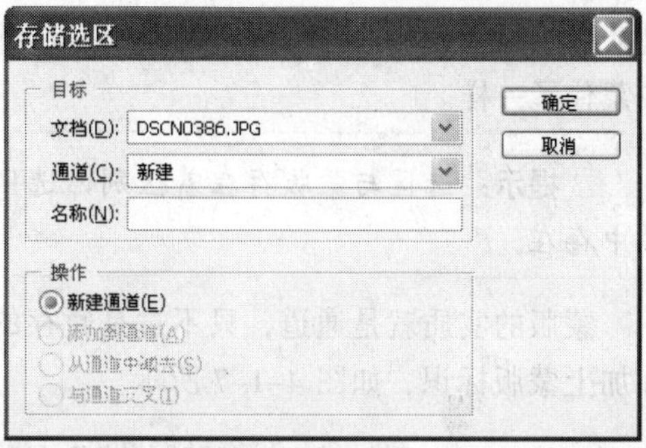


图 4-1-5 “存储选区”对话框

其中：

- 文档：选区所要保存的目的文件。
- 通道：选区所要保存的通道位置。
- 名称：如果选区存入新的通道中，在此处输入该通道的名称。

b. 将通道作为选区载入：

选择要载入的通道，单击“通道”面板底部的（将通道作为选区载入）按钮，或者选择“选择”→“载入选区”菜单命令。

⑥ 分离与合并通道。当一幅图中包含的通道太多时，会使文件太大而无法保存，这时就要把这些通道拆分成多个独立的图像文件，分别保存。单击“通道”面板菜单中的“分离通道”菜单命令，就可以看到图像会被分离成几幅独立的图像，都会以单独的窗口显示为灰度图像，并且被重命名为新文件，新文件的名称是在原文件名后加了该通道的缩写。分离通道后的效果，如图 4-1-6 所示。

头像_R.jpg　　头像_G.jpg　　头像_B.jpg

图 4-1-6 分离后的 3 个颜色通道

注意：在分离通道前要先合并图像中的所有图层。

⑦ 专色通道。“专色通道”一般适合于为印刷品添加如金色、银色等专色，这种专色在输出时会单独占用一个通道。

2. 蒙版

（1）蒙版作用。蒙版的作用就是把图像分成两个区域：一个是可以编辑处理的区域；另一个是被“保护”的区域，在这个区域内的所有操作都是无效的。从这个意义上讲，任何选区都是蒙版，因为创建选区后所有的绘图操作都只能在选区内进行，对选区之外是无效的，就像是被蒙住了一样。

提示：选区与蒙版存在着区别，选区只是暂时的，而蒙版可以在图像的整个处理过程中存在。

蒙版的实质就是通道，只不过是暂存的。只要建立了蒙版层，在通道中必然出现其图层名称加上蒙版标识，如图 4-1-7 所示。

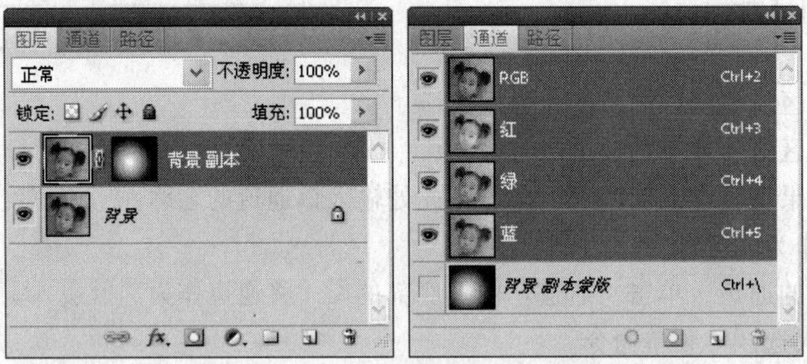


图 4-1-7　蒙版在通道中的体现

图层蒙版是在当前图层上创建的蒙版，它用来显示或隐藏图像中的不同区域。在为当前图层建立了蒙版以后，可以使用各种编辑或绘图工具在图层上涂抹以扩大或缩小它。

一个图层只能有一个蒙版，图层蒙版和图层一起保存，激活带有蒙版的图层时，则图层和蒙版一起被激活。

（2）创建蒙版。创建蒙版有以下几种方法：

① 创建选区，单击“图层”面板上的“添加图层蒙版”按钮。

② 选择“图层”→“图层蒙版”→“显示全部”菜单命令。

注意：背景图层需要转换为普通图层后才能转换为图层蒙版；如果单击图层面板下的“添加图层蒙版”按钮的同时按住【Alt】键，或选择“图层→图层蒙版→隐藏全部”命令，则系统生成的蒙版是完全透明的，该图层的图像将不可见。

（3）使用与编辑图层蒙版。

① 编辑图层蒙版。激活图层蒙版，当选中有效时，会有亮白边，如图 4-1-8 所示。

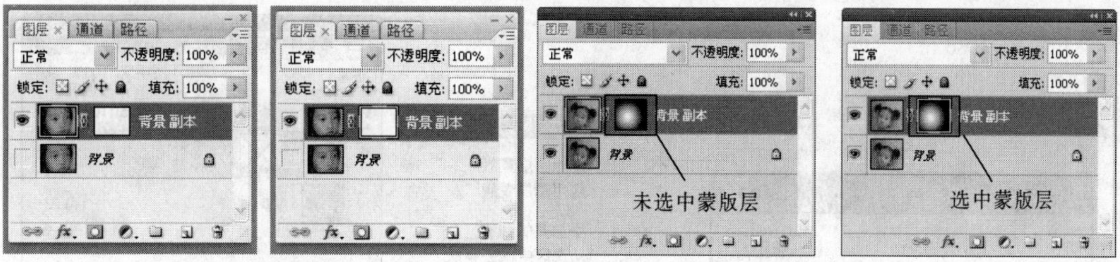


图 4-1-8 蒙版图层是否选中

按【D】键，恢复默认“前景色/背景色”。单击选中工具栏上的“渐变工具”，拉取一个线性渐变，图像效果如图 4-1-9 所示。

图 4-1-9 蒙版效果

当用黑色涂抹图层上蒙版以外的区域时，涂抹之处就变成蒙版区域，从而扩大图像的透明区域；而用白色涂抹被蒙住的区域时，蒙住的区域就会显示出来，蒙版区域就会缩小；用灰色涂抹将使得被涂抹的区域变得半透明。

> **提示：**总结为一句话：白色代表不透明，黑色代表透明，半灰度代表半透明，其他灰度代表不同的透明度。

② 显示和隐藏图层蒙版。按住【Alt】键的同时单击图层蒙版缩略图时，系统将关闭所有图层，以灰度方式显示蒙版。再次按住【Alt】键并同时单击图层蒙版缩略图或直接单击虚化的眼睛图标，将恢复图层显示。

按住【Alt+Shift】键并单击图层蒙版缩略图时，蒙版区域将被透明的红色所覆盖。再次按住【Alt+Shift】键并同时单击图层蒙版缩略图时，将恢复原来的状态。

在上面两种操作的基础上，双击图层蒙版缩略图，将弹出“图层蒙版显示选项”对话框，可以选择红色覆盖膜的颜色和透明度，如图 4-1-10 所示。

单击选中“背景副本”图层蒙版缩略图，右击，在弹出的快捷菜单中选择“停用图层蒙版”命令，则停用（隐藏）图层蒙版，如图 4-1-11 所示。

> **提示：**如果想要再重新显示图层蒙版，选择“图层”→“启用图层蒙版”命令。

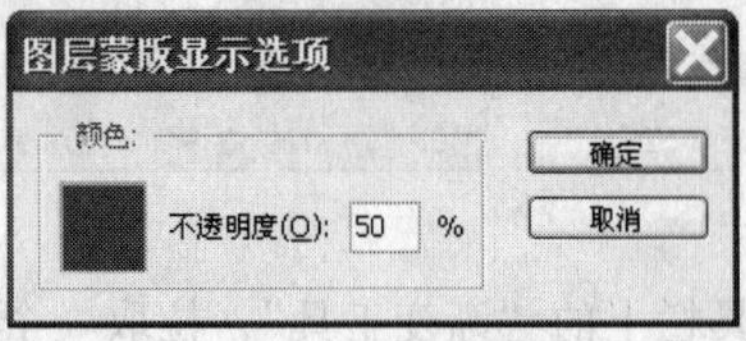


图 4-1-10　图层蒙版选项

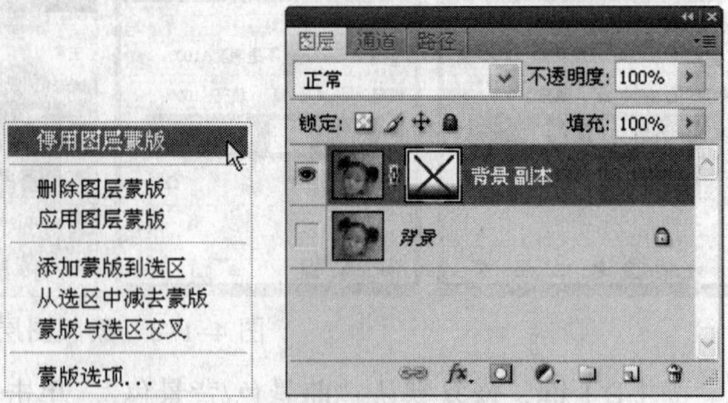


图 4-1-11　停用图层蒙版

③ 删除图层蒙版。单击选中“背景副本”图层蒙版缩略图，右击，在弹出的快捷菜单中选择“删除图层蒙版”命令即可

> **提示：**蒙版中还包括矢量蒙版，矢量蒙版是依赖分辨率的，利用“钢笔”或“形状”工具来创建。添加和删除矢量蒙版需要通过“图层”→“矢量蒙版”的级联菜单中的命令来实现，如图 4-1-12 所示。

### 3. 快速蒙版

（1）快速蒙版作用。快速蒙版可以通过一个半透明的覆盖层观察自己的作品。图像上被覆盖的部分被保护起来不受改动，其余部分则不受保护。在快速蒙版模式中，非保护区域能被 Photoshop 的绘图和编辑工具编辑修改；当退出快速蒙版模式时，非保护区域将转化为一个选区。

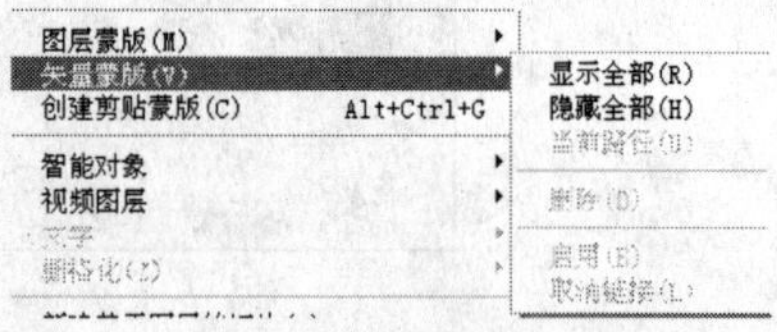


图 4-1-12　“矢量蒙版”级联菜单

快速蒙版适用于建立临时性的蒙版，一旦使用完后就会自动消失。如果一个选区的建立非常不容易，或是需要反复使用，则应该为它建立一个 Alpha 通道。

（2）创建快速蒙版。单击工具栏中“以快速蒙版模式编辑”按钮，即可创建快速蒙版。双击快速蒙版按钮，会弹出“快速蒙版选项”对话框，可以调整快速蒙版的设置。快速蒙版会产生一个暂时性的蒙版和一个暂时的 Alpha 通道，如图 4-1-13 所示。

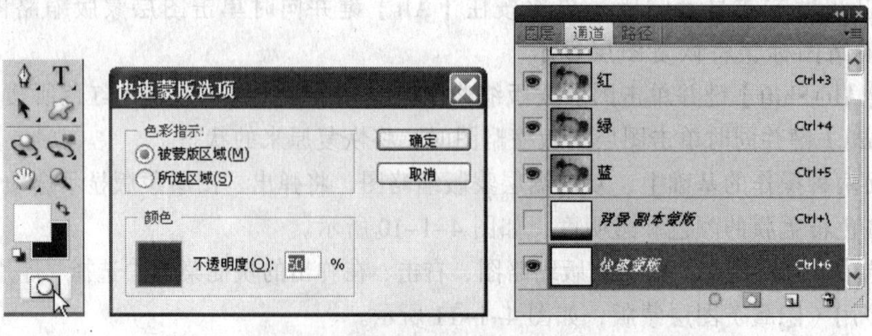


图 4-1-13　快速蒙版特性

其中：

• 色彩指示：选择颜色的显示方式。“被蒙版区域”选项表示在新通道中不透明的区域为

被遮盖的部分，透明的区域为选择的区域。“所选区域”选项表示在新通道中透明的区域为被遮盖的部分，不透明的区域为选择的区域。

- 颜色：颜色块表示操作所使用的颜色，默认为红色，单击颜色块即可更改颜色。“不透明度”为所选颜色的不透明度，也就是该颜色对应的蒙版阻光度，默认为 50%。

蒙版修改好后，单击工具栏中的 ◙（以标准模式编辑）按钮，就会切换到标准模式，“通道”面板中的“快速蒙版”也会消失。

> **注意：**在编辑快速蒙版时尽量不要使用软边笔刷，否则不能创建一个精确的选区。在“快速蒙版”状态下用画笔绘制选区时，不会出现蚂蚁线效果。在绘制过程中若出现差错，可使用橡皮擦工具擦除。

**4. 应用实例**

（1）通道抠图。

① 按【Ctrl+O】组合键，打开“使用素材”目录下的“手掌.jpg”文件，如图 4-1-14 所示。

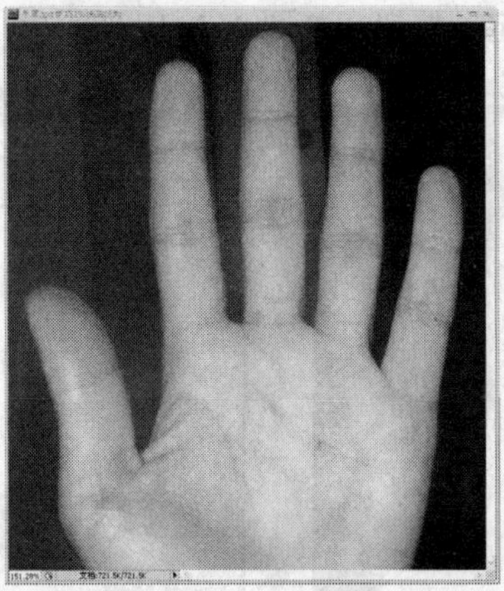

图 4-1-14 打开素材图

② 单击选中“通道”面板，并分别单击 RGB 通道，比较通道中手形与背景对比度最强的通道。经过对比，红色通道是三者中最强的，如图 4-1-15 所示。

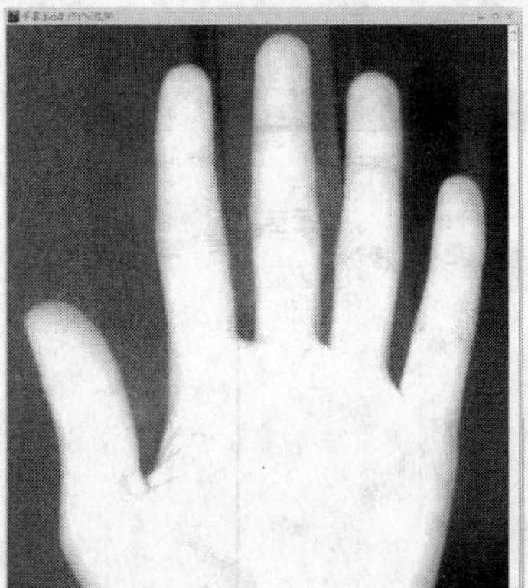

红色通道

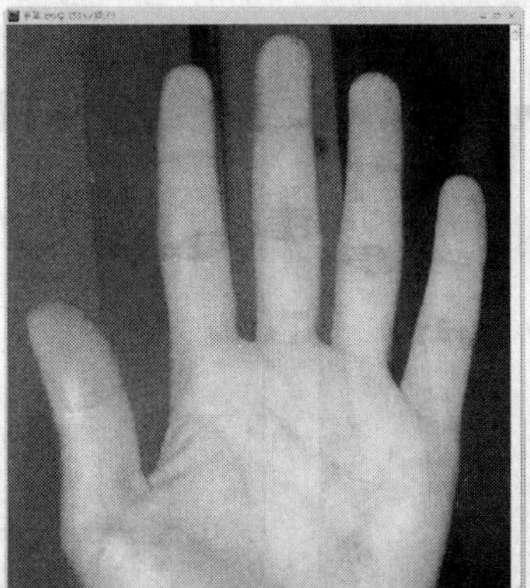

绿色通道

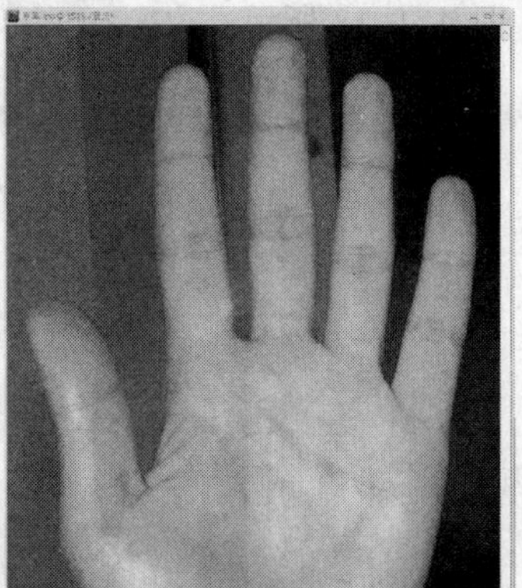

蓝色通道

图 4-1-15 三原色通道对比

③ 单击选中红色通道，按住鼠标左键不放，拖动到“创建新通道”按钮上，松开鼠标左键，完成红色通道的复制，生成“红副本”通道，如图 4-1-16 所示。

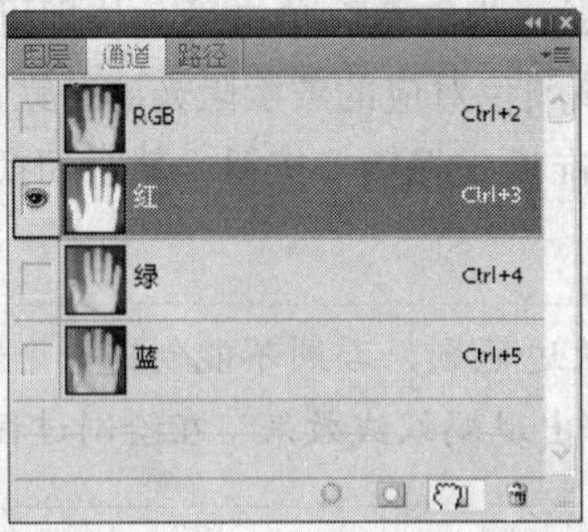


图 4-1-16　复制红色通道

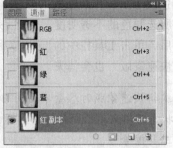

**注意：**不能直接更改原色通道！否则会破坏源图像色彩信息。

④ 按【Ctrl+M】组合键，弹出“曲线”对话框，单击“黑场”按钮，移到鼠标到图像手掌周围较灰部分单击，单击“确定”按钮，如图 4-1-17 所示。

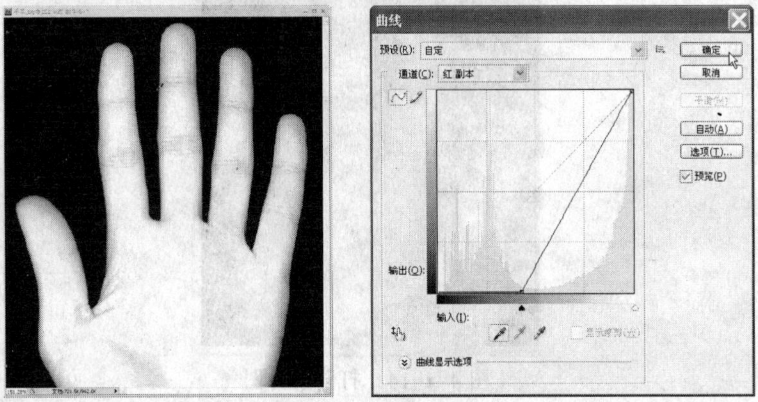


图 4-1-17　定义黑场

⑤ 单击“白场”按钮，移动鼠标到图像上手掌较白部分单击，单击“确定”按钮，如图 4-1-18 所示。

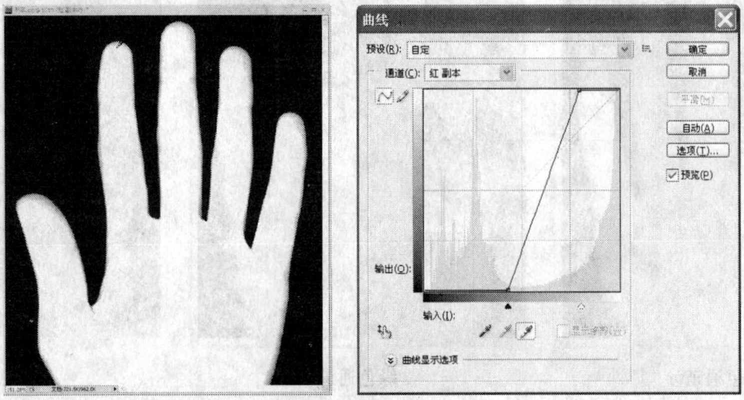


图 4-1-18　定义白场

⑥ 重复定义黑场、白场，直至所需要的手掌部分为纯白。注意遵循的原则：需要扣出的部分要为纯白，不需要的部分为纯黑，最后效果如图 4-1-19 所示。

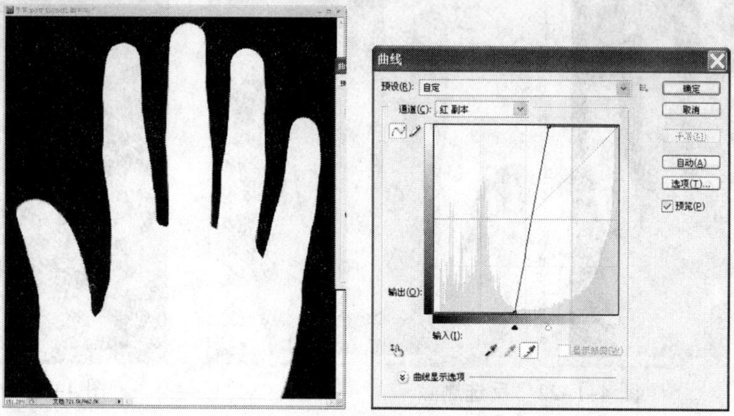


图 4-1-19　定义黑场、白场

⑦ 按住【Ctrl】键不放，单击“红副本”图层缩略图，激活选区，如图 4-1-20 所示。

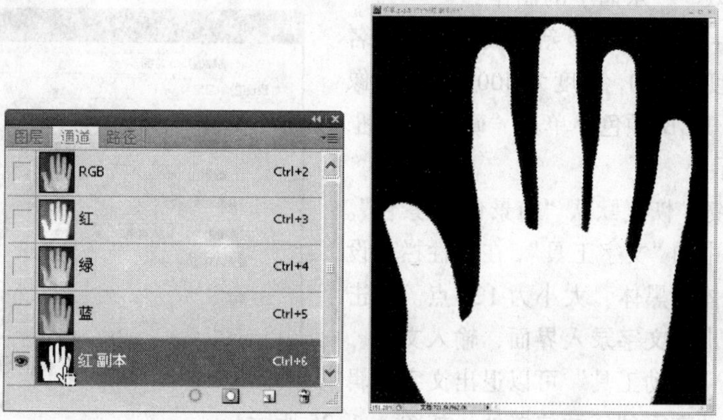


图 4-1-20　激活通道选区

⑧ 单击选中“图层”面板，单击选中“背景”图层，按住鼠标左键不放手，拖动到“创建新图层”按钮上，松开鼠标左键，完成“背景”图层的复制，生成“背景副本”图层，如图 4-1-21 所示。

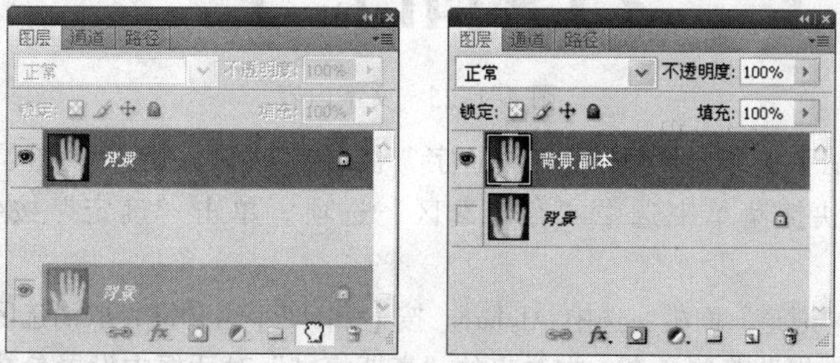


图 4-1-21　复制“背景”图层

⑨ 按【Shift+F7】组合键，反选选区。按【Delete】键，删除选区内容，如图 4-1-22 所示。

⑩ 按【Ctrl+D】组合键，取消选区。更换背景，查看抠图效果，如图 4-1-23 所示。

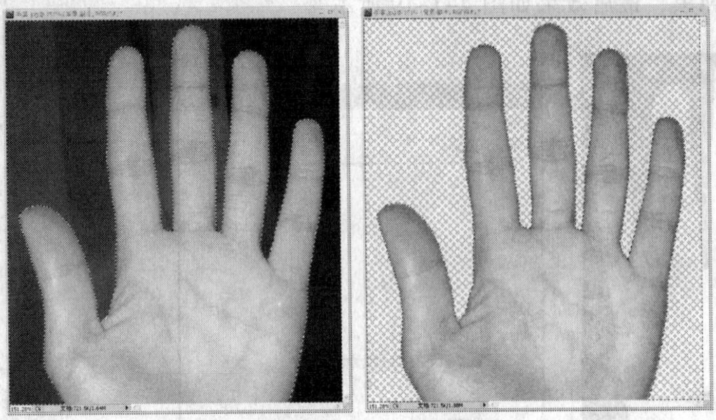

图 4-1-22　反选删除

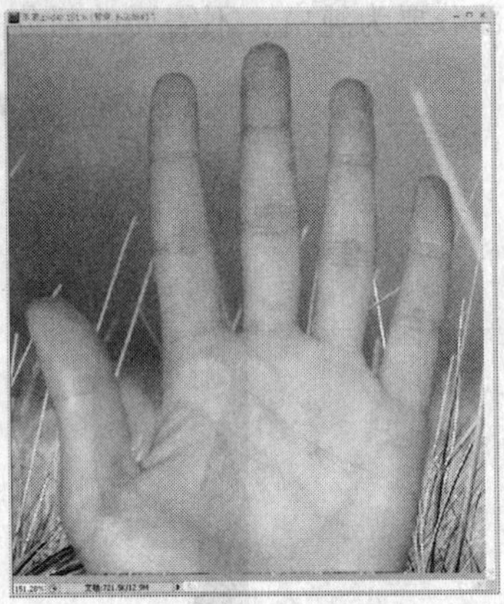

图 4-1-23　抠图效果

**提示：**可以使用魔棒、套索、路径等工具进行抠图，并比较抠图效果。

（2）通道特效——水晶字的制作。

① 按【Ctrl+N】组合键，新建文件。文件名称为水晶字，宽度为 400，高度为 400，单位为像素，颜色模式为 RGB 颜色。单击“确定”按钮，如图 4-1-24 所示。

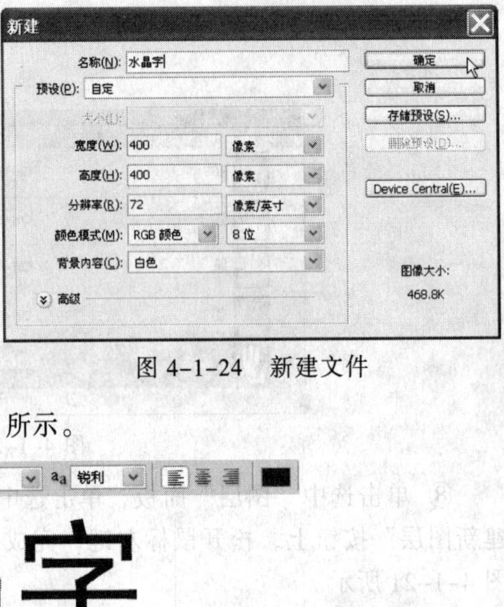


图 4-1-24　新建文件

② 按【D】键，恢复默认“前景色/背景色”。单击选中工具栏中的“文字工具”，在属性栏上设置相应参数，字体为黑体，大小为 120 点。单击编辑区，则自动出现文字录入界面，输入文字。单击工具栏上的“移动工具”可以退出文字编辑状态，并能够移动文字到任意位置处，如图 4-1-25 所示。

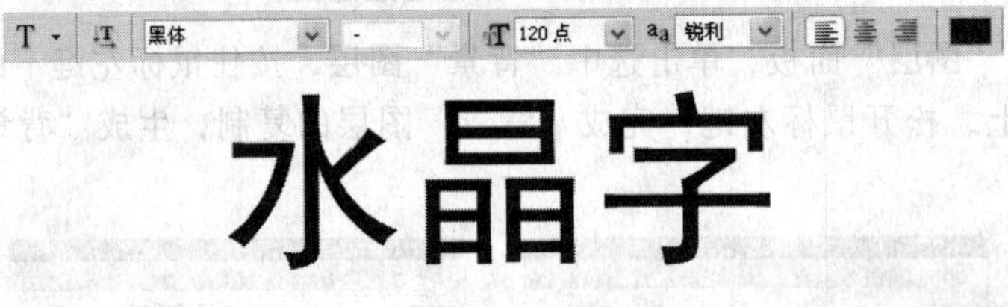


图 4-1-25　文字内容

③ 按住【Ctrl】键不放，单击“水晶字”图层缩略图，激活该图层选区。在选区上右击，在弹出的快捷菜单中选中“存储选区”选项，单击“确定”按钮，如图 4-1-26 所示。

④ 单击选中“通道”面板，选中 Alpha1。按【Ctrl+D】组合键，取消选区。选择“滤镜”→“模糊”→“高斯模糊”菜单命令，在弹出的“高斯模糊”对话框中设置参数，半径为 3。单击“确定”按钮，如图 4-1-27 所示。

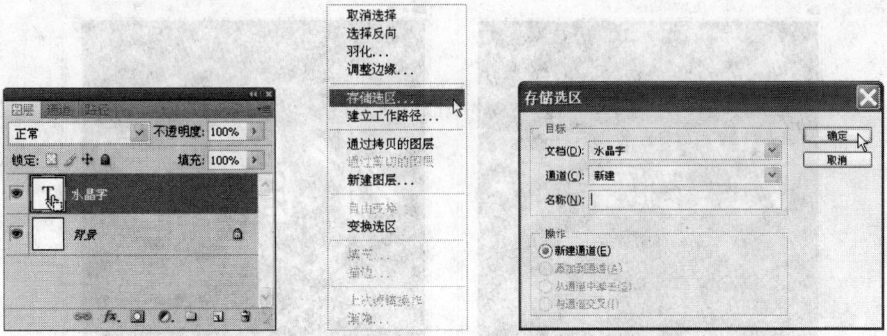


图 4-1-26 存储选区

⑤ 单击选中“Alpha 1”图层，按住鼠标左键不放，拖动到“创建新通道”按钮上，松开鼠标左键，完成“Alpha 1”通道的复制，更改名称为“Alpha 2”通道，如图 4-1-28 所示。

图 4-1-27 “高斯模糊”参数设定

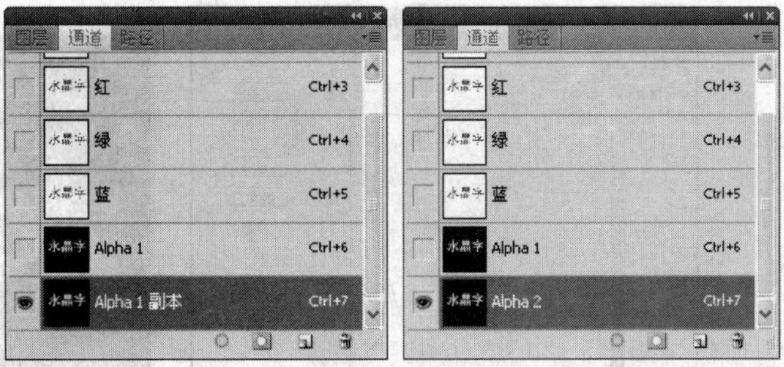


图 4-1-28 复制通道

⑥ 单击选中“Alpha 2”图层。选择“滤镜”→“其他”→“位移”菜单命令，在弹出的“位移”对话框中设置参数，水平为 2，垂直为 2，未定义区域为透明。单击“确定”按钮，如图 4-1-29 所示。

⑦ 选择“图像”→“计算”菜单命令，在弹出的“计算”对话框中设置参数，源 1 通道为 Alpha1，源 2 通道为 Alpha2，混合模式为差值，结果为新建通道，其他参数默认。单击“确定”按钮，如图 4-1-30 所示。

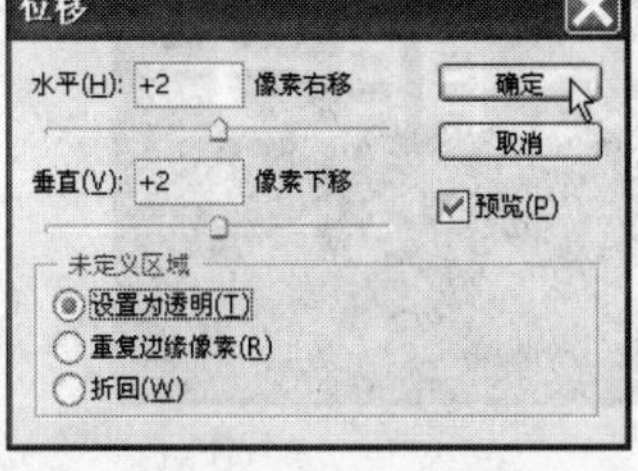


图 4-1-29 “位移”对话框

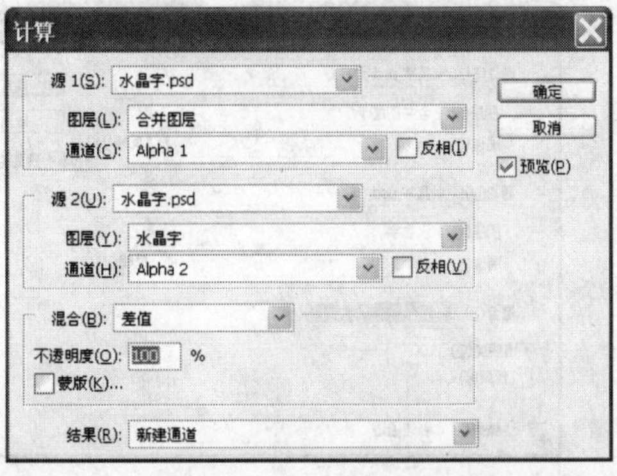


图 4-1-30 “计算”对话框

⑧ 选择“图像”→“调整”→“自动色阶”菜单命令，如图 4-1-31 所示。

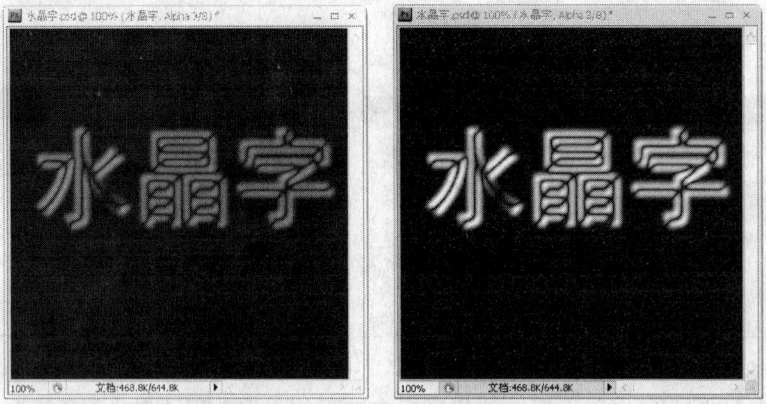


图 4-1-31　调整自动色阶前后

⑨ 按【Ctrl+M】组合键，弹出“曲线”对话框。调整曲线如一个正弦波，如图 4-1-32 所示。

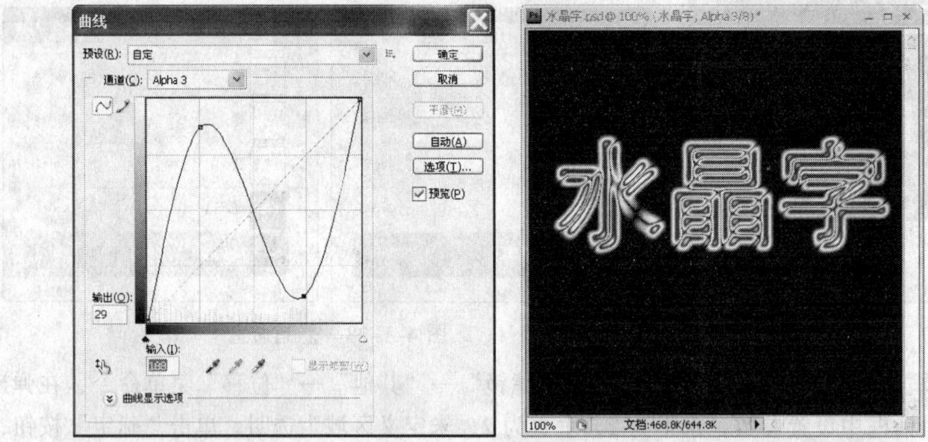


图 4-1-32　调整曲线

⑩ 选择“图像”→“计算”菜单命令，在弹出的“计算”对话框中设置参数，源 1 通道为 Alpha1；源 2 通道为 Alpha3，混合模式为强光，结果为新建通道，其他参数默认。单击“确定”按钮，如图 4-1-33 所示。

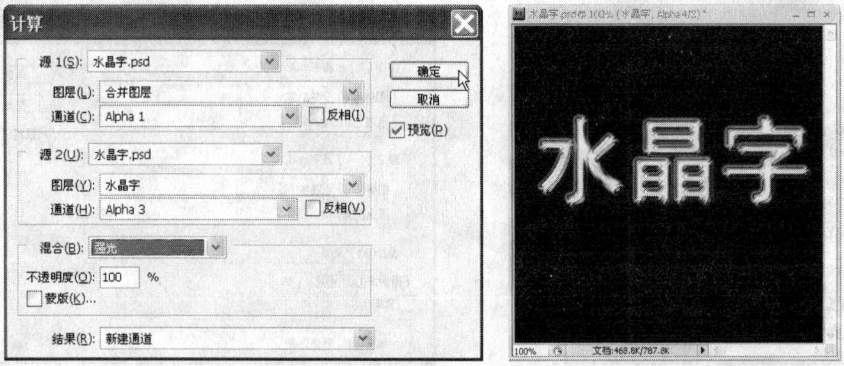


图 4-1-33　“计算”参数设定

⑪ 按【Ctrl+A】组合键，选中整个通道，按【Ctrl+C】组合键，复制选中通道。单击“图层”面板，选择“水晶字”图层，按【Ctrl+V】组合键，粘贴复制内容，如图 4-1-34 所示。

⑫ 单击选中工具栏中的“渐变工具”，在弹出的“渐变编辑器”对话框中，单击选中“透明彩虹渐变”，单击“确定”按钮，如图 4-1-35 所示。

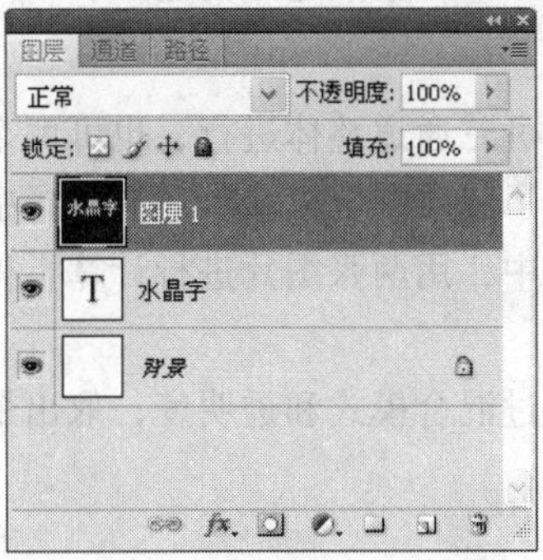


图 4-1-34　复制新图层

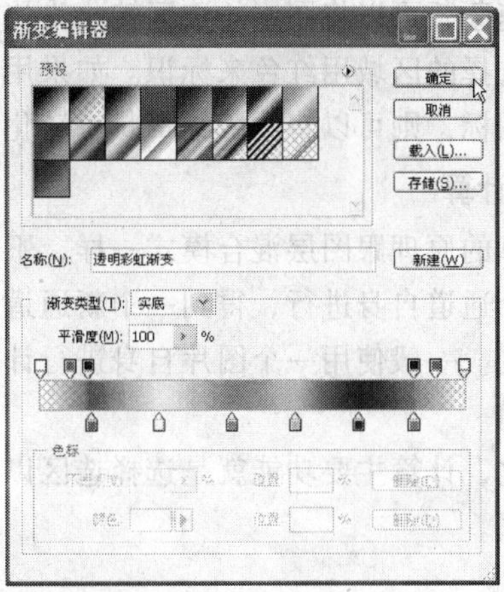


图 4-1-35　渐变编辑器

⑬ 在“渐变工具”属性栏当中设置参数，渐变模式为角度，混合模式为叠加。从图像中心拖至边缘拉一个选区，如图 4-1-36 所示。

⑭ 最后效果如图 4-1-37 所示。

图 4-1-36　角度渐变

图 4-1-37　“水晶字”效果图

提示：只要复制过通道，则每次新建文档默认都是灰度图，每次新建文件时要注意这点。

## 相关知识与技能

### 1. Alpha 通道、快速蒙版和选区间的联系

在 Alpha 通道中，默认的状态下对应于选择域的部分是白色，而选择域外的部分则是黑色的，而且作为图形保存的 Alpha 通道可以用任意一种编辑图形的方法来进行编辑，例如可以使用选择工具选择 Alpha 通道图形的局部来编辑。

当用户需要时，可以在通道控制板中选取含有选择域的 Alpha 通道，使用通道控制面板底部的加载选择域按钮或执行“选择”→“载入选区”命令，均可以从选取的 Alpha 通道中加载选择域。

快速蒙版可以将图中的选区转化为快速蒙版，并将其保存在 Alpha 通道快速蒙版中，图形中未被选择的区域用红色来标识。如果用户要将该快速蒙版还原为选区，单击工具箱的标准编辑模式图标，则可以将蒙版编辑状态转化为标准编辑模式，即将蒙版还原为选区。

**2. 计算**

计算的原理跟图层混合模式一样，不过范围大的多，可三通道整体进行，也可两个通道，也可一个通道自身进行，得到一个新通道。计算相应综合了图层混合模式，还有选择中的高、中、低调。一般使用一个图片自身进行计算，高级的合图中，用两张图片进行计算，得到一个新的通道。

总之，计算主要功能就是选择选区以供使用。它是通过混合模式和透明度，取出最适合自己的选区。

### 技能训练

1. 熟悉通道特性。
2. 熟悉蒙版使用。

### 完成任务

请使用通道、魔棒、套索、路径等工具进行抠图练习。

## 任务二　处理素材文件

### 任务描述

本次任务是在把握公益广告主题的基础上进行的素材处理过程。素材分为两方面，一方面强调人类应与自然和谐相处，保护整个人类生存环境，一方面列出了目前人类对环境的破坏以及破坏的环境对人类生存造成的影响。该任务完成后的图像效果之一，如图 4-2-1 所示。

图 4-2-1　合成素材效果图

### 任务分析

根据公益广告的主题，收集并分析素材，为了更好地突出主题思想，要对素材进行取舍。本次任务处理素材分为以下几个步骤完成：

（1）合成与大自然和谐相处图像；

（2）合成环境破坏现状图像。

## 方法与步骤

### 1. 合成与大自然和谐相处图像

（1）按【Ctrl+O】组合键，打开“使用素材”目录下的“地球.jpg”文件，如图 4-2-2 所示。

图 4-2-2　打开素材文件

（2）单击选中工具栏中的“魔棒工具”，设置参数，容差为 20，选中“连续”复选框。单击图像中黑色部分，自动生成选区。按【Shift+F7】组合键，反选选区，如图 4-2-3 所示。

图 4-2-3　反选选区

（3）按【Ctrl+J】组合键，将选区内容复制成“图层 1”图层，关闭掉“背景”图层的眼睛图标，如图 4-2-4 所示。

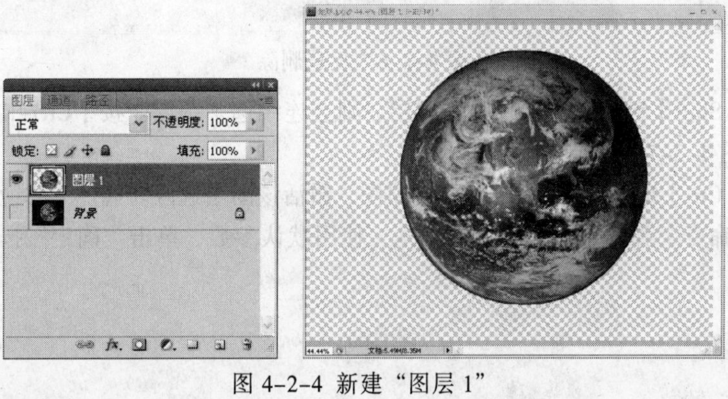


图 4-2-4 新建“图层 1”

（4）按【Ctrl+O】组合键，打开“北极熊.jpg”、“草原和树.jpg”、“大雕.jpg”、“帆船.jpg”、“黑熊.jpg”、“蓝天.jpg”等文件，并经过自由变形后分别摆放到合适位置，如图 4-2-5 所示。

图 4-2-5　摆放后的图层、图像位置

> **提示：**有的图像需要抠图，有的不需要，抠图根据实际情况进行。本例中使用磁性套索对北极熊进行抠图、使用魔棒对大雕抠图。配合选区工具对图像进行取舍，不需要的部分可以删除。如果需要处理的图层被遮挡住，可以使用【Ctrl+Shift+]】组合键，将要调整的图层置于顶层。

（5）单击选中“蓝天”图层，按住【Ctrl】键，单击“图层 1”图层缩略图，激活“图层 1”图层选区，按【Shift+F7】组合键反选，按【Delete】键，删除选区。按【Ctrl+D】组合键，取消选区，如图 4-2-6 所示。

图 4-2-6　反选删除

（6）按住【Shift】键，单击“帆船”图层，则会连续选中图层。按【Ctrl+E】组合键，拼合选中图层，如图 4-2-7 所示。

（7）按住【Ctrl】键，单击“图层 1”缩略图，激活该图层选区。选择“滤镜”→“扭曲”→“球面化”菜单命令，弹出“球面化”对话框，使用默认参数，单击“确定”按钮，如图 4-2-8 所示。

图 4-2-7　拼合选中图层

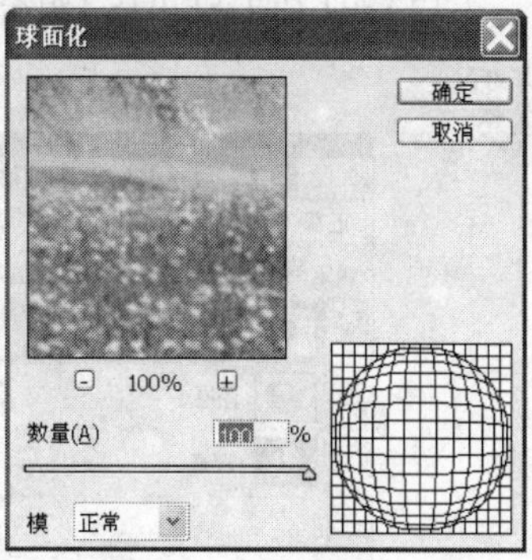


图 4-2-8　“球面化”对话框

（8）按【Shift+F7】组合键，反选选区。按【Delete】键，删除选区内容。按【Ctrl+D】组合键，取消选区，如图 4-2-9 所示。

图 4-2-9　反选删除选区内容

（9）按【Ctrl+T】组合键，使用自由变形工具。按住【Alt+Shift】键，拖动角柄，进行按比例中心缩放，如图 4-2-10 所示。

图 4-2-10　按比例中心缩放

（10）按【D】键，恢复默认“前景色/背景色”。单击选中工具栏中的“渐变工具”，在属性栏当中设置参数，渐变模式为径向，如图 4-2-11 所示。

图 4-2-11　选中“径向渐变”

（11）单击“图层”面板下方的“添加图层蒙版”按钮，拉取径向渐变，如图 4-2-12 所示。

（12）按【Ctrl+Shift+S】组合键，保存文件为“与大自然和谐相处.psd”。最后效果如图 4-2-13 所示。

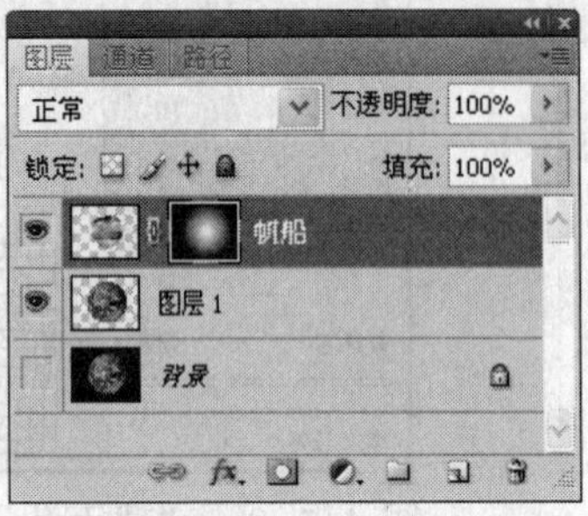


图 4-2-12 添加“图层蒙版”

图 4-2-13“与大自然和谐相处”效果图

## 2. 合成环境破坏现状图像

（1）按【Ctrl+N】组合键，新建文件。文件名称为“环境破坏现状”，宽度为 100，高度为 10，单位为厘米，其他参数默认。单击“确定”按钮，如图 4-2-14 所示。

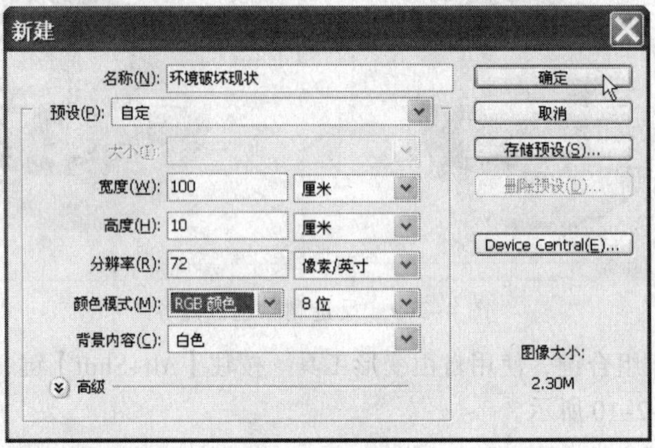


图 4-2-14 新建文档

（2）按【Ctrl+O】组合键，打开“被焚烧的树木.jpg”、“被砍伐的树木.jpg”、“沙漠化土地.jpg”、“化工厂.jpg”、“排放的绿色工业污水.jpg”、“肿瘤村.jpg”、“环境恶化数据.jpg”等文件，并经过自由变形后分别摆放到合适位置，如图 4-2-15 所示。

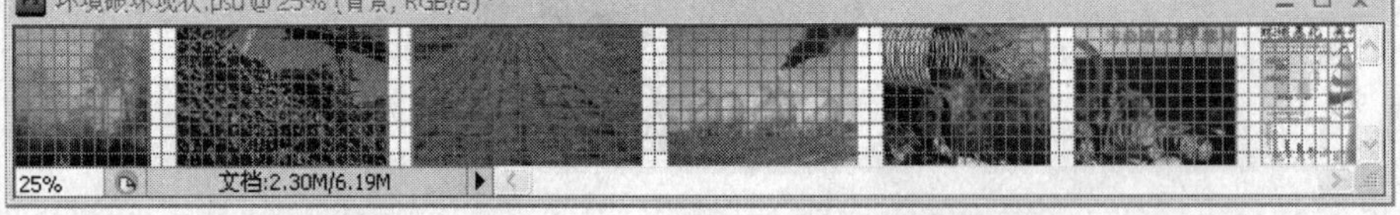


图 4-2-15 摆放后的图像位置

> 提示：按【Ctrl+'】组合键，可以切换显示/隐藏网格，这样可以更精准定位。

（3）摆放完成后的图层位置、名称，如图 4-2-16 所示。

> 提示：图层名称是更改默认图层名称后自定义的。

（4）按【D】键，恢复默认“前景色/背景色”。单击选中“背景”图层，按【Alt+Delete】组合键，填充前景色。按【Ctrl+Shift+S】组合键，保存文件为环境破坏现状.psd。最后效果如图 4-2-17 所示。

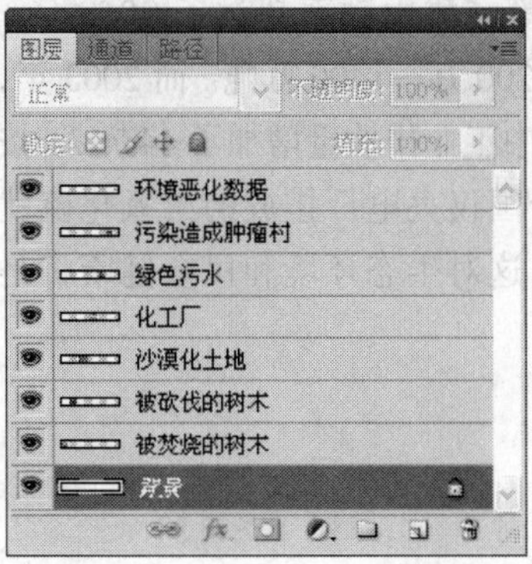


图 4-2-16 图层位置、名称

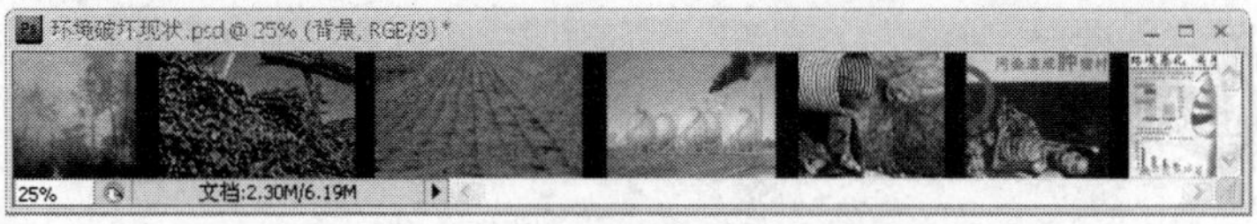


图 4-2-17 “环境破坏现状”效果图

## 相关知识与技能

### 中国目前环境现状

世界各国的历史已经表明，在经济增长与环境变化之间有一个共同的规律：一个国家在工业化进程中，会有一个环境污染随国内生产总值同步高速增长的时期，尤其是重化工业时代；但当 GDP 增长到一定程度时，随着产业结构高级化以及居民环境支付意愿的增强，污染水平在到达转折点后就会随着 GDP 的增长反而戛然向下，直至污染水平重新回到环境容量之下，此即所谓环境库兹涅茨曲线，当年日本的发展过程就是这一规律。

中国没有可能跨越这样一个重化工业时代。因为中国的人口太多，国家太大，无法像芬兰那样，在本国制造业尚不发达的情况下，借助于全球化分工，直接进入高科技时代。

在中国，即使不发展工业，由人口增长带来的污染物，也足以使环境恶化到令人无法容忍的地步，即便是治理这样的污染，也需要大笔投资，需要有经济基础。

据中科院测算，目前由环境污染和生态破坏造成的损失已占到 GDP 总值的 15%，这意味着一边是 9% 的经济增长，一边是 15% 的损失率。环境问题，已不仅仅是中国可持续发展的问题，已成为吞噬经济成果的恶魔。

目前，中国的荒漠化土地已达 267.4 万多平方公里；全国 18 个省区的 471 个县、近 4 亿人口的耕地和家园正受到不同程度的荒漠化威胁，而且荒漠化还在以每年 1 万多平方公里的速度在增长。

七大江河水系中，完全没有使用价值的水质已超过 40%。全国 668 座城市，有 400 多个处于缺水状态。其中有不少是由水质污染引起的。如浙江省宁波市，地处甬江、余姚江、奉化江三江交汇口，却因水质污染，最缺水时需要靠运水车日夜不停地奔跑，将乡村河道里的水运进城里的各个企业。

中国平均 1 万元的工业增加值，需耗水 330 $m^3$，并产生 230 $m^3$ 污水；每创造 1 亿元 GDP 就要排放 28.8 万吨废水，还有大量的生活污水。其中 80% 以上未经处理，就直接排放进河道，要不了 10 年，中国就会出现无水可用的局面。

全国 1/3 的城市人口呼吸着严重污染的空气，有 1/3 的国土被酸雨侵蚀。经济发达的浙江省，酸雨覆盖率已达到 100%。酸雨发生的频率，上海达 11%，江苏大概为 12%。华中地区以及部分南方城市，如宜宾、怀化、绍兴、遵义、宁波、温州等，酸雨频率超过了 90%。

在中国，基本消除酸雨污染所允许的最大二氧化硫排放量为 1200 万～1400 万吨。而 2003 年，全国二氧化硫排放量就达到 2158.7 万吨，比 2002 年增长 12%，其中工业排放量增加了 14.7%。按照目前的经济发展速度以及污染控制方式和力度，到 2020 年，全国仅火电厂排放的二氧化硫就将达 2100 万吨以上，全部排放量将超过大气环境容量 1 倍以上，这对生态环境和民众健康将是一场严重灾难。

## 技能训练

1. 熟悉不同抠图工具的使用环境。
2. 练习通道抠图。

## 完成任务

请收集目前国内土地沙漠化资料，并完成相应主题广告。

# 任务三　制作公益广告主题

## 任务描述

任何广告都有其主题。本次公益广告主题就是：“绿色世界，我们共同拥有！”。本次任务就是将前期处理好的点阵素材应用到作品当中。通过本次任务能够学习通道的实质：透明。经过练习和思考，大家一定会对通道有更深层次的理解。

该任务完成后的图像效果，如图 4-3-1 所示。

图 4-3-1　“广告主题”效果图

## 任务分析

环保是我们都很熟悉的一个词汇，而我们的环保现状又是如此的不容乐观，为了唤醒更多的人加入到环保行列，我们制作此公益广告。

我们以“绿色世界”为重点词汇，因为绿色目前已经成为了环保的标志，所以使用透明立体描边效果给予突出。

本次任务分为以下几个步骤完成：

（1）透明立体描边字效果；

（2）修饰界面；

（3）加入前期处理的素材。

## 方法与步骤

### 1. 透明立体描边字效果

（1）按【Ctrl+N】组合键，新建文件。文件名称为绿色世界，宽度为100，高度为70，单位为厘米，其他参数见图。单击“确定”按钮，如图4-3-2所示。

（2）按【Ctrl+O】组合键，打开“绿色背景.jpg”文件。经过自由变形后拖放到合适位置，如图4-3-3所示。

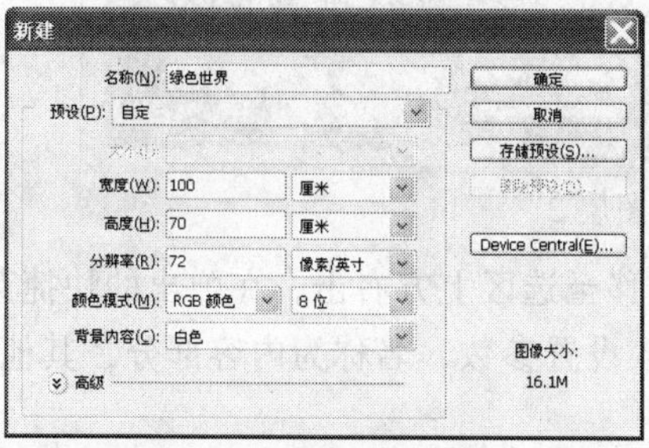


图4-3-2　新建文件

图4-3-3　移动图像位置

（3）单击选中“图层 1”图层，按住鼠标左键不放，拖动到“创建新图层”按钮上，松开鼠标左键，完成“图层 1”图层的复制。关闭掉“背景”图层、“图层 1”图层眼睛图标，如图4-3-4所示。

（4）按【D】键，恢复默认“前景色/背景色”。单击选中工具栏中“文字工具”，在属性栏上设置相应参数，字体为黑体，大小为400点。单击编辑区，则自动出现文字录入界面，输入文字。单击“移动工具”可以退出文字编辑状态，并能够移动文字到任意位置处，如图4-3-5所示。

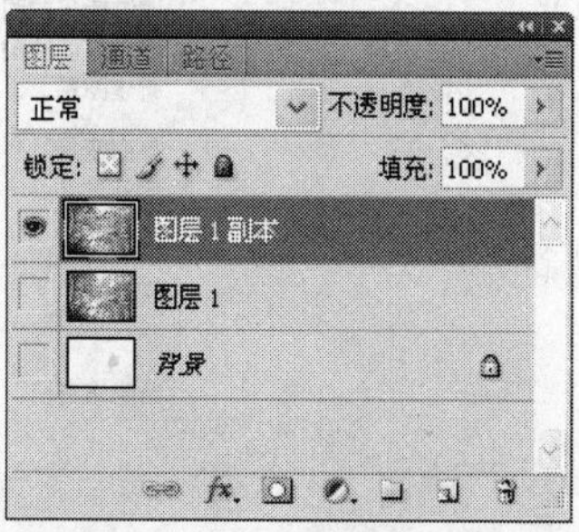


图4-3-4　复制“图层 1”

（5）按住【Ctrl】键，单击“绿色世界”缩略图，激活“绿色世界”图层选区。选择“选择”→“修改”→“扩展”菜单命令，在弹出的“扩展选区”对话框中设置参数，扩展量为15，单击“确定”按钮，如图4-3-6所示。

图 4-3-5　输入并移动文字

图 4-3-6　“扩展选区”对话框

（6）单击图层面板下方的“添加创建新图层”按钮，生成“图层 2”图层。按【Alt+Delete】组合键，填充前景色，如图 4-3-7 所示。

图 4-3-7　新建“图层 2”

（7）单击选中工具栏中的“选区工具”，将鼠标移至选区上方右击，在弹出的快捷菜单中，选中“存储选区”选项，在“存储选区”对话框中，设置参数，名称为内容部分，其他参数默认，如图 4-3-8 所示。

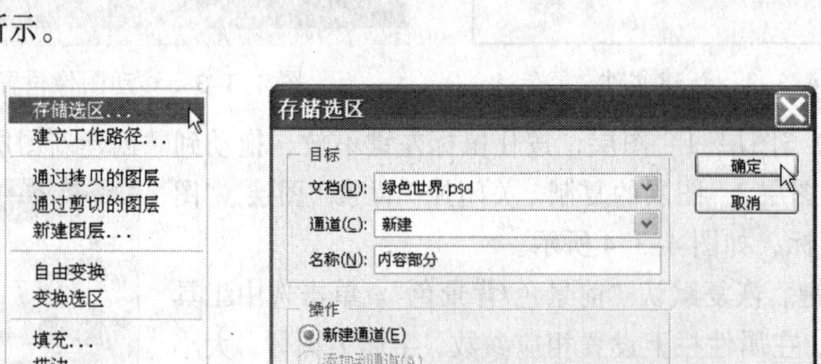


图 4-3-8　存储选区

（8）按住【Shift】键，连续选中“图层 2”图层、“绿色世界”图层。拖动其到图层面板下方的“删除图层”按钮上，松开鼠标左键，如图 4-3-9 所示。

图 4-3-9　删除图层

（9）单击选中“通道”面板。单击通道面板下方的“创建新通道”按钮，新建通道并重命名为“边缘部分”，如图 4-3-10 所示。

（10）选择“编辑”→“描边”菜单命令，在弹出的“描边”对话框中设置参数，宽度为 20，位置为居外，其他参数默认。单击“确定”按钮，如图 4-3-11 所示。

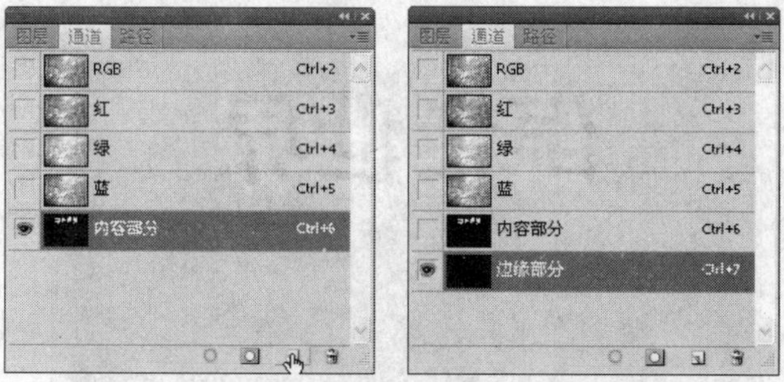


图 4-3-10　新建通道

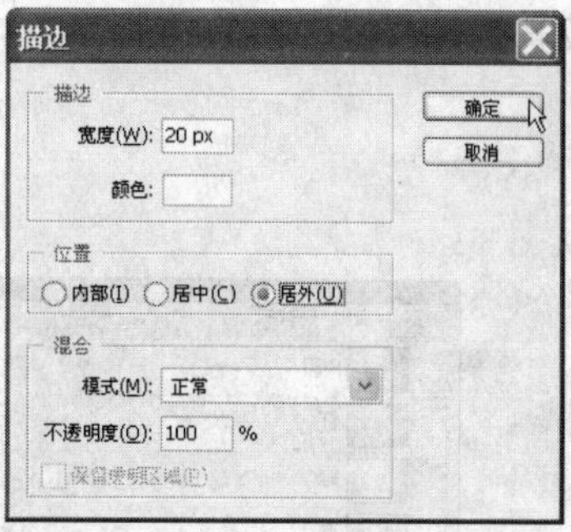


图 4-3-11　“描边”对话框

（11）单击通道面板下方的“创建新通道”按钮，新建通道并重命名为“内容部分 1”。按【Shift+F6】组合键，在弹出的“羽化选区”对话框中设置参数，羽化半径为 8，单击“确定”按钮，如图 4-3-12 所示。

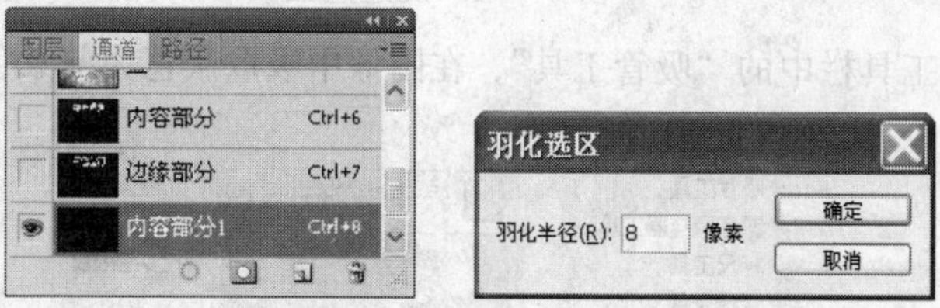


图 4-3-12　新建通道

（12）按【Alt+Delete】组合键，填充前景色。按【Ctrl+D】组合键，取消选区，如图 4-3-13 所示。

图 4-3-13 取消选区

（13）选择“滤镜”→“风格化”→“浮雕效果”菜单命令，在弹出的“浮雕效果”对话框中设置参数，高度为 40，其他参数默认，如图 4-3-14 所示。

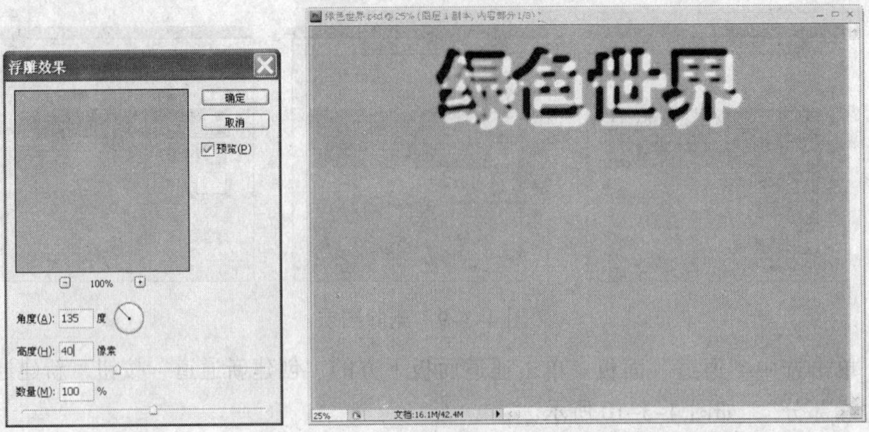


图 4-3-14 “浮雕效果”参数设置

（14）按住【Ctrl】键，单击“内容部分”通道缩略图，激活选区。按【Shift+F7】组合键，反选选区，如图 4-3-15 所示。

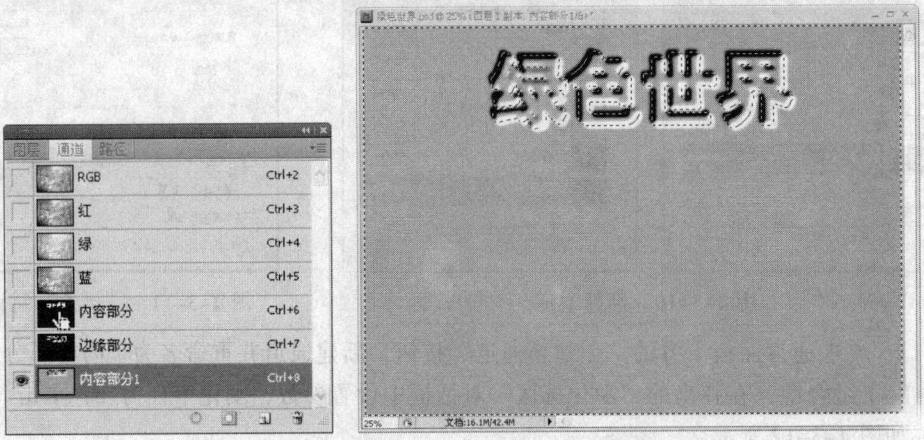


图 4-3-15 反选选区

（15）单击选中工具栏中的“吸管工具”，在图像中吸取灰色为前景色，如图 4-3-16 所示。

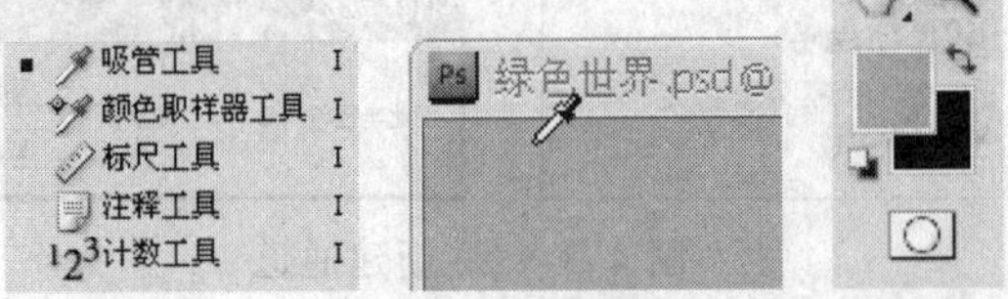


图 4-3-16 吸管工具

（16）按【Alt+Delete】组合键，填充前景色。按【Ctrl+D】组合键，取消选区，如图 4-3-17 所示。

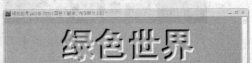

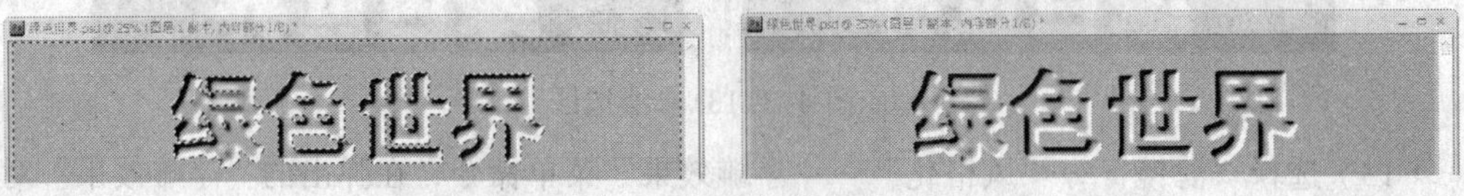


图 4-3-17 取消选区

（17）单击选中“内容部分 1”通道，按住鼠标左键不放，拖动到“创建新通道”按钮上，松开鼠标左键，完成“内容部分 1”通道的复制。按【Ctrl+I】组合键，反相显示，如图 4–3–18 所示。

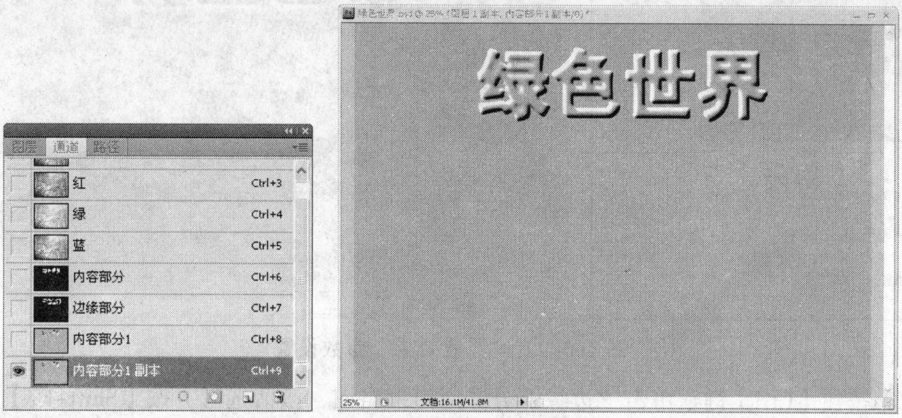


图 4–3–18　复制并反相

（18）单击通道面板下方的“创建新通道”按钮，新建通道并重命名为“边缘部分 1”。按住【Ctrl】键，单击“边缘部分”通道缩略图，激活该通道选区，如图 4–3–19 所示。

（19）按【Shift+F6】组合键，弹出“羽化选区”对话框。设置参数，羽化半径为 8，单击“确定”按钮，如图 4–3–20 所示。

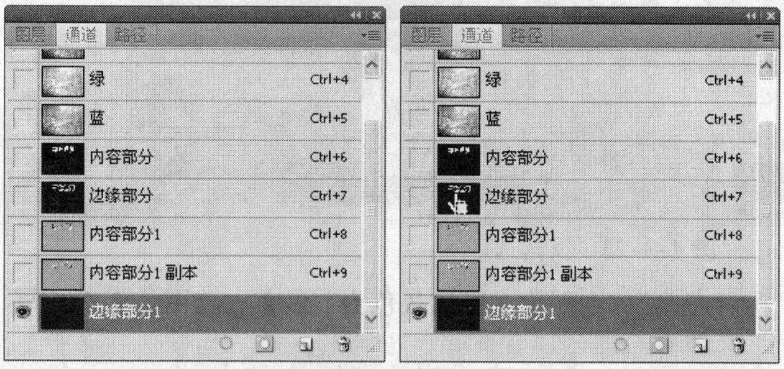


图 4–3–19　激活选区

图 4–3–20　“羽化”对话框参数设定

（20）按【D】键，恢复默认“前景色/背景色”。按【Alt+Delete】组合键，填充前景色。按【Ctrl+D】组合键，取消选区，如图 4–3–21 所示。

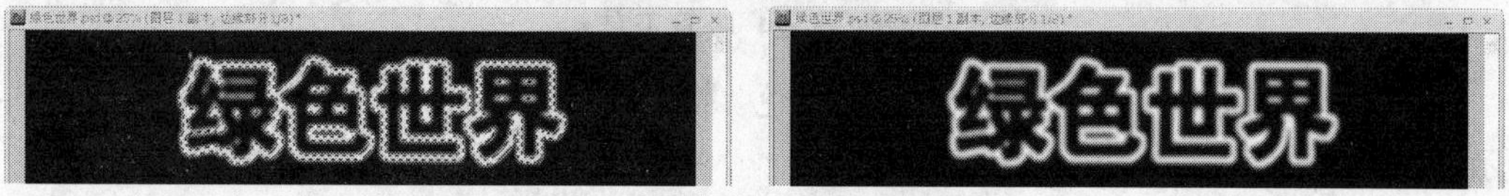


图 4–3–21　填充并取消选区

（21）选择“滤镜”→“风格化”→“浮雕效果”菜单命令，在弹出的“浮雕效果”对话框中设置参数，高度为 20，其他参数默认，如图 4–3–22 所示。

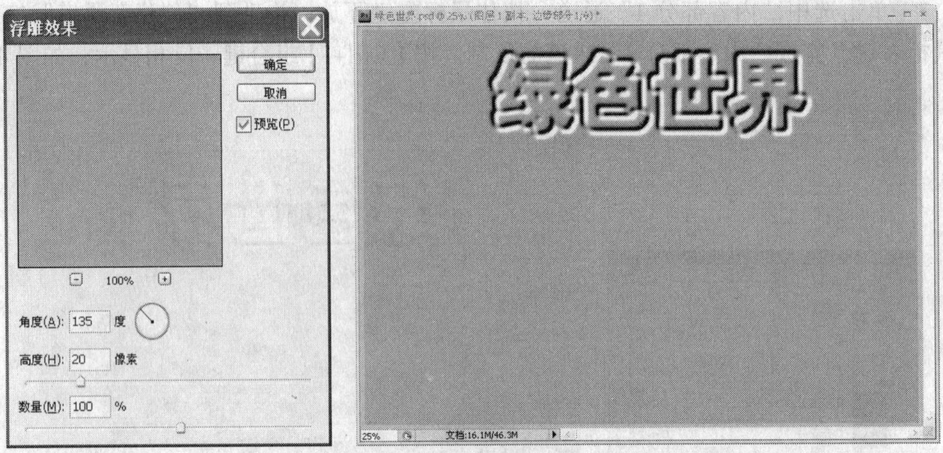


图 4-3-22 “浮雕效果”参数设置

（22）按住【Ctrl】键，单击“边缘部分”通道缩略图，激活选区。按【Shift+F7】组合键，反选选区，如图 4-3-23 所示。

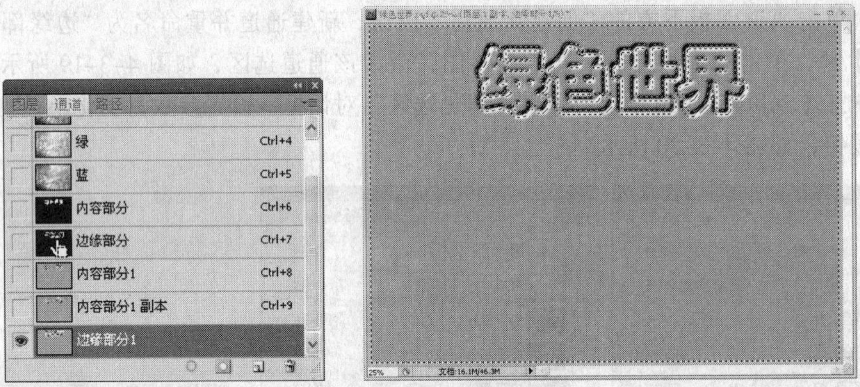


图 4-3-23 反选选区

（23）单击选中工具栏中的“吸管工具”，在图像中吸取灰色为前景色，如图 4-3-24 所示。

图 4-3-24 吸管工具

（24）按【Alt+Delete】组合键，填充前景色。按【Ctrl+D】组合键，取消选区，如图 4-3-25 所示。

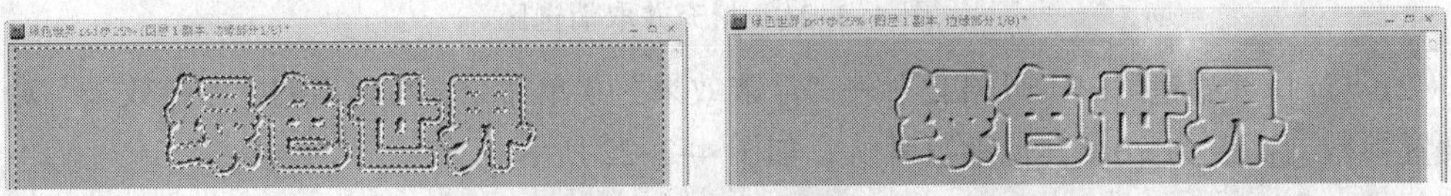


图 4-3-25 取消选区

（25）单击选中“边缘部分 1”通道，按住鼠标左键不放，拖动到“创建新通道”按钮上，松开鼠标左键，完成“边缘部分 1”通道的复制。按【Ctrl+I】组合键，反相显示，如图 4-3-26 所示。

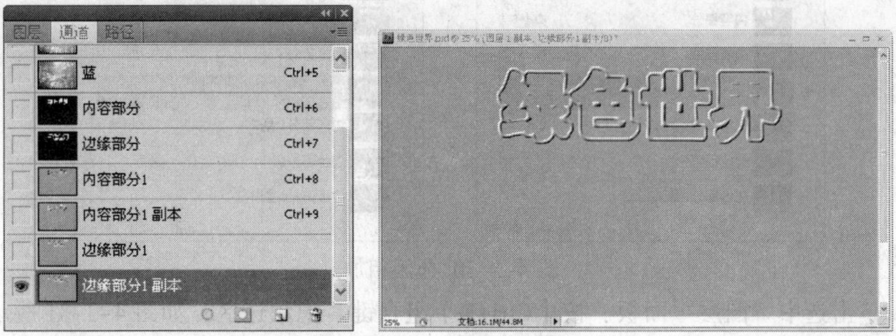


图 4-3-26 复制并反相

（26）按【Ctrl+L】组合键，弹出“色阶”对话框。单击选中“黑场工具”，在图像编辑区内将灰色定义为黑场，如图 4-3-27 所示。

图 4-3-27 定义黑场

（27）通道中效果如图 4-3-28 所示。

（28）与（26）步类似，完成其他通道中黑场的定义，如图 4-3-29 所示。

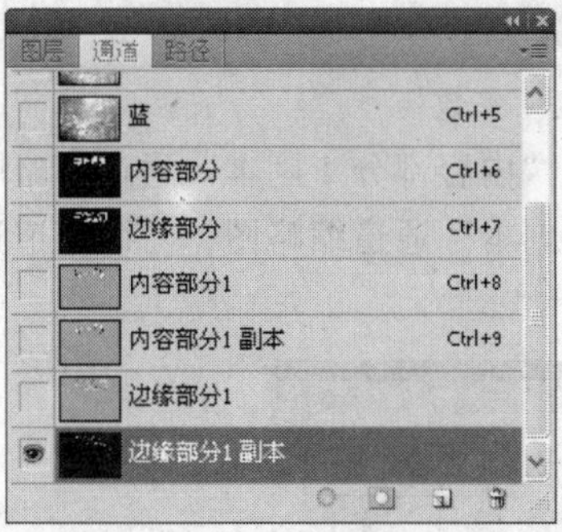


图 4-3-28 通道内效果

图 4-3-29 完成通道中黑场定义

（29）按住【Ctrl】键，单击“内容部分 1”通道缩略图，激活该通道选区。按住【Ctrl+Shift】键，单击“边缘部分 1”缩略图，与该通道选区进行相加，如图 4-3-30 所示。

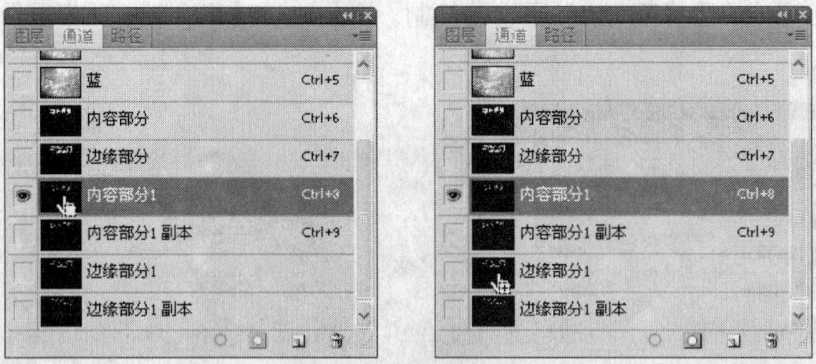


图 4-3-30 选区相加

（30）单击选中“图层”面板。按【Ctrl+H】组合键，隐藏选区，如图 4-3-31 所示。

图 4-3-31 隐藏选区

**提示：**隐藏选区，就是隐藏蚂蚁线，以免微调时影响观察，但选区是客观存在的，还是起作用的。

（31）选择“图像”→“调整”→“亮度/对比度”菜单命令，在弹出的“亮度/对比度”对话框中设置参数，亮度为-150，其他参数默认，如图 4-3-32 所示。

图 4-3-32 调整“亮度/对比度”参数

（32）单击选中“通道”面板。按住【Ctrl】键，单击“内容部分 1 副本”通道缩略图，激活该通道选区。按住【Ctrl+Shift】键，单击“边缘部分 1 副本”通道缩略图，与该通道选区进行相加，如图 4-3-33 所示。

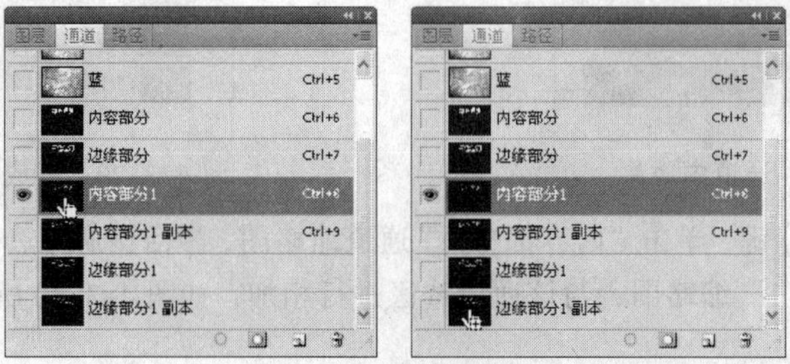


图 4-3-33 选区相加

（33）单击选中“图层”面板。按【Ctrl+H】组合键，隐藏选区，如图 4-3-34 所示。

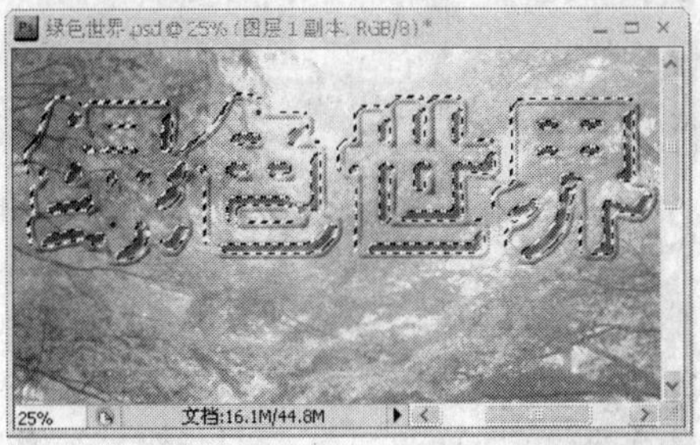


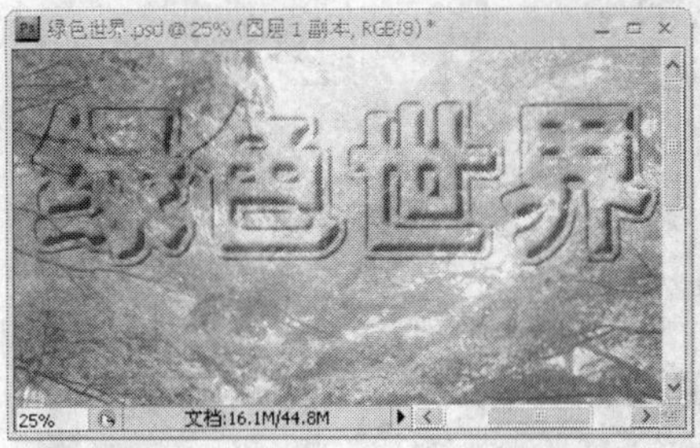


图 4-3-34　隐藏选区

（34）选择“图像”→“调整”→“亮度/对比度”菜单命令，在弹出的“亮度/对比度”对话框中设置参数，亮度为 150，其他参数默认，如图 4-3-35 所示。

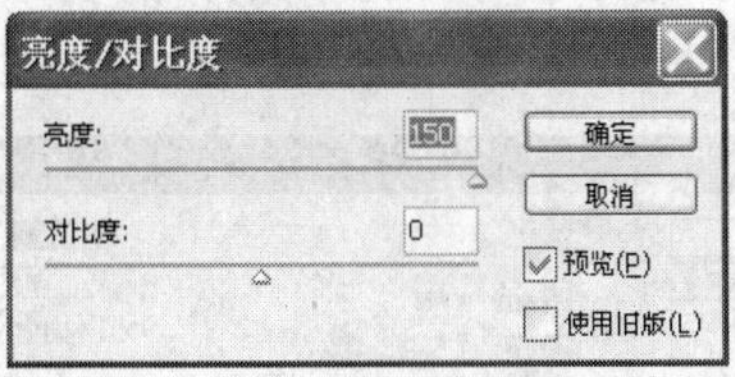

图 4-3-35　调整“亮度/对比度”参数

（35）按【Ctrl+ S】组合键，保存文件，最后效果如图 4-3-36 所示。

图 4-3-36　效果图

### 2. 修饰界面

（1）按【D】键，恢复默认前景色/背景色。单击图层面板下方的“添加创建新图层”按钮，新建“图层 2”图层。单击选中工具栏中的“矩形选区工具”拉一个选区。按【Ctrl+Delete】组合键，填充背景色，如图 4-3-37 所示。

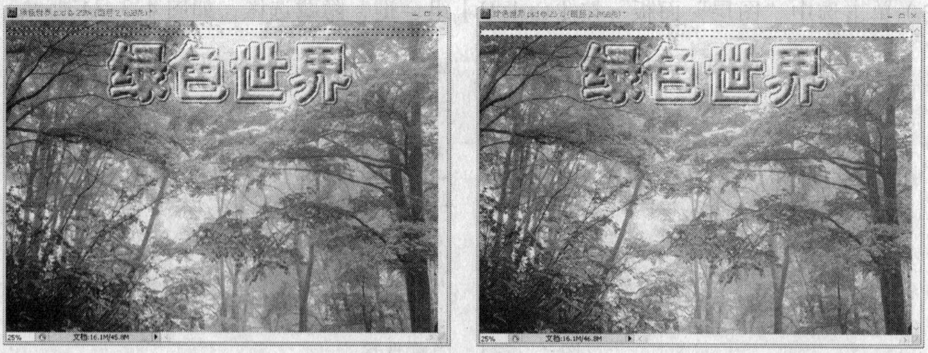


图 4-3-37　拉取新选区

（2）按【Ctrl+D】组合键，取消选区。双击“图层 2”图层蓝色部分，弹出“图层样式”对话框。单击选中“混合选项：自定”选项，设置参数，填充不透明度为 0，其他参数默认。单击选中“斜面和浮雕”选项，设置参数，大小为 15，软化为 5，其他参数默认。单击“确定”按钮，如图 4-3-38 所示。

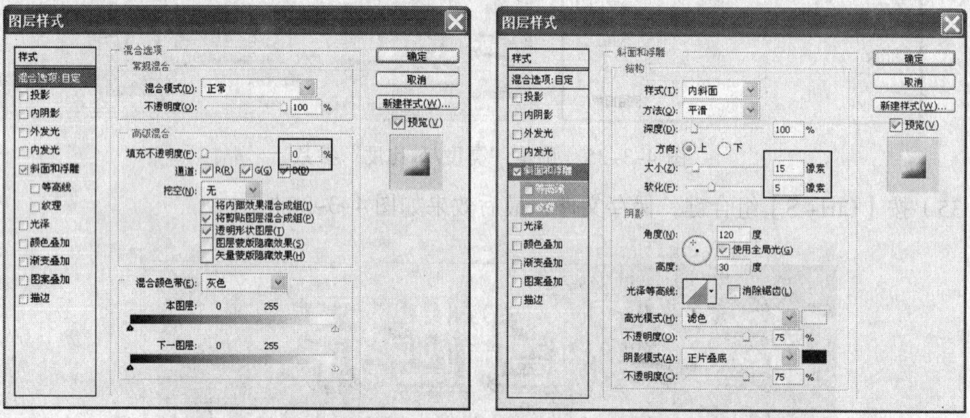


图 4-3-38　“图层样式”对话框参数设置

（3）单击选中“图层 2”图层，按住鼠标左键不放，拖动到“创建新图层”按钮上，松开鼠标左键，生成“图层 2 副本”图层。单击选中工具栏上的“移动工具”，将“图层 2 副本”图层移至合适位置，如图 4-3-39 所示。

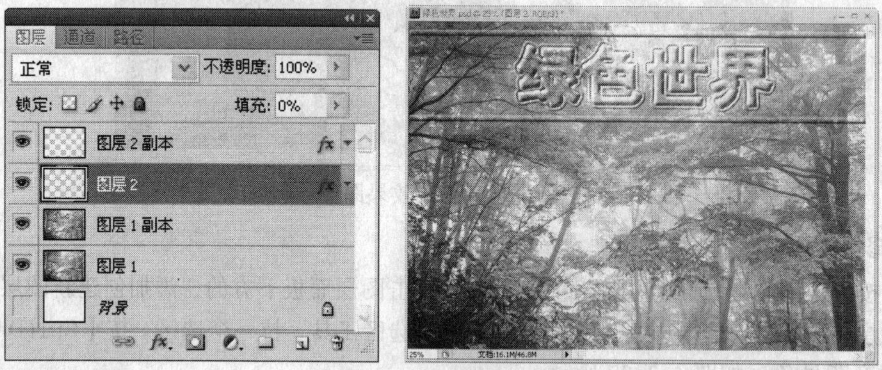


图 4-3-39　复制图层

（4）单击图层面板下方的“创建新图层”按钮，新建“图层 3”图层。单击工具栏中的“前景色”按钮，在弹出的“拾色器（前景色）”对话框中设置参数（R：240，G:100，B：0），单击“确定”按钮，如图 4-3-40 所示。

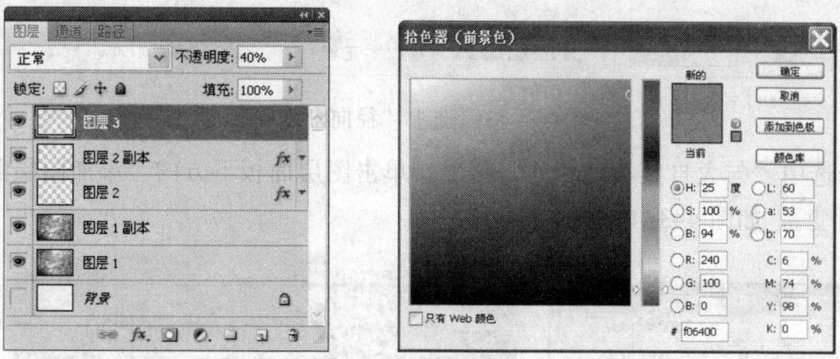


图 4-3-40　新建图层及前景色设置

（5）在“图层 3”图层中，勾画选区。按【Alt+Delete】组合键，填充前景色。更改图层面板中不透明度为 40%，如图 4-3-41 所示。

图 4-3-41　调整图层不透明度

（6）按【Ctrl+S】组合键，保存文件。

3. 加入前期处理的素材

（1）按【Ctrl+O】组合键，打开“与大自然和谐相处.psd”、“环境破坏现状.psd”等文件。经过自由变形后分别摆放到合适位置，如图 4-3-42 所示。

图 4-3-42　图层、图像位置

（2）按【D】键，恢复默认“前景色/背景色”。按【X】键，切换“前景色/背景色”。单击选中工具栏中的“渐变工具”，在属性栏中设置参数，渐变模式为径向，其他参数默认，如图 4-3-43 所示。

图 4-3-43　选中“径向渐变”

（3）单击选中“与大自然和谐相处”图层。单击图层面板下方的“添加图层蒙版”按钮并拉取“径向渐变”，如图 4-3-44 所示。

图 4-3-44　使用图层蒙版

（4）再经过简单修饰，按【Ctrl+ S】组合键，保存文件。最终效果如图 4-3-45 所示。

图 4-3-45　“绿色世界”效果图

## 相关知识与技能

### 中国目前治理污染陷于两难

目前中国在环境问题上进退两难：再不治理，未来无法保障；真要治理，则须大规模投入，眼前的经济又难以承受。

有一种说法，要在经济发展的同时控制好环境，在环保方面的投入须达到 GDP 的 1.5%以上。但这是在环境保护本来就非常良好的情况下，在中国，根据上海的经验，要真正有效地控制环境，环保投入须占到 GDP 的 3%以上。而在过去 20 年里，中国每年在环保方面的投入，在 20 世纪 90 年代上半期是 0.5%，最近几年也只有 1%多一点。环保是一种“奢侈性消费”，投入大，对 GDP 贡献小，因此，一些本应用于环保方面的专项资金，也被挪作他用。

有人算过，云南滇池周边的企业在过去 20 年间，总共只创造了几十亿元产值，但要初步恢复滇池水质，至少得花几百亿元，这是全云南省一年的财政收入。淮河流域的小造纸厂，20 年累计产值不过 500 亿元。但要治理其带来的污染，即使是干流达到起码的灌溉用水标准也需要投入 3000 亿元。要恢复到 20 世纪 70 年代的三类水质，不仅花费是个可怕的数字，时间也至少需要 100 年。

## 技能训练

1. 在通道中完成七彩字，如图 4-3-46 所示。
2. 在通道中完成火焰字，如图 4-3-47 所示。

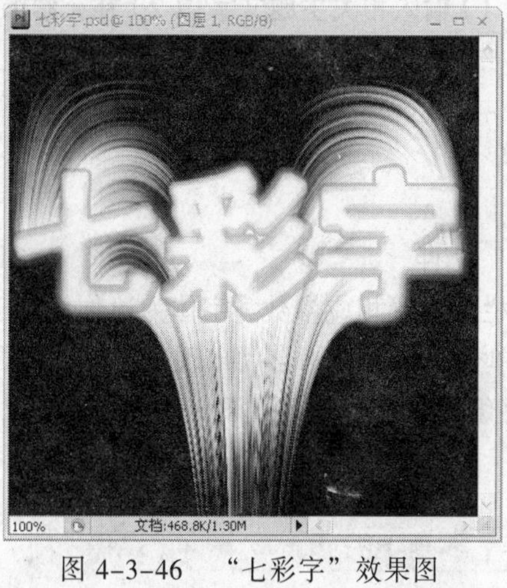


图 4-3-46　“七彩字”效果图

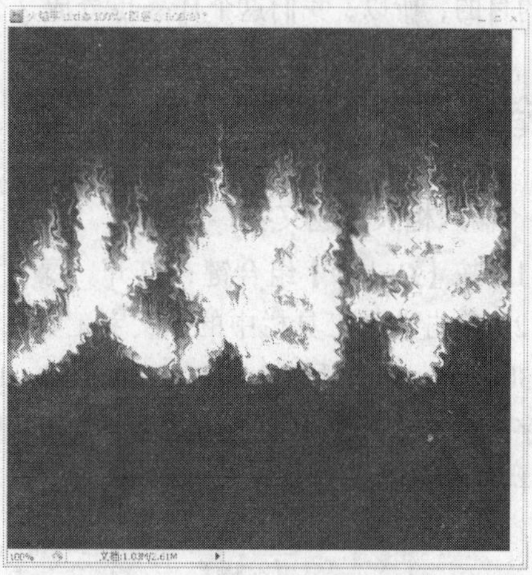


图 4-3-47　“火焰字”效果图

## 完成任务

请完成透明立体描边字的制作。

# 任务四　输入文字内容

## 任务描述

文字是广告的核心。合适的文字搭配合适的位置必然会使整个广告主题突出，达到良好的宣传效果。

本次任务要完成文字的输入、布局，该任务完成后的图像效果，如图 4-4-1 所示。

图 4-4-1　输入文字后的效果图

## 任务分析

文字的输入分为两个部分，一部分是配合主题，是非常重要的；一部分是辅助的，起到补充主题的目的，所以，我们这个任务也分成 2 个步骤。（1）输入相关主题文字；（2）补充修饰图像。

## 方法与步骤

### 1. 输入相关主题文字

（1）按【Ctrl+O】组合键，打开“绿色世界.psd”文件。

（2）单击选中工具栏中的“文字工具”，在属性栏上设置相应参数，字体为迷你简黛玉，大小为 300 点，文本颜色（R：0，G：255，B：0）。单击编辑区，则自动出现文字录入界面，输入文字。单击工具栏上的“移动工具”可以退出文字编辑状态，并能够移动文字到任意位置处，如图 4-4-2 所示。

图 4-4-2　文字属性位置

（3）双击“让”图层的蓝色部分，弹出“图层样式”对话框。单击选中“描边”选项，设置参数，大小为 16；颜色（R：50，G :150，B：60），其他参数默认。单击“确定”按钮，如图 4-4-3 所示。

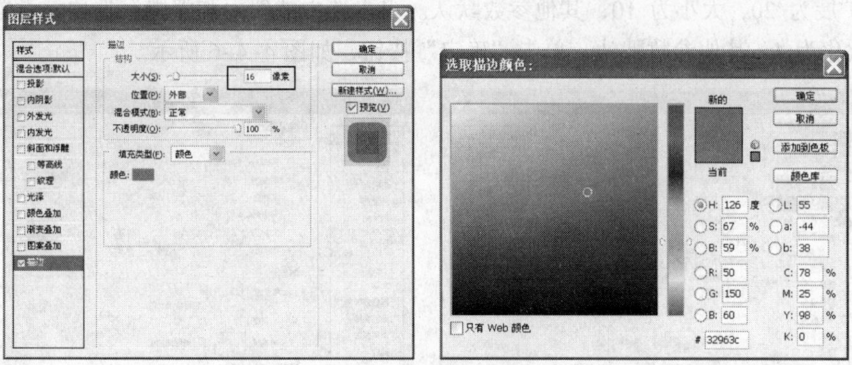


图 4-4-3　“图层样式”参数设置

（4）与（2）类似，完成另一部分文字，如图 4-4-4 所示。

图 4-4-4　图层、文字位置

（5）单击选中工具栏中的“文字工具”，在属性栏上设置相应参数，字体为宋体，大小为 200 点，文本颜色（R:237，G：120，B：80）。单击编辑区，则自动出现文字录入界面，输入文字。单击工具栏上的“移动工具”可以退出文字编辑状态，并能够移动文字到任意位置处，如图 4-4-5 所示。

图 4-4-5　文字属性栏参数设置及文字位置

（6）双击“我”图层的蓝色部分，弹出“图层样式”对话框。单击选中“外发光”选项，设置参数，扩展为 20，大小为 10，其他参数默认。单击选中“斜面和浮雕”选项，设置参数，大小为 9，软化为 4，其他参数默认。单击“确定”按钮，如图 4-4-6 所示。

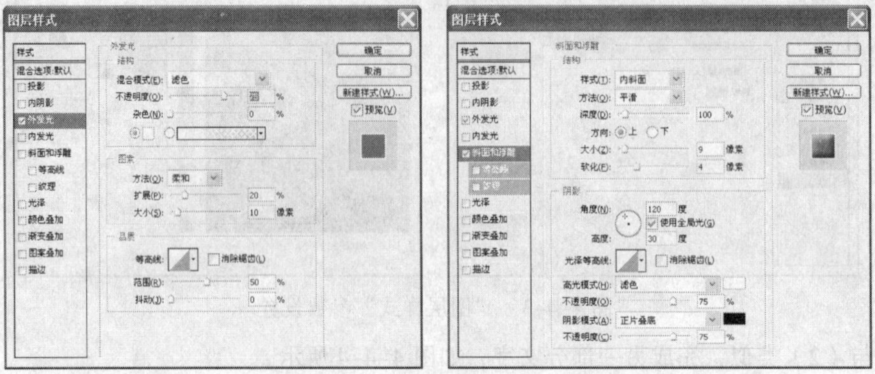

图 4-4-6 “图层样式”参数设置

（7）与（5）类似，完成另一部分文字。按【Ctrl+ S】组合键，保存文件。最后效果如图 4-4-7 所示。

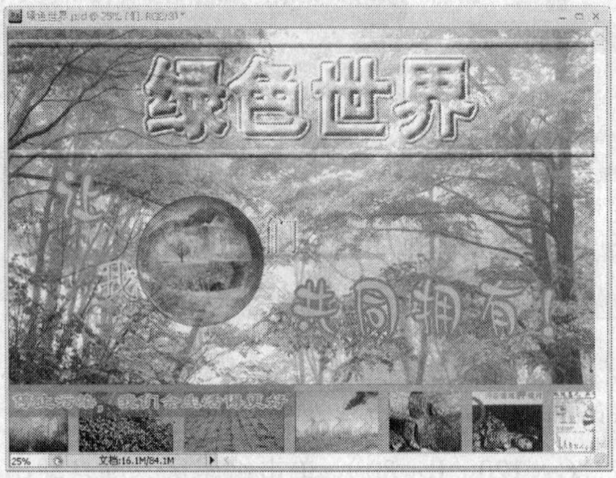


图 4-4-7 文字效果

2. 补充修饰图像

为了更加突出“我们”，增加“描边”效果。

（1）在“图层样式”对话框中，单击选中“描边”选项，设置参数，大小为 4，颜色（R：250，G：250，B：60），其他参数默认。单击“确定”按钮，如图 4-4-8 所示。

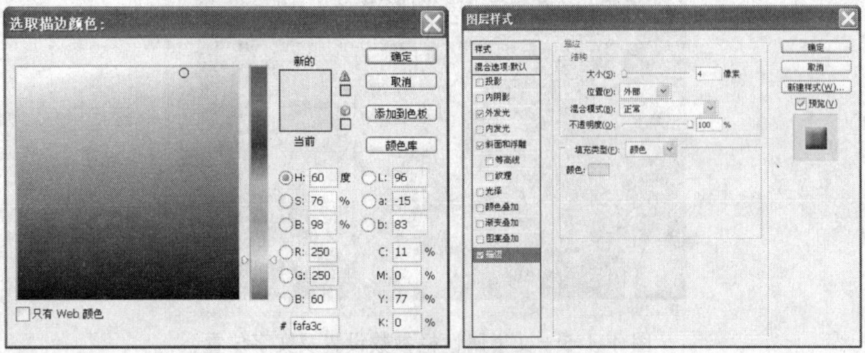

图 4-4-8 “描边”参数设置

（2）经过简单修饰，最终效果如图 4–4–9 所示。

图 4–4–9　添加文字后的效果图

## 相关知识与技能

### 管理图层样式

（1）复制图层样式。

可以把一个图层上的样式复制到其他图层上。实现这个功能的操作是：先选定有图层样式的图层为当前层，选择“图层”→“图层样式”→“拷贝图层样式”菜单命令，把图层样式复制到剪贴板上，再选择“图层”→“图层样式”→“粘贴图层样式”菜单命令把图层样式粘贴到当前图层。若要粘贴到多个图层，则需要先把这些图层链接起来，然后使用“图层”→“图层样式”→“将图层样式粘贴到链接的图层”命令。

（2）隐藏图层样式。

先选定有图层样式的图层为当前层，然后选择“图层”→“图层样式”→“隐藏所有效果”菜单命令即可。隐藏以后“隐藏所有效果”命令变成“显示所有效果”，选择它又可以显示图层样式。

（3）清除图层样式。

要想清除图层样式，可以选择“图层”→“图层样式”→“清除图层样式”菜单命令或在图层控制面板中该图层样式上右击，在弹出的菜单中选择“清除图层样式”命令。

（4）转化图层样式为普通图层。

把图层样式转化成普通图层后，所有图层操作对它都有效，但不能再修改图层样式。先选定有图层样式的图层为当前层，然后选择“图层”→“图层样式”→“创建图层”命令，转化之后图层效果将转化为多个图层，这些图层将分为一组。

## 技能训练

1. 制作透明字效果，如图 4–4–10 所示。

2. 制作钻石字效果，如图 4-4-11 所示。

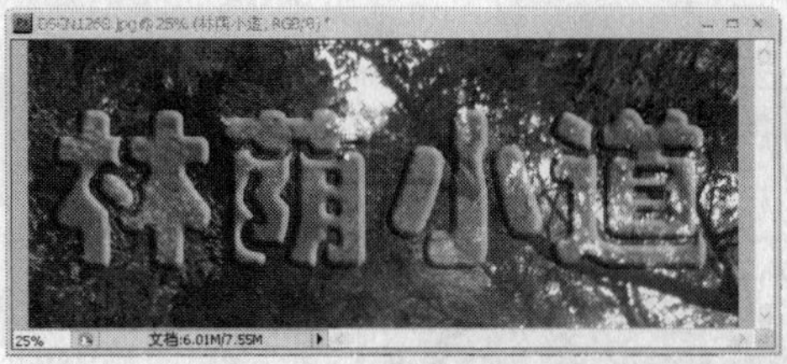


图 4-4-10　透明字

图 4-4-11　钻石字

## 完成任务

完成辅助文字录入处理。

## 评　价

学习评价表

| 项　目 | 内　容 | | 评　价 | | |
|---|---|---|---|---|---|
| | 能力目标 | 评价项目 | 3 | 2 | 1 |
| 职业能力 | 熟悉通道蒙版界面 | 能使用 | | | |
| | | 能编辑 | | | |
| | 能掌握快速蒙版 | 能创建 | | | |
| | | 能处理 | | | |
| | 能使用图层蒙版 | 能创建 | | | |
| | | 能灵活应用 | | | |
| | 能熟练使用通道 | 能完成选区处理 | | | |
| | | 能灵活运用 | | | |
| 通用能力 | 能清楚、简明地发表自己的意见与建议 | | | | |
| | 能服从分工，自动与他人共同完成任务 | | | | |
| | 能关心他人，并善于与他人沟通 | | | | |
| | 能协调好组内的工作，在某方面起到带头作用 | | | | |
| | 积极参与任务，并对任务的完成有一定贡献 | | | | |
| | 对任务中的问题有独特的见解，带来良好效果 | | | | |
| 综　合　评　价 | | | | | |

# 单元五

## 《滤镜详解》封面——书籍装帧

书籍装帧是在书籍生产过程中将材料和工艺、思想和艺术、外观和内容、局部和整体等组成和谐、美观的整体艺术。

书籍装帧设计是书籍造型设计的总称。一般包括选择纸张、封面材料，确定开本、字体、字号，设计版式，决定装订方法以及印刷和制作方法等。

封面设计是书籍装帧设计的重要组成部分。

（1）儿童类书籍：形式较为活泼，在设计时多采用儿童插图作为主要图形，再配以活泼稚拙的文字来构成书籍封面。

（2）画册类书籍：开本一般接近正方形，常用 12 开、24 开等，便于安排图片。常用的设计手法是选用画册中具有代表性的图画再配以文字。

（3）文化类书籍：较为庄重，在设计时，多采用内文中的重要图片作为封面的主要图形，文字的字体也较为庄重，多用黑体或宋体；整体色彩的纯度和明度较低，视觉效果沉稳，以反映深厚的文化特色。

（4）丛书类书籍：整套丛书设计手法一致，每册书根据介绍的种类不同，更换书名和主要图形。这一般是成套书籍封面的常用设计手法。

（5）工具类图书：一般比较厚，而且经常使用，因此在设计时，防止磨损多用硬书皮；封面图文设计较为严谨、工整，有较强的秩序感。

| | |
|---|---|
| 学习目标 | ☑ 熟悉并掌握滤镜的用法。<br>☑ 制作完成《滤镜详解》书籍的封面制作。 |

制作封面是通过“处理制作素材”、“制作封面”、“添加文字内容”三项任务来完成的。

## 任务一　处理制作素材

### 任务描述

滤镜是 Photoshop 中功能最丰富、效果最奇特的工具。滤镜不仅可以改善图像的效果并掩盖其缺陷，还可以在原有图像的基础上产生许多特殊的效果。滤镜不但使用方法简单，而且效果非常炫目。通过本次任务，将掌握如何使用滤镜并对图像做特效处理的技巧和方法。

该任务完成后的图像效果之一，如图 5-1-1 所示。

图 5-1-1　滤镜效果图

## 任务分析

Photoshop 滤镜可以分为三种类型：内嵌滤镜、内置滤镜和外挂滤镜。

内嵌滤镜是指内嵌于 Photoshop 程序内部的滤镜，这些是不能删除的；内置滤镜是指在默认安装 Photoshop 时，安装程序自动安装到 plug-ins 文件夹下的滤镜。通常情况下，我们将内嵌滤镜、内置滤镜统称为内置滤镜。外挂滤镜是指除上述两类以外，由第三方厂商为 Photoshop 所生产的滤镜。

我们可以按照以下步骤来完成素材处理：

（1）内部滤镜素材处理；

（2）外挂滤镜素材处理；

（3）制作条形码。

## 方法与步骤

### 1. 内部滤镜素材处理

（1）绚丽彩星。

① 按【Ctrl+N】组合键，新建文件。文件名称为绚丽彩星，宽度为 400，高度为 400，单位为像素，其他参数默认。单击“确定”按钮，如图 5-1-2 所示。

② 单击“图层”面板下方的“新建图层”按钮，新建“图层 1”图层，如图 5-1-3 所示。

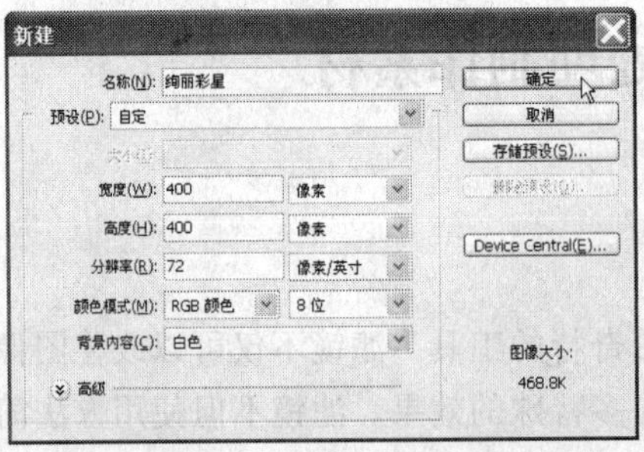


图 5-1-2　新建文件

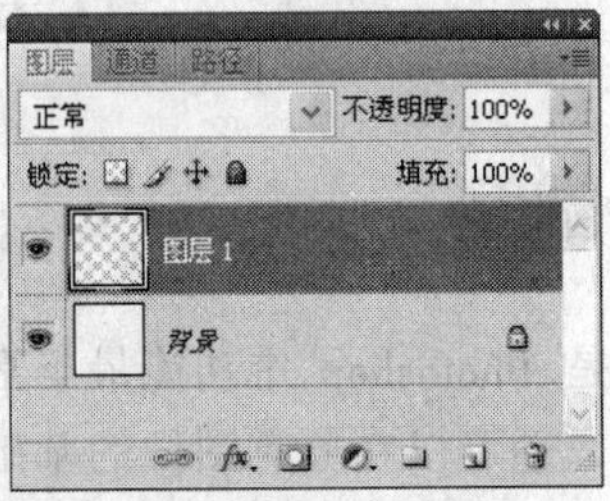


图 5-1-3　新建“图层 1”图层

③ 按【D】键，恢复默认“前景色/背景色”。单击选中工具栏中的“渐变工具”，在属性栏上单击“渐变编辑器”，在弹出的“渐变编辑器”对话框中，单击第一个“前景到背景”渐变图标，单击“确定”按钮，如图 5-1-4 所示。

④ 以 A 点位置为起点，按住鼠标左键，同时按住【Shift】键约束垂直方向，在 B 点松开鼠标左键，如图 5-1-5 所示。

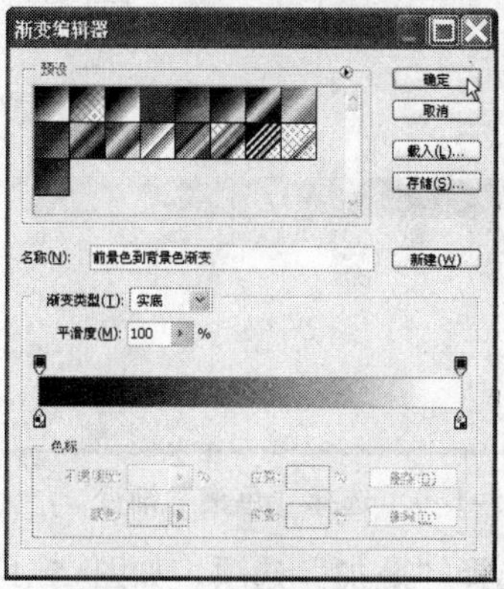


图 5-1-4 选择“前景到背景”渐变

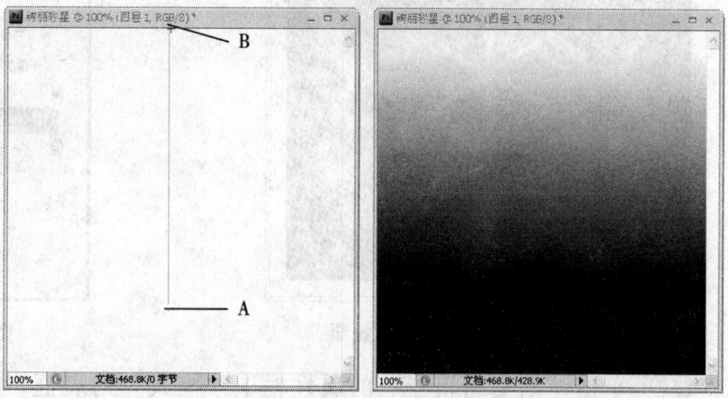


图 5-1-5 拉取“线形渐变”

⑤ 选择“滤镜”→“扭曲”→“波浪”菜单命令，在弹出的“波浪”对话框中设置参数如下：生成器数为 1；波长为 15～425；波幅为 160、160；比例为 100、100；类型为三角形；单击“确定”按钮，如图 5-1-6 所示。

**提示：**如果波浪曲线与图示不同，请用单击“随机化”按钮，重复几次即可。

⑥ 选择“滤镜”→“扭曲”→“极坐标”菜单命令，在弹出的“极坐标”对话框中选中“平面坐标到极坐标”单选按钮，单击“确定”按钮，如图 5-1-7 所示。

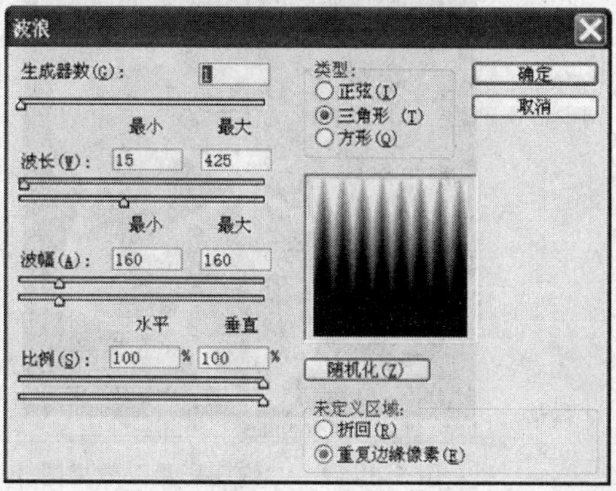


图 5-1-6 设置“波浪”滤镜参数

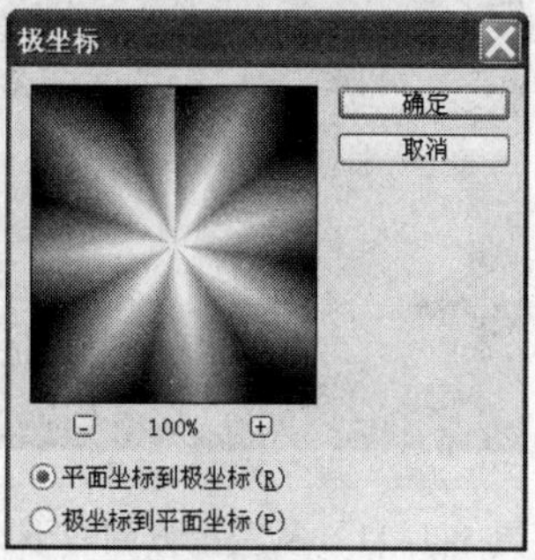


图 5-1-7 设置“极坐标”滤镜参数

⑦ 选择“滤镜”→“素描”→“铬黄”菜单命令，在弹出的面板中使用默认参数，单击“确定”按钮，如图 5-1-8 所示。

⑧ 单击选中工具栏上的“渐变工具”，在属性栏上单击“渐变编辑器”，在弹出的“渐变编辑器”对话框中，单击“色谱”渐变名称，单击“确定”按钮，如图 5-1-9 所示。

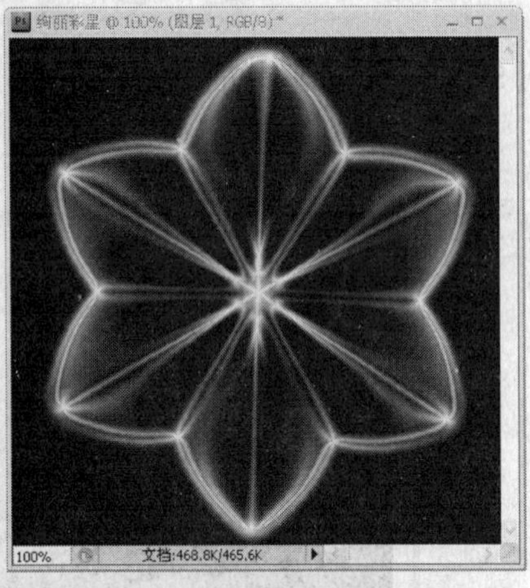


图 5-1-8 “铬黄”滤镜效果

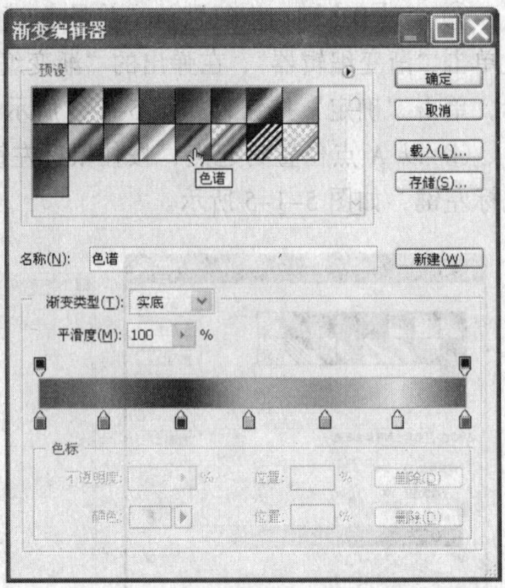


图 5-1-9 选择“色谱”渐变

⑨ 单击“渐变编辑器”的属性栏上“模式”列表框，选择“叠加”选项，如图 5-1-10 所示。

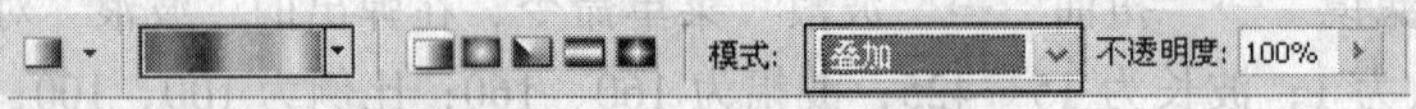


图 5-1-10 选择“叠加”模式

⑩ 在图像中从左上方到右下方拉取渐变，如图 5-1-11 所示。

⑪ 最后效果如图 5-1-12 所示。

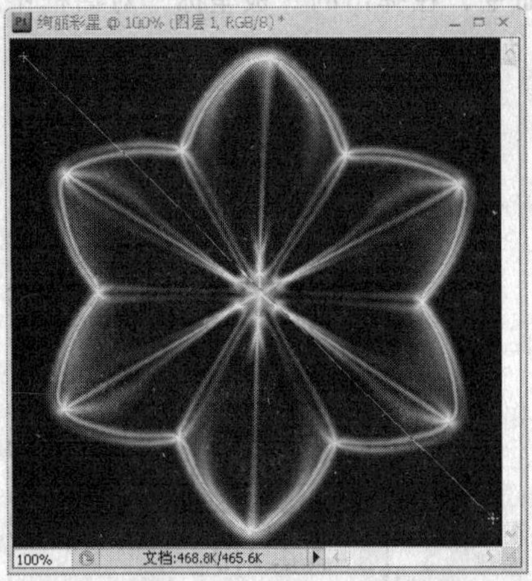


图 5-1-11 从左上方到右下方拉取渐变

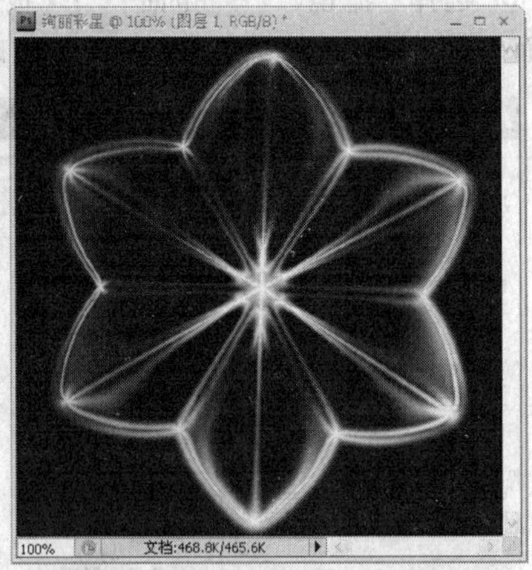


图 5-1-12 “绚丽彩星”效果图

（2）3D 做的沙丘金字塔。

① 按【Ctrl+O】组合键，打开“沙丘.tif”文件，如图 5-1-13 所示。

② 单击选中“图层”面板上的“背景”图层，用鼠标拖动到“图层”面板下方的“新建图层”按钮上，复制为“背景副本”图层，关闭掉“背景”图层眼睛图标，如图 5-1-14 所示。按【Ctrl +S】组合键，保存文件名称为沙丘金字塔.psd。

图 5-1-13 打开文件

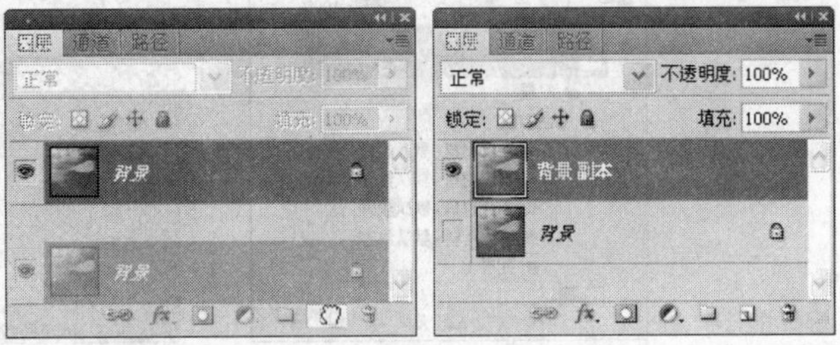


图 5-1-14 打开文件

③ 单击“图层”面板下方的“新建图层”按钮，新建“图层 1”图层，如图 5-1-15 所示。选择“3D”→“从图层新建形状”→“金字塔”菜单命令，如图 5-1-16 所示。

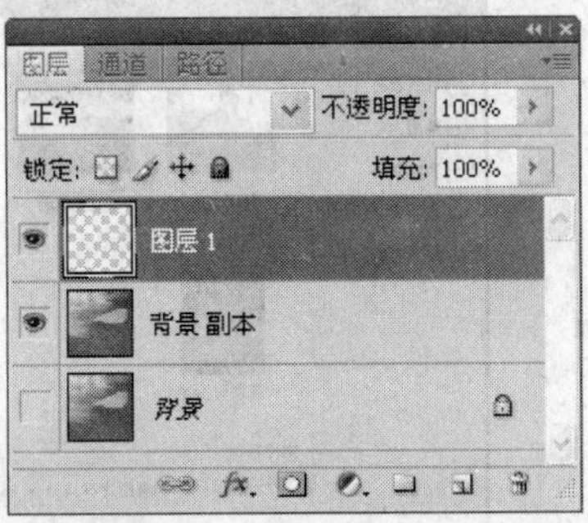


图 5-1-15 新建图层

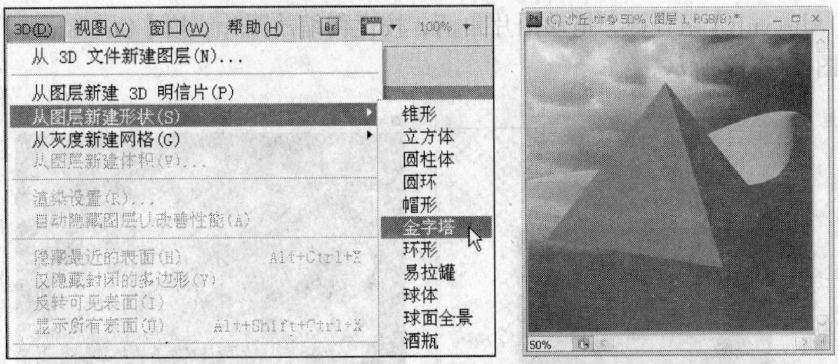


图 5-1-16 使用“3D”菜单

④ 双击“图层 1”图层中的“底部材料-默认纹理”选项，弹出该纹理的默认图像界面，如图 5-1-17 所示。

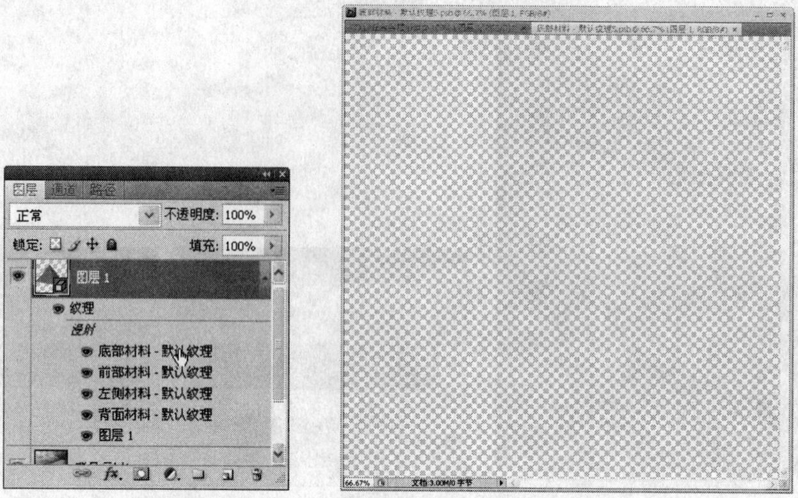


图 5-1-17　“底部材料-默认纹理”界面

⑤ 选择“文件”→“置入”菜单命令，单击选中“底部.jpg”图片，单击“插入”按钮，完成文件置入，如图 5-1-18 所示。

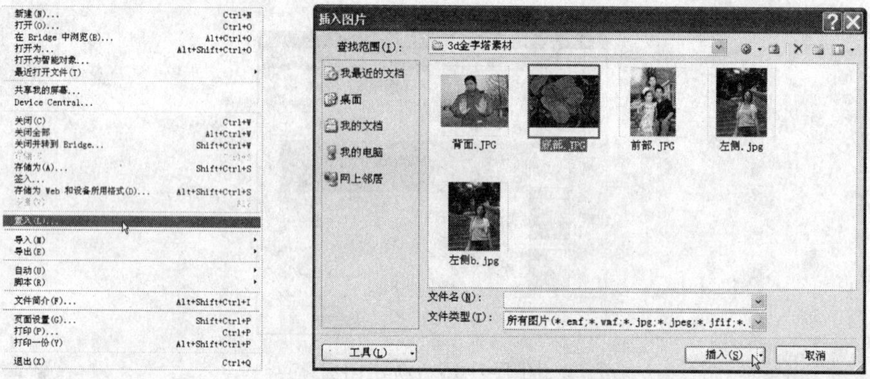


图 5-1-18　置入文件

⑥ 按【Alt+Shift】组合键，拖动图片角柄，按比例缩放图片。按【Ctrl+Enter】组合键，应用变形，如图 5-1-19 所示。

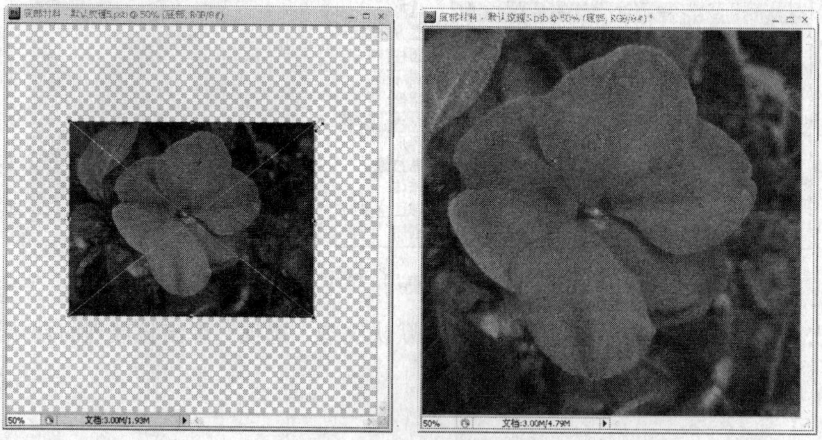


图 5-1-19　按比例中心缩放图片

⑦ 单击选中工具栏中的“3D 旋转工具”，通过旋转，查看贴图效果，如图 5-1-20 所示。

图 5-1-20　3D 旋转工具

> **提示**：如果对贴图位置、效果不满意可以直接在“底部材料-默认纹理”图像中处理，并可看到实时处理效果。要求显卡支持，必须选定“启用 OpenGL 绘图”才能显示 3D 轴、地面和光源 Widget。

⑧ 与底部贴图类似，分别完成“前部材料-默认纹理”、“左侧材料-默认纹理”、“背面材料-默认纹理”、“图层材料-默认纹理”等材质的贴图处理，如图 5-1-21 所示。

图 5-1-21　其他部分贴图材质及效果

⑨ 单击选中“图层”面板上的“背景副本”图层，关闭掉“图层 1”图层眼睛图标。单击工具栏上的“磁性套索”工具，勾画山丘选区并闭合选区，如图 5-1-22 所示。

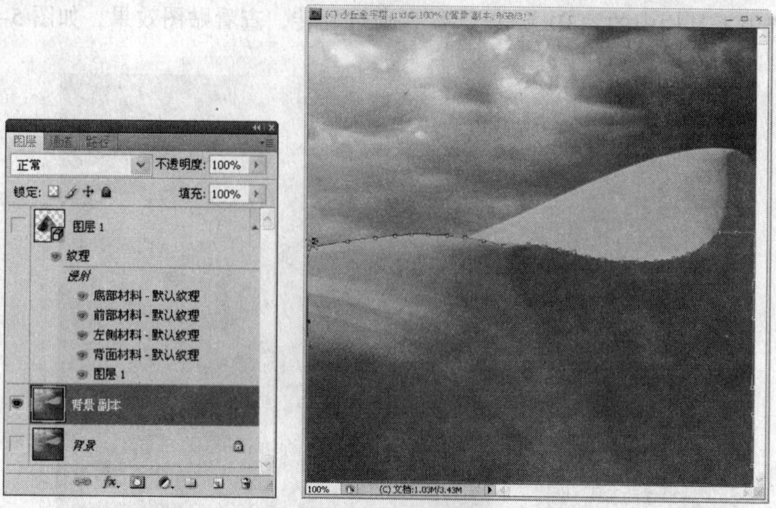


图 5-1-22　勾画选区

⑩ 按【Ctrl+J】组合键，复制选中选区内容为“图层 2”图层。将“图层 2”图层置于顶层，如图 5-1-23 所示。

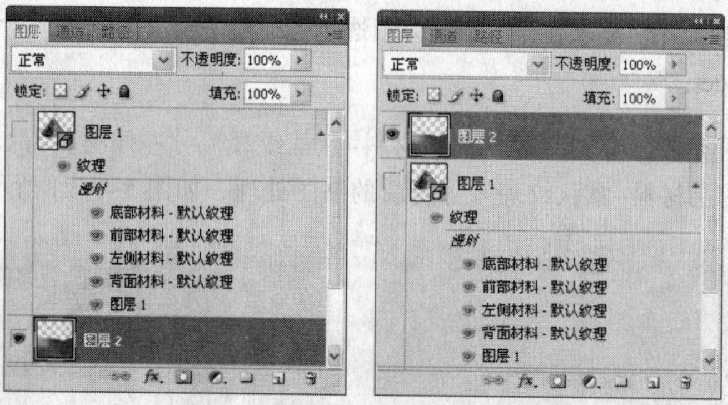


图 5-1-23　移动图层位置

⑪ 打开“图层 1”图层眼睛图标，如图 5-1-24 所示。

图 5-1-24　打开“图层 1”眼睛图标

⑫ 修饰后，3D 金字塔效果如图 5-1-25 所示。

提示：单击“图层 1”图层的缩略图中左下角 3D 图标，可以弹出“3D”面板，在 3D 面板中能调整较多参数，如图 5-1-26 所示。

图 5-1-25 3D 金字塔效果图

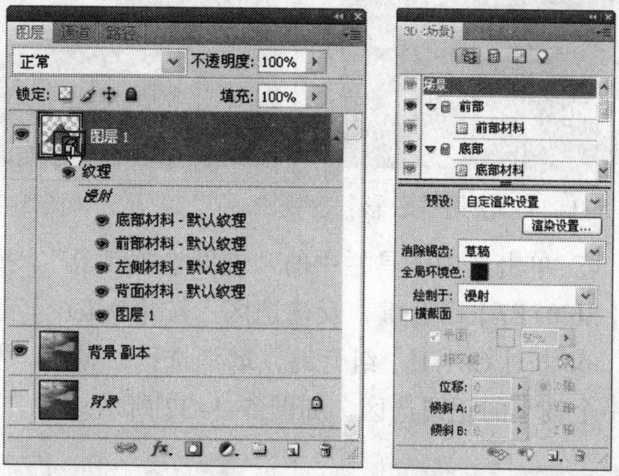


图 5-1-26 “3D”面板

（3）鼠绘的玉镯。

① 按【Ctrl+N】组合键，新建文件。文件名称为鼠绘的手镯，宽度为 400，高度为 400，单位为像素，其他参数见图。单击“确定”按钮，如图 5-1-27 所示。

② 单击“图层”面板下方的“新建图层”按钮，新建“图层 1”图层，如图 5-1-28 所示。

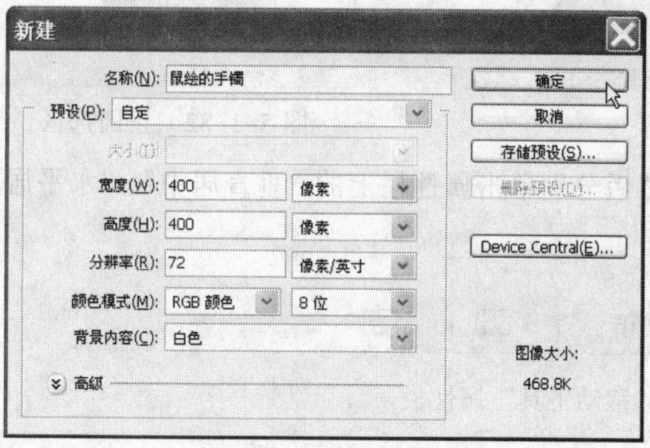


图 5-1-27 新建文件

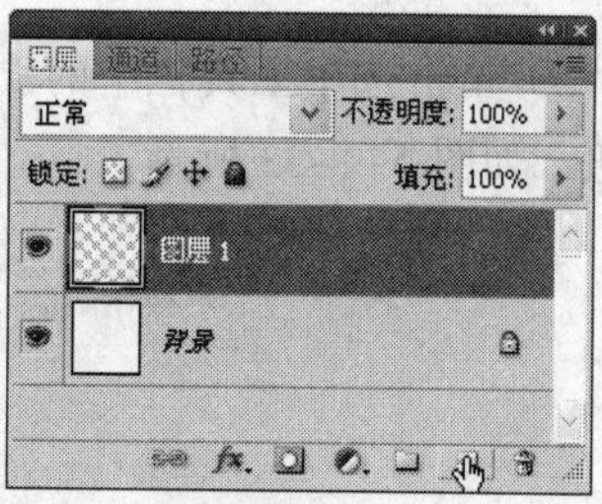


图 5-1-28 新建“图层 1”图层

③ 按【D】键，恢复默认前景色/背景色；选择“滤镜”→“渲染”→“云彩”菜单命令，根据需要可以反复按下【Ctrl+F】组合键，反复多运用几次该滤镜，直至产生较多纹理变化为止，如图 5-1-29 所示。

④ 选择“滤镜”→“液化”菜单命令，使用默认参数。单击进行涂抹，尽量形成复杂纹理。单击“确定”按钮，可以看见使用液化滤镜后的效果，如图 5-1-30 所示。

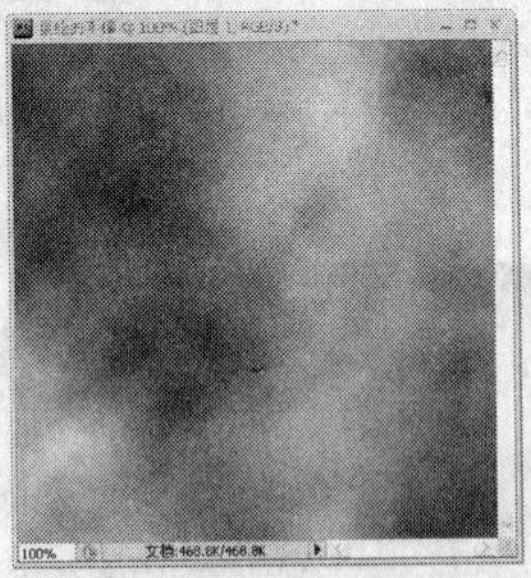

图 5-1-29　使用“云彩”滤镜

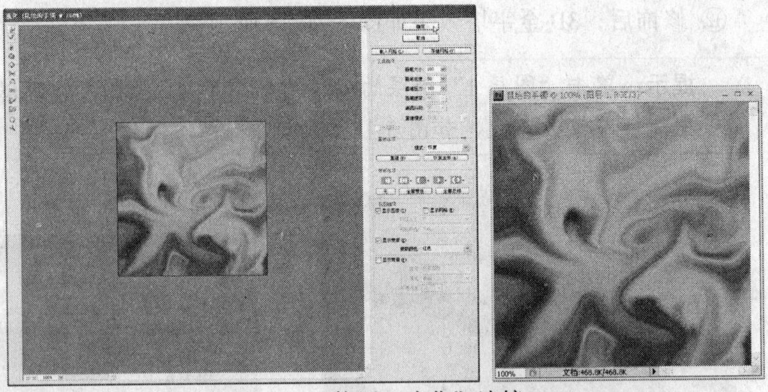

图 5-1-30　使用“液化”滤镜

⑤ 单击选中工具栏中的“椭圆选框工具”。按住【Shift】键，强制约束画一个正圆选区。按【Shift+F7】组合键，反选选区；按【Delete】键，删除选区内容，如图 5-1-31 所示。

⑥ 按【Ctrl+D】组合键，取消选区。使用“椭圆选框工具”，按住【Shift】键，强制约束画一个较小的正圆选区，如图 5-1-32 所示。

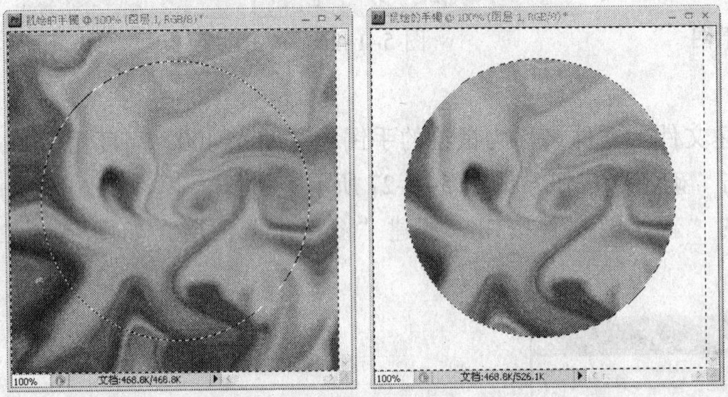

图 5-1-31　反选删除选区内容

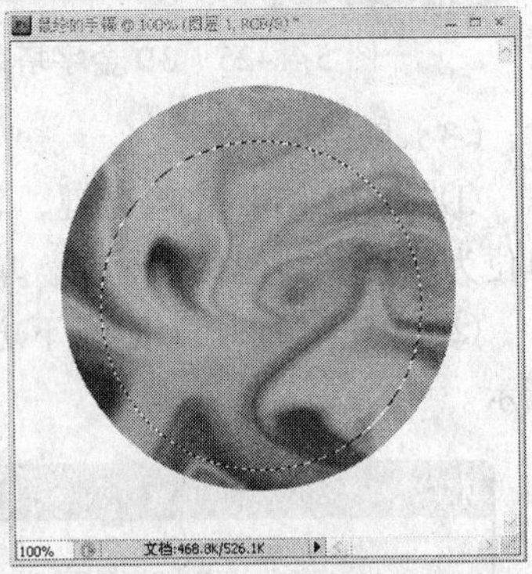

图 5-1-32　正圆选区

⑦ 单击选中工具栏中的“移动工具”，然后分别单击属性栏上的“垂直居中”、“水平居中”按钮，如图 5-1-33 所示。

图 5-1-33　“移动工具”属性栏

**注意：**这种对齐方式是以当前选区为中心对齐的。

⑧ 按【Delete】键，删除选区内容，按【Ctrl+D】组合键，取消选区。单击选中“背景”图层，按住【Ctrl】键，单击“图层 1”图层，则分别选中两个图层。单击选中工具栏上的“移动工具”，分别单击属性栏上的“垂直居中”、“水平居中”按钮，将两个图层居中对齐。单击选中“背景”图层，然后单击工具栏上的“前景色”按钮，在弹出的对话框中输入 RGB 值（R：50，G：90，B：10）。按【Alt+Delete】组合键，填充前景色，如图 5-1-34 所示。

⑨ 双击“图层 1”图层蓝色部分，在弹出的“图层样式”对话框中，选择“斜面和浮雕”

选项。设置参数，大小为16，软化为2，高度为70，光泽等高线为环形，阴影模式为色相。单击“确定”按钮，如图5-1-35所示。

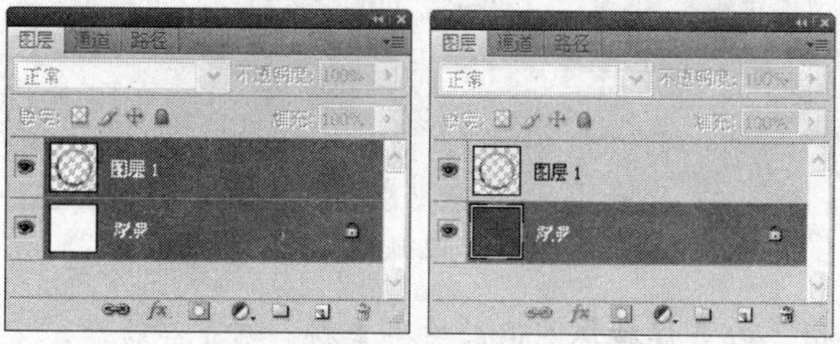


图 5-1-34　图层对齐并在背景图层填充前景色

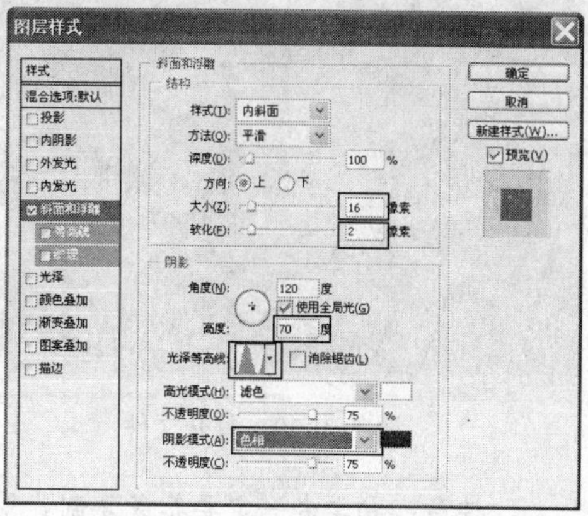


图 5-1-35　“斜面和浮雕”参数设置

> **注意：其中最重要的是高度、光泽等高线和阴影模式的参数设置。**

⑩ 按【Ctrl+M】组合键，弹出“曲线”对话框，进行曲线调整，如图5-1-36所示。

⑪ 选择“图像”→“调整”→“色相/饱和度”菜单命令，在弹出的“色相/饱和度”对话框中设置参数，色相为220，饱和度为20，明度为+40，选中“着色”复选框。单击“确定”按钮，如图5-1-37所示。

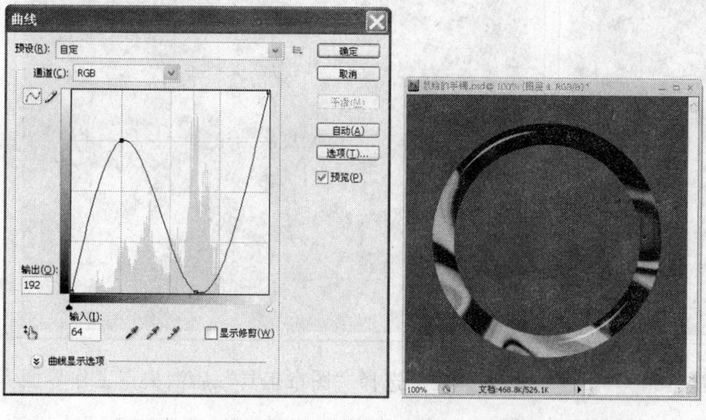


图 5-1-36　设置“曲线”参数及效果图

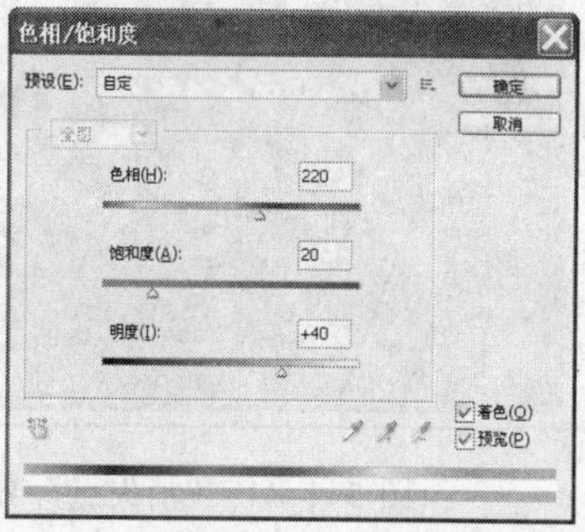


图 5-1-37　设置“色相/饱和度”参数

⑫ 最后效果如图5-1-38所示。

（4）用消失点使杂物消失。

① 按【Ctrl+O】组合键，打开“消失点.psd”文件，如图5-1-39所示。

② 单击选中“图层”面板上的“背景”图层，用鼠标拖动到“图层”面板下方的“新建图层”按钮上，复制为“背景副本”图层，关闭掉“背景”图层眼睛图标，如图5-1-40所示。

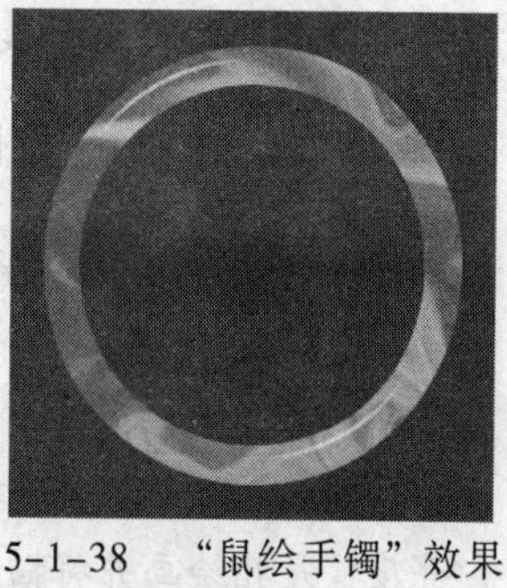

图 5-1-38　“鼠绘手镯”效果图

图 5-1-39　打开文件

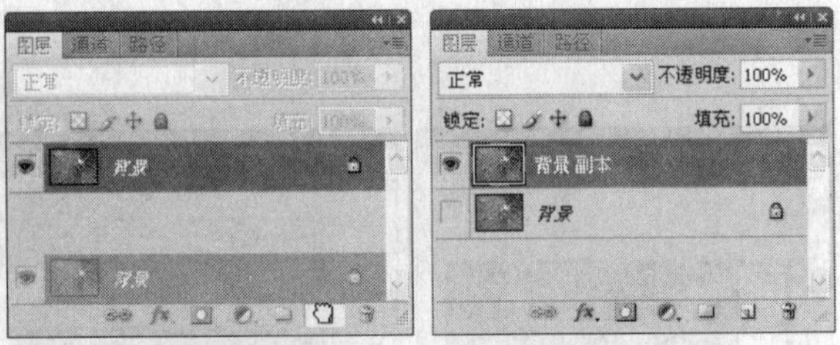


图 5-1-40　复制“背景”图层

**注意：**初学者一定要养成复制背景习惯，以免误破坏图像后失去素材。有了经验后，可以不这样做。

③ 选择“滤镜”→“消失点”菜单命令，弹出“消失点”界面，如图 5-1-41 所示。

④ 单击“消失点”界面左侧的“图章工具”按钮，就可以使用该工具了，如图 5-1-42 所示。

图 5-1-41　“消失点”界面

图 5-1-42　选择“图章工具”后消失点工作界面

**注意：**当使用消失点来修饰、添加或移去图像中的内容时，结果将更加逼真，因为系统可正确确定这些编辑操作的方向，并且将它们缩放到透视平面。

⑤ “图章　工具”属性栏的参数设置，如图 5-1-43 所示。

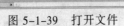

图 5-1-43　“图章工具”属性栏的参数

**注意：**“修复”模式有 3 种：“关”是指绘画而不与周围像素的颜色、光照和阴影混合；“亮度”是指绘画并将描边与周围像素的光照混合，同时保留样本像素的颜色；“开”是指绘画并保留样本图像的纹理，同时与周围像素的颜色、光照和阴影混合。

选择“对齐”可对像素连续取样而不会丢失当前的取样点，即使松开了鼠标按钮。取消选择“对齐”可在每次停止并重新开始绘画时使用初始取样点中的样本像素。

⑥ 将指针移到平面中，并按【Alt】键以设置取样点，如图 5-1-44 所示。

图 5-1-44 定义“图章工具”取样点

⑦ 与普通图层中使用“图章工具”相似，拖动鼠标可以将定义的取样点复制到鼠标所经过的位置，如图 5-1-45 所示。

图 5-1-45 使用“图章工具”进行修饰

注意：取样点可以重复定义。按下【Alt】键，定义新取样点就可以了。

⑧ 单击“消失点”界面上右上角的“确定”按钮，退出“消失点”滤镜界面。最后效果如图 5-1-46 所示。

图 5-1-46 “消失点”效果图

## 2. 外挂滤镜素材处理

外挂滤镜有的功能单一，而有的功能丰富，但其共有特点就是容易上手，效果惊人。在以下的滤镜介绍中只能择其精华简单介绍。

外挂滤镜安装完成后，重新启动一下 Photoshop，就可以使用了。一般外挂滤镜的名称都会出现在“滤镜”菜单栏最下方。

> 注意：外挂滤镜不是 Photoshop 自带的滤镜，必须安装或复制到 Photoshop 的滤镜文件夹下才能使用。

（1）KPT 7 滤镜：缥缈的雾气。

① 按【Ctrl+O】组合键，打开“烟雾原素材图.tif”文件，如图 5-1-47 所示。

图 5-1-47 打开文件

② 选择“图像”→“调整”→“亮度/对比度”菜单命令，在弹出的对话框中设置参数如下：亮度为-40；对比度为-20，如图 5-1-48 所示。

图 5-1-48 调整“亮度/对比度”

③ 选择“滤镜”→“KPT effects”→“KPT Ink Dropper”菜单命令，在弹出的对话框中设置参数，如图 5-1-49 所示。

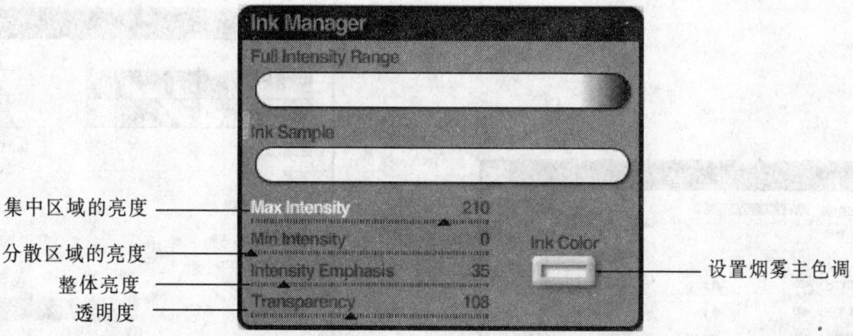


图 5-1-49 “Ink Manager”参数设置

④ 在预览窗口中单击，或在任意处连续单击，即可观看到效果，如图 5-1-50 所示。

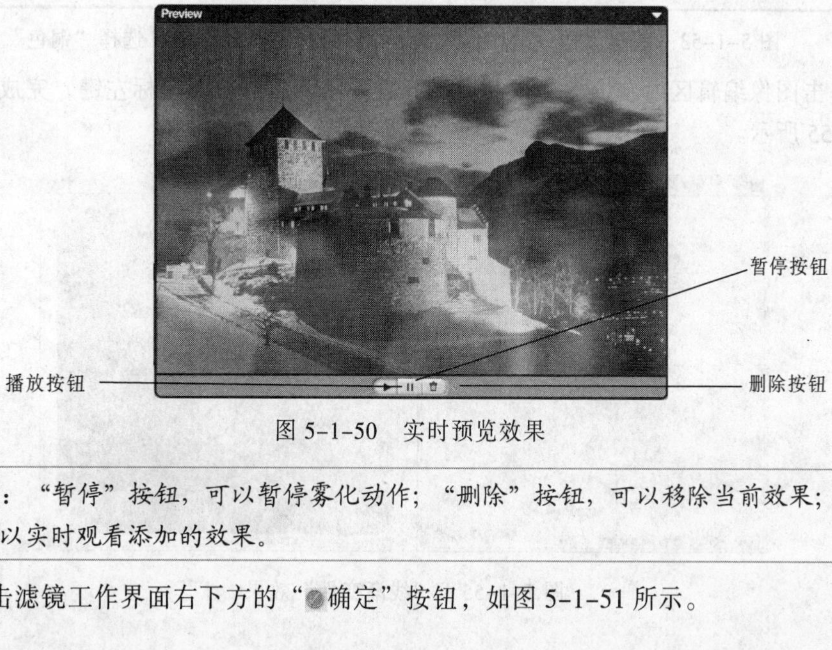


图 5-1-50 实时预览效果

注意：“暂停”按钮，可以暂停雾化动作；“删除”按钮，可以移除当前效果；“播放”按钮，可以实时观看添加的效果。

⑤ 单击滤镜工作界面右下方的“确定”按钮，如图 5-1-51 所示。

⑥ 最终效果如图 5-1-52 所示。

图 5-1-51　应用滤镜

图 5-1-52　“KPT7”滤镜效果图

（2）Eye Candy 4000 滤镜：燃烧的编织条。

① 按【Ctrl+N】组合键，新建文件。文件名称为 Eye Candy 4000 滤镜示例，宽度为 400，高度为 400，单位为像素。单击“确定”按钮，如图 5-1-53 所示。

② 单击工具栏上的“渐变工具”，在属性栏上单击“渐变编辑器”，在弹出的对话框中，单击“铜色”渐变名称。单击“确定”按钮，如图 5-1-54 所示。

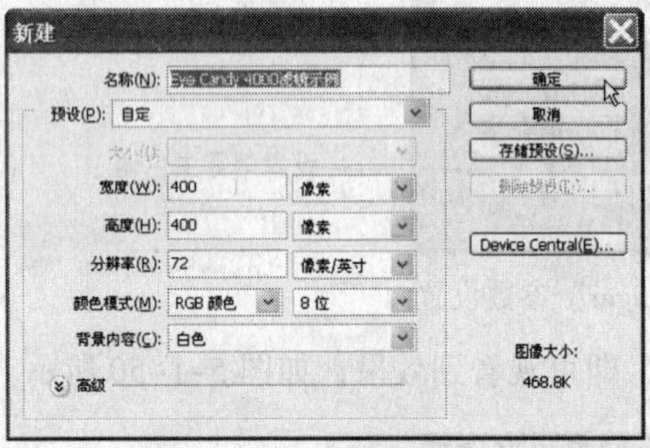


图 5-1-53　新建文件

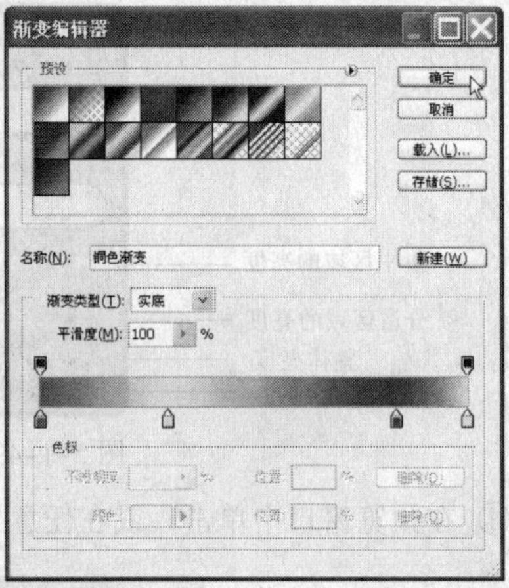


图 5-1-54　选择“铜色”渐变

③ 单击图像编辑区内左上角，拖动鼠标到右下角，然后松开鼠标左键，完成线性渐变，如图 5-1-55 所示。

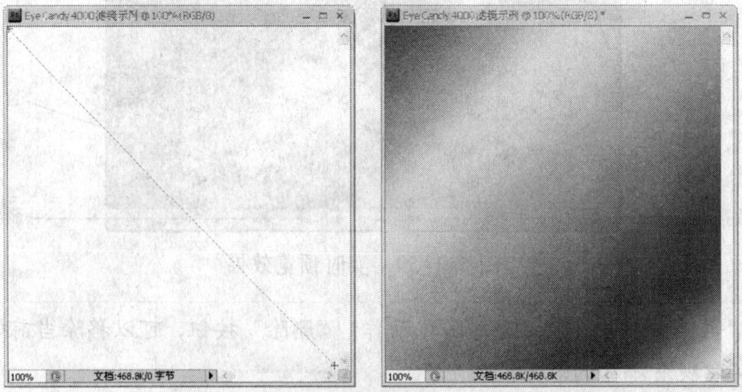


图 5-1-55　“线渐变性”效果

④ 选择“滤镜”→“汉 Eye Candy 4.0”→“编织效果”菜单命令，在弹出的对话框中使用默认参数。单击“确定”按钮，如图 5-1-56 所示。

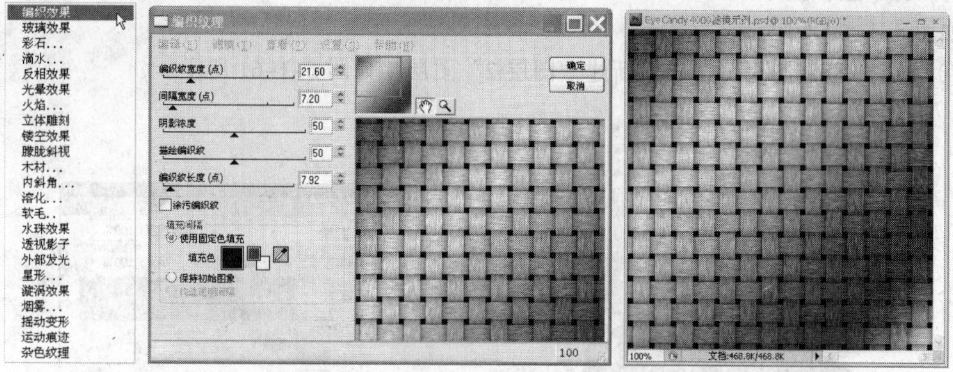


图 5-1-56 “编织效果”滤镜

⑤ 单击“新建图层”按钮，新建“图层 1 ”图层，如图 5-1-57 所示。

⑥ 单击工具栏上的“套索工具”，在图像编辑区内沿底部随意画一些波浪线，如图 5-1-58 所示。

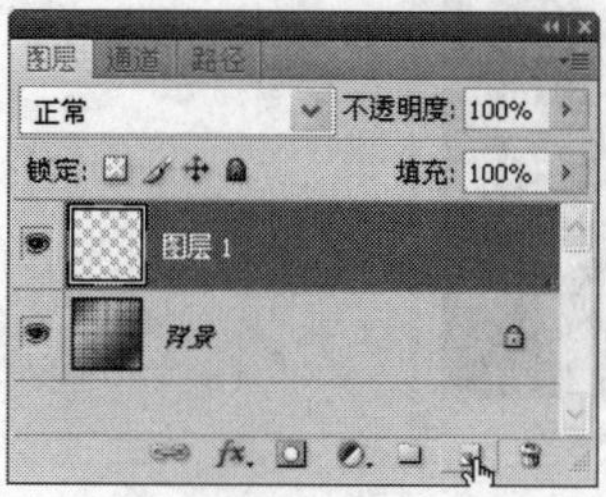


图 5-1-57 新建“图层 1 ”图层

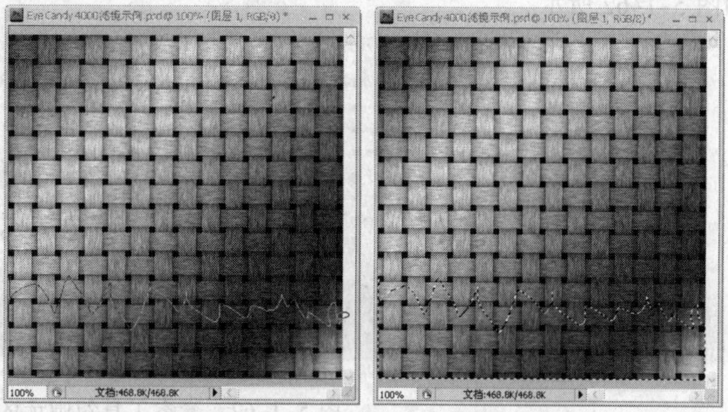


图 5-1-58 套索工具勾画选区

⑦ 选择:“滤镜”→“汉 Eye Candy 4.0”→“火焰”菜单命令，在弹出的对话框中，使用默认参数。单击“确定”按钮，如图 5-1-59 所示。

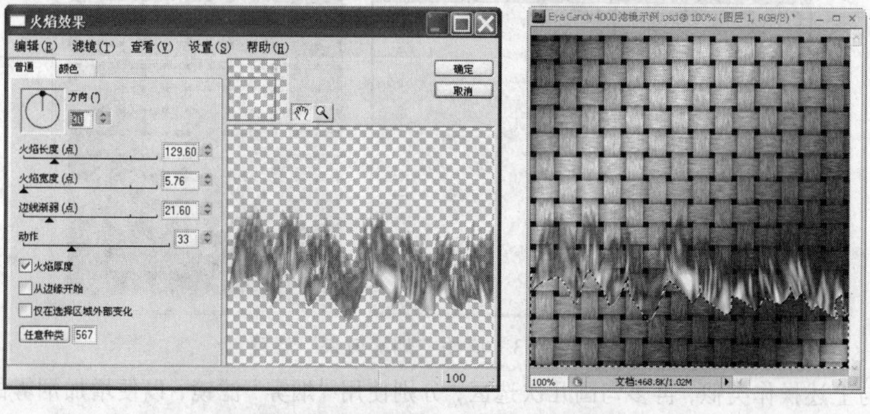


图 5-1-59 应用“火焰效果”滤镜

> **注意：**“火焰”滤镜只能作用于所画的选区上方形状。

⑧ 与上述操作类似，再多勾画几次选区，分别使用“火焰”滤镜，以便增加火焰的层次感，如图 5-1-60 所示。

⑨ 单击“新建图层”按钮，新建“图层 2”图层，如图 5-1-61 所示。

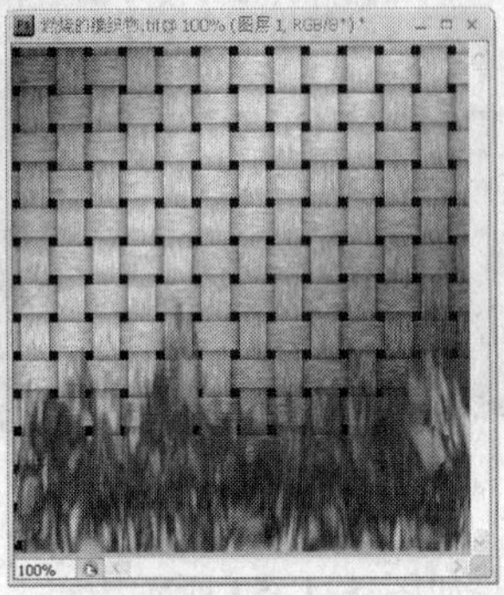

图 5-1-60　多次使用“火焰效果”滤镜

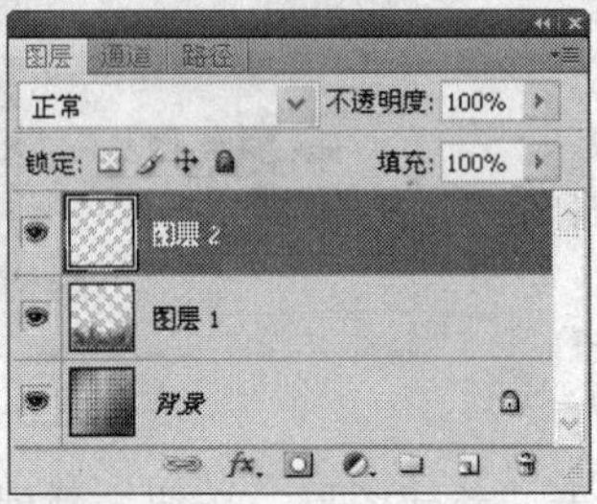


图 5-1-61　新建“图层 2”

⑩ 单击选中工具栏上的“套索工具”，在图像编辑区内底部沿着火焰的大概形状勾画选区，如图 5-1-62 所示。

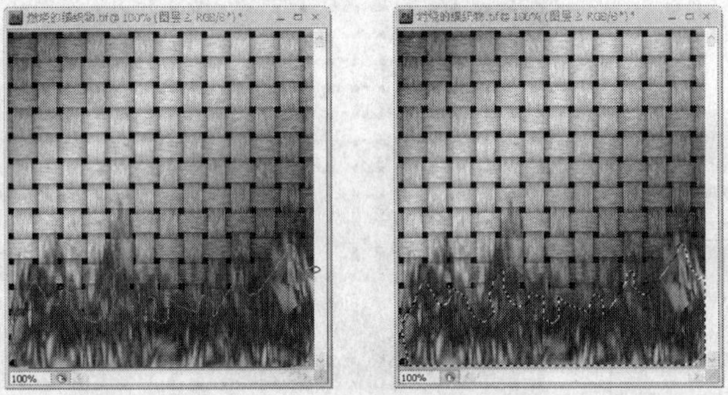

图 5-1-62　套索工具勾画选区

⑪ 选择“滤镜”→“汉 Eye Candy 4.0”→“烟雾”菜单命令，在弹出的对话框中，使用默认参数，单击“确定”按钮，如图 5-1-63 所示。

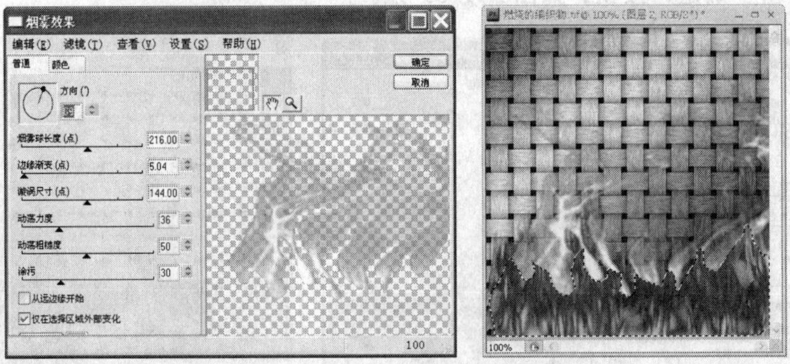


图 5-1-63　应用“烟雾效果”滤镜

⑫ 与上述操作类似，再多勾画几次选区，分别使用“烟雾”滤镜，以便增加烟雾的层次感，如图 5-1-64 所示。

⑬ 单击选中“图层 2”图层，并将其拖动到“图层 1”图层上。松开鼠标左键，则“图层 1”图层与“图层 2”图层互换位置，如图 5-1-65 所示。

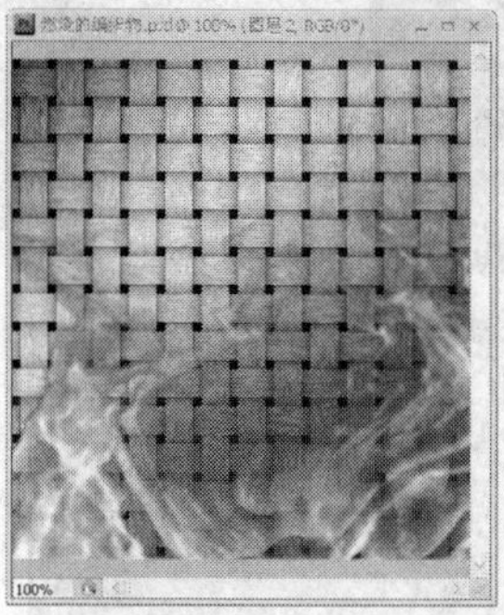

图 5-1-64 多次使用“烟雾效果”滤镜

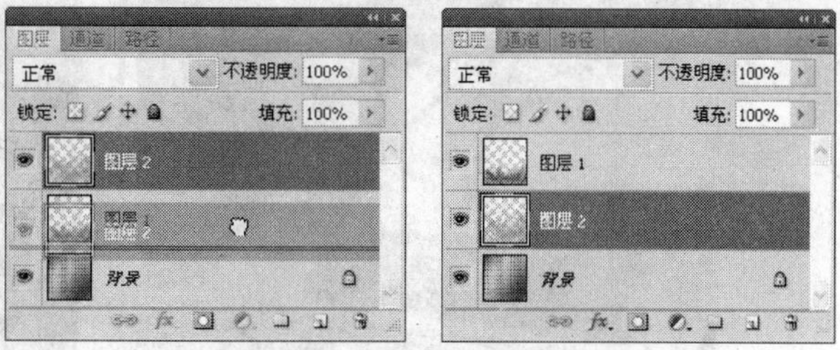


图 5-1-65 将“图层 2”置于“图层 1”下方

⑭ 单击选中工具栏上的“移动工具”，将“图层 2”图像移至合适位置。单击选中工具栏上的“裁剪工具”，然后拖动鼠标左键，拉出要保留的区域。双击鼠标左键应用“裁剪工具”，如图 5-1-66 所示。

⑮ 最后效果如图 5-1-67 所示。

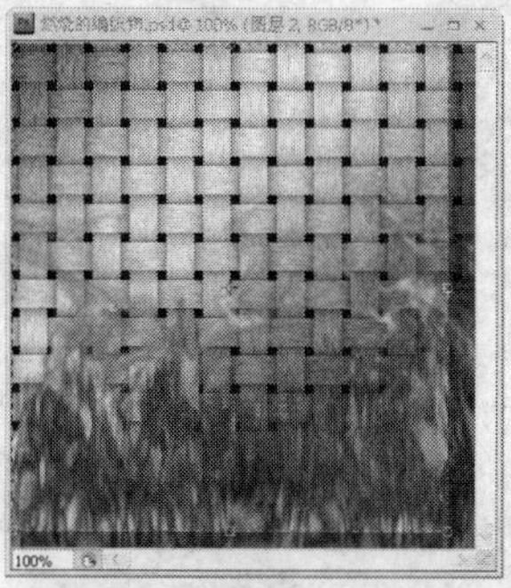

图 5-1-66 使用“裁剪工具”

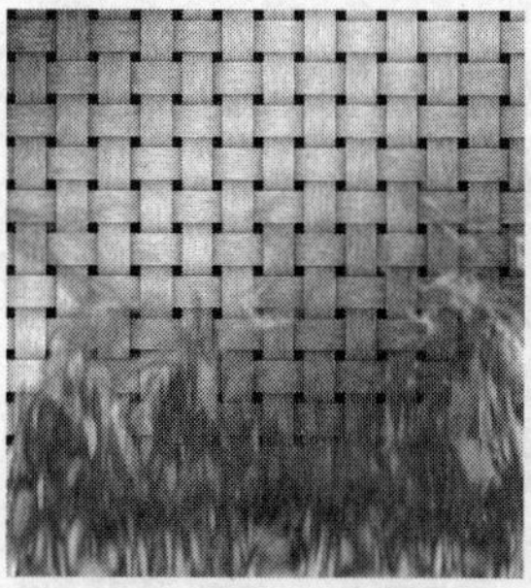

图 5-1-67 “Eye Candy 4000”效果图

（3）Auto FX Mystical 2.0 滤镜：彩虹光影。

① 按【Ctrl+O】组合键，打开“彩虹光影素材.jpg”文件，如图 5-1-68 所示。

图 5-1-68 打开文件

② 单击工具栏上的“磁性套索工具”，勾画出车子上方的选区，期间通过选区的加、减、交运算，处理出恰当的选区，如图 5-1-69 所示。

图 5-1-69　使用“磁性套索工具”勾画选区

③ 选择“滤镜”→“模糊”→“表面模糊”菜单命令，在弹出的对话框中设置参数。半径为 100，阈值为 255，单击“确定”按钮，如图 5-1-70 所示。

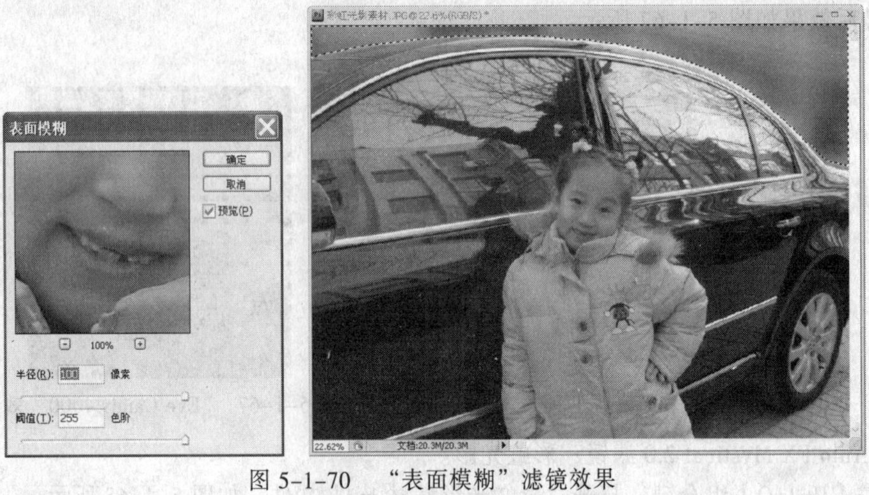


图 5-1-70　“表面模糊”滤镜效果

④ 与步骤②、③类似，完成车子右下方的选区处理，如图 5-1-71 所示。

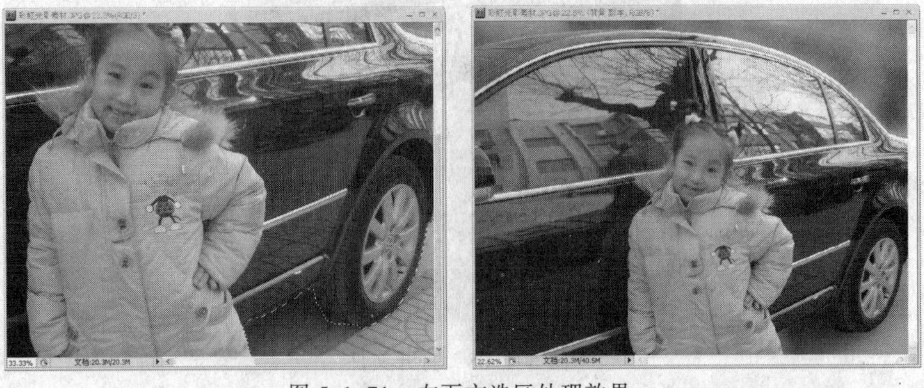

图 5-1-71　左下方选区处理效果

⑤ 复制"背景"图层为"背景副本"图层，如图 5-1-72 所示。

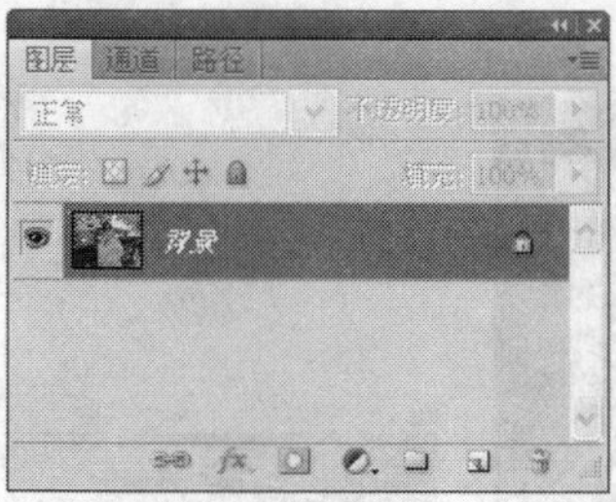


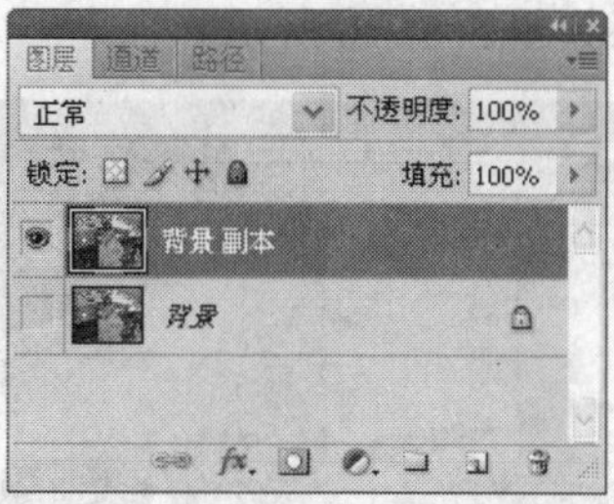


图 5-1-72　复制图层

⑥ 选择"滤镜"→"Auto fx Software"→"Mystical 2"菜单命令，在弹出的窗口中，单击"Select layer Preset"按钮，如图 5-1-73 所示。

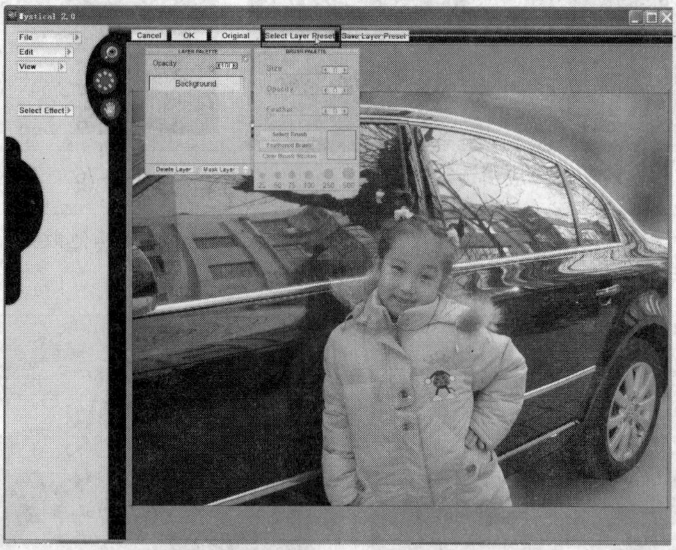


图 5-1-73　"Mystical 2.0"窗口

⑦ 单击选中"MLA-Lens Flare 1.iqp（镜头闪耀）"效果，单击"OK（确定）"按钮，如图 5-1-74 所示。

图 5-1-74　"图层"特效

⑧ 拖动鼠标，随时查看效果，调整到合适位置。单击“OK（确定）”按钮，如图 5-1-75 所示。

⑨ 最后效果如图 5-1-76 所示。

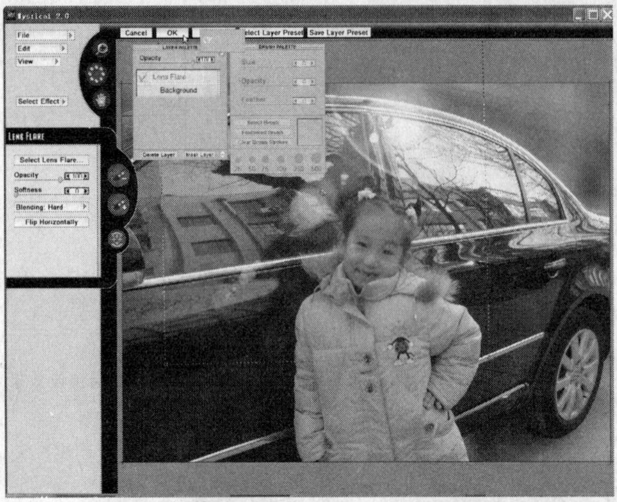


图 5-1-75 应用选定特效

图 5-1-76 “彩虹光影”效果图

提示：鉴于篇幅所限，仅举简单应用一例，读者请自行测试其他效果。其他效果示例，如图 5-1-77 所示。

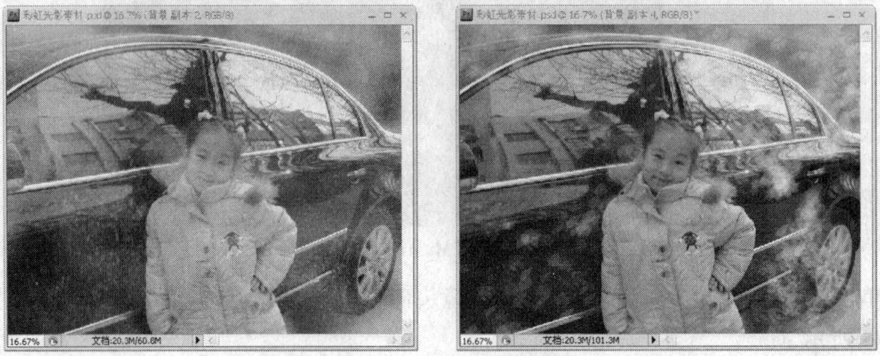


图 5-1-77 其他效果图

（4）AV Bros Puzzle Pro 滤镜：拼图效果制作。

① 按【Ctrl+O】组合键，打开“拼图原素材图.jpg”文件，如图 5-1-78 所示。

图 5-1-78 打开文件

② 单击选中“背景”图层，将其拖动到“图层”面板下方的“新建图层”按钮上，松开鼠标左键，新建“背景副本”图层。关闭掉“背景”图层眼睛图标，如图 5-1-79 所示。

③ 选择“滤镜”→“AV Bros”→“AV Bros.Puzzle Pro 2.0”菜单命令，在弹出的面板中，设置 rows 数值为 4，columns 数值为 4，其他使用默认参数，单击“Cut”按钮，如图 5-1-80 所示。

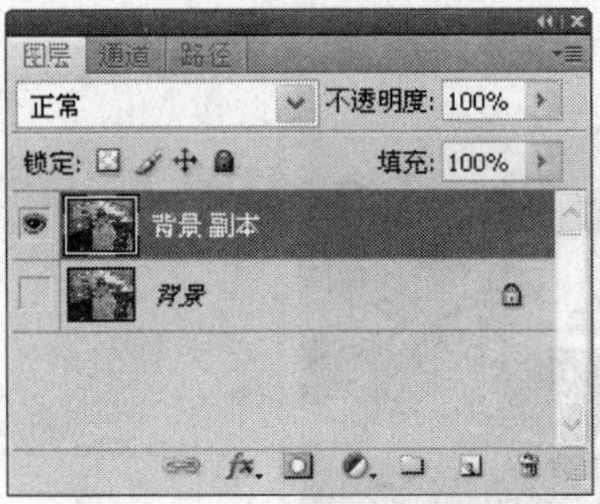


图 5-1-79 复制“背景”图层

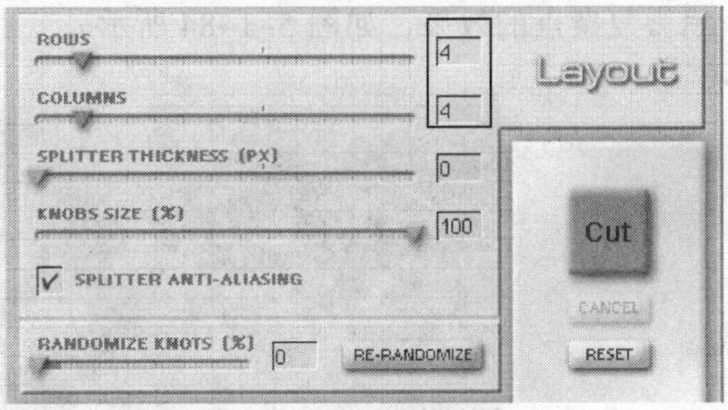


图 5-1-80 应用拼图曲线

④ 单击图像编辑区内的拼块，可以选择该拼块。单击工作界面下方的“HIDE”按钮，可以隐藏选择的拼块，如图 5-1-81 所示。

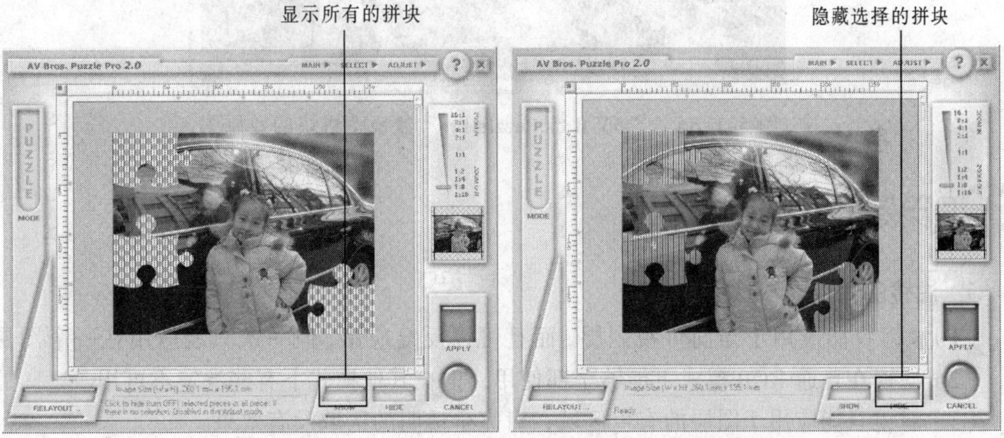


图 5-1-81 设置要隐藏的拼块

注意：按住【Ctrl】键，可以分散选择；按住【Shift】键，可连续选择。

⑤ 单击工作界面右下方的“APPLY”按钮，即可应用该滤镜，如图 5-1-82 所示。

⑥ 最后效果如图 5-1-83 所示。

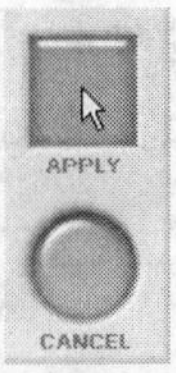


图 5-1-82 “APPLY（应用滤镜）”按钮

图 5-1-83 “AV Bros.Puzzle Pro”滤镜效果图

⑦ 稍微复杂点的效果，如图 5-1-84 所示。

图 5-1-84 “AV Bros.Puzzle Pro”滤镜多拼块的效果图

## 相关知识与技能

### 1. 滤镜的特点

（1）滤镜只能应用于当前可视图层，而且可以反复应用，但一次只能应用在一个图层上。

（2）滤镜在普通 RGB 模式下能够全部使用，但在其他模式下有些滤镜不可用。

（3）滤镜只能应用于图层的有色区域，对完全透明的区域没有效果。

（4）有些滤镜完全在内存中处理，所以内存的容量对滤镜的生成速度影响很大。

（5）有些滤镜很复杂或者要应用滤镜的图像尺寸很大，则执行时可能会需要很长时间，按下【Esc】键可中断正在生成的滤镜效果。

（6）刚刚使用的滤镜会出现在滤镜菜单的顶部，按【Ctrl+F】组合键可再次应用它。

（7）如果在滤镜设置窗口中对所设的参数不满意，可以按下【Alt】键，这时“取消”按钮会变为“复位”按钮，单击“复位”按钮，就可以将参数重置为默认参数。其实这个技巧在 Photoshop 的大多数面板中都有效。

### 2. 内置滤镜的分类

Photoshop 中的所有滤镜，都可以通过滤镜菜单进行访问。Photoshop 的内置滤镜一共有 19 种，分为两组，如图 5-1-85 所示。

注意：Photoshop 的滤镜，每一种都可能包含若干个子滤镜，每个子滤镜中又可能还有若干参数设置，因此不可能把每种内置滤镜都介绍清楚。在实际使用过程中，希望大家能够根据这些滤镜的原理和特性进行选择。另外，滤镜很少单独使用，大多情况下是多个滤镜的混合使用，关于这一点，从很多例子中都可以看到。

### 3. 外挂滤镜定义

外挂是扩展寄主应用软件的补充性程序。寄主程序根据需要把外挂程序调入和调出内存。

由于不是在基本应用软件中写入的固定代码，因此，外挂具有很大的灵活性。最重要的是，可以根据需要来更新外挂，而不必更新整个应用程序。

外挂滤镜是指第三方厂商为 Photoshop 所生产的滤镜。

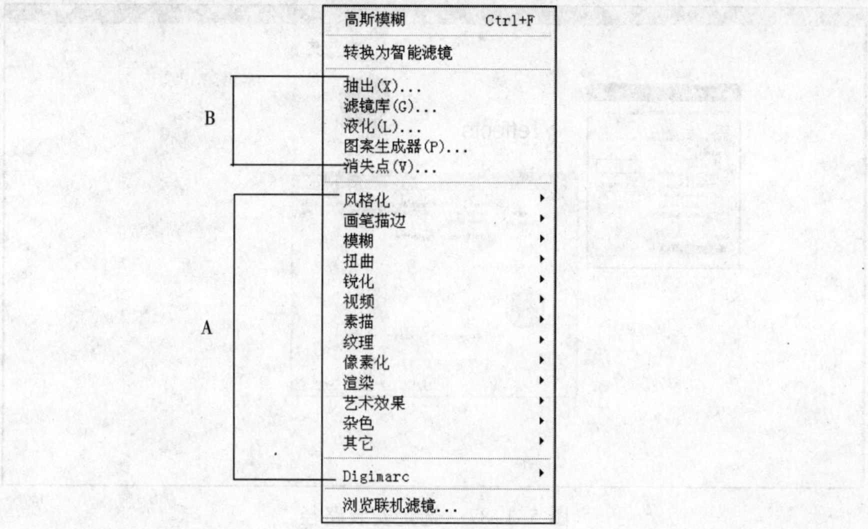


图 5-1-85 内置滤镜菜单

4. KPT7（Effects）

（1）KPT 7 滤镜简介。

KPT 是由 MetaCreations 公司生产的滤镜系列，它的每一个新版本的推出都会给用户带来惊喜。最新版本的 KPT 7.0 包含 9 种滤镜，和以前版本一样，这个系列的滤镜版本的升级并不是前一版本滤镜功能的简单加强，而是全新的滤镜组合。它们分别是：KPT Channel Surfing、KPT Fluid、KPT FraxFlame II、KPT Gradient Lab、KPT Hypertilling、KPT Lightning、KPT Pyramid Paint、KPT Scatter。除了对以前版本滤镜的加强外，这个版本更侧重于模拟液体的运动效果。另外这一版本也加强了对其他图像处理软件的支持。

（2）KPT 7 滤镜安装。

① 在 KPT 所在的文件夹中，双击“SETUP.EXE”文件，如图 5-1-86 所示。

图 5-1-86 KPT 所在的文件夹

② 单击“浏览”按钮，在弹出的对话框中选择 Photoshop 滤镜文件夹的位置，一般 Photoshop CS4 滤镜都在“C:\Program Files\Adobe\Adobe Photoshop CS4\Plug-Ins”文件夹下，如图 5-1-87 所示。

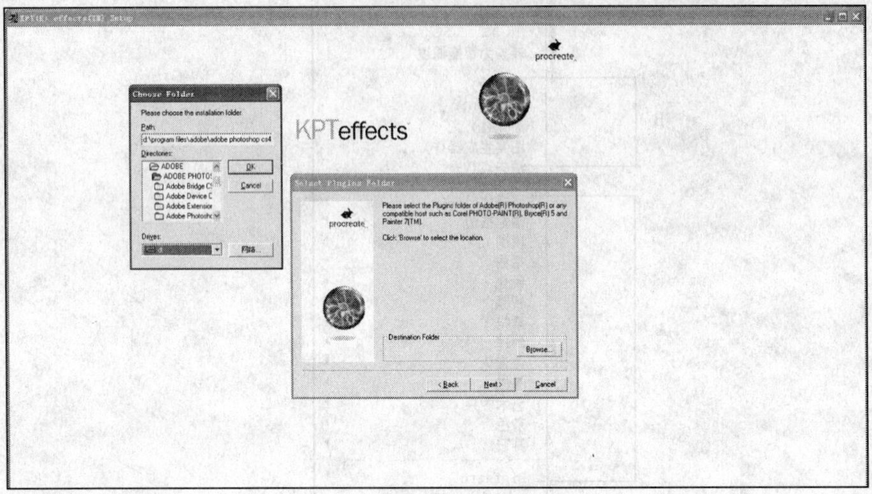


图 5-1-87　选定安装路径

注意：这是一种常见安装方式，自己找到 Photoshop 滤镜所在的文件夹。如果文件夹有错误，在 Photoshop 中有时会找不到该滤镜。Photoshop 的版本不同，滤镜所在文件夹名称也不相同。

③ 单击“Finish”按钮，完成安装，如图 5-1-88 所示。

注意：有的外挂滤镜安装过程中或安装完成后，会要求输入注册信息。有的不输入注册信息，也能安装，不过在使用过程中会有某种限制。有的如果不输入注册信息，则无法安装。

④ 在 Photoshop 中，选择“滤镜”→“KPT effects”菜单命令，弹出“KPT effects”滤镜选项，如图 5-1-89 所示。

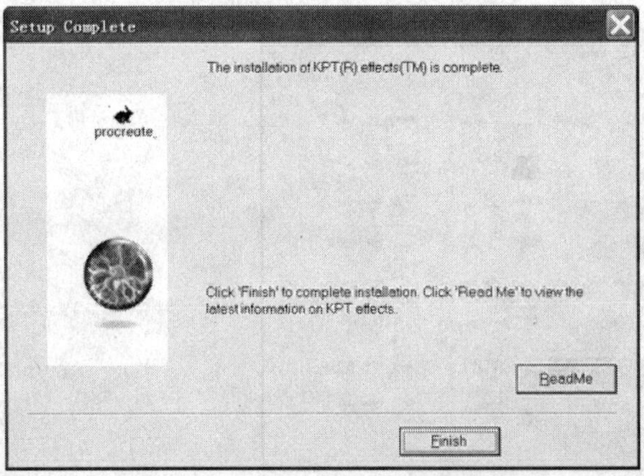


图 5-1-88　kpt 滤镜成功安装

图 5-1-89　KPT 滤镜菜单

- Channel Surfing（通道滤镜）：对图像的任一通道进行模糊、锐化、对比度等效果处理。
- Fluid（流动滤镜）：在图像中加入模拟的流动效果，如刷子带水刷过物体表面的痕迹。
- Frax Flame（捕捉滤镜）：捕捉及修改不规则的几何形状，并能对这些几何形状实行对比、扭曲等。
- Gradient Lab（倾斜滤镜）：可以创建各种不同形状、高度、透明度的色彩组合并应用到图像中。
- Hyper tiling（瓷砖滤镜）：借鉴瓷砖贴墙的原理，产生类似瓷砖效果。
- Ink Dropper（墨滴滤镜）：产生墨水滴入静止水中的效果。
- Lightning（闪电滤镜）：在图像上产生像闪电一样的效果。
- Pyramid（相叠滤镜）：将原图像转换成具有类似“叠罗汉”一样对称、整齐的效果。
- Scatter（质点滤镜）：它可以控制图像上的质点及添加质点位置、颜色、阴影等效果。

5. Eye Candy 4000

Eye Candy 4000 滤镜是 Alien Skin 公司生产的，又名眼睛糖果。它是一个内置 23 种滤镜的套件，能在极短的时间内生成各种不同的特效，如金属、水滴、火焰、编织、烟雾等效果。

6. Xenofex

Xenofex 是 Alien Skin Software 公司的精品滤镜，它延续了 Alien Skin Software 设计的一贯风格，操作简单、效果精彩，是图形图像设计的好助手。Xenofex 滤镜主要效果包括星群效果、旗子效果、压模效果等。

7. AV Bros.Puzzle Pro

AV Bros.Puzzle Pro 是一个 Photoshop 经典滤镜，它能非常方便地做出拼图效果。新版中增加了许多原来要在 Photoshop 里面才可以调整的参数的面板，使得 AV Bros.Puzzle Pro 功能变得空前强大！

8. AutoFX Mystical 2.0

AutoFX Mystical Tint Tone and Colors 2.0（MTTC），是 AutoFX 公司出品的数码照片艺术化处理插件，MTTC 的魅力不仅仅是因为它有一个奇特的名字——神秘的渲染影调和色彩，更在于品质——内置了 38 种艺术特效，超过 700 多种预设的专业效果。也正于此，这个 2003 年发布的插件至今仍令专业人士津津乐道，爱不释手。

AutoFX Mystical Tint Tone and Colors 是一套专门调整影像色调的外挂插件，每种都提供多种工具和参数供任意控制，任意造梦。

AutoFX Mystical 2.0 能制作出神秘浪漫唯美的效果，以往在 Photoshop 里将一个影像的色调调整到最佳化效果，可能要利用图层、蒙版与笔刷再加上曲线，来来回回地试验才能将影像调得唯美，但需要相当的功力与经验，对初学者来说并不那么容易，但是通过 Mystical 2.0 的帮忙这些都变容易了。

AutoFX Mystical 2.0 既可以作为独立的软件工作，也可以作为 Adobe Photoshop、Adobe Elements 和 Paint Shop Pro 的插件使用，它还拥有很多极强的优点，例如图层、无限的撤销设置、多样的视觉预设、蒙版设置、精悍的特效设置等，都能生成非常有趣的特效，并能轻松地得到类似工作室般品的高品质。

### 技能训练

1. 熟悉内置滤镜组成。
2. 练习滤镜。

### 完成任务

请完成素材处理。

## 任务二 制作封面

### 任务描述

书籍装帧既是立体的，也是平面的，这种立体是由许多平面所组成的。不仅从外表上能看到封面、封底和书脊三个面，而且从外入内，随着人的视觉流动，每一页都是平面的。所有这些平面都要进行装帧设计，给人以美的感受。有人用建筑艺术比喻书籍装帧，建筑艺术是空间艺术、静的艺术，然而它通过布局，可以产生韵律，造成一种流动的感觉，书籍装帧也是如此。

图形、色彩和文字是封面设计的三要素，本次任务主要强调了图像、色彩。该任务完成后的图像效果，如图 5-2-1 所示。

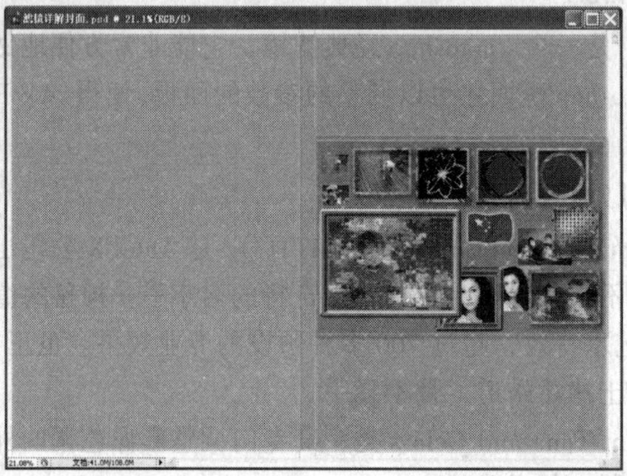

图 5-2-1 “封面”背景效果图

### 任务分析

好的封面设计在内容的安排上要做到繁而不乱，就是要有主有次、层次分明、简而不空，意味着简单的图形中要有内容，要增加一些细节来丰富它。

制作封面背景分为以下几个步骤完成：

（1）新建图像文件；

（2）布局设定；

（3）设定背景图案；

（4）使用前期素材。

## 方法与步骤

### 1. 新建图像文件

运行 Photoshop CS4 程序，按【Ctrl+N】组合键，新建文件。文件名称为滤镜详解封面，宽度为 386，高度为 266，单位为毫米，其他参数见图，单击“确定”按钮，如图 5-2-2 所示。

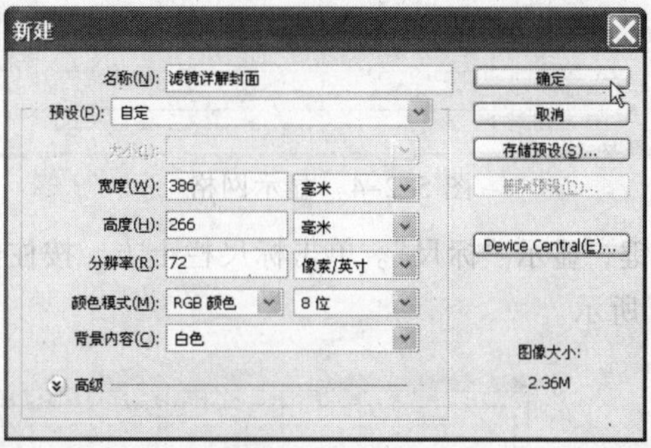


图 5-2-2 新建文件

注意：单位选择的是毫米。

提示：正 16 开的书，封面展开为 8 开，内文 130 页（注意：是页数不是页码数），55 g 纸，正常文件大小是：266（宽）mm×376（长）mm（已包括出血各 3 mm）。

书脊厚度的计算方法：0.135 × 克数 ÷ 100 × 页数，计算结果为 10 mm。

所以整个封面长度为 376+10=386 mm。

### 2. 布局设定

（1）按【Ctrl+K】组合键，弹出“首选项”对话框。选中“参考线、网格和切片”选项，设置网格参数，网格线间隔为 10，子网格为 10，其他参数默认。单击“确定”按钮，如图 5-2-3 所示。

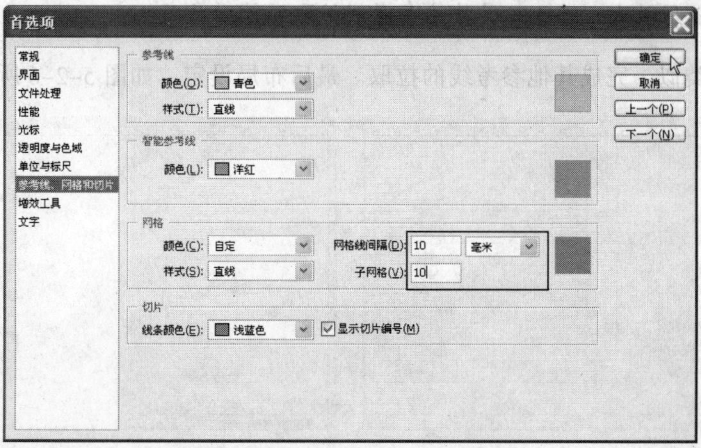


图 5-2-3 设置“首选项”参数

（2）按【Ctrl+'】组合键，显示“网格”，如图 5-2-4 所示。

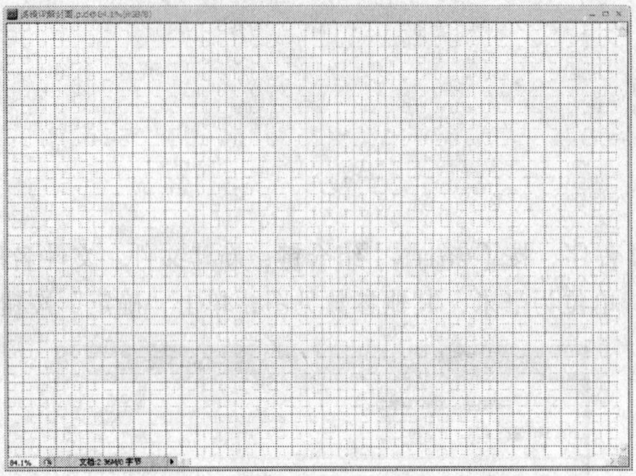

图 5-2-4　显示网格

（3）按【Ctrl+R】组合键，显示“标尺”。单击标尺栏上方，按住鼠标左键不放，向下拉动，直至 3 mm 处，如图 5-2-5 所示。

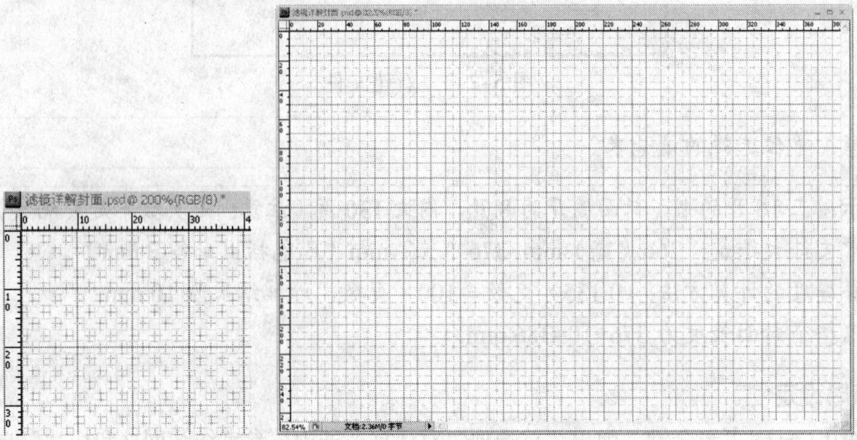


图 5-2-5　显示并拉取参考线

> **提示：**可以用放大、缩小工具作为参考线拉取的辅助参照。

（4）与上步类似，完成其他参考线的拉取。最后布局设定，如图 5-2-6 所示。

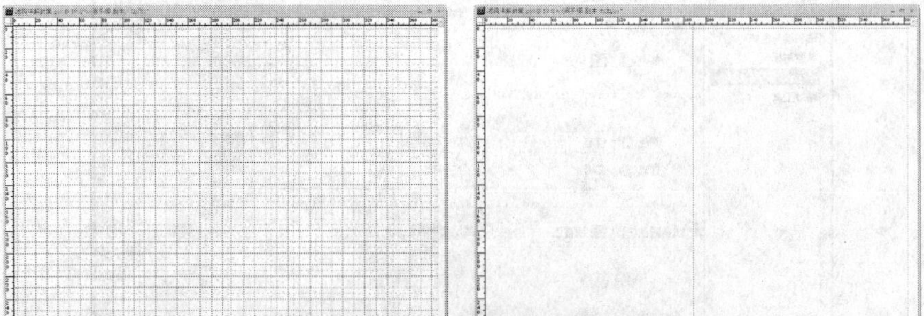

图 5-2-6　参考线完成图

**提示：** 上下左右各拉取距离边缘 3 mm 的出血位，根据长度和书脊的厚度，拉取参考线，标识出书脊宽度。

（5）新建图层，并通过选区工具、文字工具分别标出“封面”、“封底”、“书脊”，如图 5-2-7 所示。

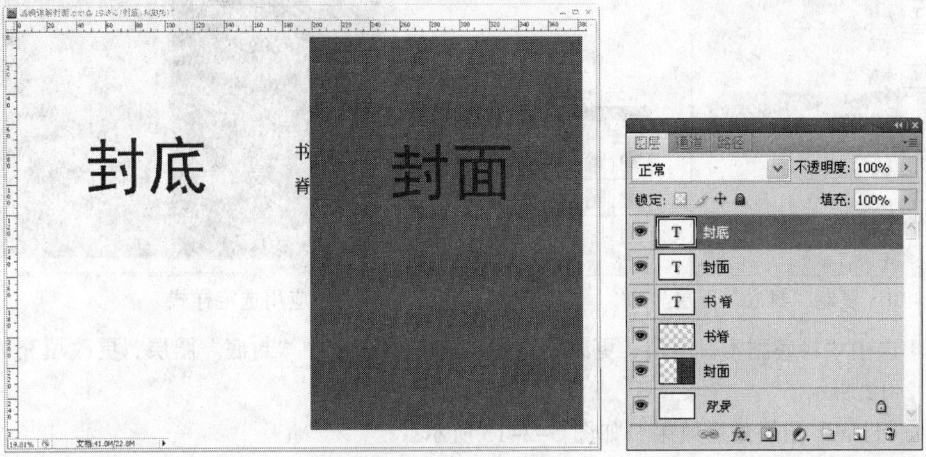


图 5-2-7　图层分布示意图

（6）按【Ctrl+S】组合键，保存文件。

3. 设定背景图案

（1）单击工具栏上的“前景色”按钮，在弹出的“拾色器（前景色）”对话框中设置颜色为（R：0，G：170，B：80）。单击“确定”按钮，如图 5-2-8 所示。

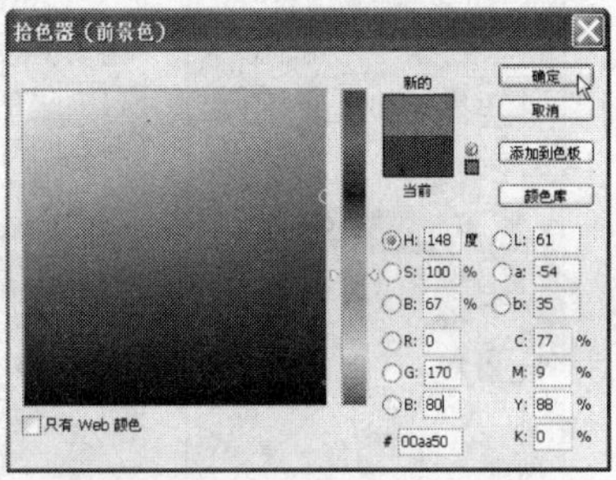


图 5-2-8　“前景色”参数设置

（2）分别选中并激活“封底”、“封面”图层，按【Alt+Delete】组合键，填充前景色。按【D】键，恢复默认“前景色/背景色”。选中“书脊”图层，按【Ctrl+Delete】组合键，填充背景色，如图 5-2-9 所示。

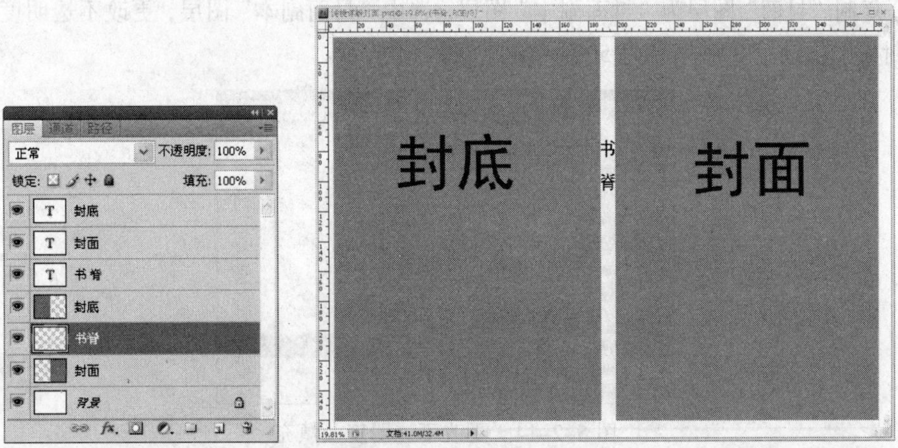


图 5-2-9　填充“前景色/背景色”

（3）分别关闭掉“封底”、“封面”、“书脊”等文字图层的眼睛图标。复制“封底”图层为“封底副本”图层，如图 5–2–10 所示。

（4）单击选中“样式”面板，双击样式“start22”，应用后，如图 5–2–11 所示。

图 5–2–10　复制“封底”图层

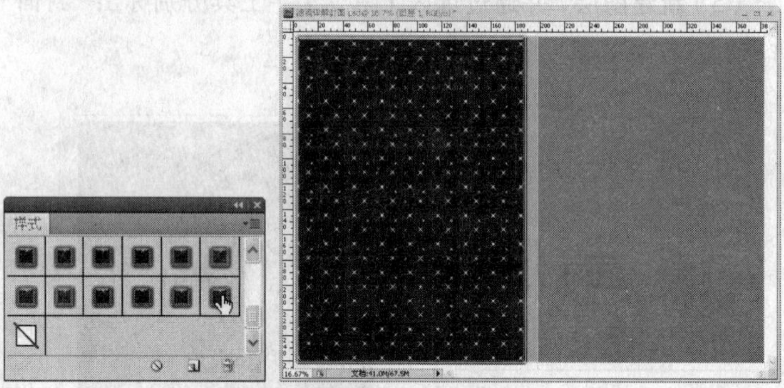


图 5–2–11　应用选定样式

（5）选中“封底副本”图层，更改不透明度为 10%。选中“封底”图层，更改填充为 50%，如图 5–2–12 所示。

（6）“封底”图层最后效果，如图 5–2–13 所示。

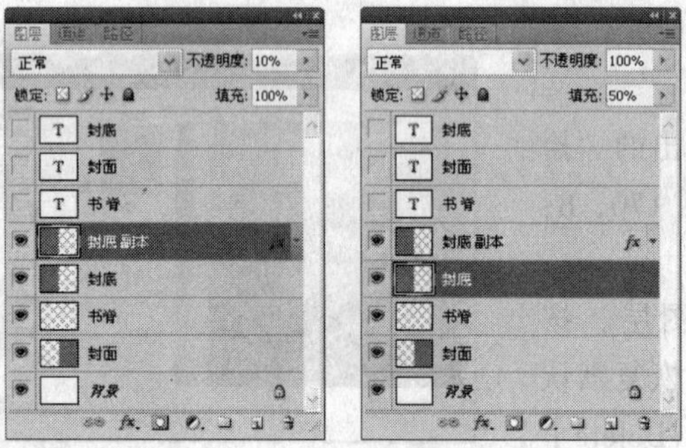


图 5–2–12　更改不透明度

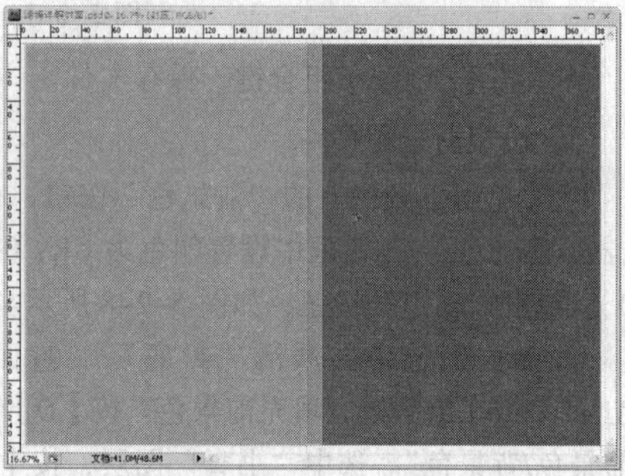

图 5–2–13　“封底”图层效果

（7）复制“封面”图层为“封面副本”图层。选中“封面副本”图层，更改不透明度为 50%。选中“封面”图层，更改填充为 50%。如图 5–2–14 所示。

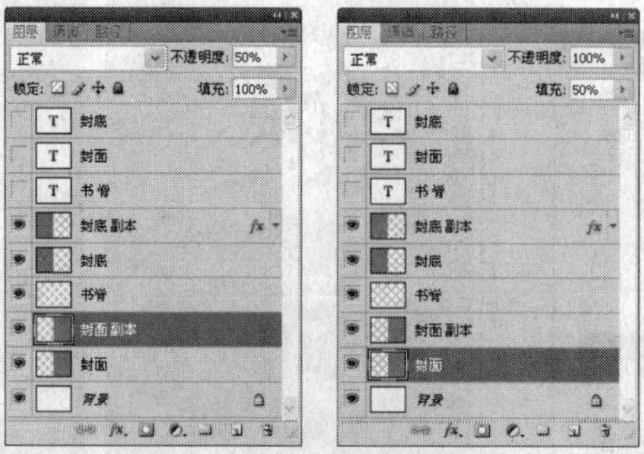


图 5–2–14　更改不透明度及填充

（8）打开“书脊”文字层眼睛，以此为参照勾画选区，如图 5–2–15 所示。

（9）选中“封面副本”图层，按【Ctrl+J】组合键，复制选区为“图层 1”图层。单击选中“样式”面板，双击样式“start7”，如图 5-2-16 所示。

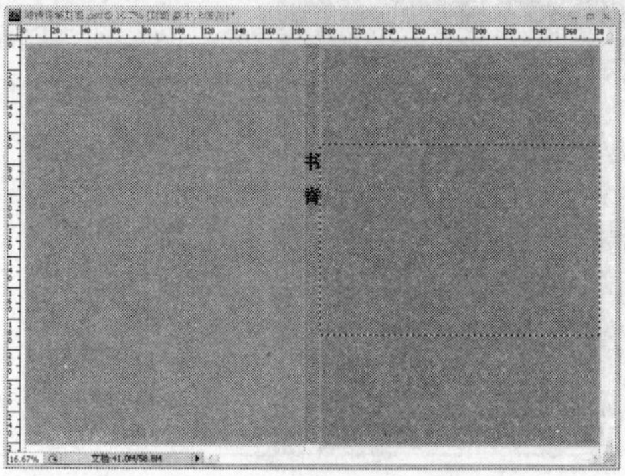


图 5-2-15　勾画选区

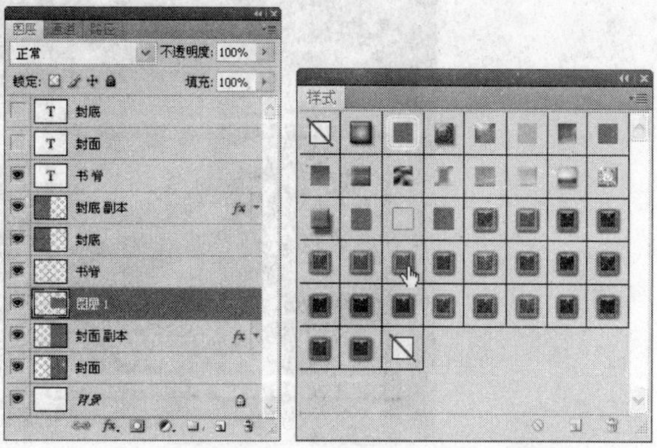


图 5-2-16　应用选定样式

（10）应用图层样式后，选中“图层 1”图层，设置不透明度为 30%。最后效果，如图 5-2-17 所示。

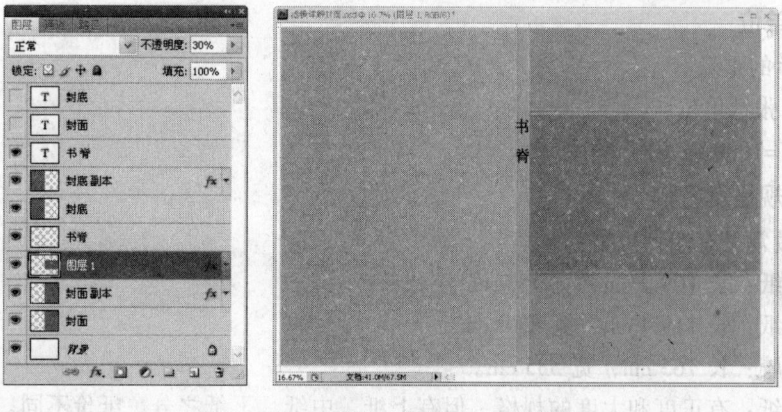


图 5-2-17　更改“图层 1”不透明度

**4. 使用前期素材**

（1）按【Ctrl+O】组合键，打开前期处理好的素材文件“燃烧编织物”、“五星红旗”、“拼图原图”、“拼图效果图”、“黑手镯”、“玉手镯”、“消失点原图”、“消失点效果图”、“绚丽彩星”、“抠图原图”、“抠图效果图”、“烟雾原图”、“烟雾效果图”等。经自由变换后，摆放到合适位置，如图 5-2-18 所示。

（2）进行简单修饰，如图 5-2-19 所示。

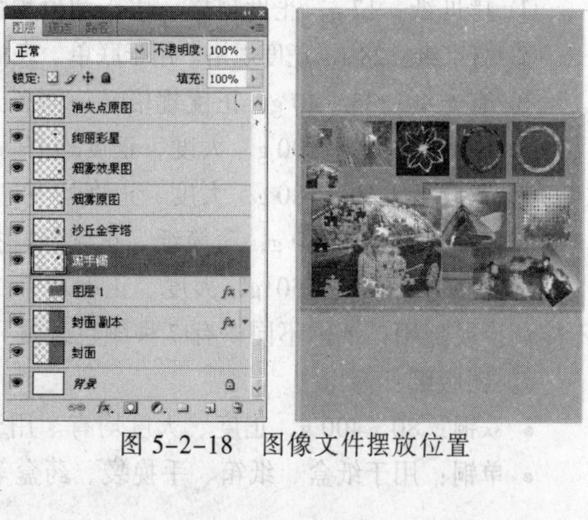


图 5-2-18　图像文件摆放位置

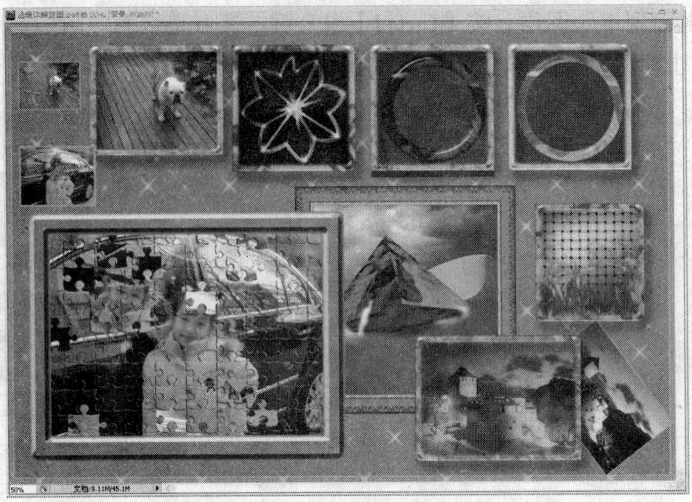

图 5-2-19　简单修饰后的效果图

## 相关知识与技能

### 1. 纸的单位

克：1 $m^2$ 的重量。

令：500 张纸单位。

吨：1 吨=1000 kg，用于算纸价。

### 2. 纸的规格及名称

（1）纸最常见有四种规格：

① 正度纸：长 109.2 cm，宽 78.7 cm。

② 大度纸：长 119.4 cm，宽 88.9 cm。

③ 不干胶：长 765 cm，宽 535 cm。

④ 无碳纸：有正度和大度的规格，但有上纸、中纸、下纸之分，纸价不同。

（2）纸张最常见的名称：

① 拷贝纸：17 g，正度规格。用于增值税票，礼品内包装，一般是纯白色。

② 打字纸：28 g，正度规格。用于联单、表格，有 7 种色：白、红、黄、兰、绿、淡绿、紫色。

③ 有光纸：35～40 g，正度规格。一面有光，用于联单、表格、便笺，为低档印刷纸张。

④ 书写纸：50～100 g，大度、正度均有。用于低档印刷品，以国产纸最多。

⑤ 双胶纸：60～180 g，大度、正度均有。用于中档印刷品，国产、合资及进口均常见。

⑥ 新闻纸：55～60 g，滚筒纸、正度纸，报纸选用。

⑦ 无碳纸：40～150 g，大度、正度均有。有直接复写功能，分上、中、下纸，上中下纸不能调换或翻用，纸价不同，有 7 种颜色，常用于联单、表格。

⑧ 铜版纸：

- 双铜：80～400 g，正度、大度均有。用于高档印刷品。
- 单铜：用于纸盒、纸箱、手挽袋、药盒等。

⑨ 亚粉纸：105～400 g，用于雅观、高档彩印。

⑩ 灰底白版纸：200 g 以上，上白底灰，用于包装类。

⑪ 白卡纸：200 g，双面白，用于中档包装类。

⑫ 牛皮纸：60～200 g，用于包装纸箱、档案袋、信封。

⑬ 特种纸：一般以进口纸常见，主要用于封面、装饰品、工艺品、精品等印刷。

3. **翻页效果**

（1）按【Ctrl+O】组合键，打开“卷页滤镜素材 1.jpg”、“卷页滤镜素材 3.jpg”等文件。把素材 3 拖放到素材 1 当中，经自由变换后，摆放到合适位置。复制背景层为“背景副本”图层，置于顶层，如图 5-2-20 所示。

（2）选择“滤镜”→“AV Bros.”→“AV Bros.Page Curl 1.2”菜单命令,如图 5-2-21 所示。

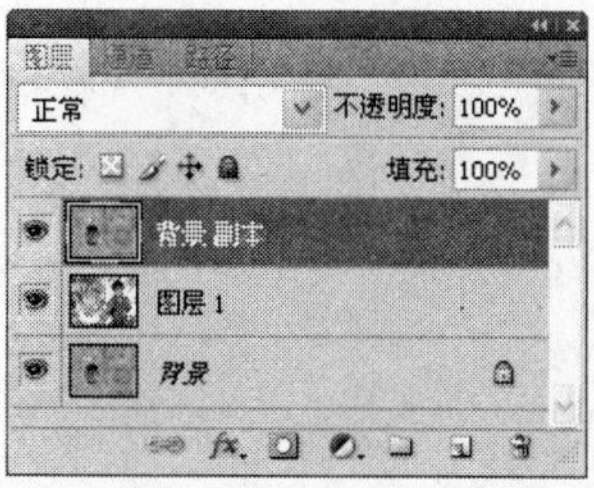


图 5-2-20 调整图层位置

图 5-2-21 选择“AV Bros.Page Curl 1.2”滤镜

> **提示：**这是外挂滤镜，需要安装、注册才可以正常使用。

（3）参数设置。单击“DEFINE BACK”选项，如图 5-2-22 所示。

（4）单击选中“Tile Image From File”选项，如图 5-2-23 所示。

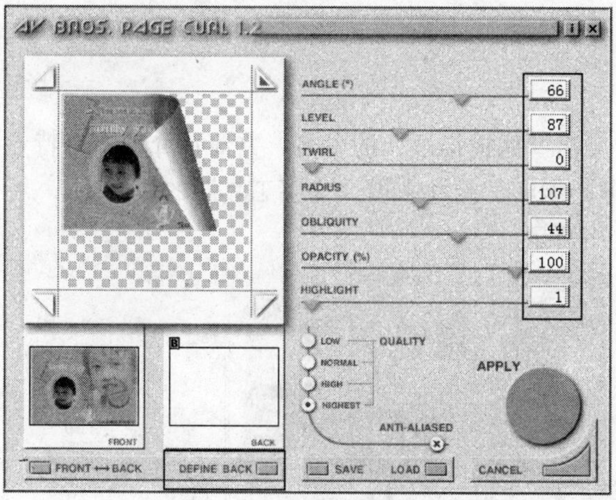


图 5-2-22 “卷页滤镜”界面

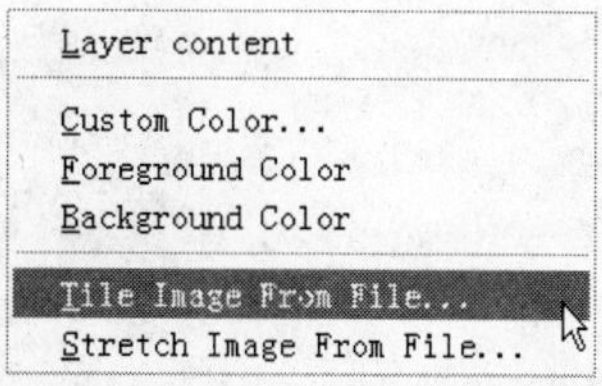


图 5-2-23 “Tile Image From File”选项

> **提示：**这个选项是用于卷页面的素材来源，选中项表示标题图像来自文件。本次素材文件选中“卷页素材 2.jpg”。

（5）其他参数如图 5-2-24 所示。

（6）单击“APPLY”按钮，最后效果，如图 5-2-25 所示。

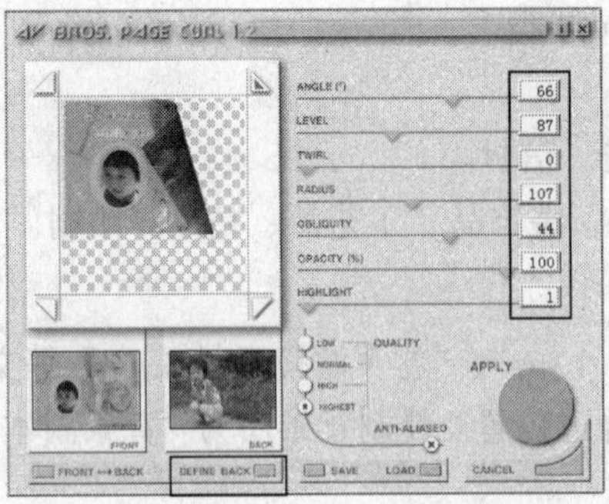


图 5-2-24 “AV Bros.Page Curl”滤镜参数设置

图 5-2-25 “AV Bros.Page Curl”滤镜效果图

## 技能训练

1. 熟悉图层样式的增加、使用。
2. 熟悉滤镜的组成及典型特例。

## 完成任务

请完成书籍装帧中封面、封底背景制作。

# 任务三 加文字内容

## 任务描述

完成封面、封底、书脊的文字输入，突出“滤镜详解”的书名，并简单介绍本书特点及编著、出品公司（均为虚构）。通过本次任务，能够学会并掌握“文字工具”的使用。

该任务完成后的图像效果，如图 5-3-1 所示。

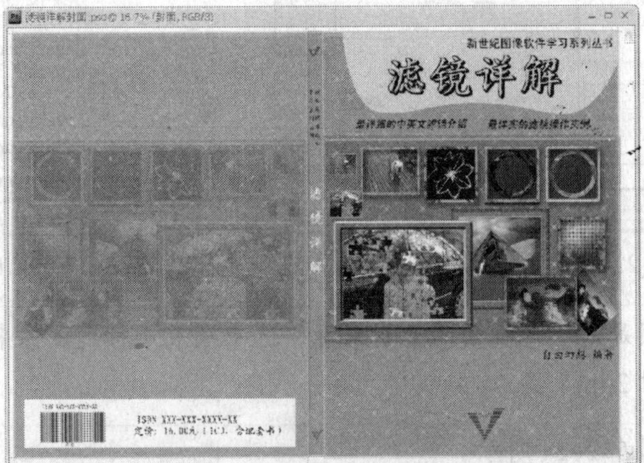


图 5-3-1 输入文字后的效果图

## 任务分析

在封面的右上角标明图书所属系列，顶部正中摆放书名，其下方注明本书特点。在封面右下角注明编著者，下方正中标明出版社。

在书脊上注明书名、出版社。

在封底上置入条形码并标明 ISBN。

我们主要按照以下几大步骤来完成所需要的文字的添加：

（1）封面文字制作；

（2）书脊文字制作；

（3）封底文字制作。

## 方法与步骤

### 1. 封面文字制作

（1）单击选中工具栏上的“文字工具”，在属性栏中设置参数，字体为迷你简齿轮，大小为 80 点，颜色为（R：0，G：0，B：0），如图 5-3-2 所示。

（2）文字摆放位置，如图 5-3-3 所示。

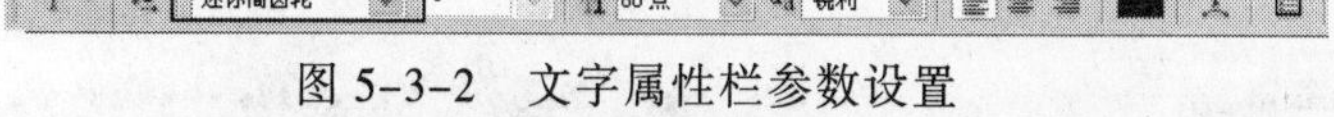


图 5-3-2　文字属性栏参数设置

图 5-3-3　文字摆放位置

（3）双击“滤镜详解”文字图层蓝色部分，在弹出的“图层样式”对话框中，选中“描边”选项，设置参数，颜色为（R：255，G：216，B：0），其他参数默认。单击“确定”按钮，如图 5-3-4 所示。

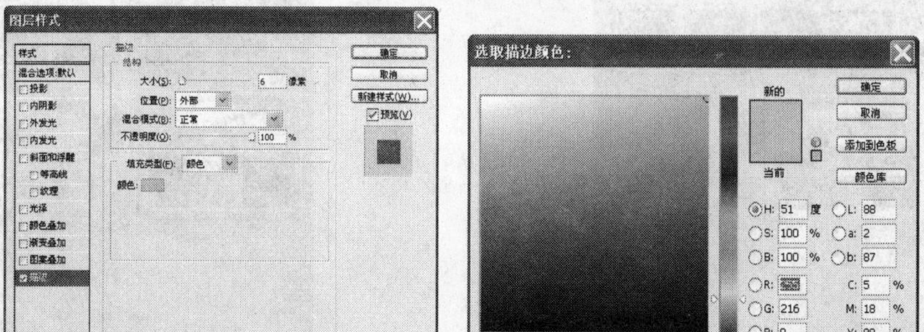


图 5-3-4　“描边”选项

（4）单击选中工具栏中的“路径工具”，勾画路径形状，如图 5-3-5 所示。

图 5-3-5　勾画路径

（5）按【Ctrl+Enter】组合键，激活路径选区。选中“封面”图层，按【Ctrl+J】组合键，复制选区为“图层 2”图层，选中该图层。按【Ctrl+Shift+]】组合键，将该图层置顶，按【Ctrl+[】组合键，向下移动一层。单击“前景色”按钮，在弹出的“拾色器（前景色）”对话框中设置颜色（R：200，G：220，B：50），单击“确定”按钮。按【Alt+Delete】组合键，填充前景色。按【Ctrl+D】组合键，取消选区，如图 5-3-6 所示。

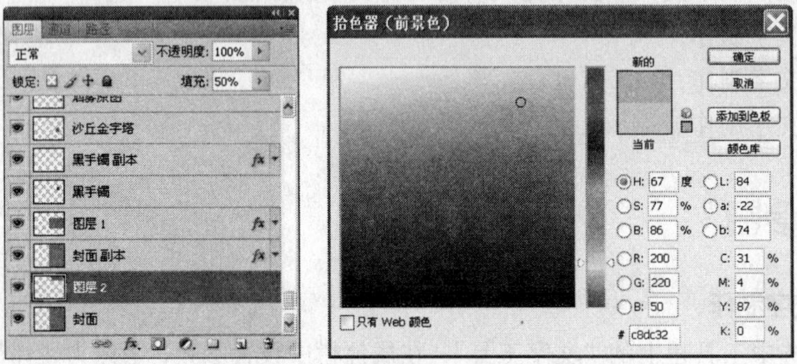


图 5-3-6　图层及前景色设定

（6）按【D】键，恢复默认“前景色/背景色”。单击选中工具栏上的“文字工具”，在属性栏中设置参数，字体为黑体，大小为 20 点，颜色为（R：0，G：0，B：0），如图 5-3-7 所示。

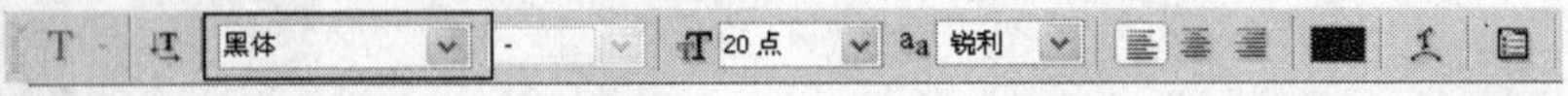


图 5-3-7　文字属性栏参数设置

（7）文字摆放位置，如图 5-3-8 所示。

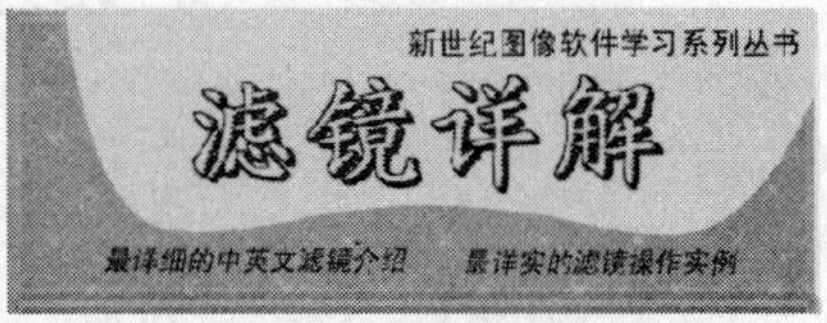


图 5-3-8　文字摆放位置

（8）与上述步骤类似，完成其他文字摆放，如图 5-3-9 所示。

（9）按【Ctrl+O】组合键，打开“卫国科技标志.psd”文件，将标志拖放到当前文档中。经过简单修饰后，如图 5-3-10 所示。

图 5-3-9　其他文字摆放位置

图 5-3-10　封面效果图

### 2. 书脊文字制作

（1）单击选中工具栏上的“文字工具”，在属性栏中设置参数，字体为楷体，大小为 10 点，完成文字录入。定义前景色为（R：83，G：198，B：162），并填充到 “书脊”图层，如图 5-3-11 所示。

图 5-3-11　定义“书脊文字”前景色

（2）单击选中工具栏上的“文字工具”，在属性栏中设置参数，字体为楷体，大小为 24 点，完成文字录入。在“图层样式”对话框中，选中“外发光”、“斜面和浮雕”选项，使用默认参数，单击“确定”按钮，如图 5-3-12 所示。

图 5-3-12　“图层样式”对话框参数设置

（3）加入标志，如图 5-3-13 所示。

图 5-3-13　设置文字属性及摆放文字位置

### 3. 封底文字制作

（1）选择“文件”→“置入”菜单命令，选中置入文件“条形码.ai”。经自由变换工具后，摆放到合适位置，如图 5-3-14 所示。

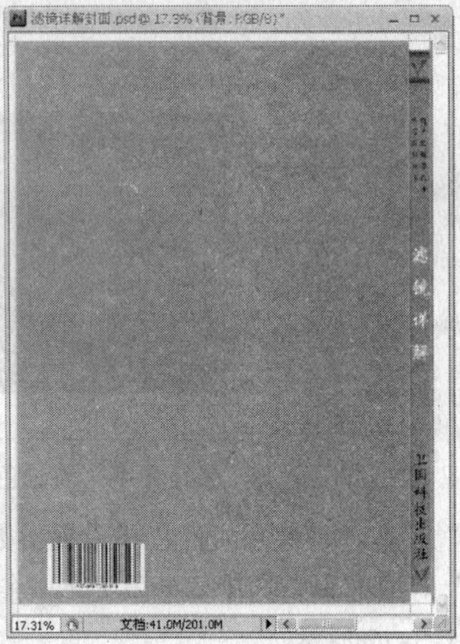


图 5-3-14　条形码位置

（2）按【D】键，恢复默认“前景色/背景色”。新建图层，用选区工具勾画矩形选区，填充背景色。单击选中工具栏上的“文字工具”，在属性栏中设置参数，字体为楷体，大小为 10 点，颜色为（R：0，G：0，B：0）。输入文字后，摆放到合适位置，如图 5-3-15 所示。

图 5-3-15　ISBN 参数设置及摆放位置

（3）单击选中工具栏上的“文字工具”，在属性栏中设置参数，字体为楷体，大小为 18 点，颜色为（R：0，G：0，B：0）。输入文字后，摆放到合适位置，如图 5-3-16 所示。

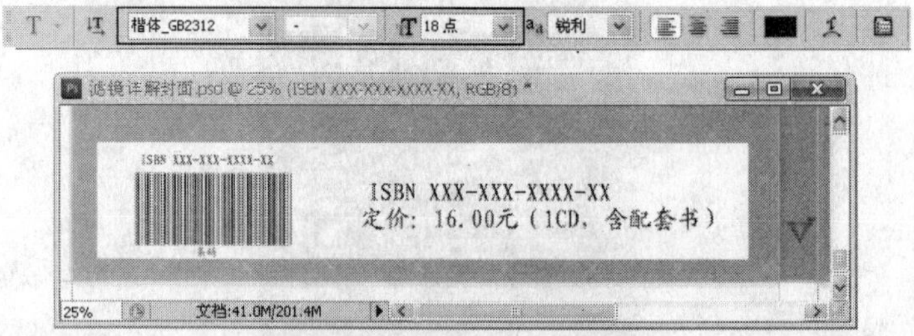


图 5-3-16　定价文字摆放位置

（4）简单修饰后，如图 5-3-17 所示。

图 5-3-17 封底效果图

## 相关知识与技能

### 1. 外挂滤镜的不足

滤镜，尤其是外挂滤镜，会大大加快我们处理素材的速度和效率，也更容易做出令人惊讶的作品，但我们并不鼓励大家过度使用滤镜，尤其是养成依赖外挂滤镜的不良习惯。滤镜虽然功能强大，但其不足也很明显，那就是效果比较单一。几乎在每一个炫目的特效后面，我们都可以清楚地看到滤镜的痕迹，这对于我们做出具有个性的作品没有太大帮助。

### 2. 文字属性的设定

（1）字符面板的设置内容。

字符面板是专门设置文字格式的面板，字符面板内容主要包括：

① 选择字体系列；

② 选择文字大小；

③ 指定字符间距；

④ 指定文字的横向拉伸和竖向拉伸；

⑤ 将文字整体向上提升或者向下降低；

⑥ 设定文字的颜色效果；

⑦ 旋转的设置；

⑧ 粗体、斜体、大小写、上下标、下画线、删除线等格式的设置；

⑨ 输入语言语种及文字外观效果的设定。

（2）段落面板。

段落面板主要是调整段落的对齐方式，对齐方式包括左对齐、居中对齐、右对齐、两端对齐、上面对齐下面居中等一系列对齐方式。此外，对于不同行之间的文字，还可以选择是否为连字方式。当直接输入文字的时候，一般默认的是字符文字，此时不能执行段落中的操作，选择“图层”→“文字”→“转换为段落文本”菜单命令就可以互相转换了。

## 技能训练

1. 掌握文字工具使用。
2. 掌握文字面板使用。

## 完成任务

请完成封面文字的输入及布局。

## 评　价

学习评价表

| 项　目 | 内　容 | | 评　价 | | |
|---|---|---|---|---|---|
| | 能 力 目 标 | 评 价 项 目 | 3 | 2 | 1 |
| 职业能力 | 能掌握内置滤镜 | 能熟悉滤镜构成 | | | |
| | | 能完成滤镜实例操作 | | | |
| | 能掌握外挂滤镜 | 能安装外挂滤镜 | | | |
| | | 能使用外挂滤镜 | | | |
| | 能掌握文字工具 | 能创建和删除 | | | |
| | | 能转换为普通图层 | | | |
| | 能掌握文字面板 | 能熟悉面板 | | | |
| | | 能使用面板 | | | |
| | 能灵活制作文字特效 | 能使用内置特效 | | | |
| | | 能制作特效 | | | |
| | 能灵活运用滤镜 | 能完成简单范例 | | | |
| | | 能熟练综合运用 | | | |
| 通用能力 | 能清楚、简明地发表自己的意见与建议 | | | | |
| | 能服从分工，自动与他人共同完成任务 | | | | |
| | 能关心他人，并善于与他人沟通 | | | | |
| | 能协调好组内的工作，在某方面起到带头作用 | | | | |
| | 积极参与任务，并对任务的完成有一定贡献 | | | | |
| | 对任务中的问题有独特的见解，带来良好效果 | | | | |
| 综　合　评　价 | | | | | |

# 单元六

## 批量水印图、倒计时与3D旋转——动作、批处理及3D动画

Photoshop 的“动作”是将一系列的操作转换成单个动作，用一个动作代替了许多步的操作，从而使执行任务自动化，为图像处理的操作带来方便，同时用户还可以通过记录并保存一系列的操作来创建和使用动作，以便日后简化类似的操作。

Photoshop 的“批处理”是先将一个过程利用动作功能记录下来，然后再利用其批量处理的功能来达到目的。

Photoshop 的“动画”是指利用图层、帧、时间线等令画面中的图像动起来图像格式。

| | |
|---|---|
| 学习目标 | ☑ 了解并掌握 Photoshop CS4 中的动作、批处理的使用，熟悉并能够灵活使用“动画”面板。<br>☑ 完成一个批量水印图的制作和 3D 旋转的动画。 |

本章任务是通过“动作面板与批处理”、“制作批量水印图”、“倒计时与 3D 旋转动画”三项任务来完成的。

## 任务一　动作面板与批处理

### 任务描述

“动作”面板用于将图像编辑过程中出现的重复性操作合成为一个“动作”，在以后的图像处理过程中只需执行此“动作”就可轻松地完成相同的工作。

Photoshop CS4 中的批处理功能使用户在处理大量图像时不再为烦琐而复杂的工作头疼，只需轻松的几步操作就可省略大量的重复性工作。

通过对本章的学习，能够熟练使用 Photoshop CS4 中的动作及自动化处理功能，从而实现图像的自动编辑。

该任务完成后的图像效果之一如图 6-1-1 所示。

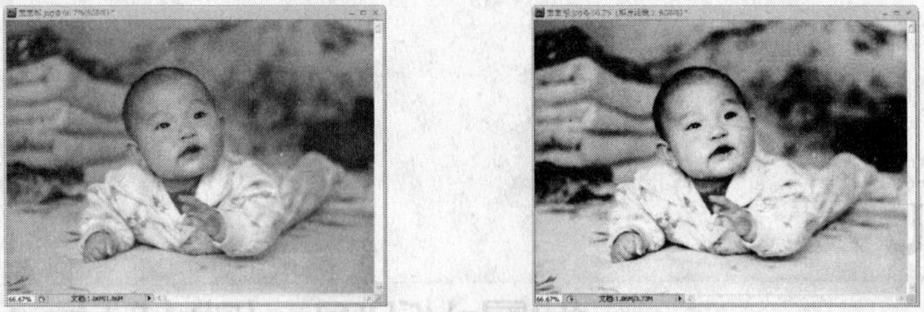

图 6-1-1 “动作”效果图之一

## 任务分析

利用“动作”面板不但可以使用软件自带的“动作”，还可自己录制、编辑和删除动作，保存和载入动作文件等。

Photoshop CS4 中提供了多个自动化命令，这些命令在图像处理中起到了不可忽视的作用，主要用于简化操作步骤，提高处理速度。

熟练掌握“动作”面板的基本功能及自动化操作命令，就可以任意创建自己所需的动作并将其应用到批处理功能中，这样可以大大简化劳动的繁杂性。

我们可以按照以下几大步骤来完成“动作”面板与批处理的学习：

（1）使用“动作”面板；

（2）批处理。

## 方法与步骤

### 1. 使用“动作”面板

（1）“动作”面板的功能。

选择菜单栏中的“窗口”→“动作”命令（或按【Alt+F9】组合键），可以打开“动作”面板，如图 6-1-2 所示。

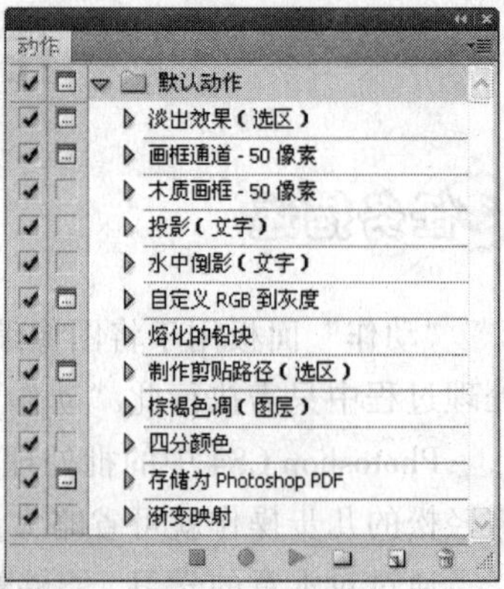


图 6-1-2 “动作”面板

其中：

- “停止播放/记录”按钮：单击此按钮，停止正在播放或记录的动作命令。
- “开始记录”按钮：单击此按钮，记录选定的动作命令。
- “播放选定的动作”按钮：单击此按钮，播放选定的动作命令。
- “创建新组”按钮：单击此按钮，创建一个新的动作组。
- “创建新动作”按钮：单击此按钮，创建一个新的动作文件。
- “删除”按钮：单击此按钮，可删除选定的动作、动作组或命令。
- “切换对话开/关”按钮：控制参数面板的开关。
- “切换项目开/关”按钮：控制执行命令的开关。

（2）播放动作。

应用“动作”的步骤如下：

① 打开一幅图像后在“动作”面板中选择“木质画框”动作。

② 单击“动作”面板中的“播放选定的动作”按钮，Photoshop 将自动执行此动作文件中的所有动作命令，如图 6-1-3 所示。

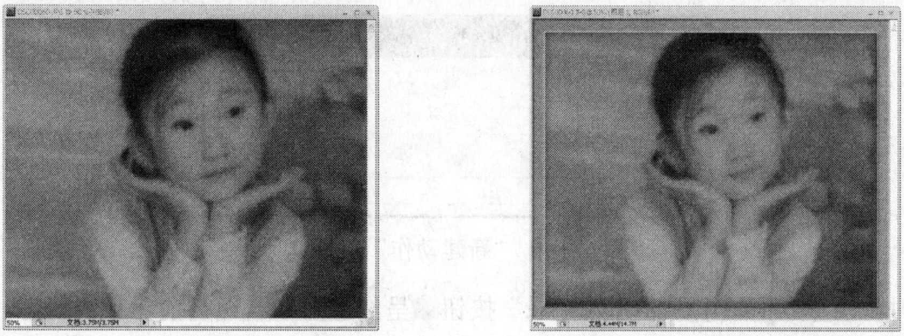

a 原图　　　　b 应用“木质画框”动作后

图 6-1-3　使用“动作”前后图像对比

在“动作”面板的右上方有一个小三角按钮，单击此按钮，在弹出菜单中选择“回放选项”命令，则弹出“回放选项”对话框。利用此对话框，可对动作的播放速度进行设置，如图 6-1-4 所示。

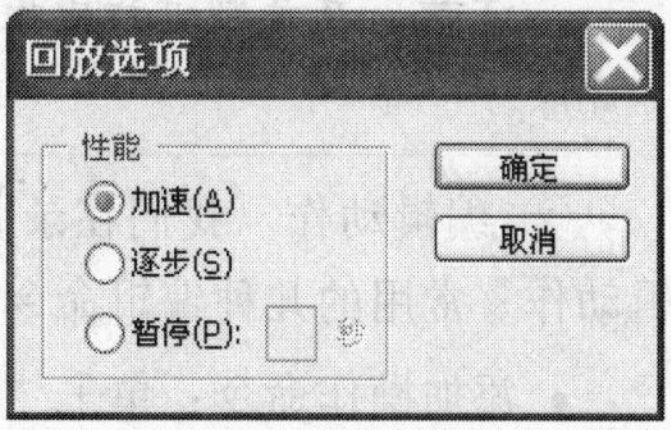


图 6-1-4　“回放选项”对话框

其中：

- 加速：默认状态，在此状态下系统自动执行动作时播放速度比较快。
- 逐步：选中该单选按钮，则系统将一步步完成动作。
- 暂停：选中该单选按钮，则系统在执行动作命令时每一步都暂停数秒。暂停时间的长短则需在其右侧的文本框中进行设置，调整范围为 1~60 s。

（3）录制与编辑动作。

① 录制动作。录制动作的步骤如下：

a. 单击“动作”面板下方的“创建新组”按钮，创建一个新组，如图 6-1-5 所示。

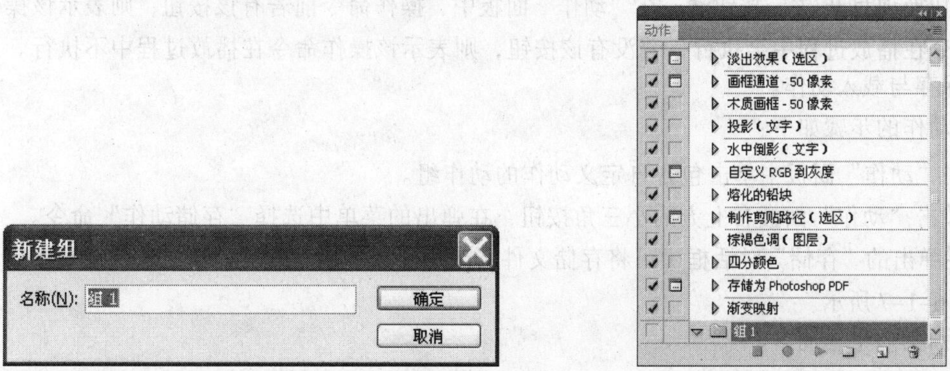


a “新建组”对话框　　　　b 创建新组后的“动作”面板

图 6-1-5　创建新组

b. 单击“动作”面板下方的“创建新动作”按钮，在弹出的“新建动作”对话框中“名称”文本框中输入录制动作的名称；在“组”下拉列表中选择准备存放新动作的动作集；在“功能键”后的下拉列表中选择快捷键，还可选择是否与【Shift】键和【Ctrl】键组合使用；在“颜色”下拉列表中可选择新动作在“动作”面板中所显示出的颜色。单击“记录”按钮，如图 6-1-6 所示。

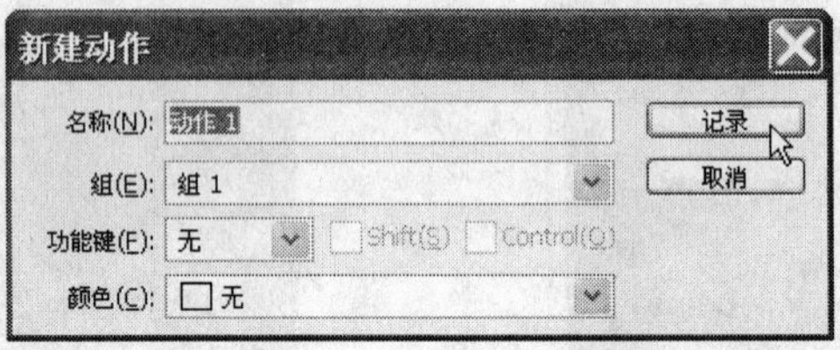


图 6-1-6 “新建动作”对话框

c. 此时“动作”面板中的“开始记录”按钮呈红色显示，即当前为录制状态。此后对图像进行的任何操作都将被“动作”面板记录下来，当需要结束录制时，只需单击一下“停止播放/记录”按钮即可。至此，就算完成动作的录制了。

**注意：** 在录制过程中撤销的错误命令仍会记录在动作命令里，只能从“动作”面板中删除。

② 编辑动作。我们在录制动作的过程中常常会不可避免地出现一些错误，因而要学会编辑动作。常用的几种编辑命令包括：

- 添加操作命令：单击“动作”面板中的“开始记录”按钮即可向动作中当前选中的操作步骤后添加新命令。
- 复制操作命令：将需要复制的操作步骤选中拖到“创建新动作”按钮上即可。
- 调整操作命令的顺序：在“动作”面板中用鼠标直接拖动各操作命令来改变前后顺序。
- 删除操作命令：在“动作”面板中将要删除的操作命令拖到“删除”按钮上即可。
- “切换对话开/关”按钮：在“动作”面板中，操作命令前若有此图标，则表示在播放动作时，一旦弹出面板执行动作将暂停。若此图标为红色，则表示动作组中有部分命令被停止使用。
- “切换项目开/关”按钮：在“动作”面板中，操作命令前若有该按钮，则表示该操作命令在播放过程中会执行；若没有该按钮，则表示该操作命令在播放过程中不执行。

③ 保存与载入动作。

保存动作的步骤如下：

a. 在“动作”面板中单击包含自定义动作的动作组。

b. 单击“动作”面板右上方的小三角按钮，在弹出的菜单中选择“存储动作”命令。

c. 在弹出的“存储”对话框中可将存储文件名改为所需的名称，然后单击“保存”按钮即可，如图 6-1-7 所示。

载入动作的步骤如下：

a. 选择“文件”→“打开”菜单命令，打开一幅图像，如图 6-1-8 所示。

图 6-1-7 “存储”对话框

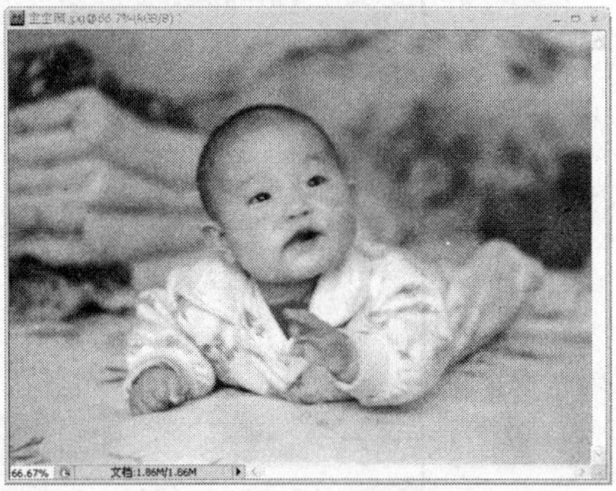

图 6-1-8 打开文件

b. 在“动作”面板中单击右上角的小三角按钮，在弹出的菜单中选择“梅子照片效果”命令。

c. 在“动作”面板中选择“梅子照片效果”动作组中的“怀旧色 3”动作，然后单击“动作”面板下方的“播放选定的动作”按钮 ▶。最终效果如图 6-1-9 所示。

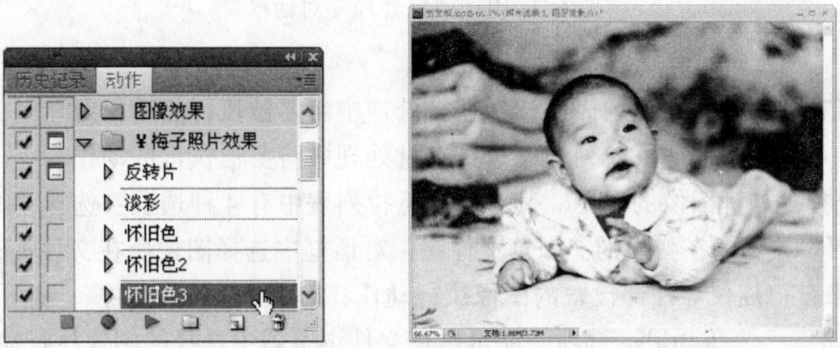


图 6-1-9 播放“怀旧色 3”动作

**提示：** “梅子照片效果”动作不是内置动作，需要另外安装。

用户可以从网络上下载其他 Photoshop 用户录制的动作集，大多数为免费资源，这些动作集以文件形式存在，扩展名为 ATN。

还可以通过以下方法载入这些动作集：

- 在 Windows 中双击该 ATN 文件，即可将该动作集载入。
- 在 Windows 中将该 ATN 文件拖入 Photoshop 中，即可添加至“动作”面板。
- 通过面板的下拉菜单中“载入动作”命令将该 ATN 文件载入“动作”面板。

如希望一次性添加多个动作集，可在 Windows 中选择多个 ATN 文件拖入 Photoshop；也可以在 Bridge 中选择多个 ATN 文件并双击。

## 2. 批处理

（1）批处理。当需要对多个或大量的图像进行相同的操作时，就可使用“批处理”命令。选择“文件”→“自动”→“批处理”菜单命令，弹出“批处理”对话框，如图 6-1-10 所示。

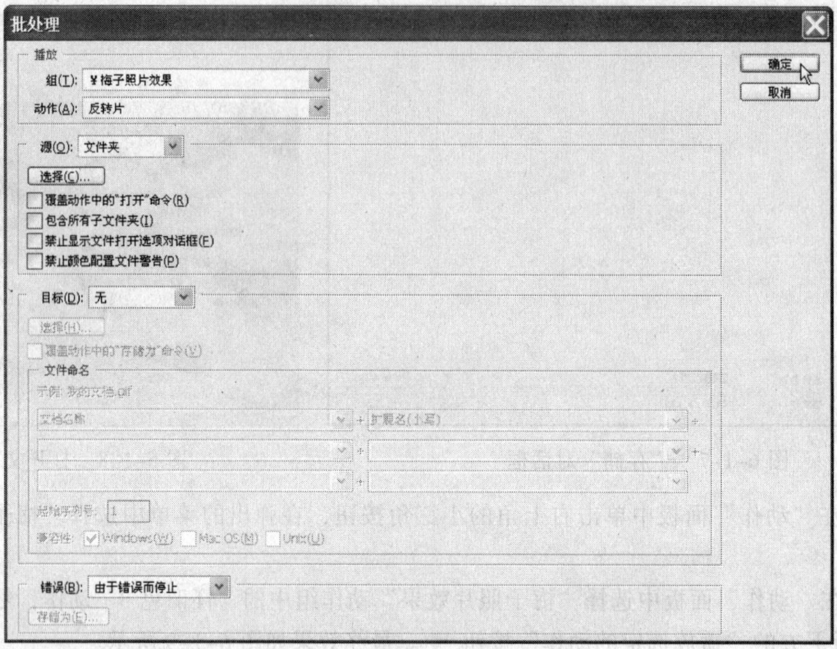


图 6-1-10 “批处理”对话框

其中：

① 组：可在其右侧的下拉列表中选择在批处理中将要被执行的动作所在组。

② 动作：可在其右侧的下拉列表中选择在批处理中将要被执行的动作。

③ 源：选择批处理图像的来源。其右侧的下拉列表中有 4 种选项：选择“文件夹”选项，就可单击“选择”按钮，在弹出的“浏览文件夹”对话框中选择图像所在文件夹；选择“导入”选项，就可对来自扫描仪等外部设备的图像执行动作；选择“打开的文件”，就可对当前打开的所有图像执行动作；选择 Bridge 选项，就可对在文件浏览器中选择的图像执行动作。

④ 覆盖动作中的“打开”命令：选中此复选框，将按照设置的文件路径打开文件进行批处理操作，而忽略动作中的“打开”命令。

⑤ 包含所有子文件夹：选中此复选框，则指定文件夹中的所有子文件夹中的图像文件也将被执行批处理命令。

⑥ 禁止显示文件打开选项对话框：选中此复选框，则表示禁止打开文件打开选项对话框。

⑦ 禁止颜色配置文件警告：选中此复选框，将关闭颜色设置信息面板。

⑧ 目标：用于设置处理好的文件所要存储的位置。其右侧下拉列表中有 3 种选项：

- 选择“无”选项，表示保持文件打开状态而不保存文件；
- 选择“存储并关闭”选项，表示保存处理好的文件并关闭此文件；
- 选择“文件夹”选项，表示可通过其下方的“选择”按钮指定一个保存文件的文件夹。

⑨ 覆盖动作中的“存储为”命令：选中此复选框，表示忽略记录在动作中的“存储为”命令。

⑩ 文件命名：可在其下方的6个下拉列表框中为执行批处理命令后的文件选择合适的命名方式。

⑪ 错误：用于选择当批处理出现错误时的操作方式。在其右侧下拉列表中有两种选项：

- 选择“由于错误而停止”选项，表示在批处理过程中若出现错误，系统弹出提示对话框并暂停处理；
- 选择“将错误记录到文件”选项，表示在批处理过程中出现错误仍继续批处理操作，而出现的错误将被记录到由“存储为”按钮指定的文件中。

**提示：**在批处理过程中，按【Esc】键即可停止操作。

（2）创建Web照片画廊。

**提示：**只安装Photoshop CS4是没有这个功能的，必须要安装Adobe Bridge CS4才可以使用。使用的方法有两种：在Adobe Bridge中，选择“工具”→“Photoshop”→“Web照片画廊”菜单命令；或者在Photoshop中，选择“文件”→“自动”→“Web照片画廊”菜单命令。

利用“Web照片画廊”功能可将自选的精彩图片组织在一起，方便快速浏览。选择“文件”→“自动”→“Web照片画廊”菜单命令，弹出“Web照片画廊”对话框，如图6-1-11所示。

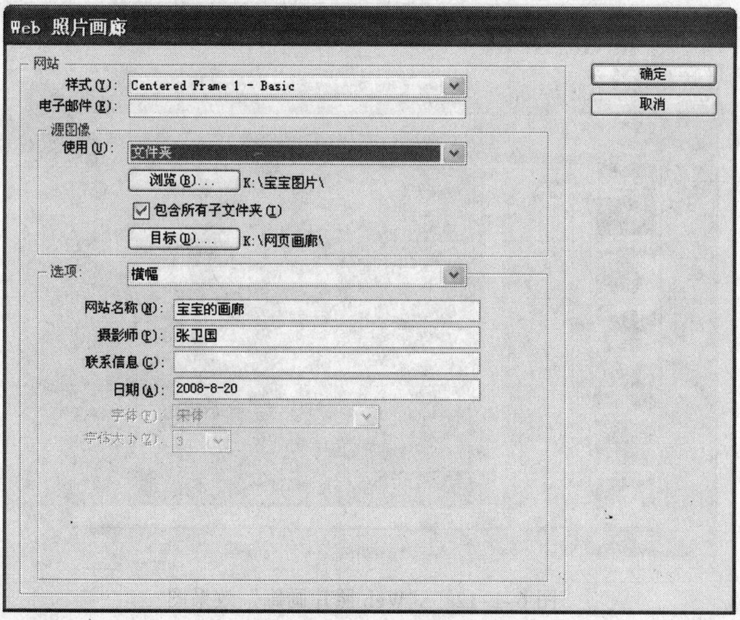


图6-1-11　“Web照片画廊”对话框

其中：

- 样式：在其下拉列表中可选择画廊的样式。
- 电子邮件：在其文本框中可输入制作者本人的电子邮件地址。

- 源图像：用来选择源图像文件所在位置与目标文件将要存放的位置。
- 选项：在其下拉列表中有 6 个选项。选择“横幅”选项，可以设置画廊的名称、摄影师的名字、联系信息、拍摄日期、标题的字体及字号；选择“大图像”选项，可以设置图像的大小、压缩品质等参数；选择“缩览图”选项，可以设置缩览图的大小、边界、标题说明等参数；选择“自定颜色”选项，既可以设置画廊的整体页面背景色，还可以指定文本与链接的颜色。

创建 Web 照片画廊的步骤如下：

① 将所有选中的图片都存放于一个源文件夹中，再创建一个新的目标文件夹用来存放将要生成的 Web 照片画廊的图像文件与 HTML 文件。

② 选择“文件”→“自动”→“Web 照片画廊”菜单命令，在弹出的对话框中设置将要创建的画廊样式、源图像文件夹及目标文件夹。

③ 在“Web 照片画廊”对话框中的“选项”下拉列表中选择“横幅”，然后设置画廊的名称及摄影师名字等基本信息。

④ 在“选项”下拉列表中选择“大图像”来设置画廊中图像的显示方式。

⑤ 在“选项”下拉列表中选择“缩览图”来设置缩览图的外观及说明。

⑥ 在“选项”下拉列表中选择“自定颜色”来设置画廊的整体色调及文本的颜色。

⑦ 设置好所有的参数后，单击对话框中的“确定”按钮，系统将自动创建 Web 照片画廊。

⑧ 在目标文件夹中找到 index.html 文件，双击打开，即可欣赏创建的 Web 照片画廊，画廊效果如图 6-1-12 所示。

图 6-1-12 “Web 照片画廊”效果图

（3）条件模式更改。当需要将源图像转换为另一种所需的色彩模式时，可用到条件模式更改命令，系统会根据此命令为已打开的图像自动转换颜色模式。选择“文件”→“自动”→“条件模式更改”菜单命令，即可弹出“条件模式更改”对话框，如图 6-1-13 所示。

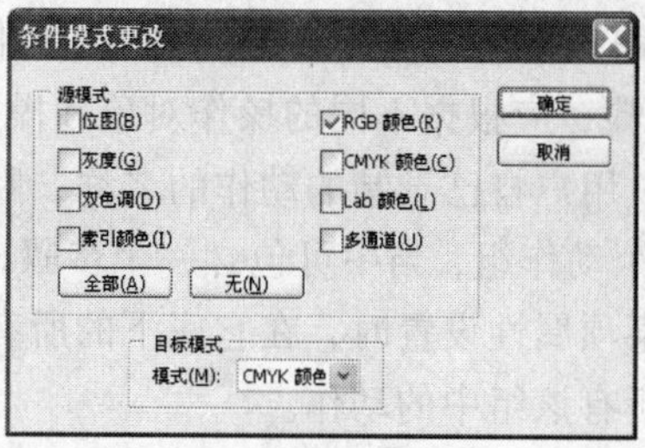


图 6-1-13　“条件模式更改”对话框

其中：

① 源模式：用于选择源图像文件的颜色模式。

② 目标模式：用于选择源图像转换后的颜色模式。

使用“条件模式更改”命令的操作步骤如下：

① 打开需要转换颜色模式的图像文件。

② 在“条件模式更改”对话框中先选择已打开的源图像的颜色模式。

③ 在“条件模式更改”对话框中设置图像即将转换成的目标颜色模式。

④ 单击“确定”按钮，Photoshop 将自动完成图像模式转换。

## 相关知识与技能

### “动作”面板的构成

“动作”面板构成如图 6-1-14 所示。

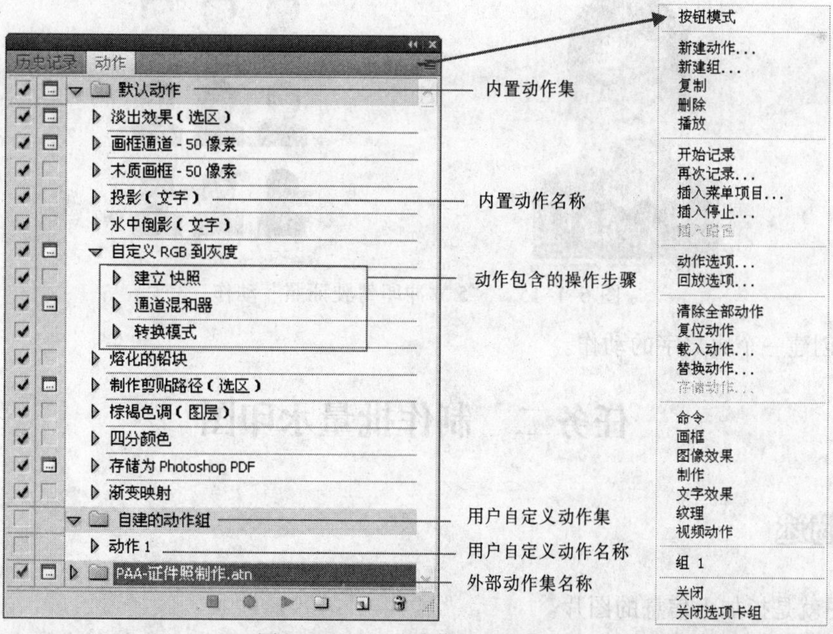


图 6-1-14　“动作”面板构成

（1）默认动作：Photoshop 内建的动作集合，包含有多个动作序列，可以对照片进行装帧、特效处理，还包含其他一些动作。可展开该序列查看。

（2）用户自定义动作集：由用户自己创建或载入内建动作后修改所得的动作集合或序列（以下称序列），用户录制的操作步骤，应根据不同的操作对象和操作步骤建立各自的动作序列。

（3）用户自定义动作名称：用户自己录制的动作的名称，默认名称是动作（1、2、3…$N$）按序排列。“动作”实际上是一个动作组，当中可包含一个步骤，也可包含多个步骤，并统一在该动作组中，当对动作组进行某项属性设置时，在它底下的所有动作都受影响，例如选择一个动作组时，实际上已经选择了所有该组中的动作。

（4）动作包含的操作步骤：展开的动作正是 Photoshop 动作的核心，动作录制过程中，每使用一次工具或命令，对图像进行一次操作，Photoshop 就将这步操作录制下来，并建立一个与操作相应的动作名称，例如“图像大小”、“新建图层”、“填充”、“图层样式”等，以后的动作播放，就是对另外的图像重复这些操作。

（5）动作下拉按钮：单击该按钮，可弹出动作子菜单，可对序列和动作进行修改编辑。

## 技能训练

1. 熟悉“动作”面板。
2. 熟悉“批处理”命令。

## 完成任务

1. 使用“PAA-证件照”的动作，完成指定效果，如图 6-1-15 所示。

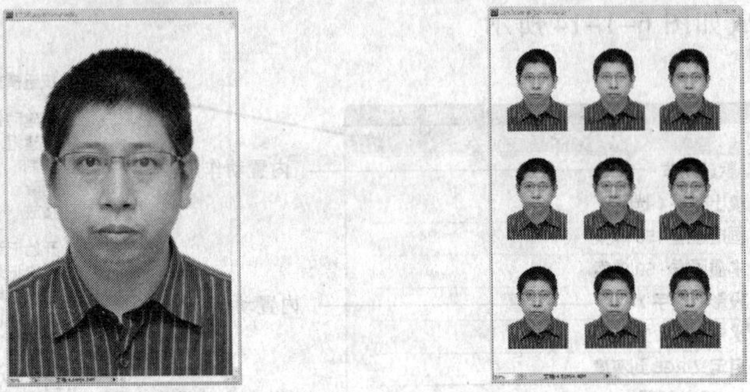

图 6-1-15 “5 寸冲印驾驶证照”动作

2. 请创建一个火焰字的动作。

# 任务二 制作批量水印图

## 任务描述

水印图就是指加上信息的图片。

批量水印图简单地说就是在一批图片上完成同样信息的显示。本次任务中的水印概念与正规数码水印概念不同，只是信息的添加，不具备隐藏性，是明确宣示图片的归属性。

制作水印是图片处理中常见的操作。批量制作水印则大大减轻了水印制作强度，具有较高的实用性。

通过批量水印制作，能够更加熟练掌握 Photoshop CS4 中的动作及批处理的混合使用，为灵活运用批处理打下良好基础。

该任务完成后的图像效果之一如图 6-2-1 所示。

图 6-2-1　批处理前、后的图像

## 任务分析

批处理虽然功能强大，但很大程度上也依赖于动作的制作，只有两者有机地结合，才可能完成复杂的操作。

制作批量水印图分为以下几个步骤完成：

（1）制作水印动作；

（2）使用批处理功能。

## 方法与步骤

### 1. 制作水印动作

（1）运行 Photoshop CS4，打开“动作”面板，选中“自建的动作组”选项。单击面板下方的“创建新动作”按钮，如图 6-2-2 所示。

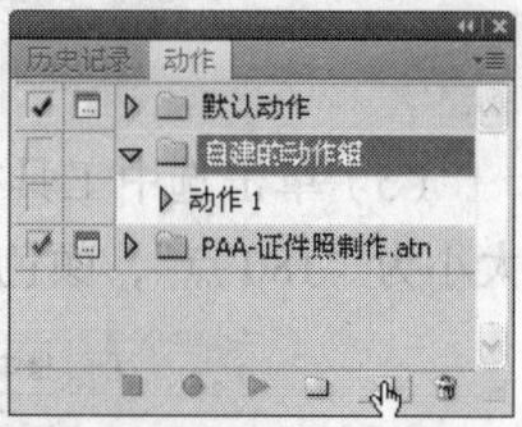


图 6-2-2　建立新动作

（2）在弹出的“新建动作”对话框中设置参数，名称为“批量增加水印”，功能键为 F12，其他参数默认。单击“记录”按钮，进入录制状态，如图 6-2-3 所示。

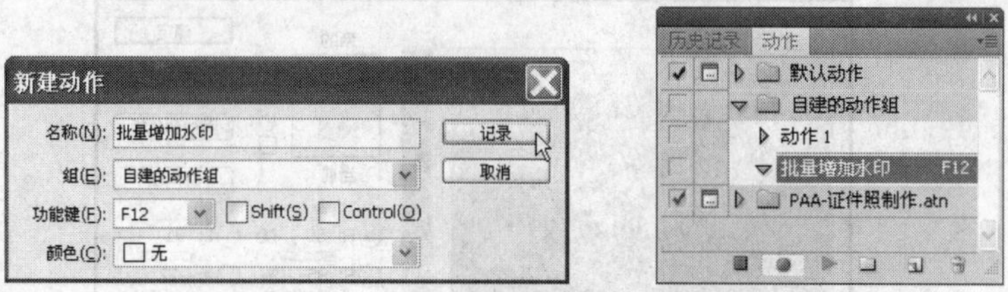


图 6-2-3　新动作名称及录制状态

（3）按【Ctrl+O】组合键，打开任意一张图像文件，如图 6-2-4 所示。

**提示**：任意打开一个图像文件即可，不要求一定是要批处理的文件。注意“动作”面板中记录的动作是“打开”。

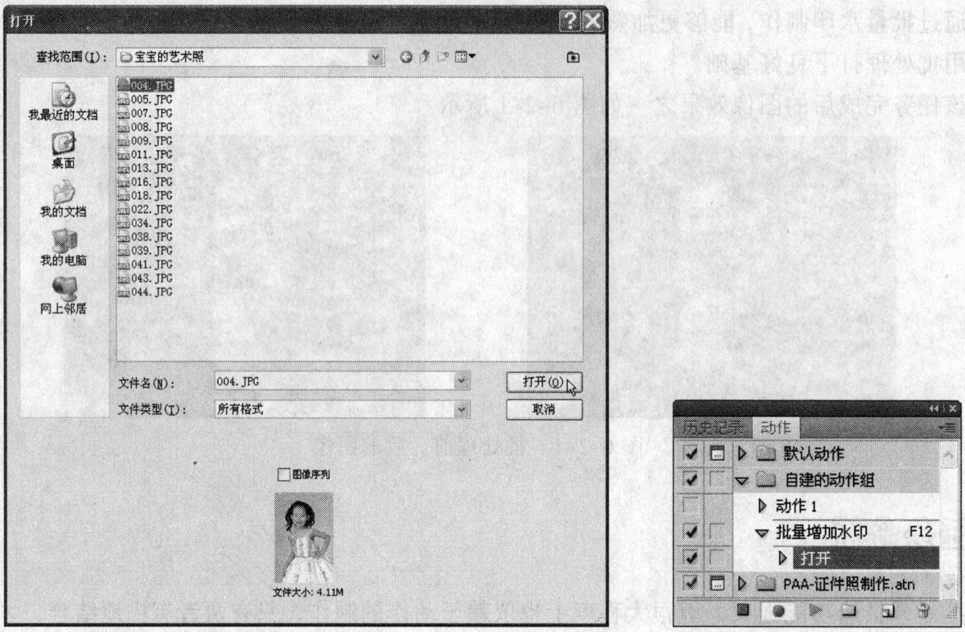


图 6-2-4　进入“记录”状态

（4）单击选中工具栏中的“钢笔工具”，勾画一条曲线，如图 6-2-5 所示。

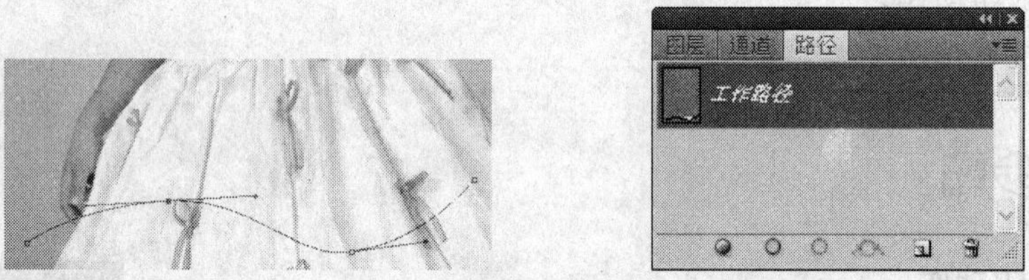


图 6-2-5　勾画路径形状

（5）单击选中工具栏上的“文字工具”，在属性栏中设置参数，字体为“楷体_GB2312”，大小为“180 点”，颜色为（R：240，G：235，B：35），如图 6-2-6 所示。

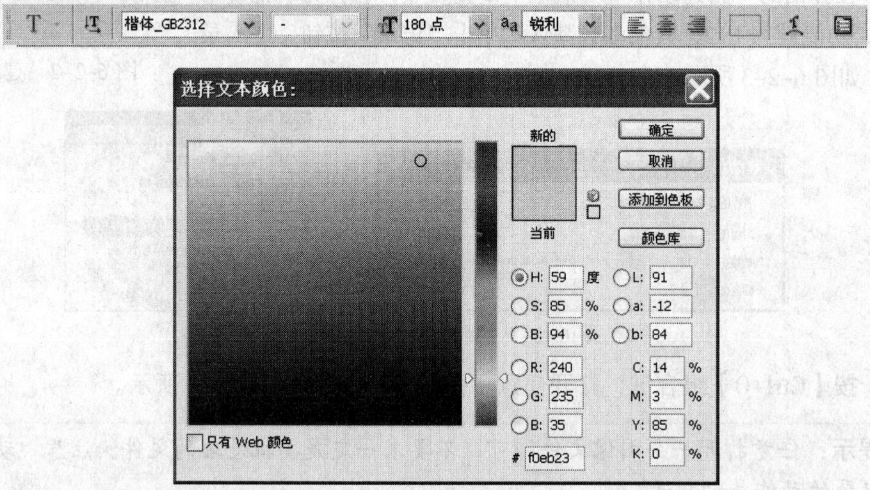


图 6-2-6　文字属性参数设置

**提示**：字体大小与图片的分辨率有关系，根据需要调整。

（6）单击路径形状，鼠标指针则会改变形状。输入文字内容，文字会自动随路径形状排列，如图 6-2-7 所示。

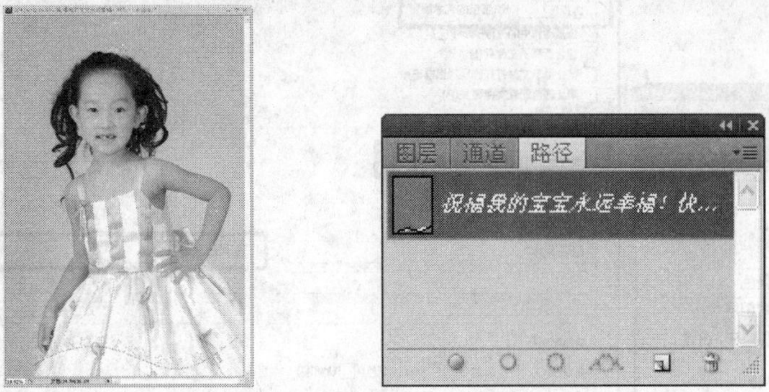


图 6-2-7　沿路径排列的文字

（7）双击文字图层蓝色部分，弹出“图层样式”对话框。选中“描边”选项，设置“大小”为 25 像素，“颜色”为（R：20，G：140，B：50），其他参数默认，单击“确定”按钮，如图 6-2-8 所示。

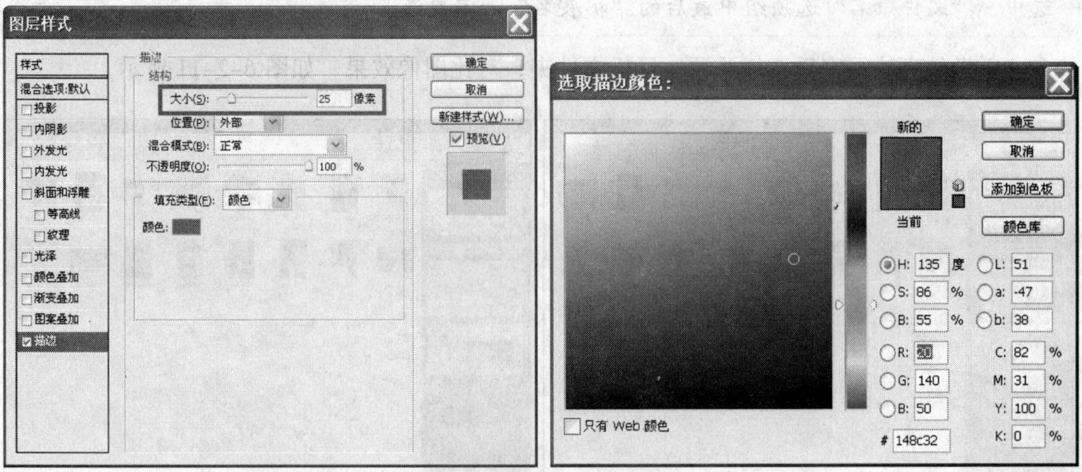


图 6-2-8　“描边”参数设定

**提示**：大小与图片的分辨率有关系，根据需要调整。

（8）按【Ctrl+S】组合键，保存文件；按【Ctrl+W】组合键关闭文件。注意“动作”面板的录制序列变化，如图 6-2-9 所示。

**提示**：“关闭”操作时，应根据需要选择保存与否，否则影响执行结果。

### 2. 使用批处理功能

（1）选择“文件”→“自动”→“批处理”菜单命令，在弹出的对话框中设置参数，单击“确定”按钮，如图 6-2-10 所示。

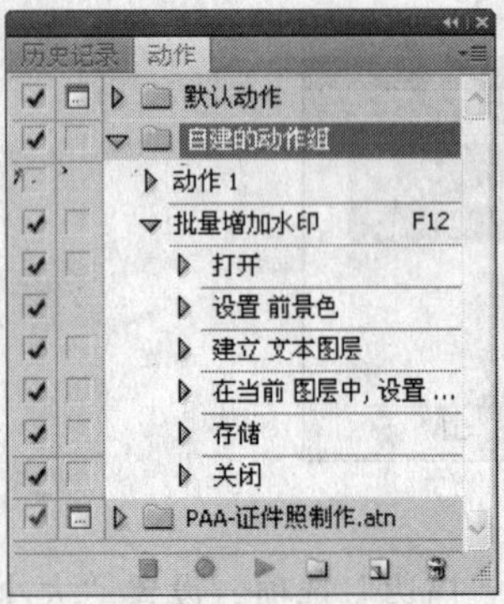

图 6-2-9 “动作”面板记录内容

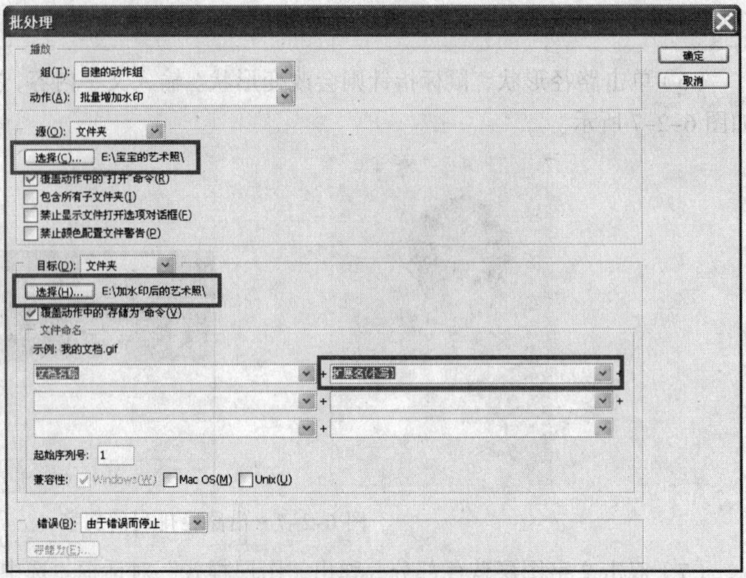

图 6-2-10 “批处理”对话框

**注意：**在“源”、“目标”下拉列表中均选择“文件夹”，并注意覆盖动作复选框的选中。“文件命名”选项组中最后的“扩展名”一定要选。

（2）批处理执行完后，打开源、目标文件夹，对比图像效果，如图 6-2-11 所示。

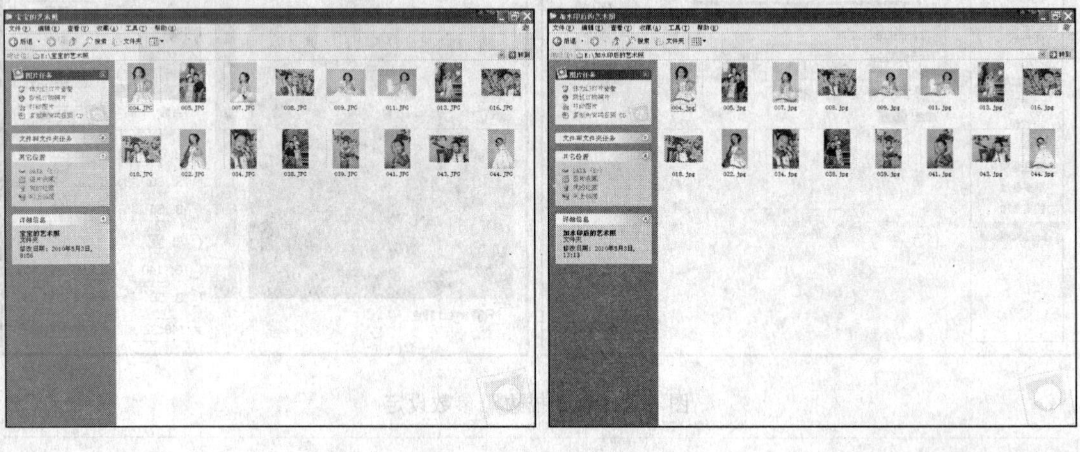

图 6-2-11 水印前后文件夹内容显示

**提示：**大家还可以做得更复杂些，比如给图片加上相框等。批处理功能很强大，大家只要敢想、敢试，一定能做出更好的效果。

## 相关知识与技能

### 1. 数字水印（Digital Watermark）

数字水印是将与多媒体内容相关或不相关的一些标示信息直接嵌入多媒体内容当中，但不影响原内容的使用价值，并不容易被人的知觉系统觉察或注意到的一种技术。通过这些隐藏在多媒体内容中的信息，可以确认内容创建者、购买者，或者图片信息是否真实完整。数字水印是信息隐藏技术的一个重要研究方向。

主要用于版权保护的数字水印——易损水印，主要用于完整性保护，这种水印同样是在内容数据中嵌入不可见的信息。当内容发生改变时，这些水印信息会发生相应的改变，从而可以鉴定原始数据是否被篡改。

数字水印技术基本上具有下面几个方面的特点：

（1）安全性：数字水印的信息应是安全的，难以篡改或伪造，同时，应当有较低的误检测率，当原内容发生变化时，数字水印应当发生变化，从而可以检测原始数据的变更；当然数字水印同样对重复添加有很强的抵抗性。

（2）隐蔽性：数字水印应是不可知觉的，而且应不影响被保护数据的正常使用，不会降质。

（3）鲁棒性：在经历多种无意或有意的信号处理过程后，数字水印应仍能保持部分完整性并能被准确鉴别。可能的信号处理过程包括信道噪声、滤波、数/模与模/数转换、重采样、剪切、位移、尺度变化以及有损压缩编码等。

（4）水印容量：嵌入的水印信息必须足以表示多媒体内容的创建者或所有者的标志信息，或购买者的序列号，这样有利于解决版权纠纷，保护数字产权合法拥有者的利益。尤其是隐蔽通信领域的特殊性，对水印的需求很大。

### 2. 沿路径排列的文字

（1）按【Ctrl+N】组合键，新建文件。文件名称为“沿路径排列的文字”，宽度为 400，高度为 400，单位为像素，单击“确定”按钮，如图 6-2-12 所示。

（2）单击选中工具栏中的“钢笔工具”，在图像编辑窗口内定义第一个锚点，然后按住【Shift】键水平移动鼠标，强制约束画一条水平直线。定义第二个锚点后，松开【Shift】键，向左斜下方拉一条直线。按住【Ctrl】键，鼠标指针暂时变成“直接选择工具”，单击后可建立一个开放路径，如图 6-2-13 所示。

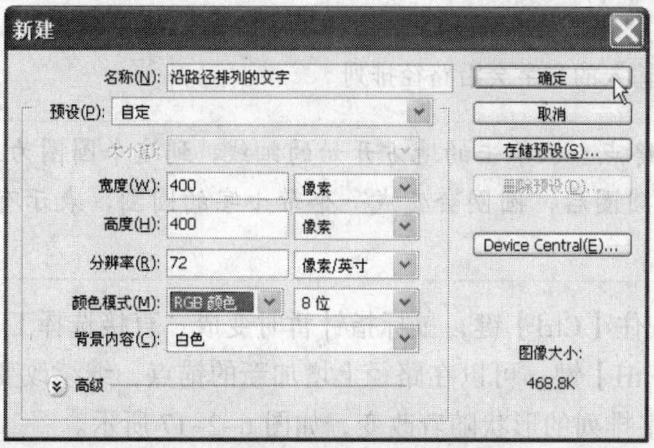


图 6-2-12 新建文件

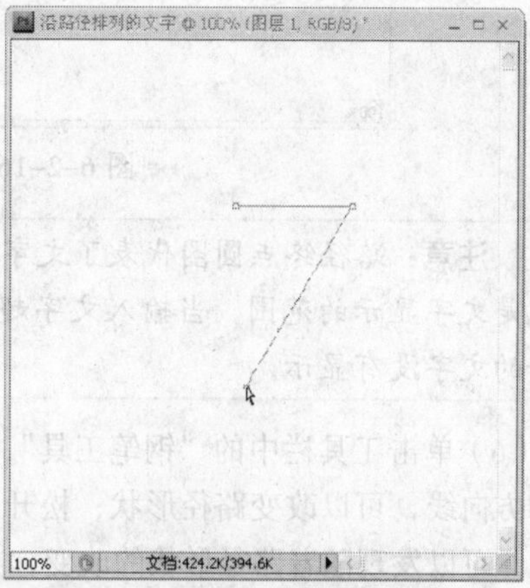


图 6-2-13 新建开放路径

（3）按住【Ctrl】键，鼠标指针暂时变成“直接选择工具”，单击路径激活该路径；按住【Alt】键，鼠标移到第二个锚点上，鼠标变成“转换点工具”后拖动方向线，如图 6-2-14 所示。

（4）单击工具栏中的“文字工具”，将鼠标移至路径上，可以发现鼠标指针变成了⌇形状，如图 6-2-15 所示。

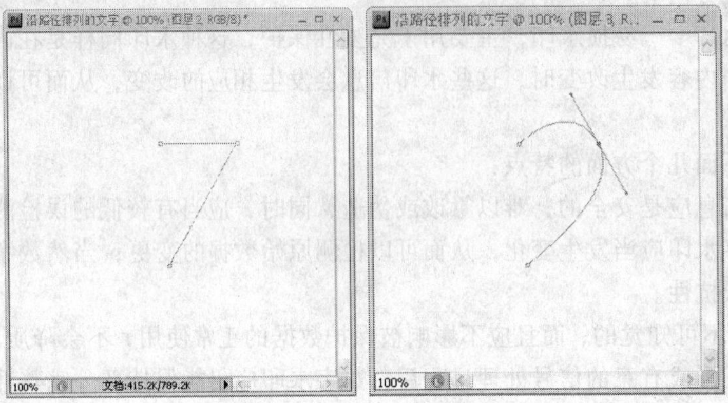


图 6-2-14　改变路径形状

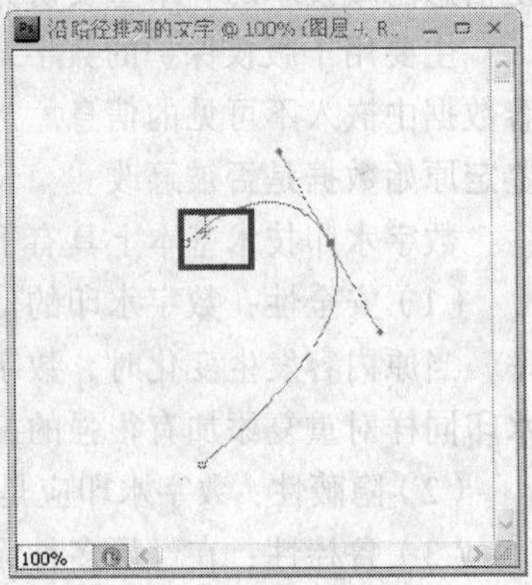


图 6-2-15　将文字工具移到路径上

（5）单击路径，此时路径的终点会变为一个小圆圈，在单击的地方会多一条与路径垂直的细线，这就是文字的起点；设置属性栏中的参数，然后输入文字内容，如图 6-2-16 所示。

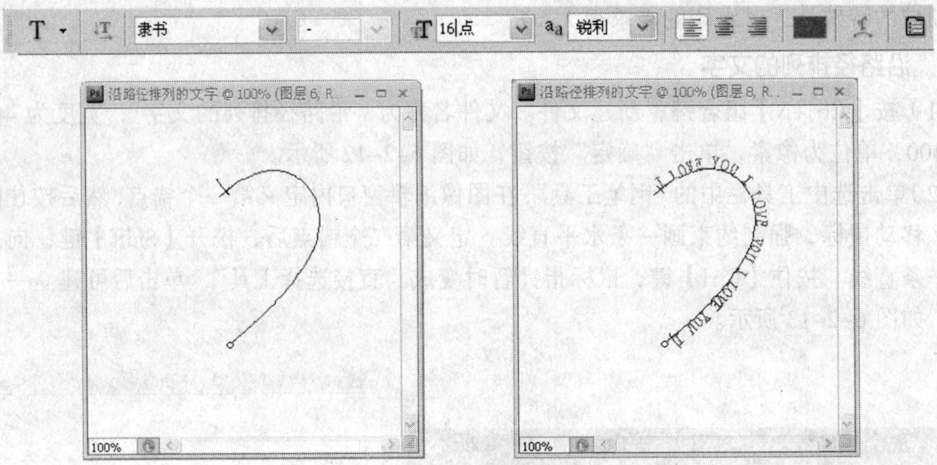


图 6-2-16　输入的文字会沿路径排列

注意：路径终点圆圈代表了文字的终点。从单击的地方开始的细线，到这个圆圈为止，就是文字显示的范围。当输入文字超出圆圈后，圆圈会变成一个带十字的圆圈，表示有多余的文字没有显示。

（6）单击工具栏中的“钢笔工具”，按住【Ctrl】键，鼠标指针暂时变成“直接选择工具”，拖动方向线，可以改变路径形状；松开【Ctrl】键，可以在路径上增加新的锚点，继续改变路径形状，可以发现随着路径形状的改变，文字排列的形状随着改变，如图 6-2-17 所示。

注意：在闭合路径内同样可以实现这种效果。

（7）使用文字沿路径排列特性做出的效果如图 6-2-18 所示。

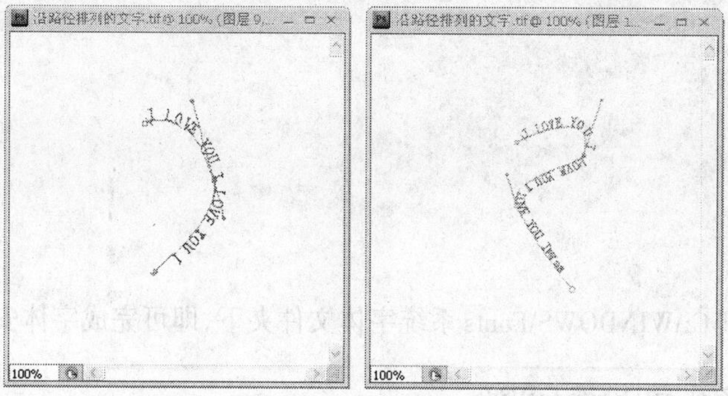

图 6-2-17　随路径改变排列的文字

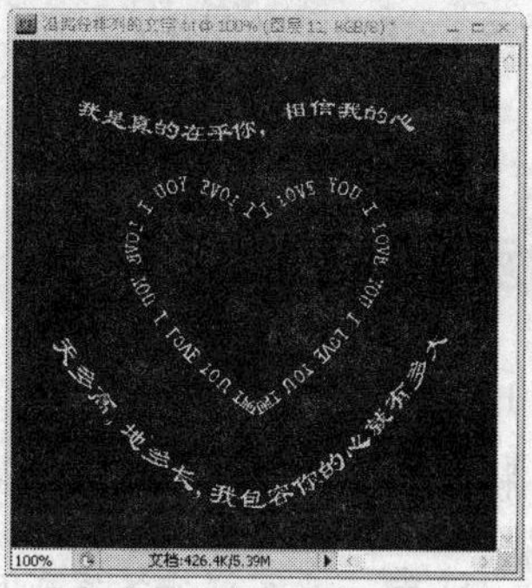

图 6-2-18　沿路径排列文字效果

## 技能训练

1. 熟悉动作录制。
2. 熟悉批处理使用。

## 完成任务

完成批量水印的制作。

# 任务三　倒计时与 3D 旋转动画

## 任务描述

使用 Photoshop 制作简单动画时，CS3 之前主要是借助捆绑的 ImageReady 进行动画制作。Photoshop CS4 中去掉了 ImageReady，但在 Extended 版中增加了“动画”面板，保留了动画制作功能，并增加了时间线功能。

该任务完成后输出的是动画文件。

## 任务分析

使用 Photoshop 制作出来的动画只能称为简单动画，这主要是因为其只具备画面而不能加入声音，且观众只能以固定方式观看。但简单并不代表简陋，Photoshop 仍然具备自己的独特优势，如图层样式动画就可以很容易地做出一些其他软件很难实现的精美动画细节。

我们主要按照以下几大步骤来完成倒计时与 3D 动画效果：

（1）安装液晶字体；

（2）制作液晶数字；

（3）“动画”面板操作；

（4）动画的导出；

（5）3D 动画的制作；

（6）3D 动画视频的导出。

## 方法与步骤

### 1. 安装液晶字体

将液晶字体文件 digifaw.ttf 复制到 C:\WINDOWS\Fonts 系统字体文件夹下，即可完成字体安装。

> 注意：此字体安装完成后的名称为 DigifaceWide。

### 2. 制作液晶数字

（1）按【Ctrl+N】组合键，新建文件。文件名称为“液晶数字”，宽度为 400，高度为 400，单位为像素，分辨率为 72，颜色模式为 RGB，单击“确定”按钮，如图 6-3-1 所示。

（2）按【D】键，恢复默认前景色/背景色，单击选中工具栏上的“文字工具”，在属性栏中设置参数，字体为 DigifaceWide，字体大小为“180 点”，并输入数字“88”，如图 6-3-2 所示。

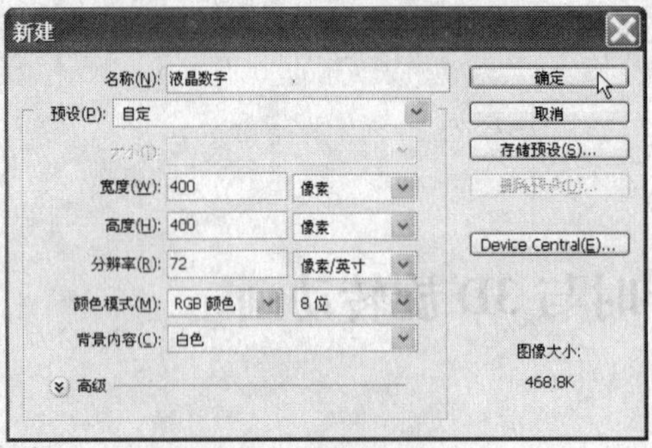


图 6-3-1 新建文件

图 6-3-2 输入数字“88”

（3）复制文本图层“88”为“88 副本”图层，并将文本图层“88”的“不透明度”改为 20%，如图 6-3-3 所示。

（4）在“88 副本”图层的缩略图上双击，进入文本编辑状态，输入数字“10”，退出文本编辑状态，如图 6-3-4 所示。

（5）与此类似，完成文本图层“09”到“00”的处理，如图 6-3-5 所示。

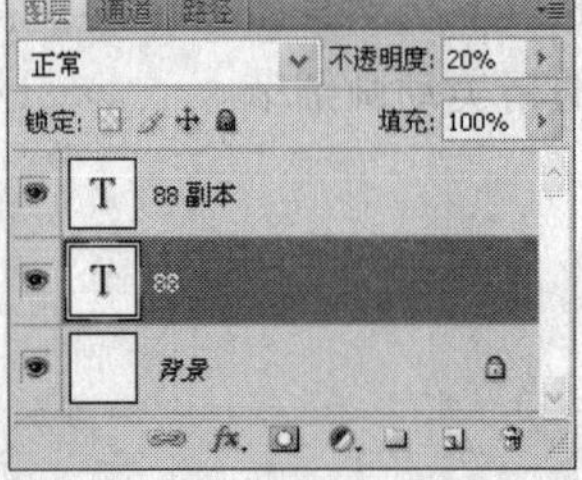


图 6-3-3 复制文本图层“88”

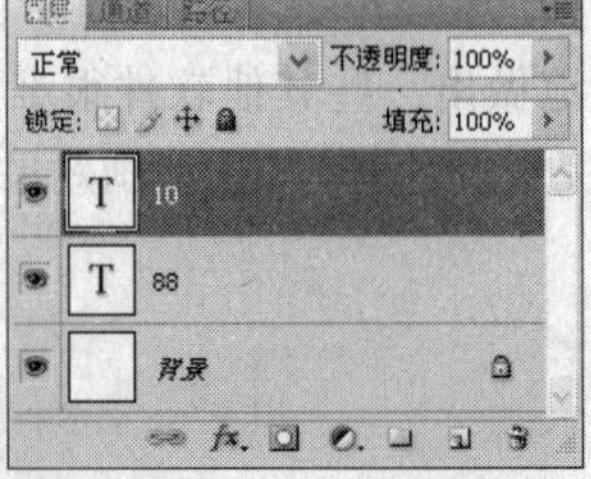


图 6-3-4 更改文本图层内容

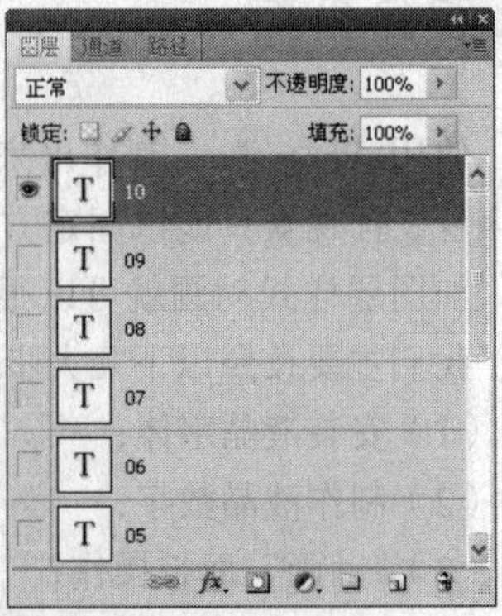


图 6-3-5 完成多个文本图层

### 3. “动画”面板操作

（1）选择“窗口”→“动画”菜单命令，弹出“动画”面板，如图 6-3-6 所示。

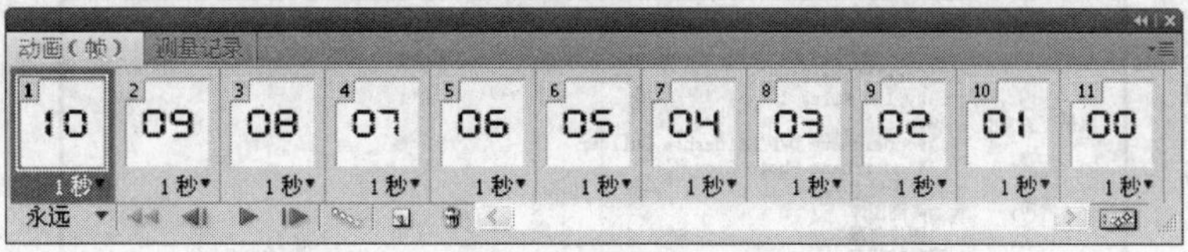


图 6-3-6 “动画（帧）”面板界面

（2）在“动画”面板上，帧标签下方可以设置帧延时时间，此处选择 1 秒，如图 6-3-7 所示。

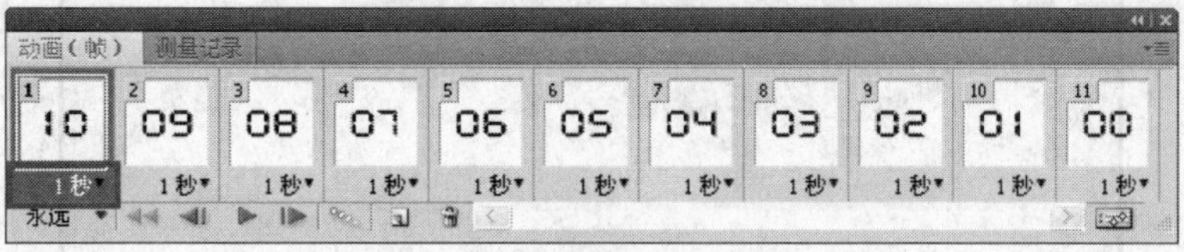


图 6-3-7 设置帧延时时间

（3）在“动画”面板上单击下方的“播放”按钮，进行动画测试，如图 6-3-8 所示。

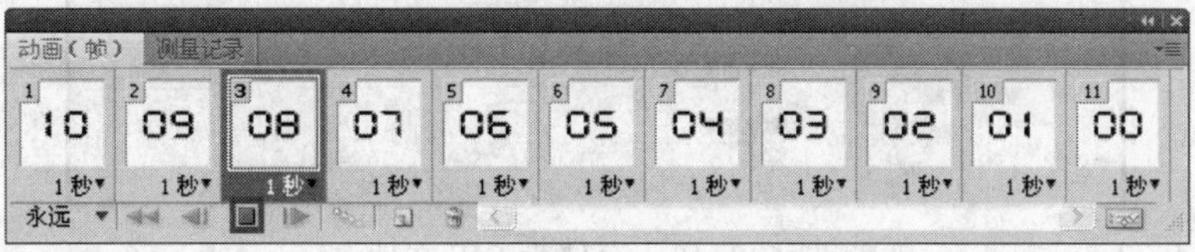


图 6-3-8 帧播放测试

### 4. 动画的导出

“动画”面板中播放测试成功，并不是目的，因为它并不能自动生成动画文件，需要经过导出才能生成动画文件。

（1）选择“文件”→“存储为 Web 和设备所用格式”菜单命令，在弹出的对话框中单击“存储”按钮，如图 6-3-9 所示。

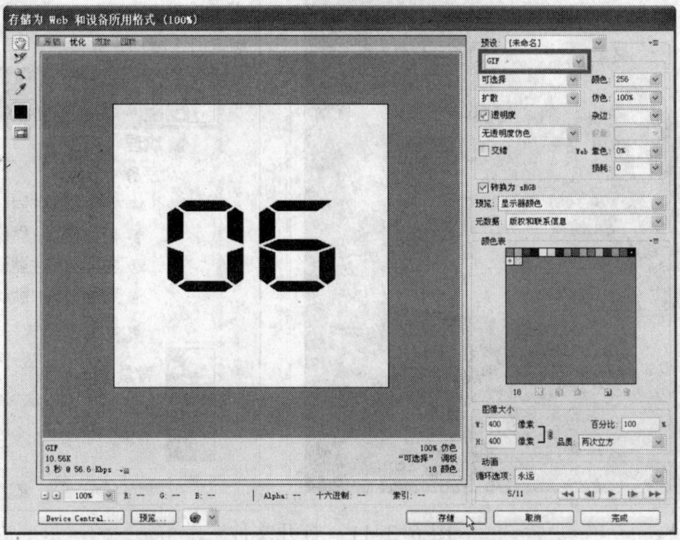


图 6-3-9 存储为 Web 和设备所用格式

（2）设置文件名为“液晶数字”，其他参数默认，单击“保存”按钮，如图 6-3-10 所示。

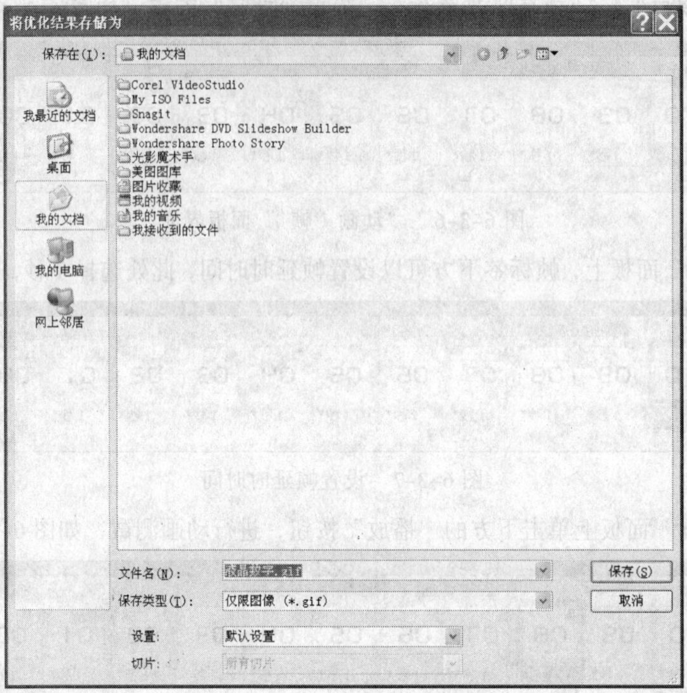


图 6-3-10　存储为 GIF 文件

5. 3D 动画的制作

（1）按【Ctrl+O】组合键，打开“沙丘金字塔.psd”文件，如图 6-3-11 所示。

> **提示：**“沙丘金字塔.psd”图像制作见单元五任务一。

图 6-3-11　打开文件

（2）选择“窗口”→“动画”菜单命令，弹出“动画”面板，如图 6-3-12 所示。

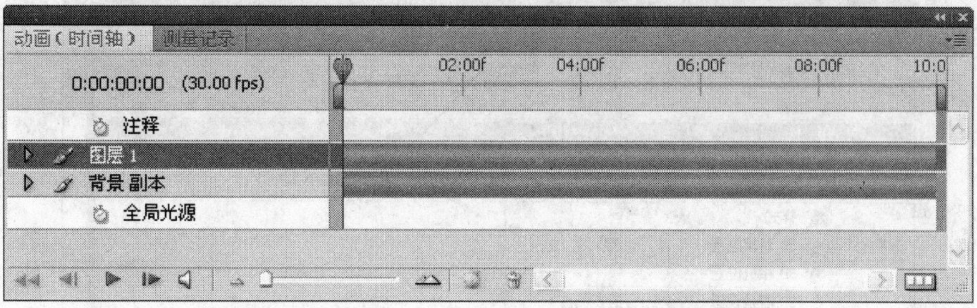


图 6-3-12　“动画（时间轴）”面板界面

（3）单击“动画”面板“图层 1”左侧的小三角，展开“图层 1”所属的动画选项，如图 6-3-13 所示。

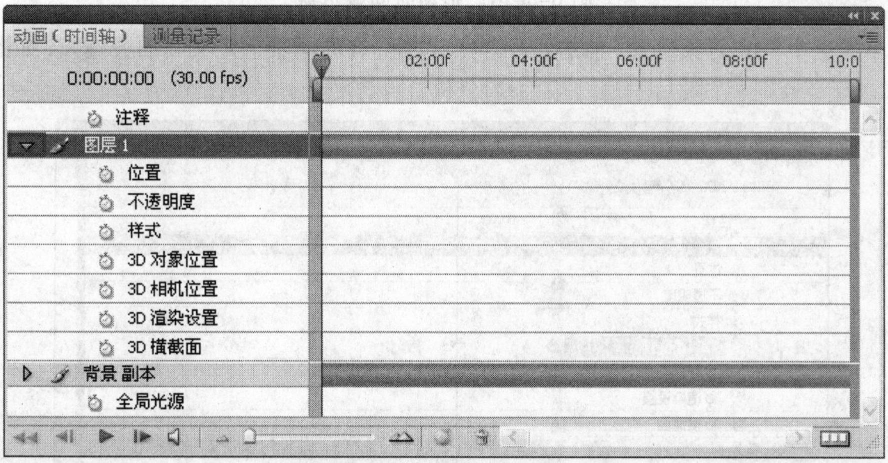


图 6-3-13　展开“图层 1”选项

（4）单击“3D 对象位置”前的秒表选项，自动生成一个关键帧，如图 6-3-14 所示。

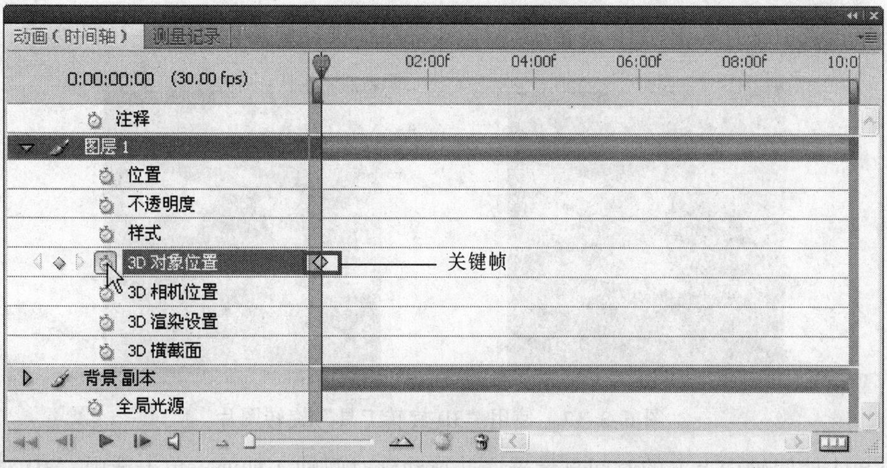


图 6-3-14　第 0 秒关键帧

（5）单击时间轴中上方的时间显示器，并拖动到时间轴 2 秒处，如图 6-3-15 所示。

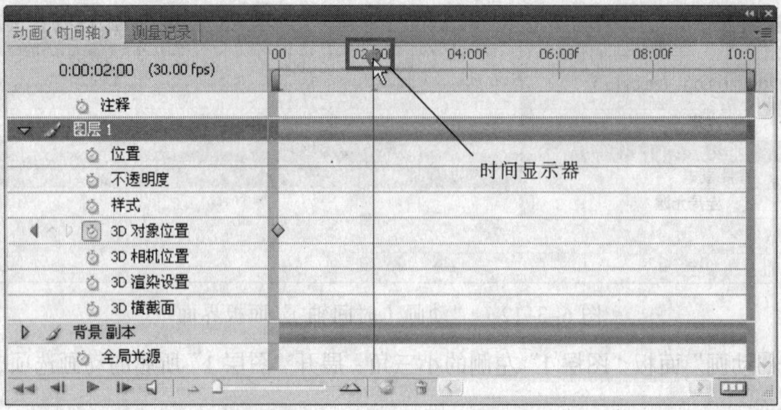


图 6-3-15　拖动时间显示器

（6）单击选中“3D 对象位置”前的“关键帧”按钮，在时间轴上定义新的关键帧，如图 6-3-16 所示。

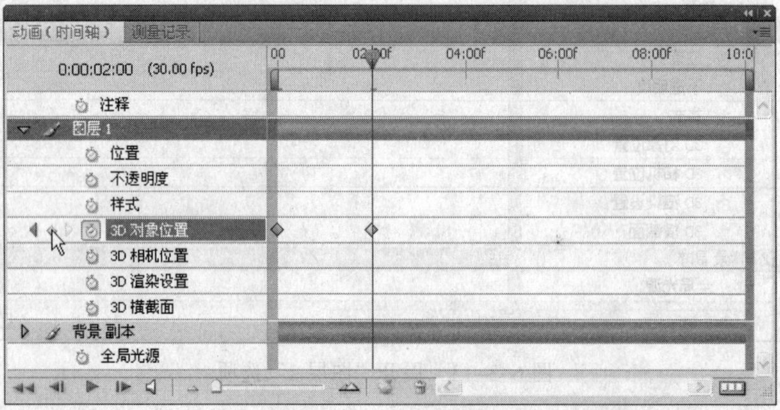


图 6-3-16　第 2 秒关键帧

（7）单击选中工具栏中“3D 旋转工具”，并将图片进行旋转，如图 6-3-17 所示。

图 6-3-17　使用“3D 旋转工具”旋转图片

（8）单击时间轴中上方的时间显示器，并拖动到时间轴 4 秒处。单击选中“3D 对象位置”前的“关键帧”按钮，在时间轴上定义新的关键帧，如图 6-3-18 所示。

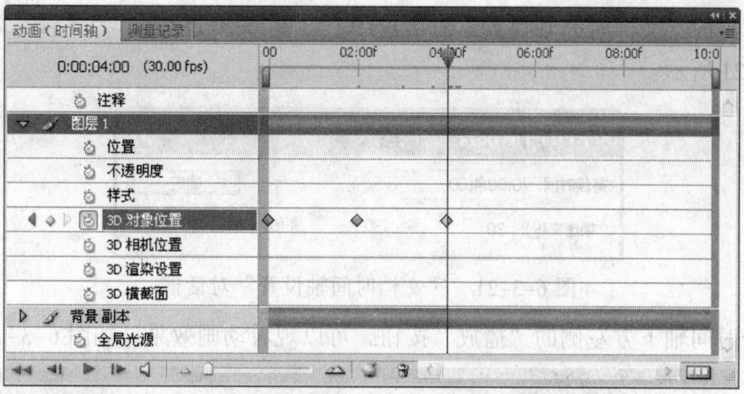


图 6-3-18　第 4 秒关键帧

（9）单击选中工具栏中“3D 旋转工具”，并将图片进行旋转，如图 6-3-19 所示。

图 6-3-19　使用“3D 旋转工具”继续旋转图片

（10）单击时间轴右上方的小三角按钮，弹出下拉菜单，选中“文档设置”选项，如图 6-3-20 所示。

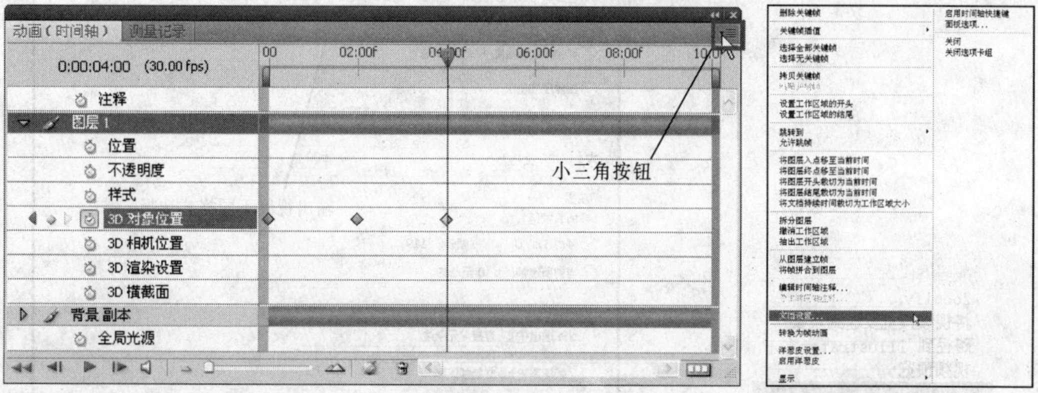


图 6-3-20　打开下拉菜单

（11）在弹出的“文档时间轴设置”对话框中，设置“持续时间”为 4 秒，单击“确定”按钮，如图 6-3-21 所示。

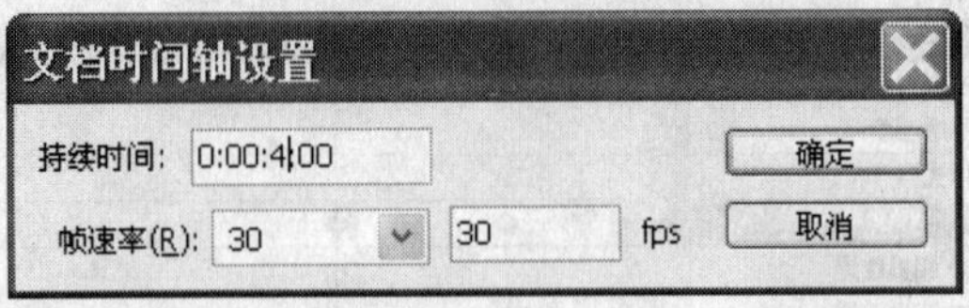


图 6-3-21 “文档时间轴设置”对话框

（12）单击时间轴下方左侧的“播放”按钮，可以观看动画效果，如图 6-3-22 所示。

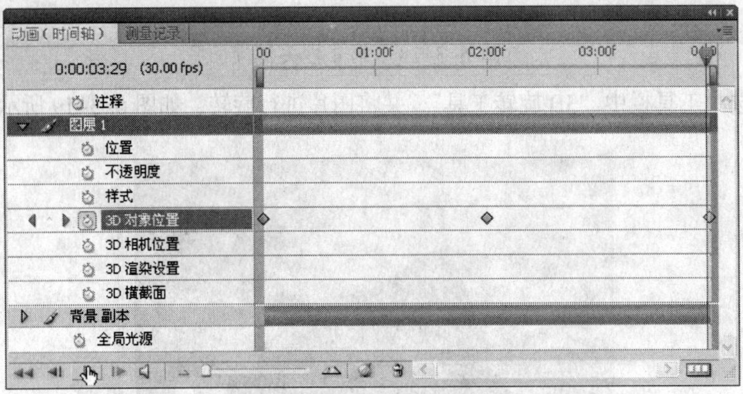


图 6-3-22 单击“播放”按钮

6. 3D 动画视频的导出

“动画”面板中播放测试成功，就可以通过导出功能生成所需要的视频格式。

（1）选择“文件”→“导出”→“渲染视频”菜单命令，如图 6-3-23 所示。

（2）在“渲染视频”对话框中进行参数设定，单击“渲染”按钮，如图 6-3-24 所示。

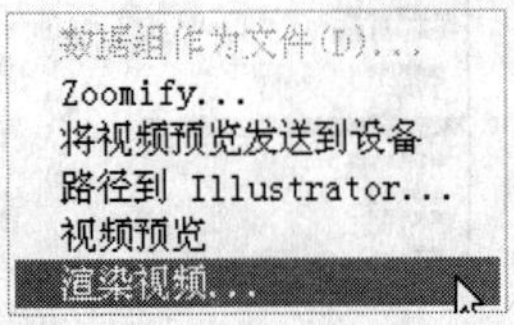


图 6-3-23 “渲染视频”菜单命令

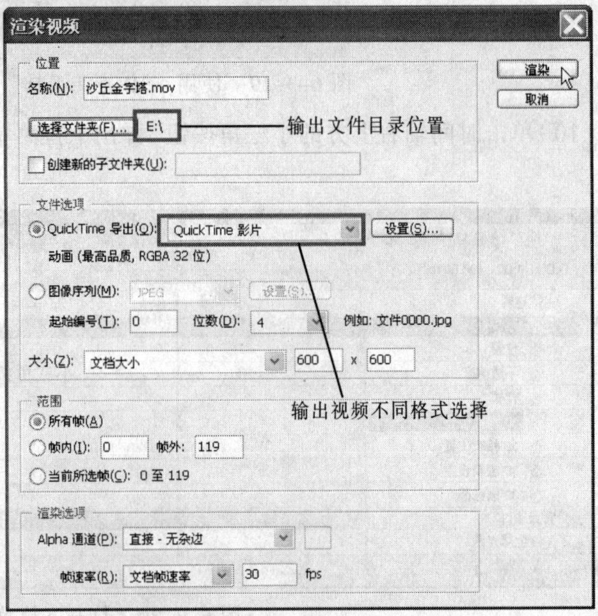


图 6-3-24 “渲染视频”对话框

（3）渲染输出后的视频文件由于选择的输出格式不同，文件大小、分辨率都不同，如图 6-3-25 所示。

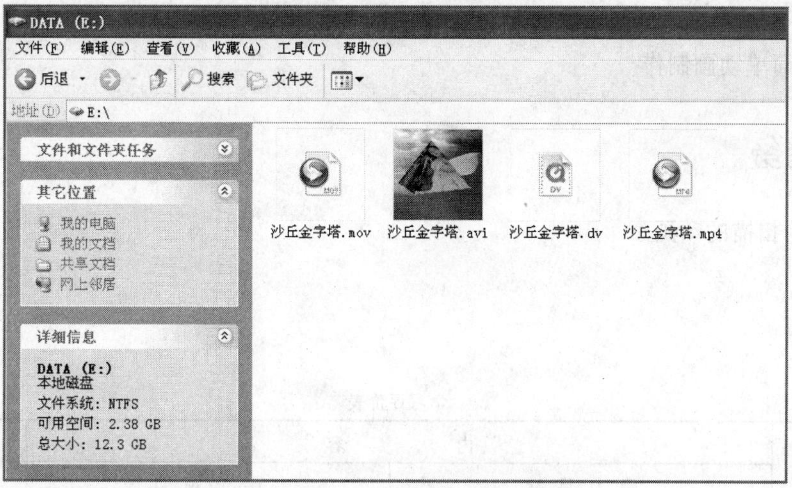


图 6-3-25　渲染输出后的视频文件

## 相关知识与技能

### 1. ImageReady 简介

Adobe ImageReady 刚诞生时是作为一个独立的动画编辑软件发布的，直到 Photoshop 升级到 5.5 版本的时候，Adobe 公司才将升级到 2.0 版本的 ImageReady 与其捆绑在一起，搭配销售，弥补 Photoshop 在动画编辑以及网页制作方面的不足。ImageReady 具备 Photoshop 中常用的图像编辑功能，又提供包含了大量网页和动画的设计制作工具，功能强大并非常实用。

Photoshop CS 发布的时候，ImageReady 一下子就同步升级到了 CS，随着 Adobe CS2 套件的发布，ImageReady 也一同升级成为崭新的 ImageReady CS2。

ImageReady 在 Photoshop CS3 中就被舍弃掉了，但 Photoshop 中新增加的“动画”面板从功能上来说就是 ImageReady 的翻版。

### 2.“存储为”和“存储为 Web 和设备所用格式”的不同

“文件”→“存储为”和“文件”→“存储为 Web 和设备所用格式”这两种保存方式都可以输出 JPEG 格式图片，但两种方式在 JPEG 压缩质量的选项、灵活度和表现上有所区别。

（1）“存储为 Web 和设备所用格式”命令能把图像文件压缩到指定的大小，或者想要在设定图像质量时能有交互的反馈使用。多在创建网页使用的图像，或者想尽可能地优化图像文件的体积时使用。也多在和他人分享图片，但不希望别人知道拍摄照片的时间日期等，比如用于图片库或需要保护隐私时使用。

（2）“存储为”命令是用户输出最终图像文件的标准方式，因此打开的对话框中有输出多种文件格式的选择。这种保存方式没有为低速数据传输方式（例如互联网）优化文件，保存的图像文件中包含了附加信息，因此文件体积较大。这些附加数据的体积可能接近 40 KB。多用于和他人分享图片，而且希望别人知道拍摄照片的时间日期等。

## 技能训练

1. 掌握“动画”面板。
2. 掌握简单动画制作。

## 完成任务

完成雷达扫描的动画。

## 评 价

学习评价表

| 项目 | 内容 | | 评价 | | |
|---|---|---|---|---|---|
| | 能力目标 | 评价项目 | 3 | 2 | 1 |
| 职业能力 | 能简单使用“动作”面板 | 能删除动作 | | | |
| | | 能载入动作 | | | |
| | 能熟练使用“动作”面板 | 能录制动作 | | | |
| | | 能删、改动作 | | | |
| | 能掌握批处理 | 能创建批处理 | | | |
| | | 能灵活制作批处理 | | | |
| | 能简单使用“动画”面板 | 能使用“动画”面板 | | | |
| | | 能创作简单动画 | | | |
| | 能熟练创作动画 | 能创建特效动画 | | | |
| | | 能输出动画 | | | |
| 通用能力 | 能清楚、简明地发表自己的意见与建议 | | | | |
| | 能服从分工，自动与他人共同完成任务 | | | | |
| | 能关心他人，并善于与他人沟通 | | | | |
| | 能协调好组内的工作，在某方面起到带头作用 | | | | |
| | 积极参与任务，并对任务的完成有一定贡献 | | | | |
| | 对任务中的问题有独特的见解，带来良好效果 | | | | |
| 综合评价 | | | | | |

# 单元七

## 制作拼图游戏——与 Flash 的强强合作

Flash 最初是 Macromedia 公司出品的一款多媒体动画制作软件。

Flash 的主要特点是使用矢量图形和流式播放技术。矢量图形可以任意缩放尺寸而不影响图形的质量；流式播放技术使得动画可以边播放边下载。另外，Flash 生成的动画文件非常小，用在网页设计上不仅可以使网页更加生动，而且下载迅速，使得动画可以在打开网页很短的时间里就得以播放。

| | |
|---|---|
| 学习目标 | ☑ 灵活运用外挂滤镜。<br>☑ 初步掌握 Flash CS4 的脚本语言。 |

本章将利用 Photoshop CS4 的图层特性结合 Flash CS4 Professional 的脚本特性来制作完成一个拼图游戏。

制作拼图游戏是通过“Photoshop 处理素材图片”、“ Flash 导入素材图片”、“完成拼图游戏”、“输出可执行文件” 四项任务来完成的。

## 任务一　Photoshop 处理素材图片

### 任务描述

Flash功能很强大,但其更多是表现在交互方面,在位图图像处理方面,还是不能同Photoshop相比的。

本章将利用 Photoshop CS4 及其外挂滤镜 AV Bros. Puzzle Pro 实现素材的拼图分层输出。通过本次学习将掌握有关 AV Bros.Puzzle Pro 滤镜的使用, 从而能够学会根据处理目的灵活使用工具的技巧。

该任务完成后的图像效果，如图 7-1-1 所示。

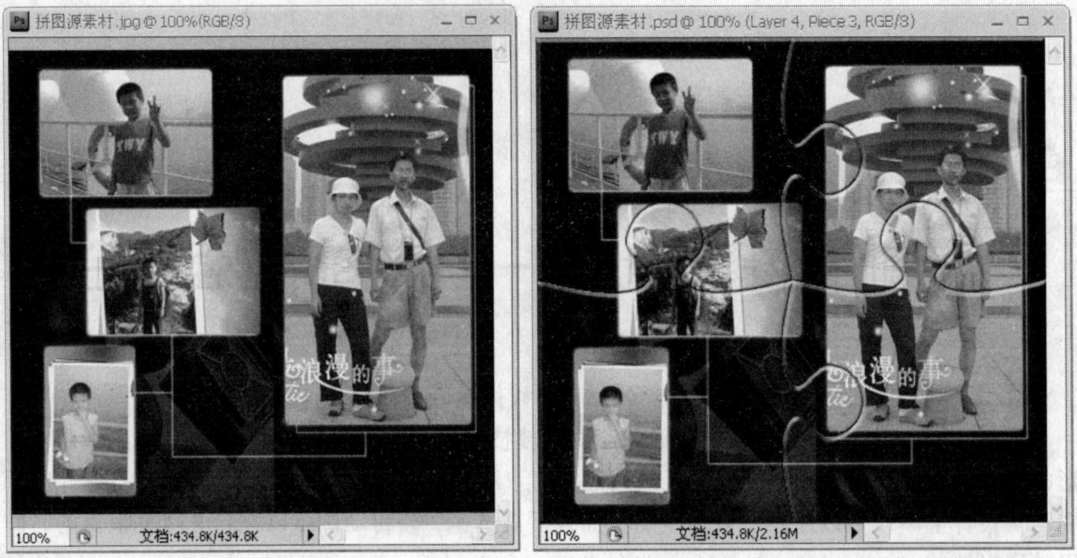


图 7-1-1 “拼图”效果

## 任务分析

Photoshop 本身虽然也可以制作拼图效果，但比较烦琐，不如外挂滤镜方便，所以我们直接使用外挂拼图滤镜。著名的 Xenofex 中也有拼图效果滤镜，但是其拼图过于死板，而且不能把其中的一块或者几块拼图单独取出来。

AV Bros.Puzzle Pro 是一个 Photoshop 经典滤镜，能在图像文件中增加拼接的效果，非常方便地做出拼图效果。新版 2.0 与旧版相比，增加了许多原来要在 Photoshop 里面才可以调整的参数的面板，使得 AV Bros.Puzzle Pro 功能变得空前的强大!

AV Bros.Puzzle Pro 功能上提供对各要素的精确调整，例如拼块的外形、斜面、透明度、模糊度等。也能将拼块隐藏起来或储存所选择的拼块，将它存成 PSD 文件格式（支持分层）。

我们可以按照以下几大步骤来完成所需要的素材处理：

（1）打开素材文件并使用拼图滤镜；

（2）分层输出 PSD 文件。

## 方法与步骤

### 1. 打开素材文件并使用拼图滤镜

（1）运行 Photoshop CS4 程序，按【Ctrl+O】组合键，打开“使用素材”目录下的“拼图源素材.jpg”文件，如图 7-1-2 所示。

（2）选择“滤镜”→“AV Bros”→“AV Bros.Puzzle Pro 2.0”菜单命令，在弹出的面板中设置参数，使用默认值。单击“CUT”按钮，如图 7-1-3 所示。

> **注意：**这是一个外挂滤镜，需要安装后才能使用。

图 7-1-2　打开素材文件

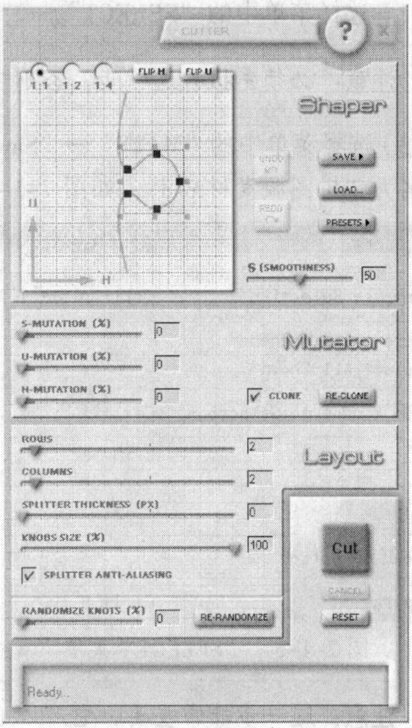


图 7-1-3　“拼图”滤镜界面

## 2. 分层输出 PSD 文件

（1）拼图滤镜效果预览界面，如图 7-1-4 所示。

图 7-1-4　拼图滤镜效果预览界面

（2）选择菜单中的“SELECT”→“Select All”菜单命令，如图 7-1-5 所示。

> 注意：必须先执行这一步，否则下一步无法执行。

（3）选择菜单中的“MAIN”→“Save Selected Pieces As PSD”菜单命令，保存为 PSD 文件，文件名为“拼图源素材.psd”，如图 7-1-6 所示。

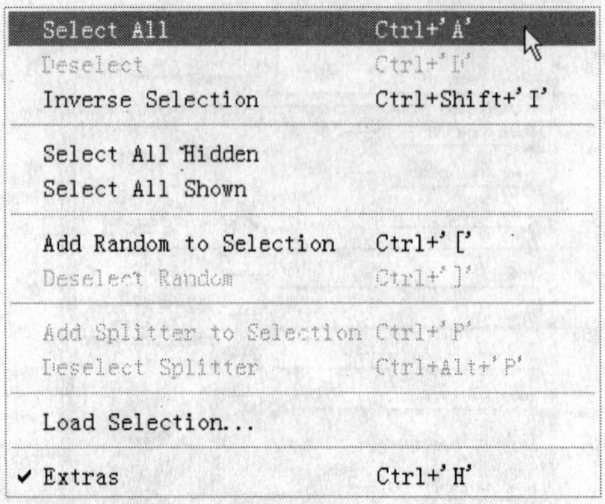


图 7-1-5 “SELECT”菜单

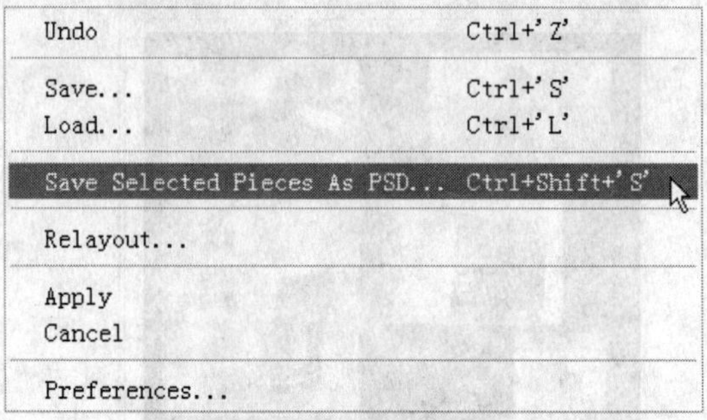


图 7-1-6 “MAIN”菜单

> 注意：这一步非常重要，它可以自动输出独立的拼图部分。

（4）单击“APPLY”按钮，应用该滤镜，之后就可以关闭当前打开的文件了，如图 7-1 -7 所示。

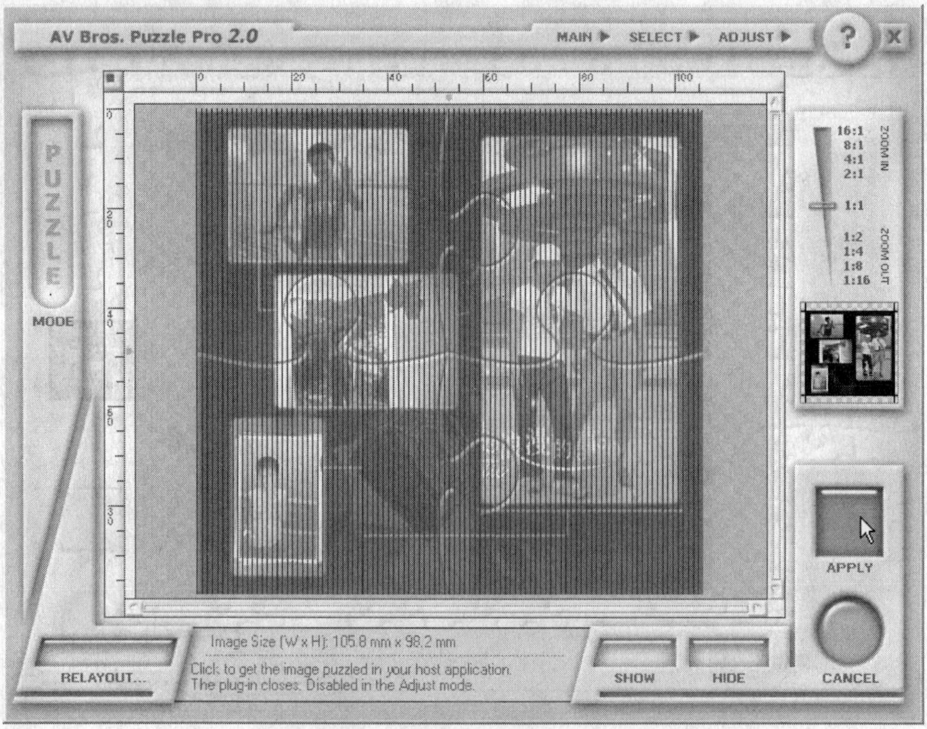


图 7-1-7 应用“拼图”滤镜

**提示：** 这一步骤无论是否应用滤镜都不重要。是否保存更改也不重要，关闭该文件即可。

（5）按【Ctrl+O】组合键，打开“拼图源素材.psd”文件，如图 7-1-8 所示。

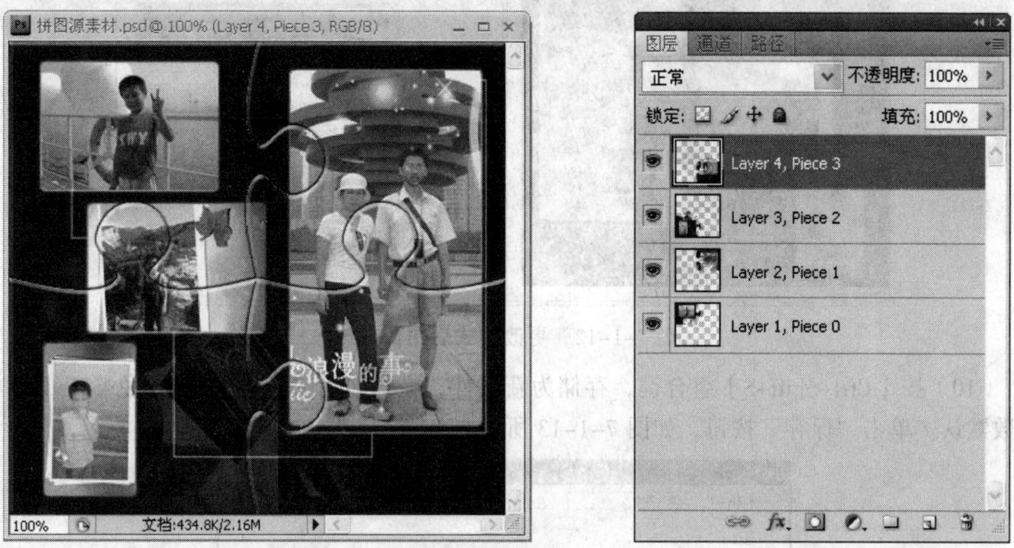


图 7-1-8　打开新保存的素材文件

**提示：** 图像分割的每一部分都是独立的层。

（6）选择“图像”→“模式”→“灰度”菜单命令，在弹出的对话框中单击“不合并”按钮，如图 7-1-9 所示。

（7）在弹出的“信息”对话框中单击“扔掉”按钮，如图 7-1-10 所示。

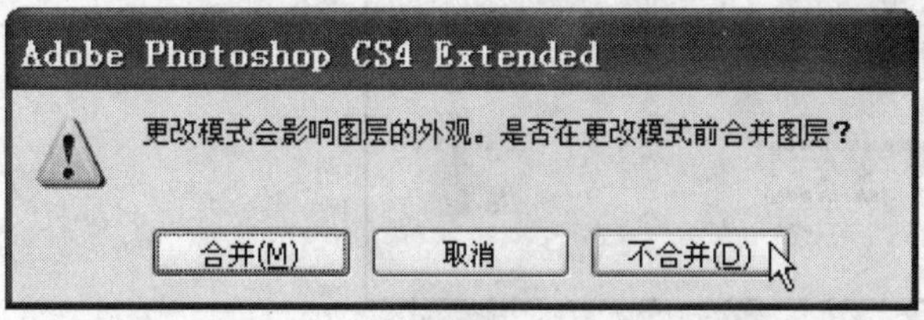


图 7-1-9　转换为“灰度”模式

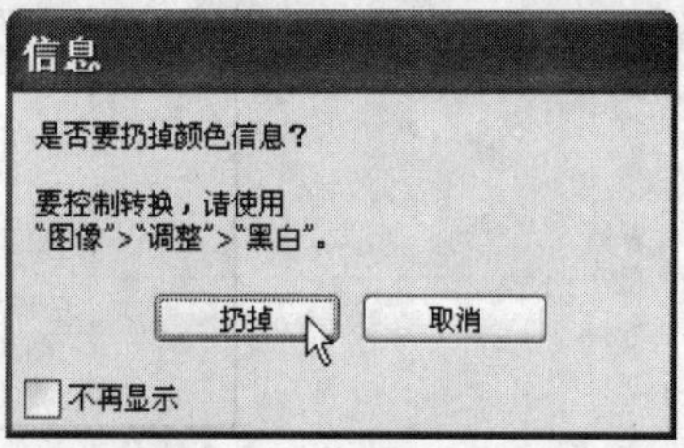


图 7-1-10　扔掉颜色信息

（8）选择“图像”→“模式”→“RGB”菜单命令，在弹出的对话框中单击“不合并”按钮，如图 7-1-11 所示。

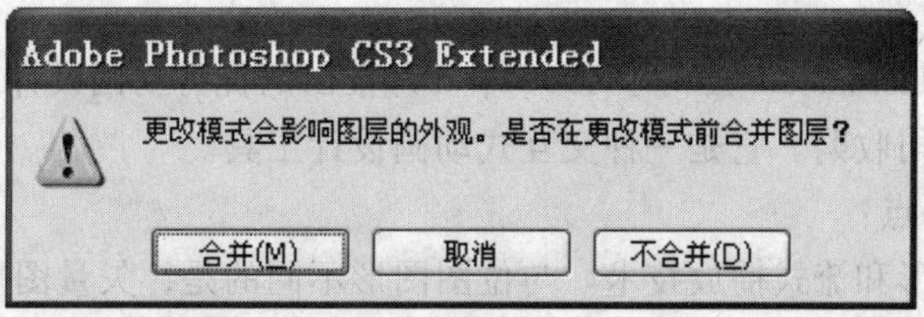


图 7-1-11　转“RGB”模式

（9）更改模式后的图像效果，如图 7-1-12 所示。

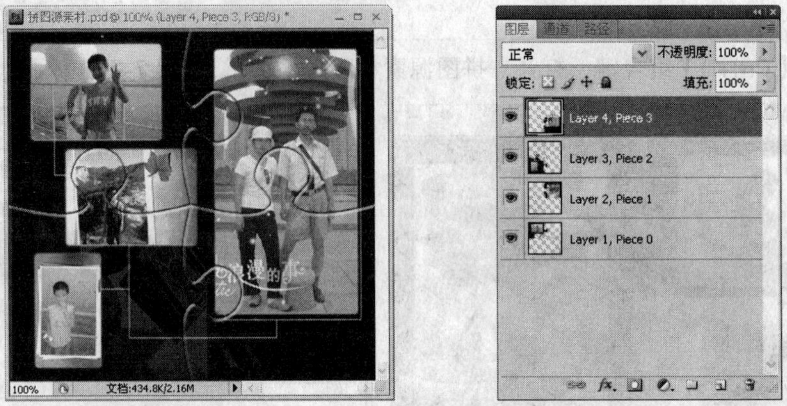

图 7-1-12　更改模式后图像效果

（10）按【Ctrl+Shift+S】组合键，存储为新文件，文件名为拼图源文件-无色彩.psd，其他参数默认。单击“保存”按钮，如图 7-1-13 所示。

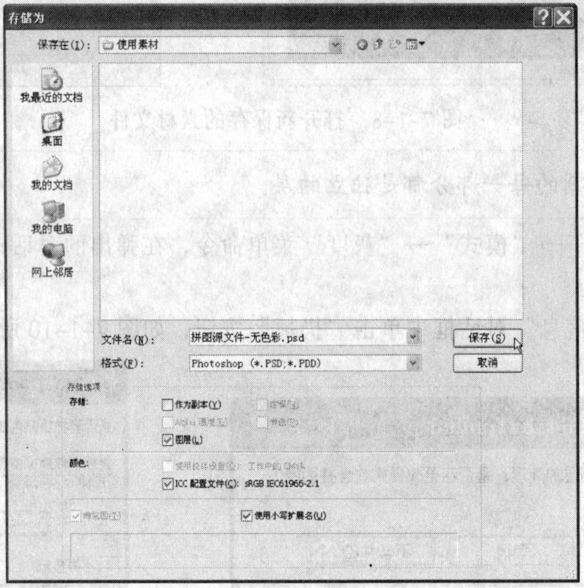

图 7-1-13　存储文件

## 相关知识与技能

### 1. Flash 简介

Flash 是美国的 Macromedia 公司于 1999 年 6 月推出的优秀动画设计软件，目前 Macromedia 公司已经被 Adobe 公司收购。它是一种交互式动画设计工具。

Flash 软件自身特点：

（1）使用矢量图形和流式播放技术。与位图图形不同的是，矢量图形可以任意缩放尺寸而不影响图形的质量；流式播放技术使得动画可以边播放边下载，从而缓解了网页浏览者焦急等待的情绪。

（2）通过使用关键帧和图符使得所生成的动画（.swf）文件非常小，几 KB 的动画文件已经可以实现许多令人心动的动画效果，用在网页设计上不仅可以使网页更加生动，而且小巧玲珑下载迅速，使得动画可以在打开网页很短的时间里就得以播放。

（3）把音乐、动画、声效、交互方式融合在一起，并且能创作出许多令人叹为观止的动画（电影）效果。

（4）多样的文件导入导出格式。Flash 支持多样的文件导入导出，不仅可以输出.fla 动画格式，还可以.avi、.gif、.html、.mov 和可执行文件.exe 等多种文件格式输出。即便用户不会使用相关软件也一样可以用 Flash 解决。Flash 支持导入的文件格式，大部分的位图图像格式和矢量图图像格式都可以在 Flash 中导入，还有音乐文件，Flash 支持 MP3 的导入和输出。

（5）强大的动画编辑功能使得设计者可以随心所欲地设计出高品质的动画，通过 ACTION 和 FS COMMAND 可以实现交互性，使 Flash 具有更大的设计自由度，另外，它与当今最流行的网页设计工具 Dreamweaver 配合默契，可以直接嵌入网页的任一位置，非常方便。

目前 Flash 的最高版本号是 CS5。Flash Professional 的默认工作界面，如图 7-1-14 所示。

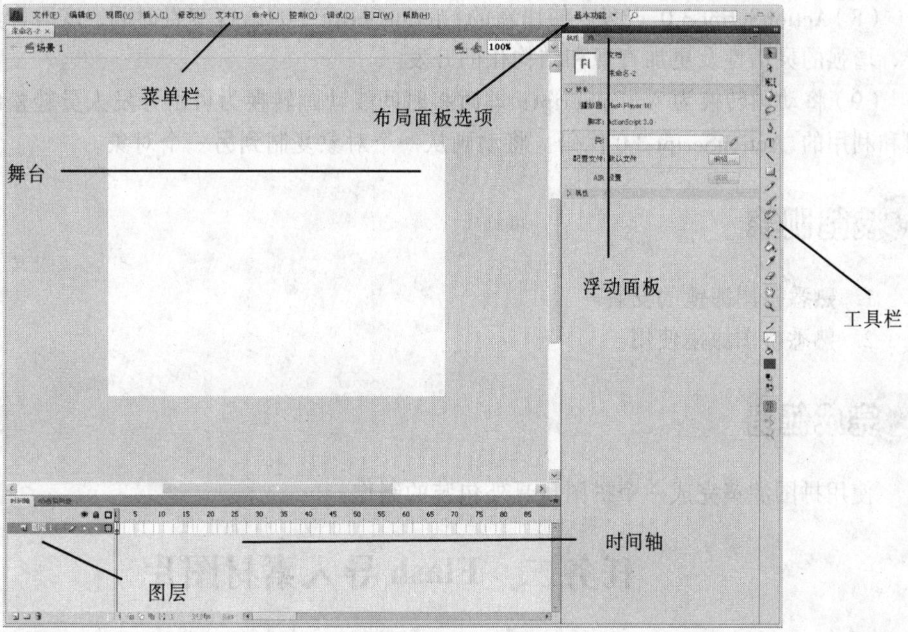


图 7-1-14　Flash Professional 工作界面

2. Adobe Flash CS4 Professional 新特性

Flash CS4 Professional 是 Adobe 公司合并 Macromedia 公司后推出的。

Adobe Flash CS4 Professional 软件用于为数码、Web 和移动平台创建丰富的交互式内容的最高级创作环境，创建交互式网站、丰富媒体广告、指导性媒体、引人入胜的演示和游戏等。可用于 Microsoft Windows 并可作为适用于 Mac 的通用二进制应用程序。

（1）Adobe Photoshop 和 Illustrator 导入：在保留图层和结构的同时，导入 Photoshop（PSD）和 Illustrator（AI）文件，然后在 Flash CS4 中编辑它们。使用高级选项在导入过程中优化和自定义文件。

（2）基于对象的动画：使用基于对象的动画对个别动画属性实现全面控制，它将补间直接应用于对象而不是关键帧。使用贝赛尔手柄轻松更改运动路径。

（3）基于帧的时间线：使用传统动画原则所倡导的易于使用的、高度可控制的、基于帧的时间线，快速为作品添加动感。

（4）3D 转换：借助令人兴奋的全新 3D 平移和旋转工具，通过 3D 空间为 2D 对象创作动画,可以沿 $x$、$y$、$z$ 轴创作动画。将本地或全局转换应用于任何对象。但非真正意义上的 3D，层的位置关系其显示问题（处于顶层的图形不会因为 3D 旋转而到达底部）。

（5）反向运动与骨骼工具：使用一系列链接对象创建类似于链的动画效果，或使用全新的骨骼工具扭曲单个形状。

（6）使用 Deco 工具和喷涂刷实现程序建模：将任何元件转变为即时设计工具。以各种方式应用元件：使用 Deco 工具快速创建类似于万花筒的效果并应用填充，或使用喷涂刷在定义区域随机喷涂元件。

（7）动画编辑器：使用全新的动画编辑器体验对关键帧参数的细致控制，这些参数包括旋转、大小、缩放、位置和滤镜等。使用图形显示以全面控制轻松实现调整。

（8）ActionScript 3.0 开发：使用新的 ActionScript 3.0 语言节省时间，该语言具有改进的性能、增强的灵活性及更加直观和结构化的开发。

（9）将动画转换为 ActionScript：即时将时间线动画转换为可由开发人员轻松编辑、再次使用和利用的 ActionScript 3.0 代码。将动画从一个对象复制到另一个对象。

### 技能训练

1. 熟悉拼图滤镜的安装。
2. 熟悉拼图滤镜使用。

### 完成任务

使用拼图滤镜完成一个拼图玩具外包装的制作。

## 任务二　Flash 导入素材图片

### 任务描述

Adobe Flash CS4 Professional 中可以导入保留图层的本地 Photoshop 文件。每个图层都将提供自己的一组导入选项——这些选项可用来保持文本和路径的可编辑性，将图层转换为自己的影片剪辑或将其转换为位图等。

本次任务是在 Flash CS4 中，借助“导入”功能实现拼图素材的整体及分层导入。

### 任务分析

与 Flash 中的工具相比，Photoshop 的绘画和选取工具提供了更高程度的创造性控制。如果需要创建复杂的视觉图像或修饰照片以便在互动演示文稿中使用，一般都是在 Photoshop 中来创建插图，然后将完成的图像导入 Flash。

导入素材图片通过以下几个步骤完成：

（1）新建图像文件；

（2）置入素材图片。

## 方法与步骤

### 1. 新建图像文件

（1）启动 Flash CS4，在启动“新建”界面中，单击“Flash 文件（ActionScript 3.0）”选项，完成文件新建，如图 7-2-1 所示。

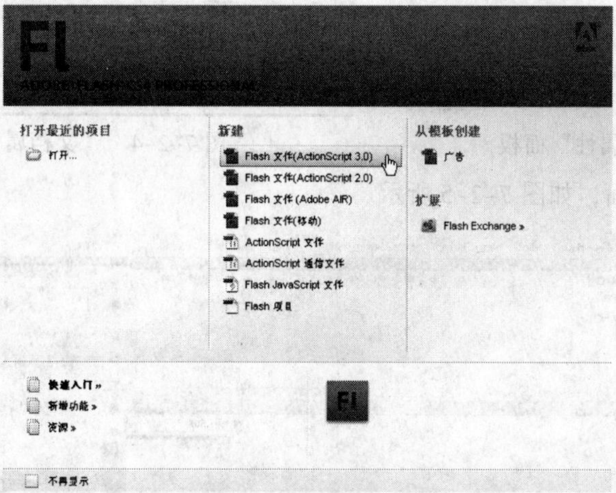


图 7-2-1　新建文件

（2）单击菜单栏右上方“基本功能”下拉菜单，单击选中“传统”选项，布局界面会发生变化，如图 7-2-2 所示。

图 7-2-2　改变布局界面

（3）单击“属性”面板中的“编辑”按钮，如图 7-2-3 所示。

（4）在弹出的“文档属性”对话框中，设置尺寸，宽为 1024 像素，高为 768 像素。单击“确定”按钮，如图 7-2-4 所示。

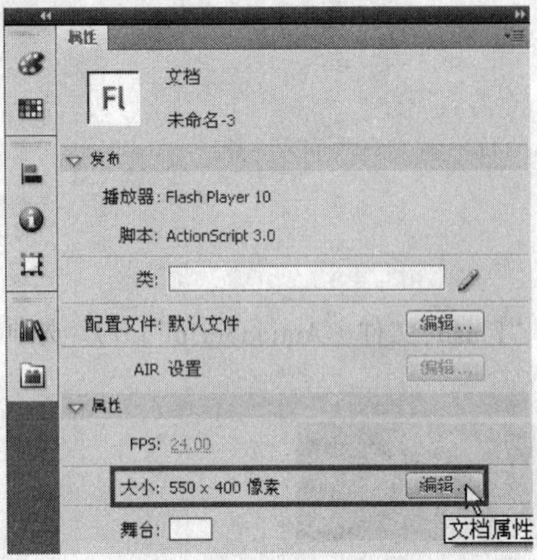


图 7-2-3 “属性”面板

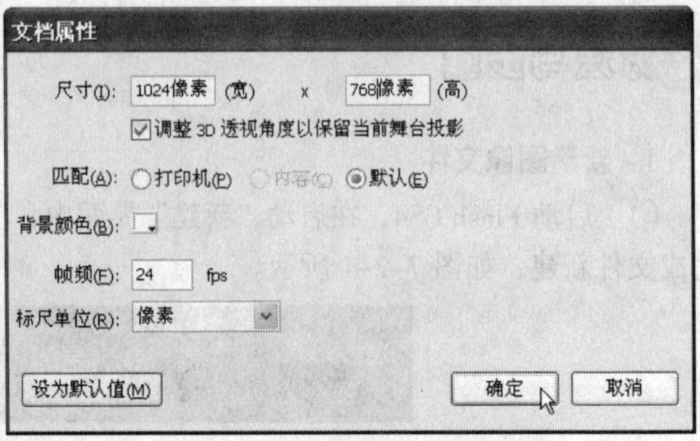


图 7-2-4 “文档属性”对话框

（5）新建文件界面，如图 7-2-5 所示。

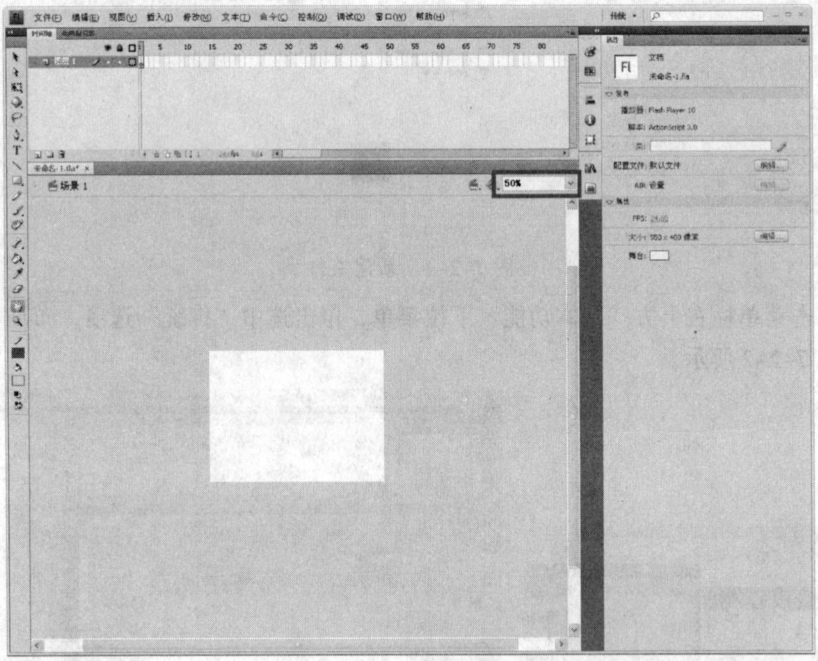

图 7-2-5 新建文件界面

**提示**：显示比例为 50%比较容易进行元件布局，具体与显示器尺寸、分辨率有关。

### 2. 置入素材图片

（1）选择“文件”→“导入”→“导入到库”菜单命令，在弹出的对话框中选中“拼图源素材.psd”、“拼图源素材-无色彩.psd” 2 个文件，单击“打开”按钮，如图 7-2-6 所示。

（2）在弹出的对话框当中，使用默认值即可。单击“确定”按钮，如图 7-2-7 所示。

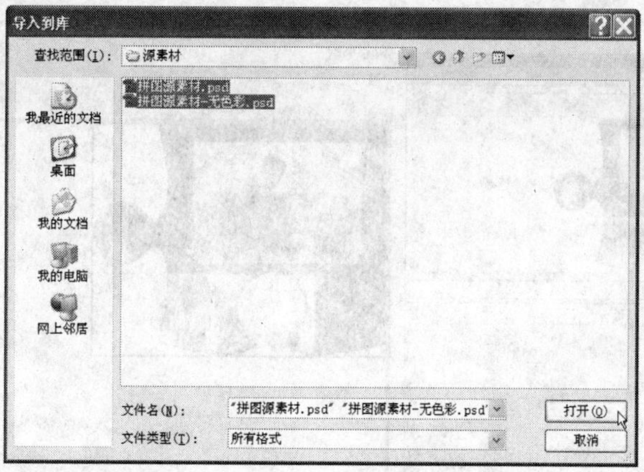

图 7-2-6　将选定的文件导入到库

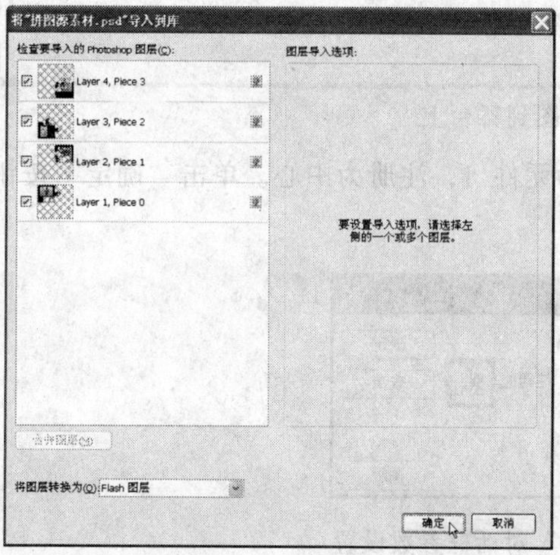

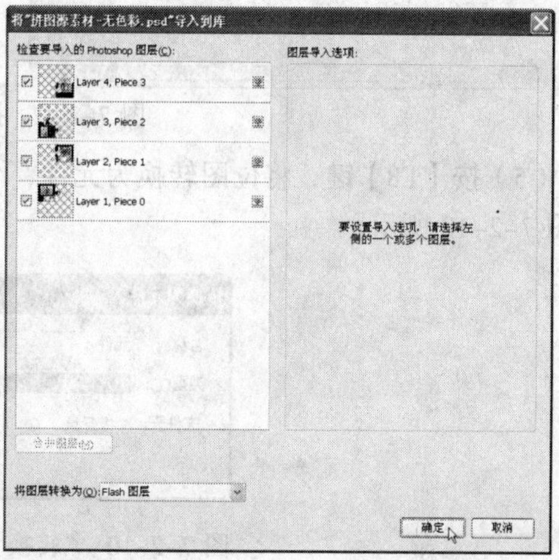

图 7-2-7　图层导入选项

（3）按【Ctrl+L】组合键，打开“库”面板，如图 7-2-8 所示。

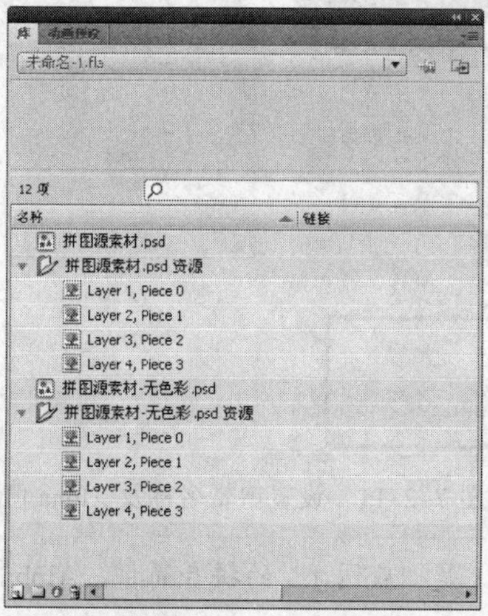

图 7-2-8　打开“库”面板

（4）单击选中“拼图源素材-无色彩.psd 资源”文件夹下的“Layer1”，拖放到舞台上，如图 7-2-9 所示。

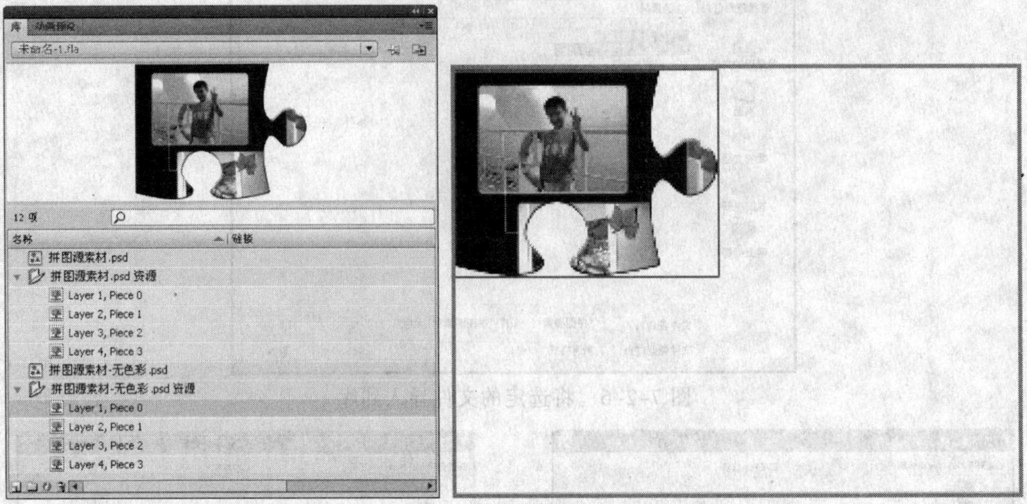


图 7-2-9　拖放位图到舞台上

（5）按【F8】键，将位图转换为元件，名称为元件 1，注册为中心。单击“确定”按钮，如图 7-2-10 所示。

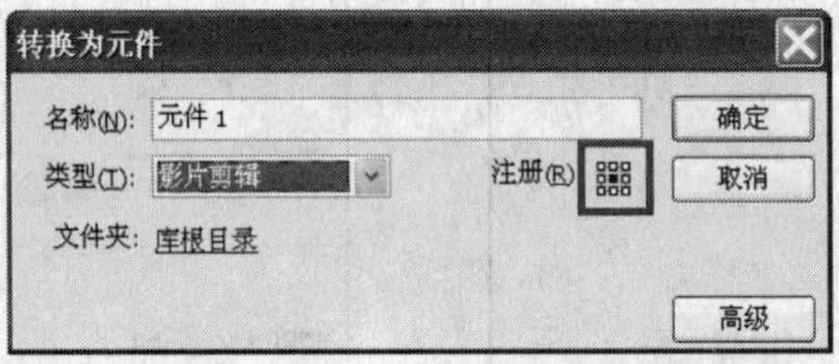


图 7-2-10 “转换为元件”对话框参数设置

（6）在属性栏中设置影片剪辑名称为 dt1，Alpha 值为 20%，如图 7-2-11 所示。

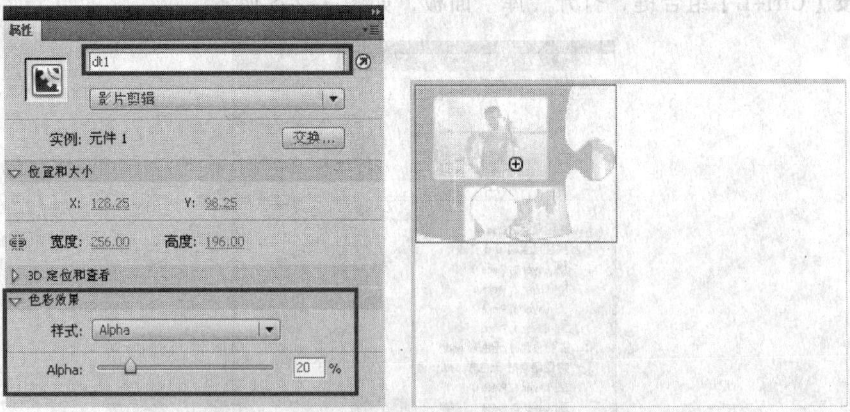


图 7-2-11　设置剪辑名称及 Alpha 值

**提示：**影片剪辑名称 dt1 是“底图 1”的拼音简拼。Alpha 值设定在“色彩效果”下拉面板中的“样式”选项中。

（7）与此类似，完成“拼图源素材-无色彩.psd 资源”文件夹下的其他元件的定义、影片剪辑的命名、Alpha 值的设定。最后效果，如图 7-2-12 所示。

图 7-2-12　影片剪辑底图布局

（8）单击选中“拼图源素材.psd 资源”文件夹下的“Layer1”，拖放到舞台上，如图 7-2-13 所示。

图 7-2-13　拖放元件到舞台

（9）按【F8】键，将位图转换为元件，名称为元件 a，注册为中心。单击“确定”按钮，如图 7-2-14 所示。

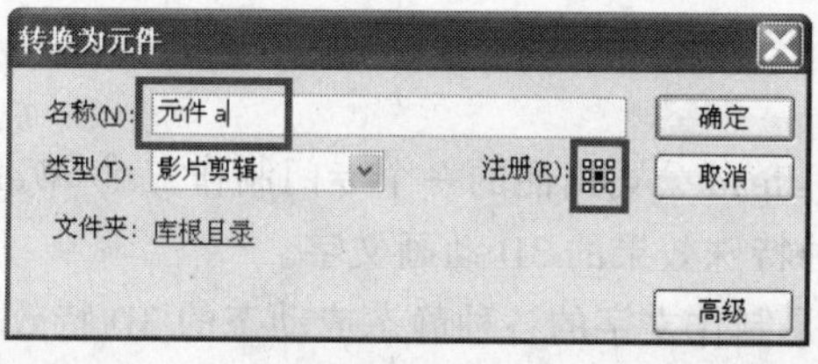


图 7-2-14　“转换为元件”对话框参数设置

（10）在属性栏中设置影片剪辑名称为 st1，如图 7-2-15 所示。

> **提示：**影片剪辑名称 st1 是“上图 1”的拼音简拼。

（11）与此类似，完成“拼图源素材.psd 资源”文件夹下的其他元件的定义、影片剪辑的命名，如图 7-2-16 所示。

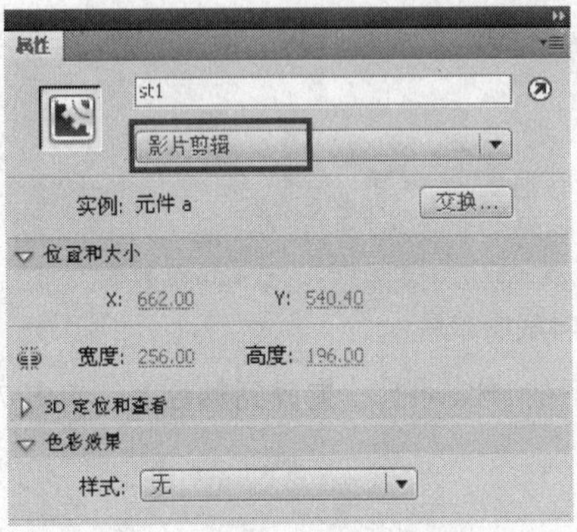


图 7-2-15 设置剪辑名称

图 7-2-16 影片剪辑命名

（12）最后效果，如图 7-2-17 所示。

图 7-2-17 影片剪辑布局

## 相关知识与技能

### COOL 3D 应用实例

Ulead COOL 3D 3.5 是 Ulead 公司出品的一个专门制作三维 Web 图形和动画的强大工具，它可以方便地生成具有各种特殊效果的 3D 动画文字。

COOL 3D 的主要用途是制作文字的各种静态或动态的 3D 特效，如立体、扭曲、变换、色彩、材质、光影、运动等。

Ulead COOL 3D 的工作界面，如图 7-2-18 所示。

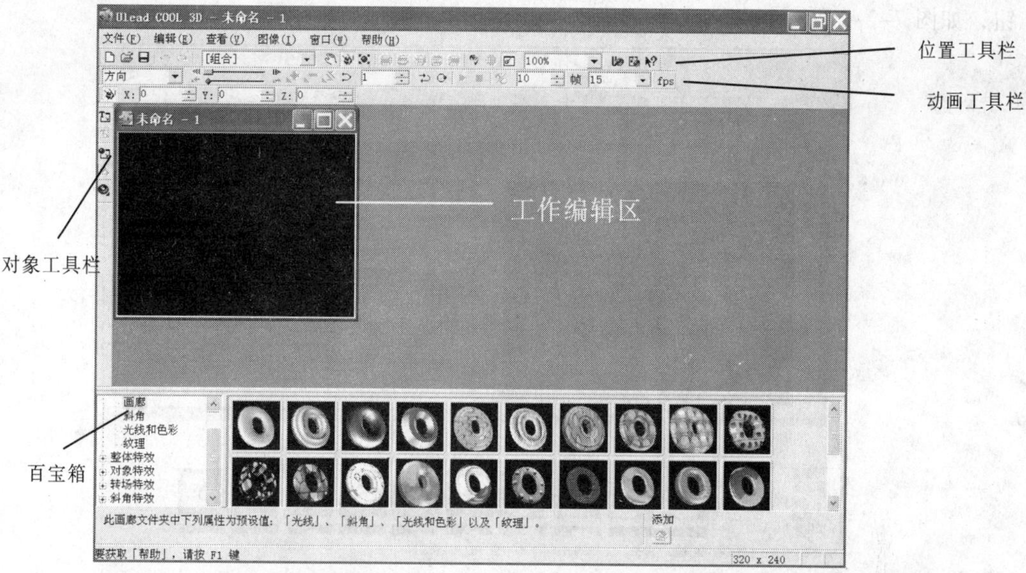


图 7-2-18 COOL 3D 3.5 工作界面

> 注意：安装不同的外挂特效，“百宝箱”可能会显示不同的内容。

（1）COOL 3D 中的前期处理

① 选择“图像”→“尺寸”菜单命令，可设置新建文件的大小，本例中设为 800 × 600 像素，如图 7-2-19 所示。

> 注意：“文件”→“新建”菜单命令中新建文档只能采用默认文档大小，不能设定文档大小。

② 单击对象工具栏中的“插入文字工具”，弹出文字工具对话框，如图 7-2-20 所示。

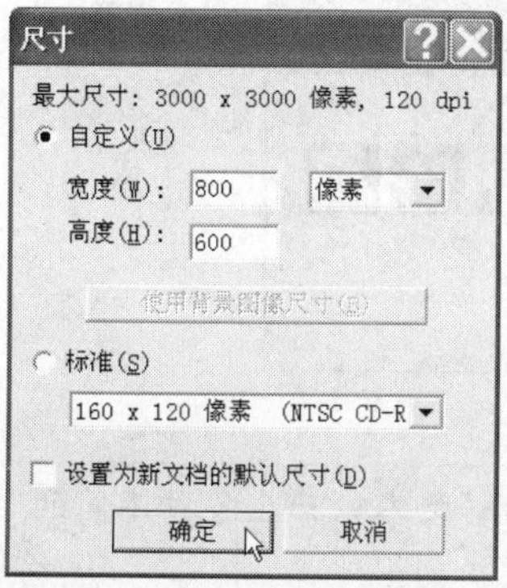


图 7-2-19 设置新文件尺寸

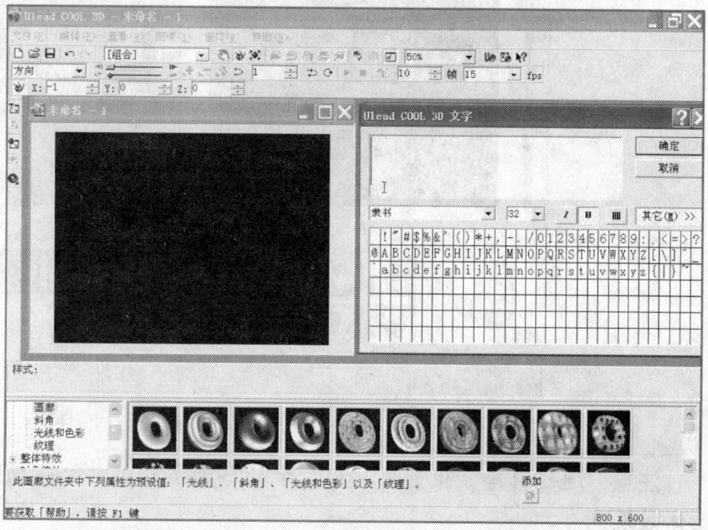


图 7-2-20 文字工具对话框

③ 输入文字“happy new year”，选择字体“华文隶书”，字号大小为 16，单击“确定”按钮，如图 7-2-21 所示。

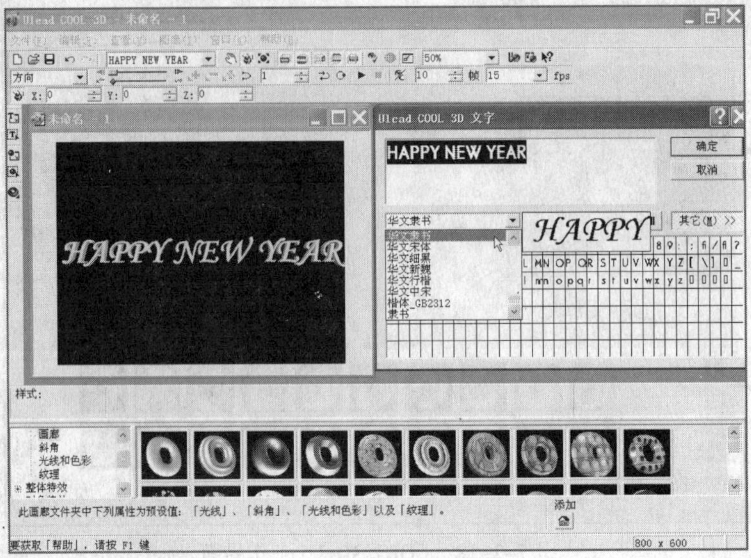


图 7-2-21　设置文本内容、字体、字号

**注意**：如果需要修改文本内容，可单击对象工具栏中的“编辑当前文字”工具，即可进入文本编辑状态。

④ 选择百宝箱中的“对象样式”→“画廊”菜单命令，选择右侧缩略图中倒数第二行，左数第六个，双击应用选择样式，如图 7-2-22 所示。

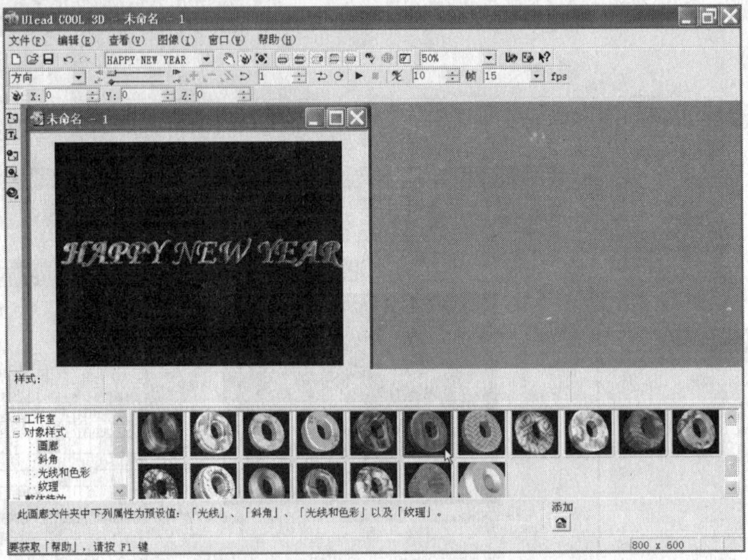


图 7-2-22　应用选择的样式

**注意**：通过选择“位置工具栏”中的合适工具，可以移动或旋转文本，产生各种不同的立体效果。

⑤ 选择百宝箱中的“照明特效”→“烟花”菜单命令，选择右侧缩略图中第二行，左数第三个，双击应用选择特效，如图 7-2-23 所示。

图 7-2-23　应用选择的“烟花”特效

⑥ 选择“动画工具栏”中的帧数选择项，输入“8”，如图 7-2-24 所示。

图 7-2-24　输入定位的帧数

注意：通过选择“动画工具栏”中的播放按钮，可以查看整体动画效果。

⑦ 选择“文件”→“创建图像文件”→“BMP 文件”菜单命令，将当前帧图像保存为 BMP 格式的图片，名称为烟花 cool3d 效果.bmp，如图 7-2-25 所示。

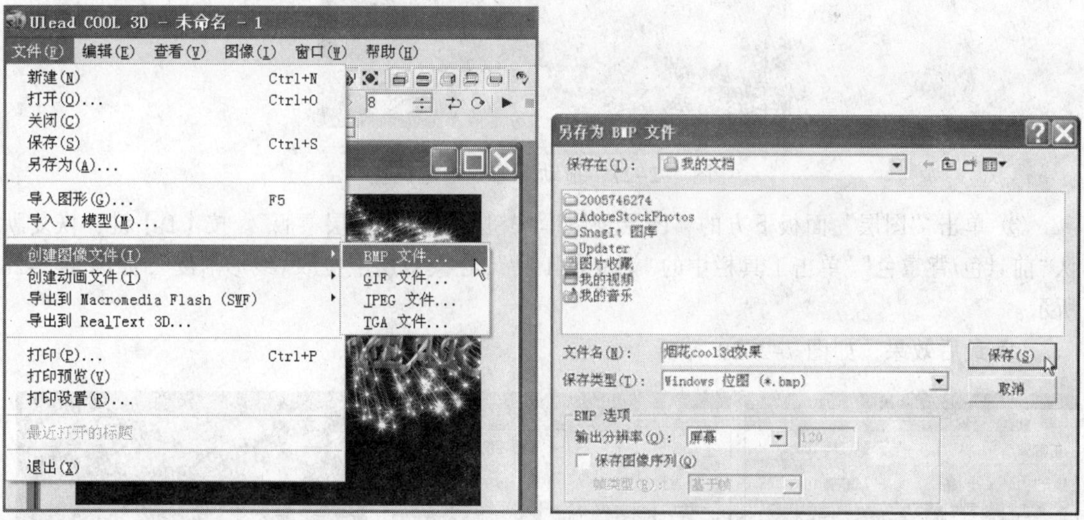


图 7-2-25　保存为 BMP 图像

（2）Adobe Photoshop CS4 中的后期处理

① 运行 Photoshop CS4 程序，按【Ctrl+O】组合键，打开“烟花 cool3d 效果.bmp”和“烟花房屋.tif”两个图像文件，如图 7-2-26 所示。

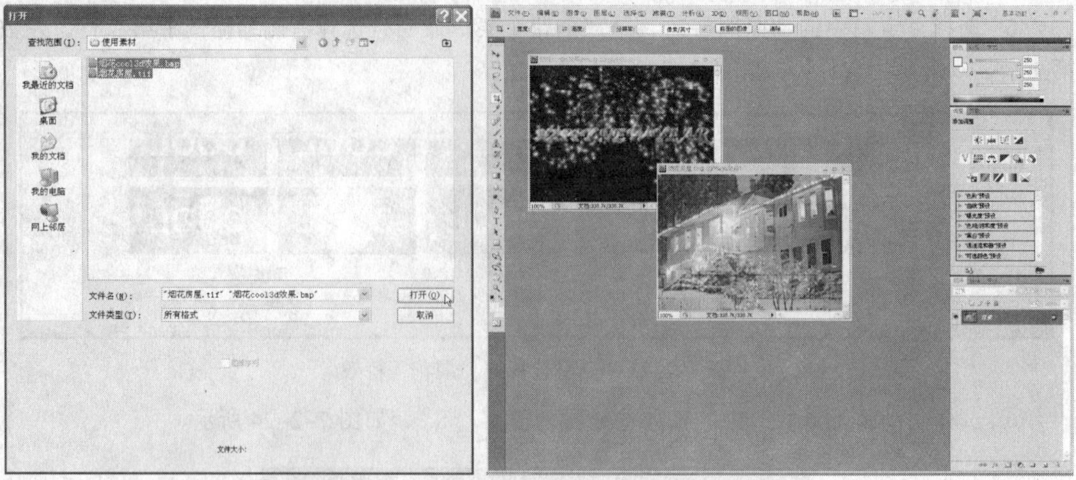


图 7-2-26　打开文件

② 单击选中工具栏中的“移动工具”，将“烟花房屋”图像拖动到“烟花 cool3d 效果”图像中，摆放到合适位置，如图 7-2-27 所示。

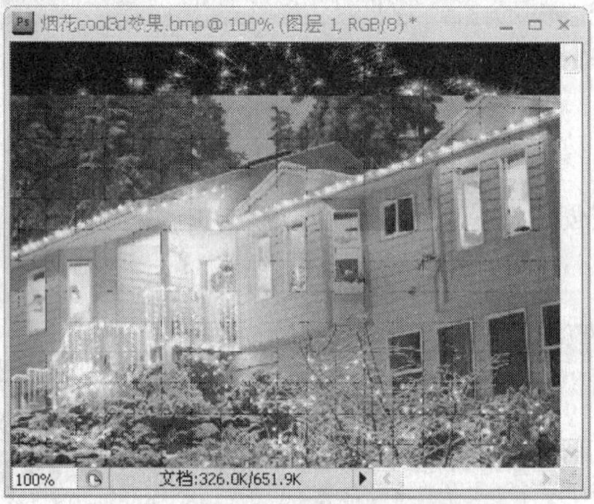


图 7-2-27　拖动图像到指定位置

③ 单击“图层”面板下方的“图层蒙版”按钮，建立“图层蒙版”。按【D】键，恢复默认“前景色/背景色”。单击工具栏中的“渐变色工具”，在蒙版层上拉取“线形渐变”，如图 7-2-28 所示。

④ 最后效果，如图 7-2-29 所示。

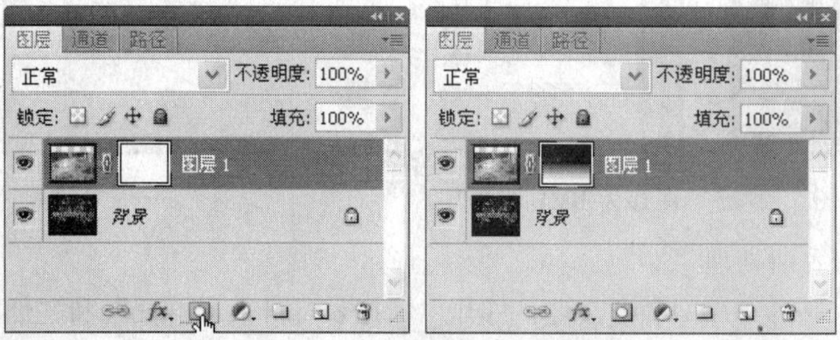


图 7-2-28　使用“图层蒙版”

图 7-2-29　“happy new year”效果图

## 技能训练

1. 熟悉 Adobe Flash CS4 的安装、启动及简单操作。
2. 练习置入命令。

## 完成任务

请完成素材的置入处理。

# 任务三　完成拼图游戏

## 任务描述

拼图游戏主要是使用到了 AS 3.0 的脚本语言。本次任务就是把相应的脚本语言放入起始帧中，以控制前期处理好的素材。通过本次任务能够学习到碰撞测试等实用性函数。

本次任务强调了脚本语言中的函数使用并涉及变量的命名及接收。

该任务完成后的图像效果，如图 7-3-1 所示。

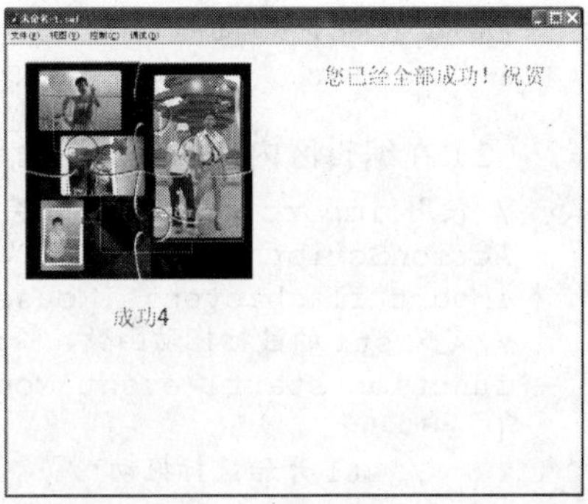


图 7-3-1　“拼图游戏”效果图

## 任务分析

本文拼图游戏基本规则：如果正确碰撞则改变当前拼图块的坐标与底图重合，如果错误碰撞则返回当前拼图块的原始位置。

拼图游戏的核心就是碰撞测试，所以我们使用碰撞测试函数。为了能够有更好的交互界面，采用动态文本框的形式给用户以提醒。

我们主要按照以下几大步骤来完成拼图游戏：

（1）基本拖动测试；

（2）单独碰撞测试；

（3）单独碰撞成功与否的处理；

（4）影片剪辑测试。

## 方法与步骤

### 1. 基本拖动测试

（1）单击在时间线上的“图层 1”的第一关键帧处，右击，从弹出的快捷菜单中选择“动作”选项，弹出“动作”面板，如图 7-3-2 所示。

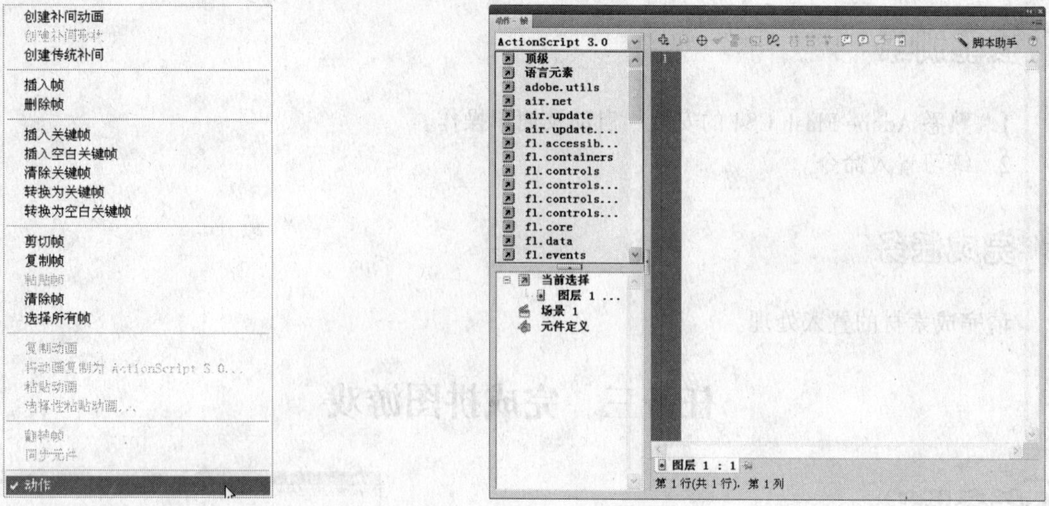


图 7-3-2　“动作”面板界面

（2）在编辑区内，输入如下命令行：

```
/*使用 import 语句来指定该类的全名，以便
ActionScript 编译器知道可以在哪里找到它。*/
import flash.events.MouseEvent;
//定义 st1 的鼠标拖动函数，松开鼠标按键时会调用此函数。
function start1(event:MouseEvent):void
{
    /*st1 开始鼠标拖动*/
   st1.startDrag();
}
function stop1(event:MouseEvent):void
{
   /*st1 停止鼠标拖动，释放鼠标按键时会调用此函数。*/
  st1.stopDrag();
}
/*创建鼠标监听事件*/
st1.addEventListener(MouseEvent.MOUSE_DOWN, start1);
st1.addEventListener(MouseEvent.MOUSE_UP, stop1);
```

如图 7-3-3 所示。

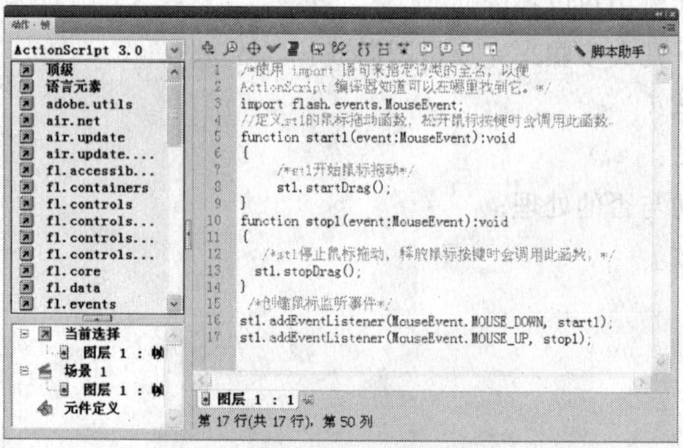


图 7-3-3　添加的动作语句

提示：在 as 当中“/*　*/”之间的都是注释语句，必须配对使用。与此功能类似的是“//”，但必须用在行首或行尾，代表从此符号起是注释行。注释语句是对下一行或下多行语句功能的解释，不参与程序的运行。

（3）按【Ctrl+Enter】组合键，进行影片剪辑测试。单击影片剪辑“st1”，进行拖动，并释放鼠标左键，如图 7-3-4 所示。

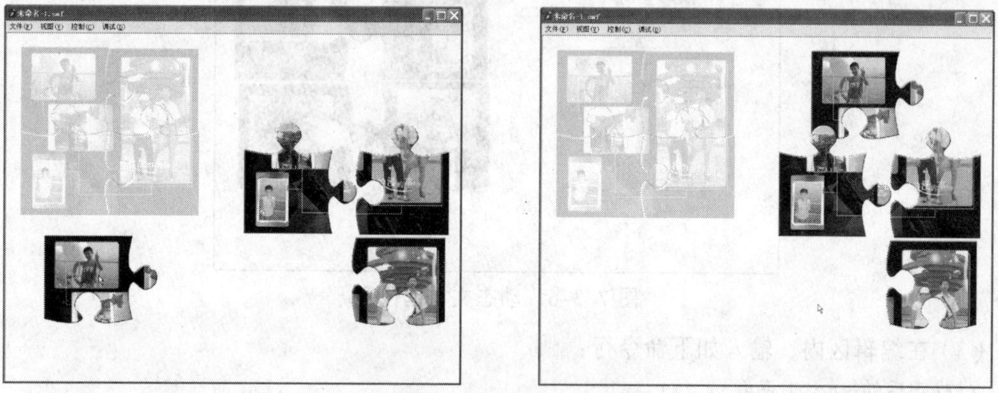

图 7-3-4　测试影片剪辑拖动

## 2. 单独碰撞测试

（1）单击工具栏上的“文本工具”，在弹出的属性栏当中设置参数。文本类型为动态文本，实例名称为 panduan，字体大小为 40，其他参数默认，如图 7-3-5 所示。

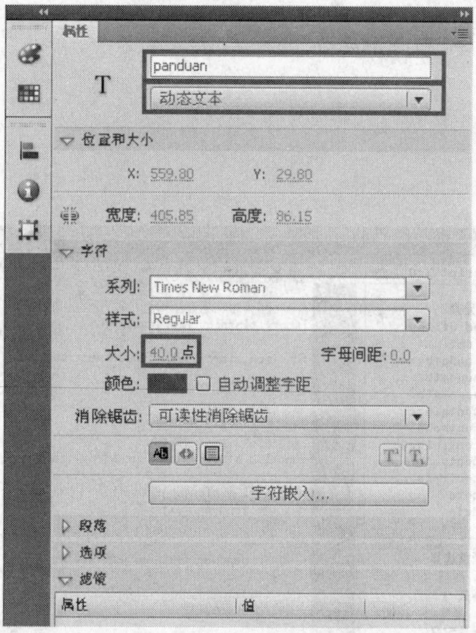


图 7-3-5　文本“属性”参数设置

提示：as3 当中动态文本的变量不再被支持，所有功能可以通过实例名称替代。若要使用文本变量，则只能在新建文件当中选择 as1 或 as2 格式。实例名称 panduan 是中文“判断”的拼音。

（2）动态文本框位置，如图 7-3-6 所示。

图 7-3-6　动态文本框位置

（3）在编辑区内，输入如下命令行：

```
/*校正后的 stop1 函数*/
function stop1(event:MouseEvent):void
{
   if (st1.hitTestObject(dt1)) {
      panduan.text="碰撞成功"
          }
   else{
      panduan.text="碰撞未成功"
   }
   st1.stopDrag();
}
```

如图 7-3-7 所示。

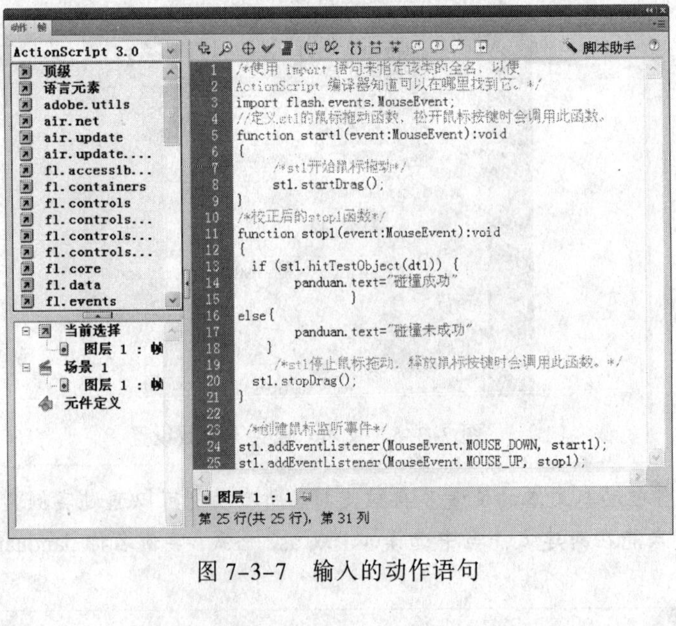


图 7-3-7　输入的动作语句

> 提示：hitTestObject()函数，as3 当中新增函数。作用为计算显示对象，以确定它是否与 obj 显示对象重叠或相交。obj:DisplayObject——要测试的显示对象，测试结果返回一个逻辑值。如果重叠或相交返回真值，否则返回假。

（4）按【Ctrl+Enter】组合键，进行影片剪辑测试。

影片剪辑 st1 与影片剪辑 dt1 碰撞时，如图 7-3-8 所示。

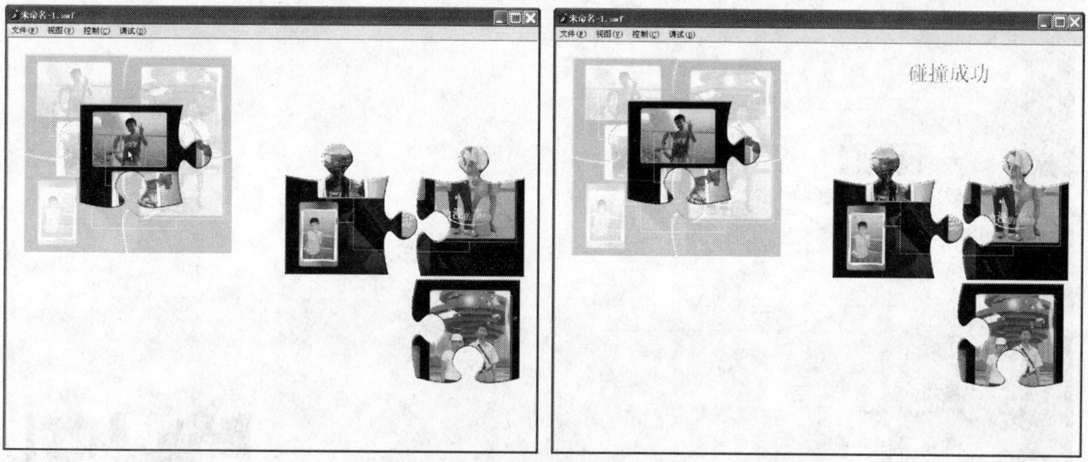


图 7-3-8　影片剪辑正确碰撞提示

影片剪辑 st1 没有与影片剪辑 dt1 碰撞时，如图 7-3-9 所示。

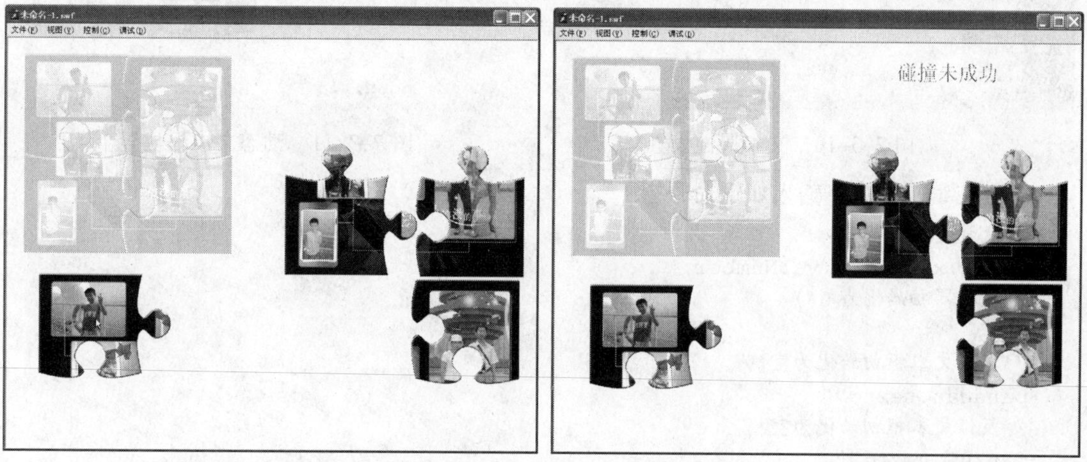


图 7-3-9　影片剪辑未正确碰撞提示

### 3. 单独碰撞成功与否的处理

（1）单击工具栏上的“文本工具”，在弹出的属性栏当中设置参数。文本类型为动态文本，实例名称为 fankui，字体大小为 40，对齐方式为居中对齐，如图 7-3-10 所示。

> 提示：实例名称 fankui 是中文“反馈”的拼音。

（2）动态文本框位置，如图 7-3-11 所示。

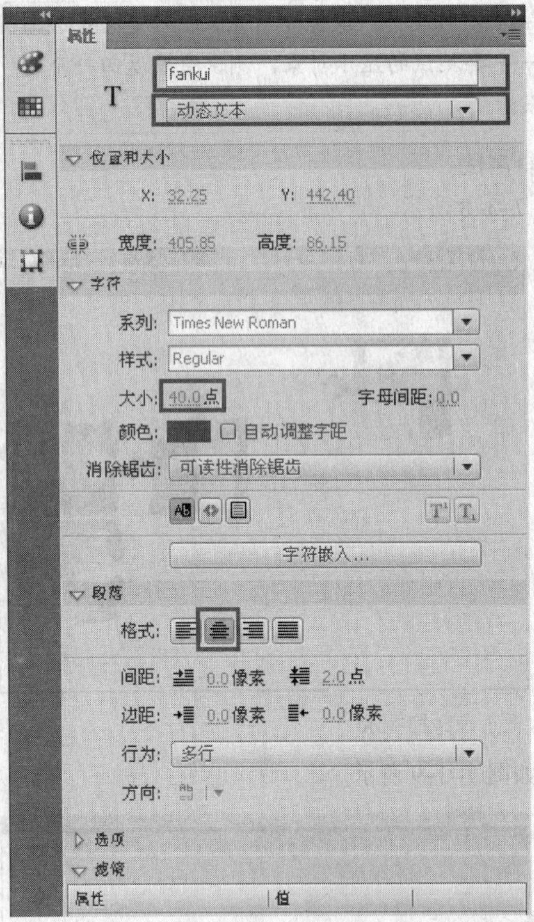


图 7-3-10　文本属性设置

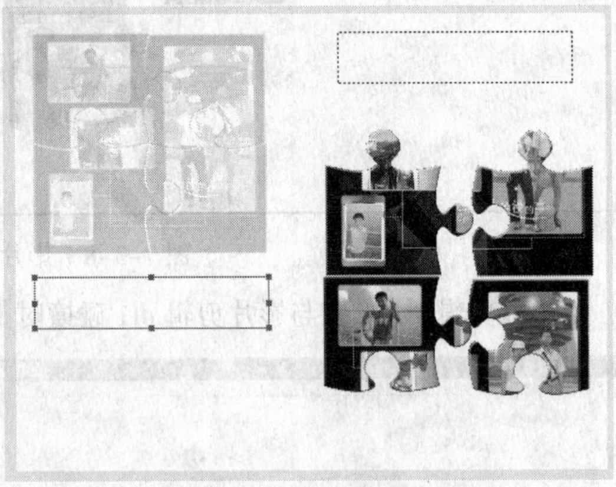

图 7-3-11　动态文本框位置

（3）在编辑区内，输入如下命令行：

```
/*变量类型声明*/
var i,x1,y1,xa,ya:Number
/*计数器初始化为 0*/
i=0
/*判断文本框初始化为空*/
panduan.text=""
/*反馈文本框初始化为空*/
fankui.text=""
/*影片剪辑 dt1 的坐标赋予变量 x1,y1*/
x1=dt1.x;
y1=dt1.y;
/*影片剪辑 st1 的坐标赋予变量 xa,ya*/
xa=st1.x;
ya=st1.y;
```

如图 7-3-12 所示。

**提示**：as3 当中使用变量必须提前声明，并赋予数据类型，否则不能使用变量，这与 as1 和 as2 有较大不同。

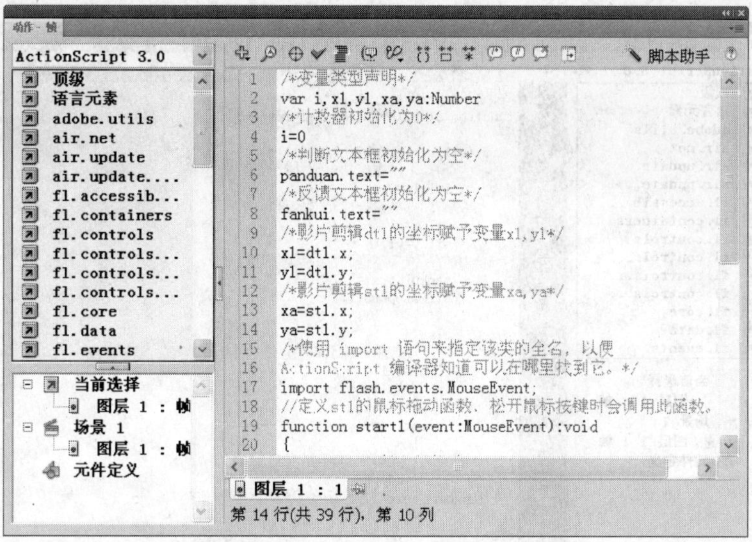


图 7-3-12　使用变量的声明

（4）再次校正 stop1()函数，调整为如下命令行：

```
/*再次校正后的 stop1 函数*/
function stop1(event:MouseEvent):void
{
  if(st1.hitTestObject(dt1)) {
      //如果碰撞成功，则计数器加 1
      i=i+1
      //影片剪辑 st1 的坐标与影片剪辑 dt1 的坐标重合
      st1.x=x1;
      st1.y=y1;
      //反馈文本框返回计数器的值
      fankui.text="成功"+i
      st1.stopDrag()
      }
      else {
         //如果碰撞不成功，则计数器减 1
         i=i-1
         //影片剪辑 st1 的坐标返回原处
         st1.x=xa;
          st1.y=ya;
         }
      //若计数器为 4 表示拼图完成
      if(i==4) {
  panduan.text="您已经全部成功！祝贺您"
}
else{
  if(i==0){panduan.text=""}
  else{panduan.text="您还没有全部成功"}
  }
  st1.stopDrag();
}
```

如图 7-3-13 所示。

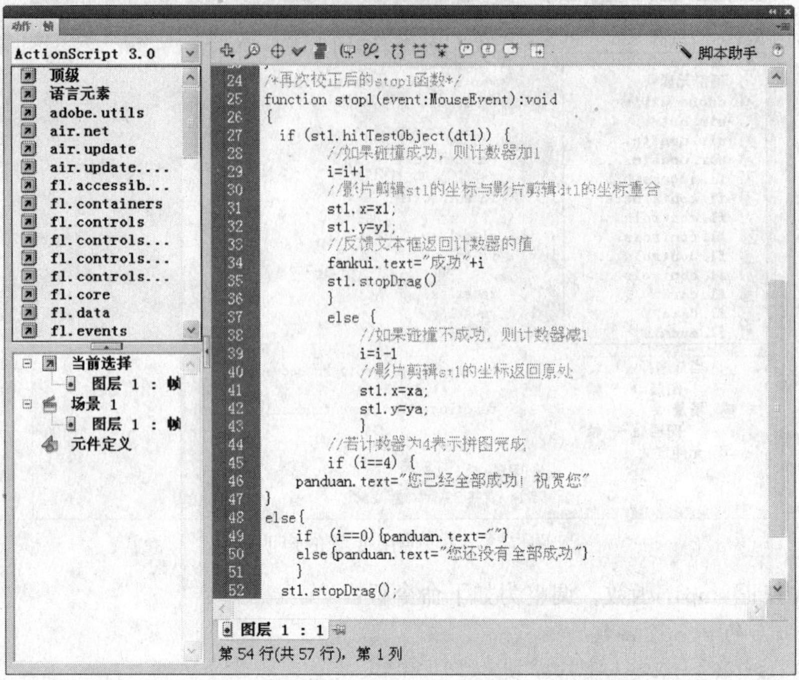


图 7-3-13　动作语句内容

**提示**：在 Flash CS4 版本中使用 ActionScript 3.0 书写代码时，可以在时间线上书写代码。也可以将代码书写在外部类文件中。在 ActionScript 1 和 ActionScript 2 中，可以在时间线上写代码，也可以在选中的对象如按钮或是影片剪辑上书写代码，代码加入在 on()或是 onClipEvent()代码块中以及一些相关的事件如 press。这些在 ActionScript 3.0 都不在可能了：代码只能被写在时间线上，所有的事件如 press 同样写在时间线上。

（5）按【Ctrl+Enter】组合键，进行影片剪辑测试。

影片剪辑 st1 没有与影片剪辑 dt1 碰撞时，影片剪辑 st1 会回到原坐标，如图 7-3-14 所示。

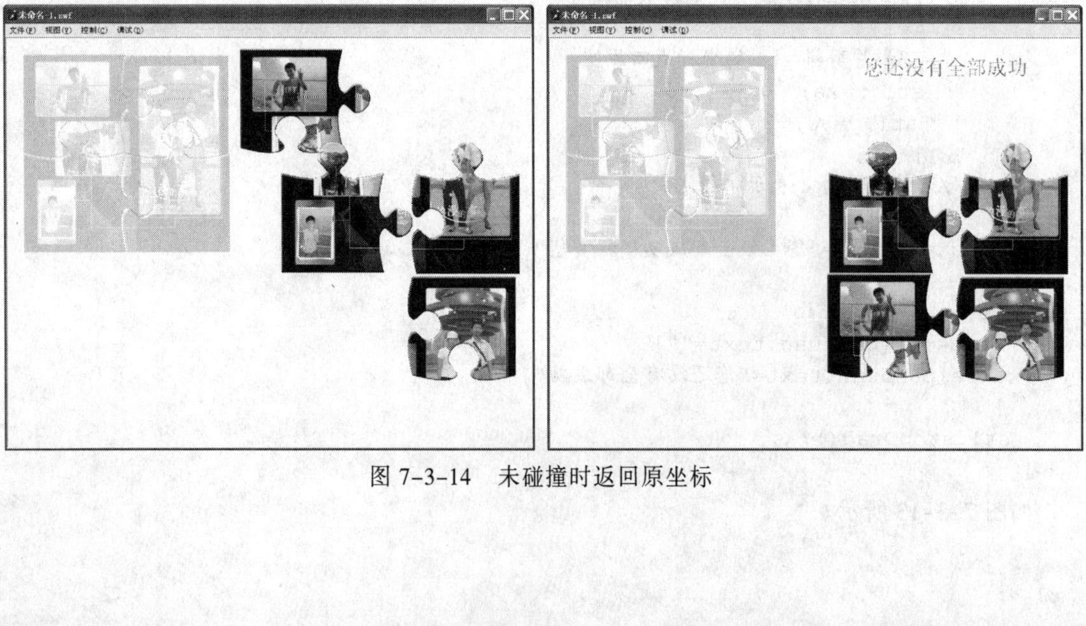


图 7-3-14　未碰撞时返回原坐标

影片剪辑 st1 与影片剪辑 dt1 碰撞时，影片剪辑 st1 会与影片剪辑 dt1 坐标重合，如图 7-3-15 所示。

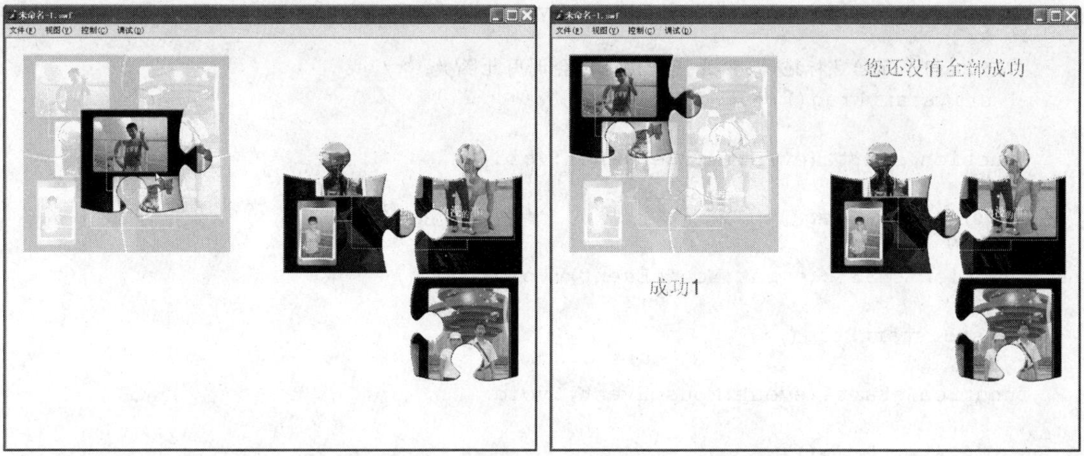


图 7-3-15　碰撞时与影片剪辑 dt1 坐标重合

#### 4. 拼图游戏完整代码

与上述步骤类似，完成其他影片剪辑的动作语句录入。

完整代码如下：

```
/*变量类型声明*/
var i,x1,y1,xa,ya,x2,y2,xb,yb,x3,y3,xc,yc,x4,y4,xd,yd:Number
/*计数器初始化为 0*/
i=0
/*判断文本框初始化为空*/
panduan.text=""
/*反馈文本框初始化为空*/
fankui.text=""
/*影片剪辑 dt1 的坐标赋予变量 x1,y1*/
x1=dt1.x;
y1=dt1.y;
/*影片剪辑 st1 的坐标赋予变量 xa,ya*/
xa=st1.x;
ya=st1.y;
x2=dt2.x;
y2=dt2.y;
xb=st2.x;
yb=st2.y;
x3=dt3.x;
y3=dt3.y;
xc=st3.x;
yc=st3.y;
x4=dt4.x;
y4=dt4.y;
xd=st4.x;
yd=st4.y;
/*使用 import 语句来指定该类的全名，以便
```

```
ActionScript 编译器知道可以在哪里找到它。*/
import flash.events.MouseEvent;
//定义 st1 的鼠标拖动函数
function start1(event:MouseEvent):void
{
    /*st1 开始鼠标拖动,松开鼠标按键时会调用此函数。*/
   st1.startDrag();
}
function start2(event:MouseEvent):void
{
   st2.startDrag();
}
function start3(event:MouseEvent):void
{
   st3.startDrag();
}
function start4(event:MouseEvent):void
{
  st4.startDrag();
}
/*再次校正后的 stop1 函数*/
function stop1(event:MouseEvent):void
{
  if (st1.hitTestObject(dt1)) {
      //如果碰撞成功，则计数器加 1
      i=i+1
      //影片剪辑 st1 的坐标与影片剪辑 dt1 的坐标重合
      st1.x=x1;
      st1.y=y1;
      //反馈文本框返回计数器的值
      fankui.text="成功"+i
      st1.stopDrag()
      }
      else {
          //如果碰撞不成功，则计数器减 1
          i=i-1
          //影片剪辑 st1 的坐标返回原处
          st1.x=xa;
           st1.y=ya;
          }
      //若计数器为 4 表示拼图完成
      if (i==4) {
  panduan.text="您已经全部成功！祝贺您"
}
else{
  if  (i==0){panduan.text=""}
  else{panduan.text="您还没有全部成功"}
  }
  st1.stopDrag();
}
function stop2(event:MouseEvent):void
{
  if (st2.hitTestObject(dt2)) {
      i=i+1
      st2.x=x2;
```

```
        st2.y=y2;
        fankui.text="成功"+i
        st2.stopDrag()
        }
        else {
           i=i-1
           st2.x=xb;
            st2.y=yb;
           }
        if (i==4) {
  panduan.text="您已经全部成功！祝贺您"
 }
 else{
   if  (i==0){panduan.text=""}
   else{panduan.text="您还没有全部成功"}
   }
  st2.stopDrag();
 }
 function stop3(event:MouseEvent):void
 {
  if (st3.hitTestObject(dt3)) {
        i=i+1
        st3.x=x3;
        st3.y=y3;
        fankui.text="成功"+i
        st3.stopDrag()
        }
        else {
           i=i-1
           st3.x=xc;
            st3.y=yc;
           }
        if (i==4) {
  panduan.text="您已经全部成功！祝贺您"
 }
 else{
   if  (i==0){panduan.text=""}
   else{panduan.text="您还没有全部成功"}
   }
  st3.stopDrag();
 }
 function stop4(event:MouseEvent):void
 {
  if (st4.hitTestObject(dt4)) {
        i=i+1
        st4.x=x4;
        st4.y=y4;
        fankui.text="成功"+i
        st4.stopDrag()
        }
        else {
           i=i-1
           st4.x=xd;
            st4.y=yd;
           }
```

```
        if (i==4) {
    panduan.text="您已经全部成功！祝贺您"
  }
  else{
    if  (i==0){panduan.text=""}
    else{panduan.text="您还没有全部成功"}
    }
    st4.stopDrag();
  }
   /*创建鼠标监听事件*/
st1.addEventListener(MouseEvent.MOUSE_DOWN, start1);
st1.addEventListener(MouseEvent.MOUSE_UP, stop1);
st2.addEventListener(MouseEvent.MOUSE_DOWN, start2);
st2.addEventListener(MouseEvent.MOUSE_UP, stop2);
st3.addEventListener(MouseEvent.MOUSE_DOWN, start3);
st3.addEventListener(MouseEvent.MOUSE_UP, stop3);
st4.addEventListener(MouseEvent.MOUSE_DOWN, start4);
st4.addEventListener(MouseEvent.MOUSE_UP, stop4);
```

如图 7-3-16 所示。

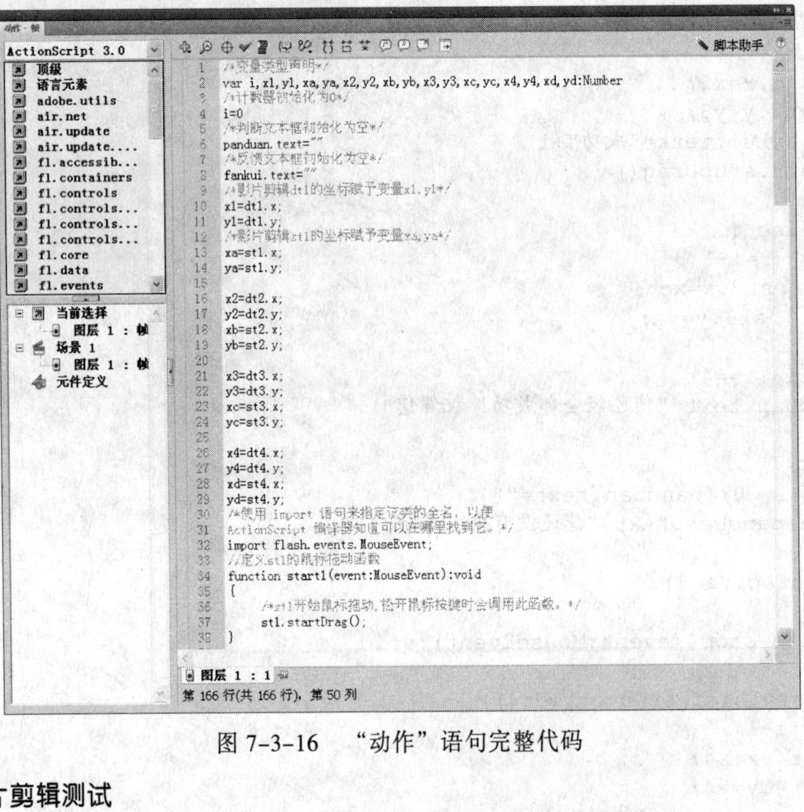


图 7-3-16 “动作”语句完整代码

### 5. 影片剪辑测试

（1）按【Ctrl+Enter】组合键，进行影片剪辑测试。

> **提示：**这里仅演示影片剪辑碰撞成功时的计数情况。

影片剪辑 st1 与影片剪辑 dt1 碰撞时，影片剪辑 st1 会与影片剪辑 dt1 坐标重合，如图 7-3-17 所示。

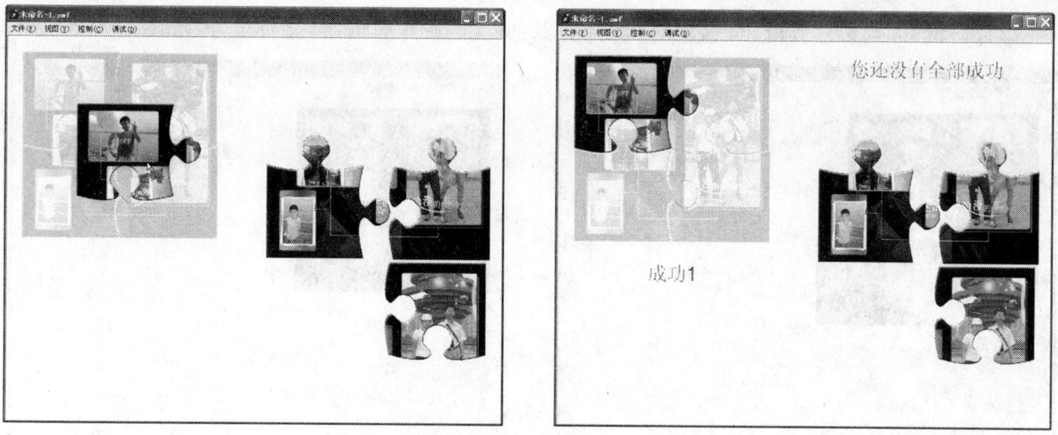


图 7-3-17　与影片剪辑 dt1 坐标重合

影片剪辑 st2 与影片剪辑 dt2 碰撞时，影片剪辑 st2 会与影片剪辑 dt2 坐标重合，如图 7-3-18 所示。

图 7-3-18　与影片剪辑 dt2 坐标重合

影片剪辑 st3 与影片剪辑 dt3 碰撞时，影片剪辑 st3 会与影片剪辑 dt3 坐标重合，如图 7-3-19 所示。

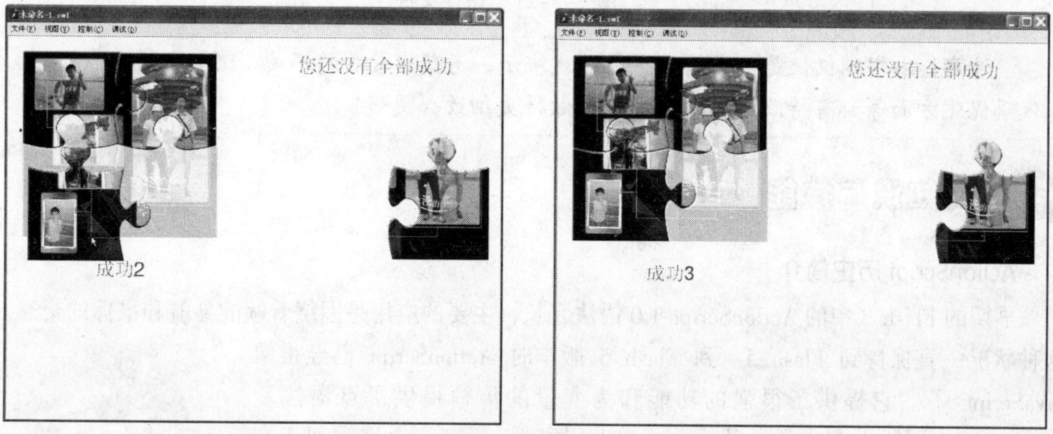


图 7-3-19　与影片剪辑 dt3 坐标重合

影片剪辑 st4 与影片剪辑 dt4 碰撞时，影片剪辑 st4 会与影片剪辑 dt4 坐标重合，如图 7-3-20 所示。

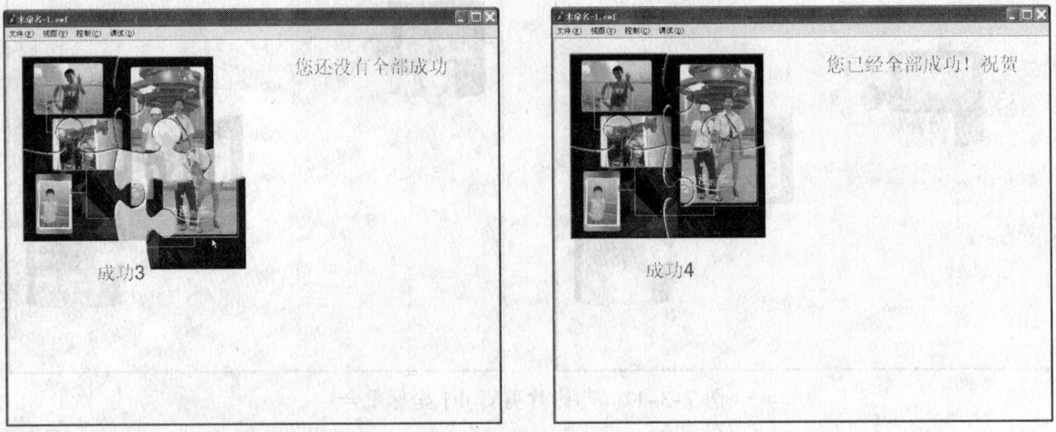


图 7-3-20　与影片剪辑 dt4 坐标重合

（2）按【Ctrl+S】组合键，保存文件，文件名称为拼图游戏 as3.fla，如图 7-3-21 所示。

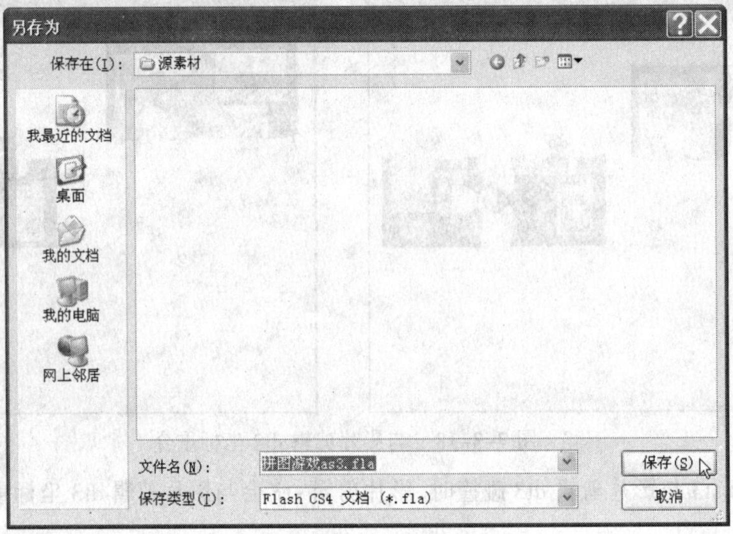


图 7-3-21　保存文件

注意：本实例仅仅是一个简单拼图游戏演示，还有非常多的不足，比如容错、强壮性、代码优化方面等都有待改进。相信读者会做得更细致、更好！

## 相关知识与技能

### ActionScript 历史简介

早期的 Flash 3 中的 ActionScript 1.0 语法冗长，主要的应用是围绕着帧的导航和鼠标的交互。这种状况一直保持到 Flash 5。到 Flash 5 版本时 ActionScript 已经很像 JavaScript 了。它提供了很强的功能和为变量的传输提供了点语法。ActionScript 同时也变成了一种 prototyped（原型）语言，允许类似于在 JavaScript 中的简单的 oop 功能。这些在随后的 Flash MX 版本中得到了增强。

Flash MX 2004 引入了 ActionScript 2.0，它带来了两大改进：变量的类型检测和新的 class 类语法。ActionScript 2.0 的变量类型会在编译时执行强制类型检测。它意味着在发布或是编译影片时任何指定了类型的变量都会从众多的代码中剥离出来，检查是否与现有的代码存在矛盾冲突。如果在编译过程中没有发现冲突，那么 swf 将会被创建，没有任何不可理解变量类型的代码将会运行。尽管这个功能对于 flash player 的回放来说没有什么好处，但对于 Flash 创作人员来说是一个非常好的工具，可以帮助调试更大更复杂的程序。

在 ActionScript 2.0 中的新的 class 类语法用来在 ActionSctipt 2.0 中定义类。它类似于 Java 语言中的定义。尽管 Flash 仍不能超越它自身的原型来提供真正的 class 类，但新的语法提供了一种非常熟悉的风格来帮助用户从其他语言上迁移过来，提供了更多的方法来组织分离出来 As 文件和包。

Flash CS4 的 ActionScript 3 不仅是指一个带有新的版本号的 ActionScirpt 语言，还包括一个全新的虚拟机——Flash Player 在回放时执行 ActionScript 的底层软件。ActionScript 1 和 ActionScript 2 都使用 AVM1（ActionScript 虚拟机 1），因此它们在需要回放时本质上是一样的，在 ActionScript2 上增加了强制变量类型和新的类语法，它实际上在最终编译时变成了 ActionScript 1，而 ActionScript 3.0 运行在 AVM2（一种新的专门针对 ActionScirpt 3 代码的虚拟机）上。基于上面的原因，ActionScript 3.0 影片不能直接与 ActionScript 1 和 ActionScript 2 影片直接通信。ActionScript 3 的改变更深远更有意义。

ActionScript 1 和 ActionScript 2 的影片可以直接通信，因为他们使用的是相同的虚拟机；如果要使 ActionScirpt 3 影片与 ActionScirpt 1 和 ActionScript 2 的影片通信，只能通过 local connection 进行。

### 技能训练

1. 掌握 AS 3 的基本用法。
2. 掌握 AS 3 的基本实例。

### 完成任务

请完成 AS 3 的调试。

## 任务四　输出可执行文件

### 任务描述

默认情况下，Flash“发布”命令将创建 Flash SWF 文件、将 Flash 内容插入浏览器窗口中的 HTML 文档以及使 SWF 文件在兼容活动内容的浏览器中自动播放的标记为 AC_OETags.js 的 JavaScript 文件。

本次任务完成 Flash 文件的发布，并输出可脱离 Flash 环境的可执行的.exe 文件。

## 任务分析

输出可执行文件分成 3 个步骤：

（1）发布设置；

（2）发布预览；

（3）发布。

## 方法与步骤

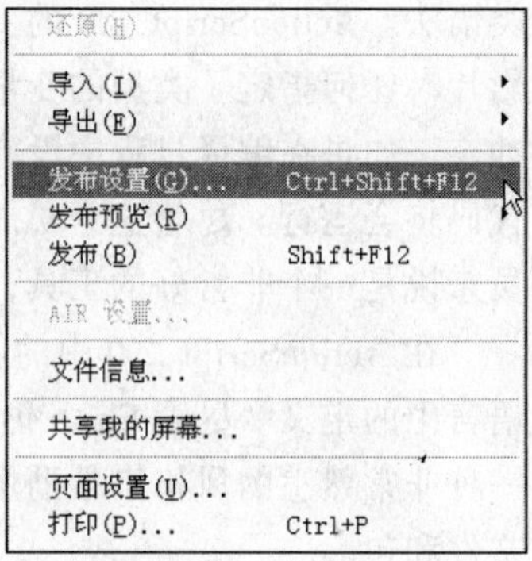

图 7-4-1　发布设置

### 1. 发布设置

（1）选择“文件”→“发布设置”菜单命令，如图 7-4-1 所示。

> 提示：发布设置快捷键是【Ctrl+Shift+F12】。

（2）单击选中“格式”选项卡，然后单击选中需要输出的格式即可，如图 7-4-2 所示。

（3）单击选中“Flash”选项卡，如图 7-4-3 所示。

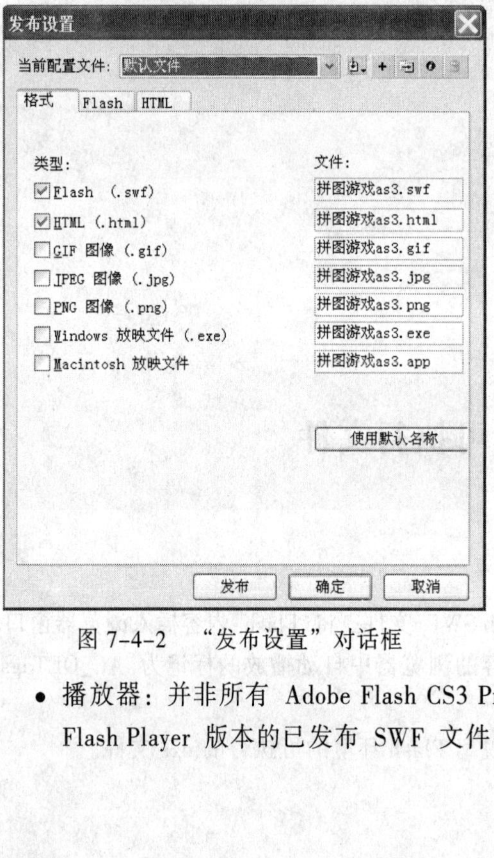

图 7-4-2　“发布设置”对话框

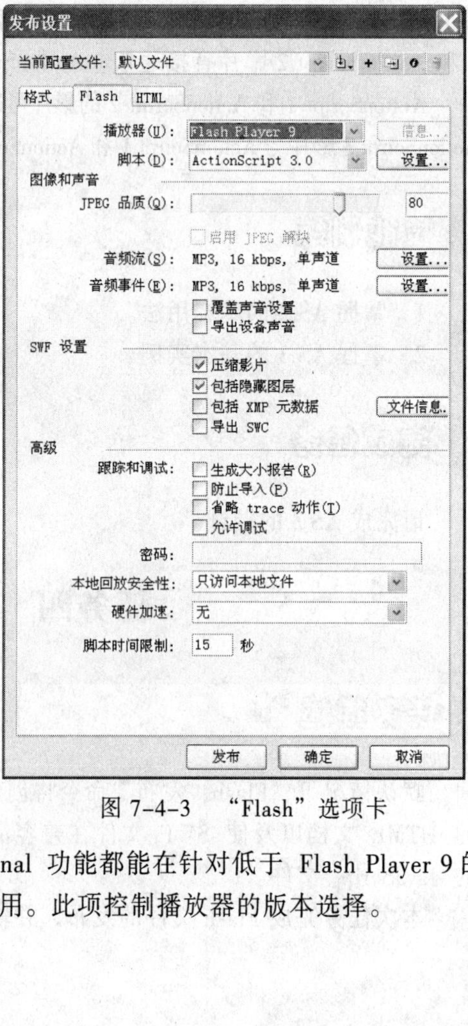

图 7-4-3　“Flash”选项卡

- 播放器：并非所有 Adobe Flash CS3 Professional 功能都能在针对低于 Flash Player 9 的 Flash Player 版本的已发布 SWF 文件中起作用。此项控制播放器的版本选择。

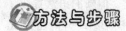

- 脚本：选择 ActionScript 版本。如果选择 ActionScript 2.0 或 3.0 并创建了类，则单击“设置”来设置类文件的相对类路径，该路径与在“首选参数”中设置的默认目录的路径不同。
- JPEG 品质：控制位图压缩，调整滑块或输入一个值。图像品质越低，生成的文件就越小；图像品质越高，生成的文件就越大。值为 100 时图像品质最佳，压缩比最小。
- 音频流或音频事件：若要为 SWF 文件中的所有声音流或事件声音设置采样率和压缩，单击音频流或音频事件旁边的设置，然后根据需要选择相应的选项。

**提示：**只要前几帧下载了足够的数据，声音流就会开始播放；它与时间轴同步。事件声音需要完全下载后才能播放，并且在明确停止之前，将一直持续播放。

- 覆盖声音设置：若要覆盖在“属性”检查器的“声音”部分中为个别声音选择设置，则选择“覆盖声音设置”。若要创建一个较小的低保真版本的 SWF 文件，也选择此选项。

**提示：**如果取消选择“覆盖声音设置”选项，则 Flash 会扫描文档中的所有音频流（包括导入视频中的声音），然后按照各个设置中最高的设置发布所有音频流。如果一个或多个音频流具有较高的导出设置，就会增大文件大小。

- SWF 设置：启用对已发布 Flash SWF 文件的调试操作。
- 压缩影片：压缩 SWF 文件以减小文件大小和缩短下载时间。当文件包含大量文本或 ActionScript 时，使用此选项十分有益。经过压缩的文件只能在 Flash Player 6 或更高版本中播放。
- 导出隐藏的图层：导出 Flash 文档中所有隐藏的图层。取消选择“导出隐藏的图层”将阻止把生成的 SWF 文件中标记为隐藏的所有图层（包括嵌套在影片剪辑内的图层）导出。这样，就可以通过使图层不可见来轻松测试不同版本的 Flash 文档。
- 导出 SWC：该文件用于分发组件.swc。文件包含一个编译剪辑、组件的 ActionScript 类文件，以及描述组件的其他文件。

如果使用的是 ActionScript 2.0，并且选择了“允许调试”或“防止导入”，则在“密码”文本字段中输入密码。如果添加了密码，则其他用户必须输入该密码才能调试或导入 SWF 文件。若要删除密码，则清除“密码”文本字段。

- 生成大小报告：生成一个报告，按文件列出最终 Flash 内容中的数据量。
- 防止导入：防止其他人导入 SWF 文件并将其转换回 FLA 文档。可使用密码来保护 Flash SWF 文件。
- 忽略 Trace 动作：使 Flash 忽略当前 SWF 文件中的 Trace 动作。如果选择该选项，“跟踪动作”的信息不会显示在“输出”面板中。
- 允许调试：激活调试器并允许远程调试 Flash SWF 文件。可使用密码来保护 SWF 文件。
- 导出设备声音：指要导出适合于设备（包括移动设备）的声音而不是原始库声音，选择此项。
- 本地回放安全性：选择要使用的 Flash 安全模型。指定是授予已发布的 SWF 文件本地安全性访问权，还是网络安全性访问权。“只访问本地”可使已发布的 SWF 文件与本地系统上的文件和资源交互，但不能与网络上的文件和资源交互。“只访问网络”可使已发布的 SWF 文件与网络上的文件和资源交互，但不能与本地系统上的文件和资源交互。

**2. 发布预览**

选择“文件”→“发布预览”→“默认”菜单命令即可预览，如图 7-4-4 所示。

**3. 发布**

（1）选择“文件”→“发布”菜单命令，即可完成文件的发布，如图 7-4-5 所示。

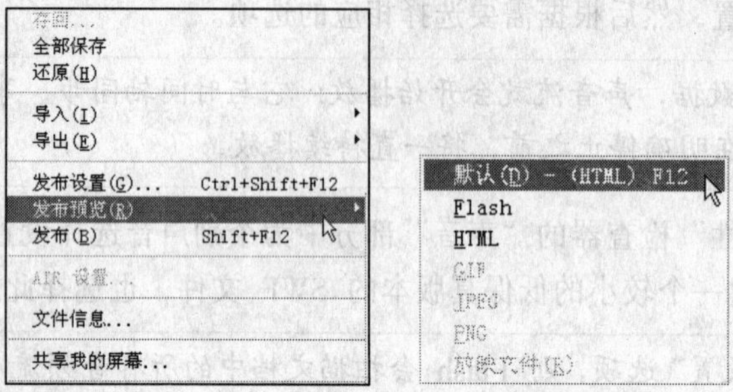


图 7-4-4 “发布预览”菜单命令

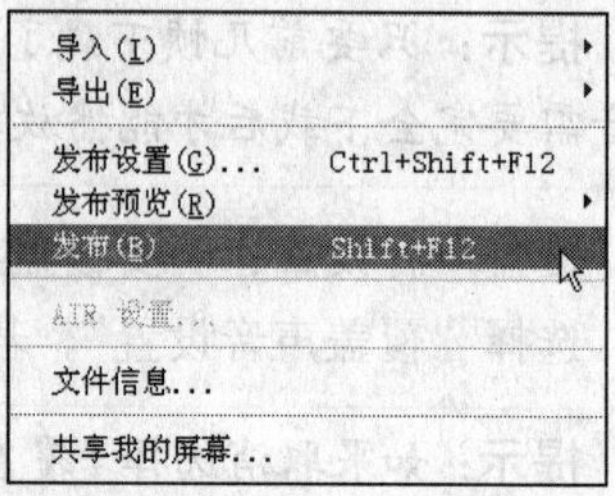


图 7-4-5 “发布”菜单命令

（2）在文件发布位置查看，可以看到发布完成的文件，如图 7-4-6 所示。

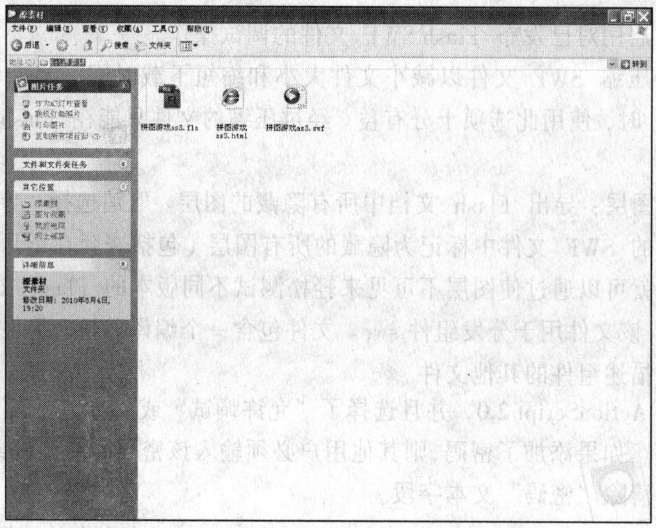


图 7-4-6 发布完成后的文件

## 相关知识与技能

### Flash 工具面板快捷键

Flash 工具面板快捷键如表 7-4-1 所示。

表 7-4-1 Flash 工具面板快捷键

| 名 称 | 快捷键 | 名 称 | 快捷键 | 名 称 | 快捷键 |
|---|---|---|---|---|---|
| 箭头 | V | 部分选定 | A | 套索 | L |
| 直线 | N | 钢笔 | P | 添加锚点 | = |

续表

| 名称 | 快捷键 | 名称 | 快捷键 | 名称 | 快捷键 |
|---|---|---|---|---|---|
| 删除锚点 | - | 转换锚点 | C | 文本 | T |
| 椭圆 | O | 矩形 | R | 基本椭圆 | O |
| 基本矩形 | R | 铅笔 | Y | 刷子 | B |
| 墨水瓶 | S | 颜料桶 | K | 滴管 | I |
| 橡皮擦 | E | 手形 | H | 放大镜 | M、Z |
| 任意变形 | Q | 填充变形 | F | 对象绘制 | J |

## 技能训练

1. 熟悉快捷键。
2. 练习发布设置。

## 完成任务

完成拼图游戏的发布。

## 评价

学习评价表

<table>
<tr><th rowspan="2">项目</th><th colspan="2">内容</th><th colspan="3">评价</th></tr>
<tr><th>能力目标</th><th>评价项目</th><th>3</th><th>2</th><th>1</th></tr>
<tr><td rowspan="12">职业能力</td><td rowspan="2">能恰当使用 Photoshop CS4 滤镜</td><td>能使用滤镜</td><td></td><td></td><td></td></tr>
<tr><td>能分层导出</td><td></td><td></td><td></td></tr>
<tr><td rowspan="2">能简单使用 Flash</td><td>能新建和打开文件</td><td></td><td></td><td></td></tr>
<tr><td>能保存和关闭文件</td><td></td><td></td><td></td></tr>
<tr><td rowspan="2">能简单使用动作语句</td><td>能读懂脚本语句</td><td></td><td></td><td></td></tr>
<tr><td>能修改脚本语句</td><td></td><td></td><td></td></tr>
<tr><td rowspan="2">能掌握简单脚本编写</td><td>能创建、接收变量</td><td></td><td></td><td></td></tr>
<tr><td>能实现影片剪辑的拖动</td><td></td><td></td><td></td></tr>
<tr><td rowspan="2">能完成拼图语句</td><td>能读懂拼图语句</td><td></td><td></td><td></td></tr>
<tr><td>能输入、调通语句</td><td></td><td></td><td></td></tr>
<tr><td rowspan="2">能发布文件</td><td>能输出 SWF 文件</td><td></td><td></td><td></td></tr>
<tr><td>能生成 EXE 文件</td><td></td><td></td><td></td></tr>
<tr><td rowspan="6">通用能力</td><td colspan="2">能清楚、简明地发表自己的意见与建议</td><td></td><td></td><td></td></tr>
<tr><td colspan="2">能服从分工，自动与他人共同完成任务</td><td></td><td></td><td></td></tr>
<tr><td colspan="2">能关心他人，并善于与他人沟通</td><td></td><td></td><td></td></tr>
<tr><td colspan="2">能协调好组内的工作，在某方面起到带头作用</td><td></td><td></td><td></td></tr>
<tr><td colspan="2">积极参与任务，并对任务的完成有一定贡献</td><td></td><td></td><td></td></tr>
<tr><td colspan="2">对任务中的问题有独特的见解，带来良好效果</td><td></td><td></td><td></td></tr>
<tr><td colspan="3">综合评价</td><td colspan="3"></td></tr>
</table>

# 单元八

## 功夫酒——包装盒设计

包装是产品行销的动力，任何一种产品，经由生产、市场、储运而到消费者手中的过程均需包装。包装是连接生产与消费之间，用于保护产品、加速流通、促进消费的一种融科学技术于一体的企业行为。

包装盒设计种类繁多，其中摇盖式包装是在结构上最简单、使用最多的一种包装。摇盖式包装具有以下一些优点：

（1）盒身、盒盖、盒底皆为一体成型，盒盖摇下盖住盒口，两侧有摇翼。

（2）由于它所使用的纸张面积基本上是长方形或正方形，因此，在印刷拼版时基本不会浪费太多纸张，可大大节约印刷成本。

| | |
|---|---|
| 学习目标 | ☑ 了解包装的标准尺寸。<br>☑ 掌握版前印刷的基本概念。<br>☑ 能够熟练使用 CorelDRAW X4。 |

本章是以摇盖式包装完成的一个综合实例，具有实用性、全面性、操作性和针对性。通过本章的讲解，相信会给读者带来较高的参考价值。

完成“功夫”酒包装盒设计是通过“设置包装的标准尺寸”、“制作包装的平面展开图”、“扣刀位和出血线的设置”、“制作包装的立体效果图”四项任务来完成的。

## 任务一　设置包装的标准尺寸

### 任务描述（以下为虚构）

河北是中国酿酒技术的发祥地之一。灿烂的造酒文明史，不仅是中华文明史的重要内容，也是燕赵文化的重要内涵之一。智慧的燕赵先民曾创造了多项酒文化的世界之最、中国之最。

“功夫”酒是一款产自河北沧州的老白干香型酒，其以入口绵、落口甜、饮后余香、回味悠长等特色而著称。从消费者角度考虑，包装必须结合传统文化，风格简洁、大方，视觉语言直接明确，能够体现商品的产地和历史。

本次任务完成后的图像效果，如图 8-1-1 所示。

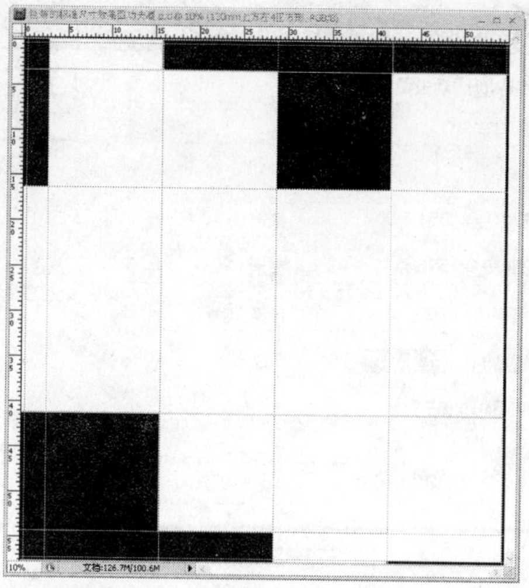

图 8-1-1　包装的标准尺寸效果图

## 任务分析

酒瓶外包装产品尺寸大小，如图 8-1-2 所示。

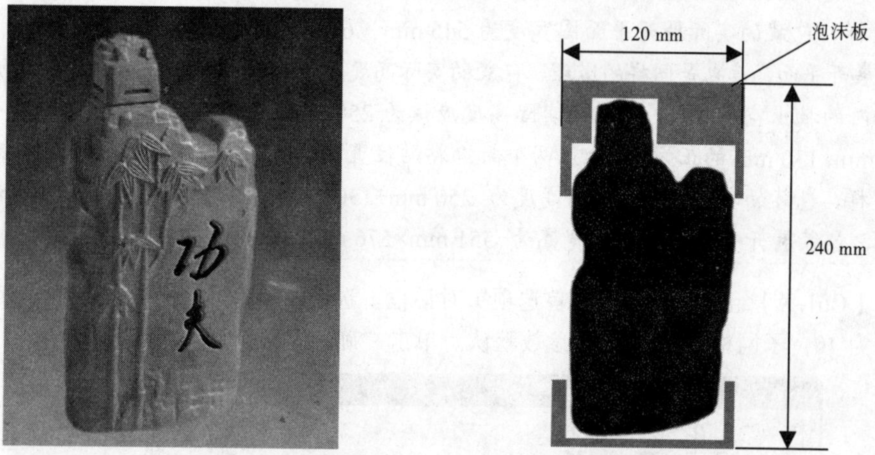


图 8-1-2　产品外形、尺寸

有了产品尺寸，就可以设计纸盒大小。按照以下几大步骤来完成所需要的包装标准尺寸设定：

（1）新建文件；

（2）使用标尺、网格进行结构线勾画。

## 方法与步骤

### 1. 新建文件

（1）运行 Photoshop CS4 程序，按【Ctrl+N】组合键，新建文件。文件名称为功夫酒，宽度为 551，高度为 576，单位为毫米。单击“确定”按钮，如图 8-1-3 所示。

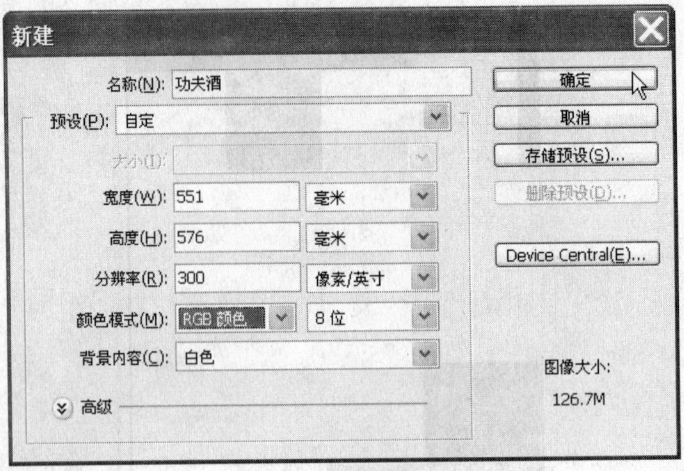


图 8-1-3　新建文件

**提示：**此尺寸是按照产品外形尺寸所得的参数。

酒瓶包装外形呈方柱体，已知酒瓶正面宽度为 120 mm。包装纸张存在厚度和成品放入包装内的抽出空间虚位，因此包装展开平面的宽度应该做到 130 mm × 4=520 mm。其次，包装上还有个封口粘贴位置，像这种大包装的封口宽度至少要预设至 25 mm，因此包装展开平面的宽度为 520 mm +25 mm=545 mm。因为包装在印刷裁切时要预留出血位置两边共 6 mm。这样，包装的实际展开平面图宽度为 545 mm + 6 mm=551 mm。

包装展开平面高度也是同样的道理，包装的实际高度 240 mm，加上纸张存在厚度和成品放入包装内的抽出空间虚位，包装的实际高度应该为 250 mm；包装的顶盖和底盖就等于是两个 130 mm×130 mm 的正方形，加上两个封口粘贴位置 30 mm×2=60 mm 和裁切出血位置 6 mm。这样，包装的实际展开平面图高度为 250 mm+130*2 mm+30*2 mm+6 mm=576 mm 。

所以，包装展开平面图的实际宽高为 551 mm×576 mm。

（2）按【Ctrl+K】组合键，弹出“首选项”对话框。选中“参考线”选项，设置网格参数，网格间间隔为 10，子网格为 10，其他参数默认。单击“确定”按钮，如图 8-1-4 所示。

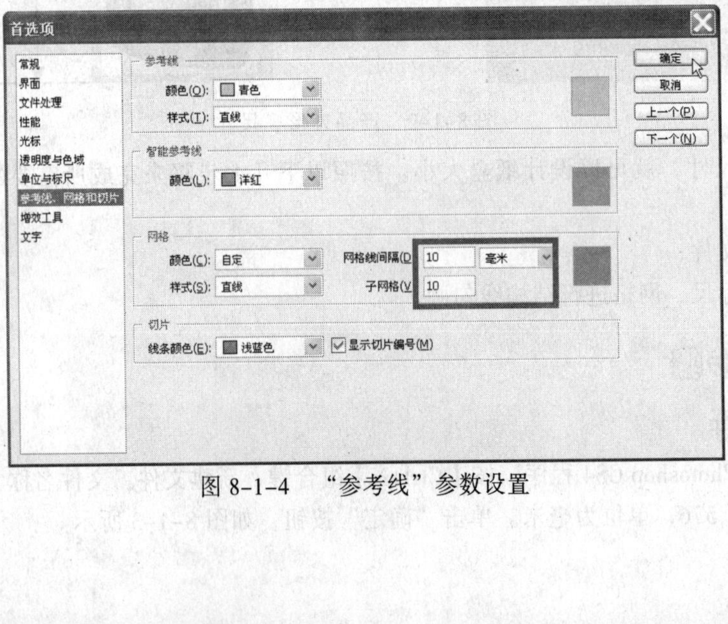


图 8-1-4　“参考线”参数设置

（3）按【Ctrl+'】组合键，显示网格，如图 8-1-5 所示。

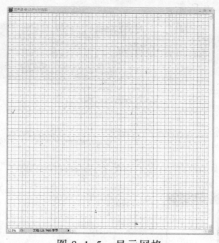

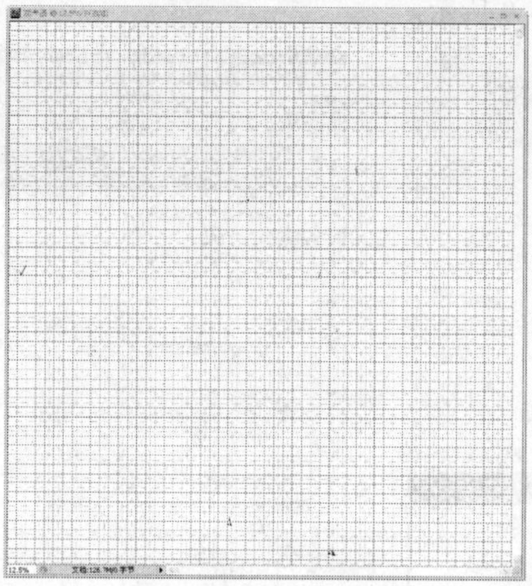

图 8-1-5　显示网格

## 2. 使用标尺进行结构线勾画

（1）按【Ctrl+R】组合键，显示标尺。单击标尺栏上方，按住左键不放，向下拖动，直至 3 mm 处，如图 8-1-6 所示。

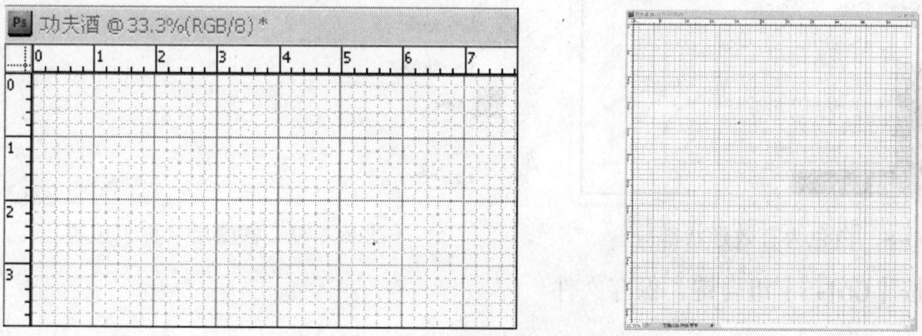


图 8-1-6　参考线的显示及使用

> **提示：**可以用放大、缩小工具作为参考线拉取的辅助参照。

（2）与上步类似，完成其他参考线拉取。最后布局设定，如图 8-1-7 所示。

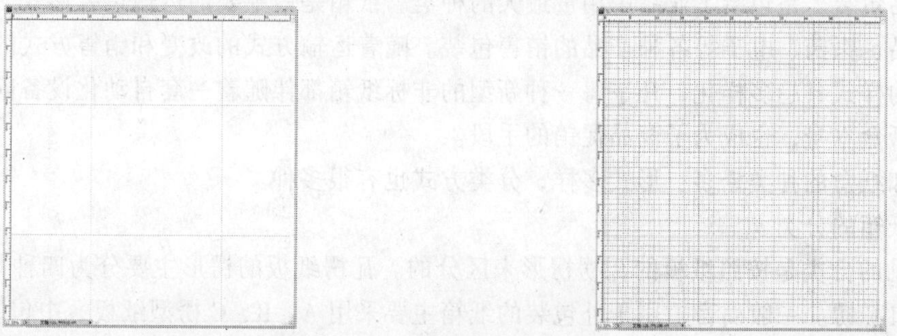

图 8-1-7　参考线完成效果

> **提示：**上下左右各拉取距离边缘 3 mm 的出血位。

（3）新建图层，并通过“选区工具”填充白色，标识出选用部分，如图 8-1-8 所示。

（4）图层名称，如图 8-1-9 所示。

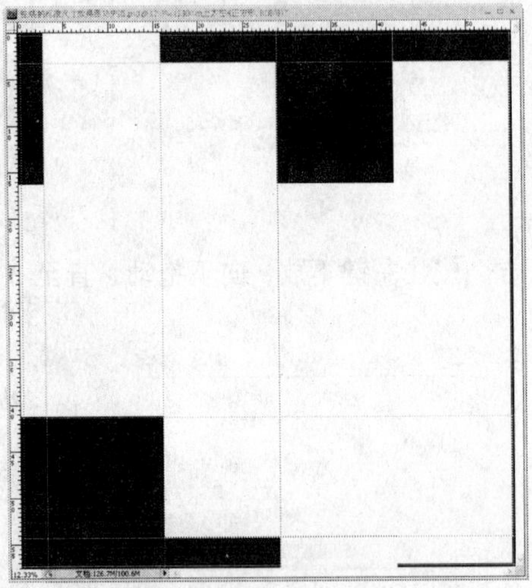

图 8-1-8　白色为有效形状部分

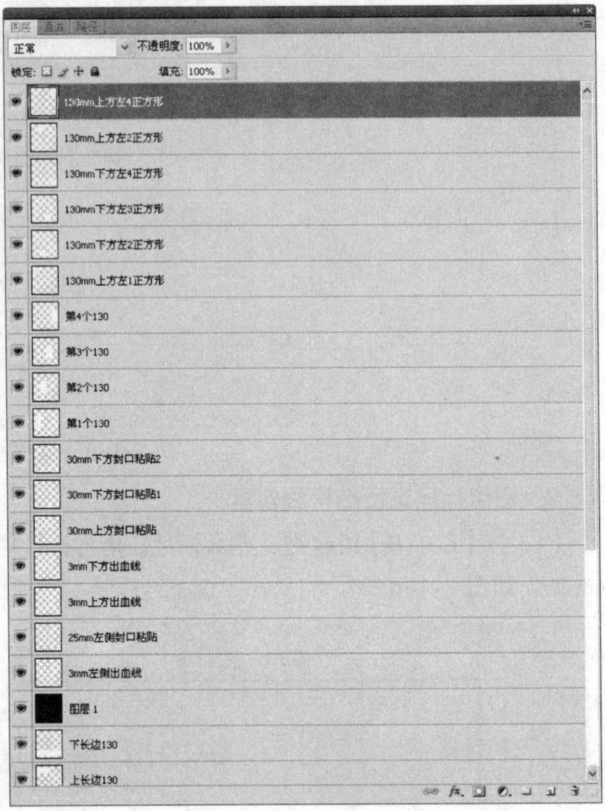


图 8-1-9　各图层名称、位置

（5）按【Ctrl+S】组合键，保存文件。

## 相关知识与技能

### 1. 纸箱、纸盒的种类和设计

纸制品包装，是包装工业品中用量最大的种类。纸箱是最主要的运输包装形式，而纸盒广泛用做食品、医药、电子等各种产品的销售包装。随着运输方式的改变和销售方式的变革，纸箱、纸盒的样式日趋多样化，几乎每一种新型的非标纸箱都伴随着一套自动化设备问世，而造型新颖的纸盒本身，也成为了商品促销的手段。

纸箱和纸盒的种类繁多、形式多样，分类方式也有很多种。

（1）纸箱的分类。

最常见的分类是按照纸板的瓦楞楞形来区分的。瓦楞纸板的楞形主要分为四种：A 楞、B 楞、C 楞和 E 楞。一般而言，用于外包装的纸箱主要采用 A、B、C 楞型纸板；中包装采用 B、E 楞型；小包装则多使用 E 楞纸板。

在生产和制造瓦楞纸箱时，一般按纸箱的箱型来进行区分。

按照国际纸箱箱型标准，纸箱结构可分为基础型和组合型两大类。

基础型即基本箱型，在标准中有图例可查，一般用 4 位数字表示，前两位表示箱型种类，后两位表示同一箱型种类中不同的纸箱式样。例如，02 表示开槽型纸箱；03 表示套合型纸箱等。而组合型是基础型的组合，即由两种以上的基本箱型所组成，用多组 4 位数字或代号来表示。例如，一个纸箱的上摇盖可以用 0204 型，下摇盖用 0215 型。

（2）纸盒的分类。

同纸箱相比，纸盒的样式更为复杂多样。虽然可以按照用材和使用目的及用途进行分类，但最常用的方法却是按照纸盒的加工方式来进行区分。

一般分为折叠纸盒和粘贴纸盒。折叠纸盒是应用最为广泛，结构变化最多的一种销售包装，一般又分为管式折叠纸盒、盘式折叠纸盒、管盘式折叠纸盒、非管非盘式折叠纸盒等。

粘贴纸盒与折叠纸盒一样，按成形方式可以分为管式、盘式和亦管亦盘式三大类。

每一大类纸盒类型中又可以根据局部结构的不同细分出很多小类，并且可以增加一些功能性结构，比如组合、开窗、增加提手等。

**2. 做礼盒包装时常用到的结构**

做礼盒包装时常用到的结构，如图 8-1-10 所示。

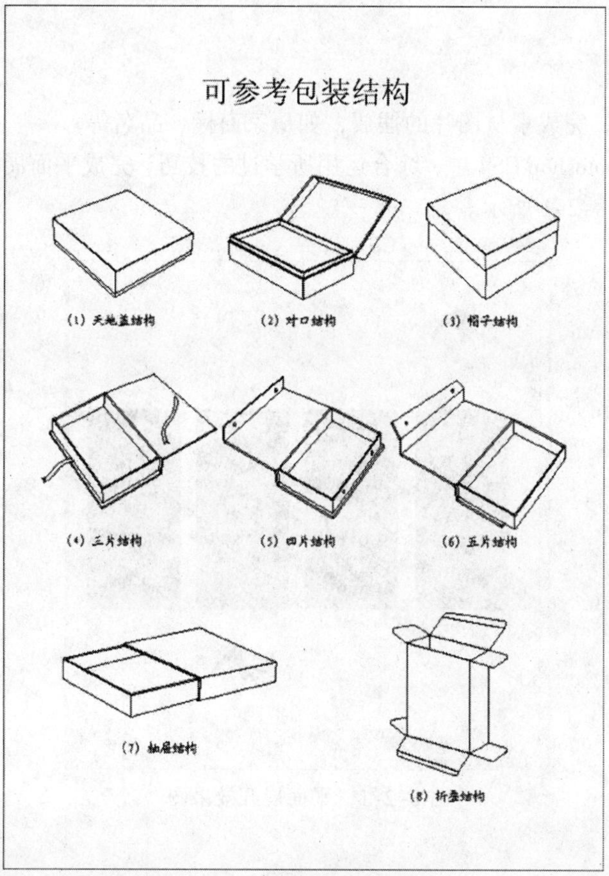


图 8-1-10　常见包装结构

**3. 成品流程**

一种产品在印刷成品之前，所经过的流程是复杂多样的，每个环节都不能出错。白酒包装的制作流程大致分为：设计构思→印前准备→设计初稿→定稿→印前计算机制作→菲林→制造印刷版→成批印刷→装箱成品。

设计人员能完成的任务就是从设计稿到印刷前的制作。

### 技能训练

1. 熟悉参考线的使用。
2. 熟悉标尺的使用。

### 完成任务

请完成规划版面任务。

## 任务二　制作包装的平面展开图

### 任务描述

在平面展开图中，完成素材图片的摆放，如厂家商标、品名等。

本次任务是在 Photoshop CS4 中，综合运用所学过的技巧，完成平面展开图制作。该任务完成后的图像效果如图 8-2-1 所示。

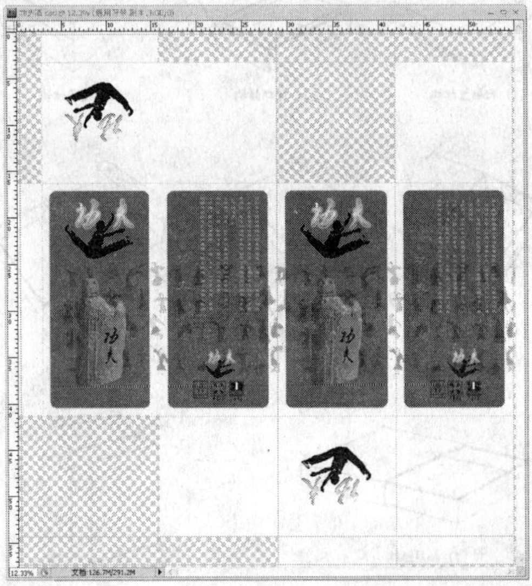

图 8-2-1　平面展开效果图

### 任务分析

商标和品名直接向消费者表明商品特性，在包装的版面构成中起到承上启下的引导作用，摆放时要考虑构图的均衡、标志和品名相互的组合是否协调等因素。

制作平面展开图分为以下几个步骤完成：

（1）置入商品徽标；

（2）制作背景；

（3）置入素材文件。

## 方法与步骤

### 1. 置入商品徽标

（1）单击工具栏中的“前景色”按钮，在弹出的“拾色器（前景色）”对话框当中设置参数（R：104，G：88，B：58）。单击“确定”按钮，如图 8-2-2 所示。

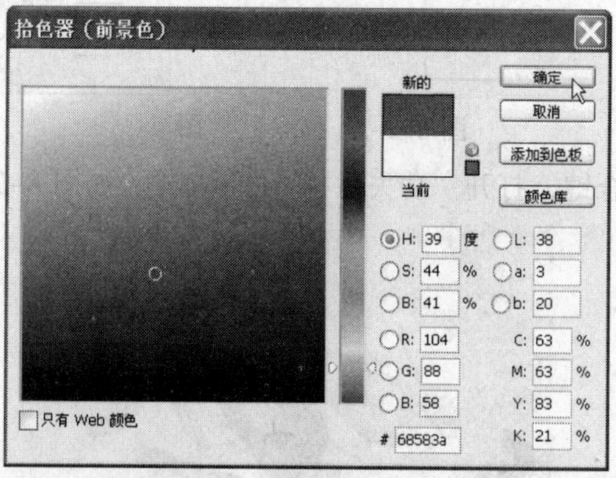


图 8-2-2　设置“前景色”参数

（2）单击工具栏中的“圆角矩形工具”，在属性栏当中设置参数，半径为 80 像素，如图 8-2-3 所示。

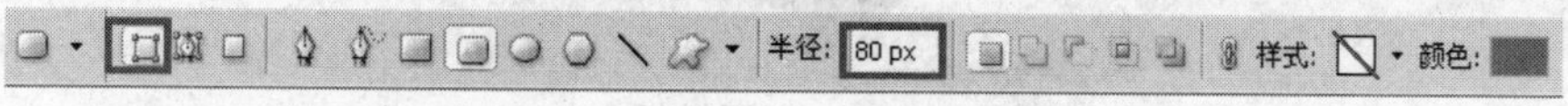


图 8-2-3　“圆角矩形工具”属性栏参数设置

> **提示：**一定要选中“形状图层”，否则是路径状态。

（3）新建图层，拉取圆角矩形选区后会自动填充前景色，如图 8-2-4 所示。

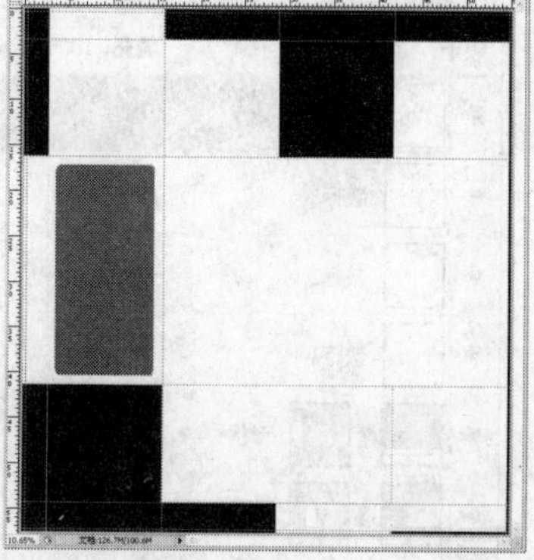

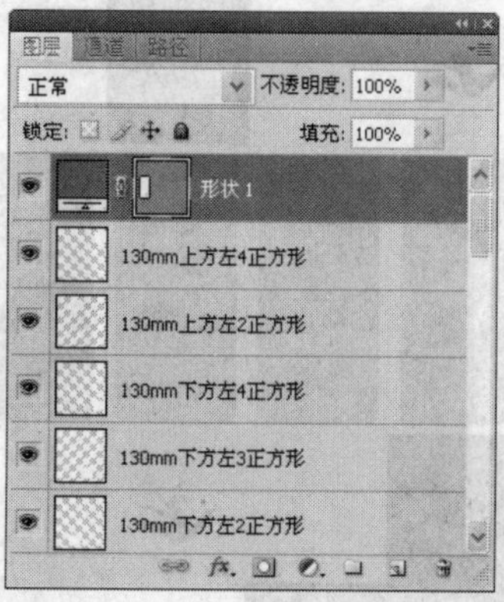


图 8-2-4　“形状 1”图层

（4）与此类似，完成其他形状图层，如图 8-2-5 所示。

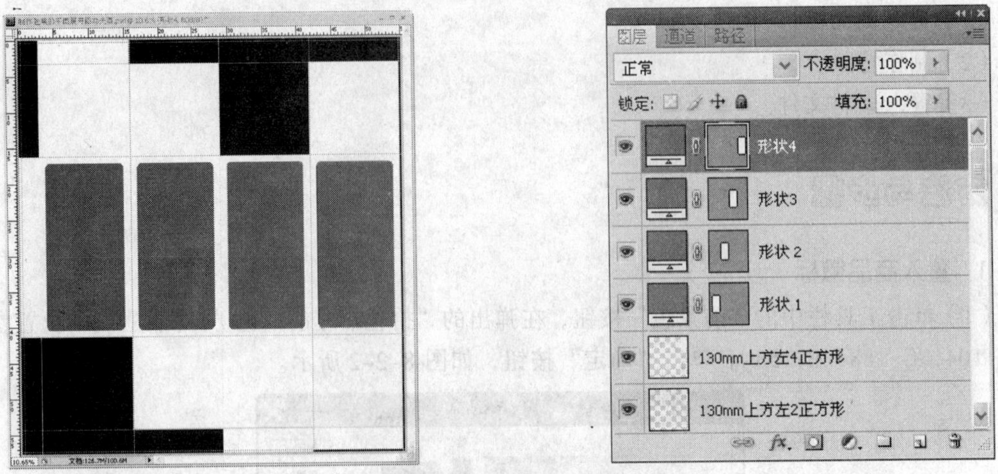


图 8-2-5 “形状”图层

（5）按【Ctrl+O】组合键，打开“功夫徽标.psd”文件，如图 8-2-6 所示。

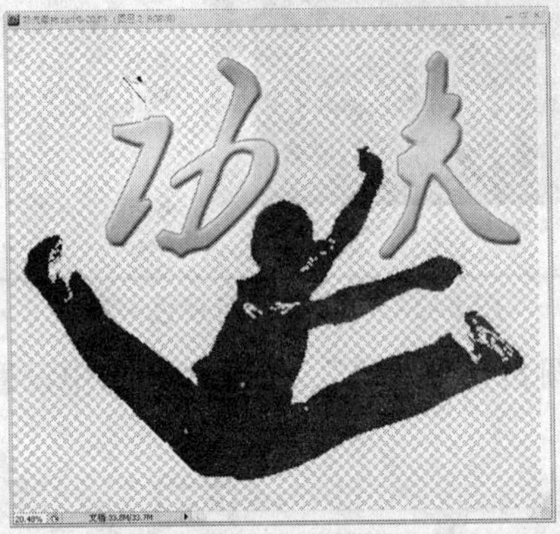

图 8-2-6 打开徽标文件

（6）单击选中工具栏中的“移动工具”，将徽标移至当前文档，复制后，摆放到合适位置，如图 8-2-7 所示。

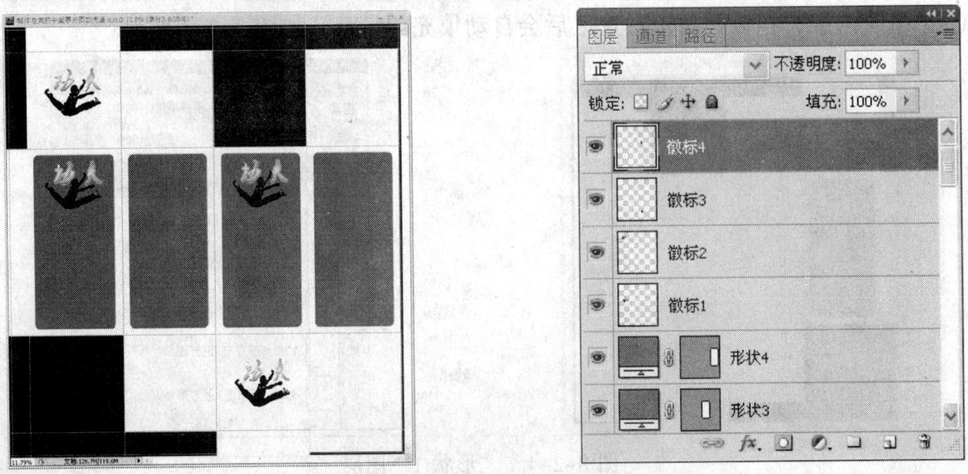


图 8-2-7 徽标摆放位置

（7）单击选中“徽标 2”图层，选择“编辑”→“变换”菜单命令，在弹出的菜单中，选中“旋转 180 度”选项，如图 8-2-8 所示。

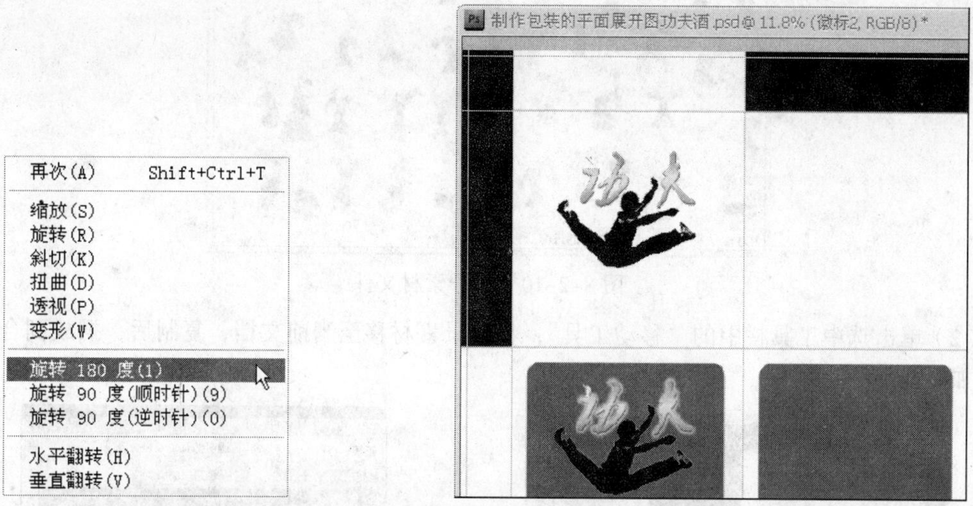


图 8-2-8　顶盖标志改变方向

（8）与此类似，改变底盖标志方向，如图 8-2-9 所示。

图 8-2-9　底盖标志改变方向

**提示：**包装顶盖和底盖的标志及文字在摆放时要正对开启口，所以在放置时要把标志和文字倒放。

## 2. 制作背景

（1）按【Ctrl+O】组合键，打开“背景素材.jpg”文件，如图 8-2-10 所示。

图 8-2-10　打开素材文件

（2）单击选中工具栏中的“移动工具”，将背景素材移至当前文档，复制后，摆放到合适位置，如图 8-2-11 所示。

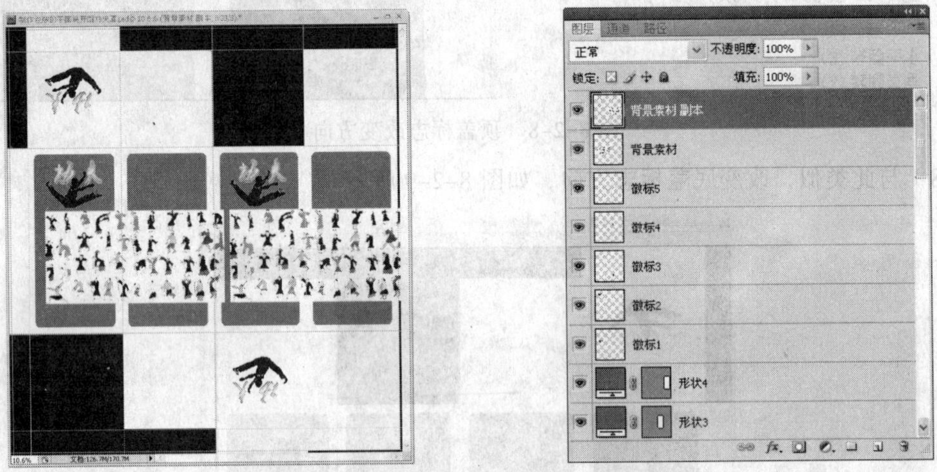


图 8-2-11　复制“背景素材”图层

（3）分别将“背景素材”图层、“背景素材副本”图层不透明度更改为 40%，图层混合模式更改为正片叠底。图像效果，如图 8-2-12 所示。

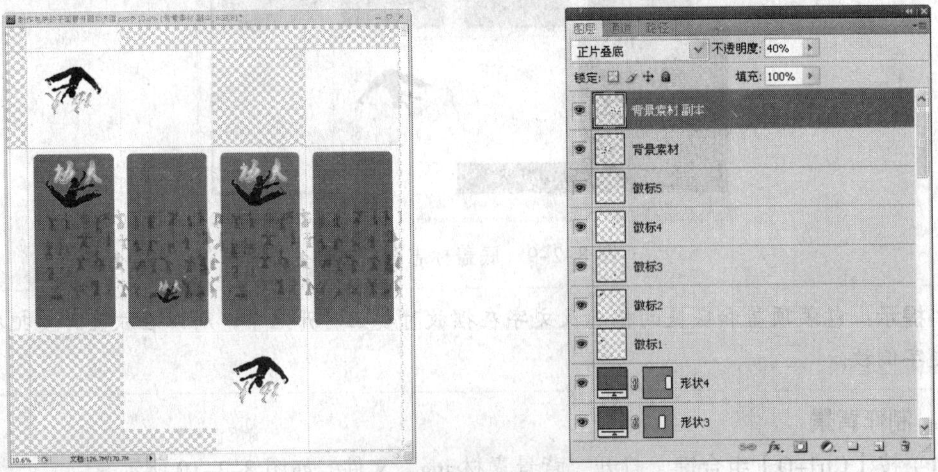


图 8-2-12　改变混合模式及不透明度

### 3. 置入素材文件

（1）按【Ctrl+O】组合键，打开“酒瓶.psd”文件，如图 8-2-13 所示。

（2）单击选中工具栏中的“移动工具”，将酒瓶移至当前文档，复制后，摆放到合适位置，如图 8-2-14 所示。

图 8-2-13　打开文件

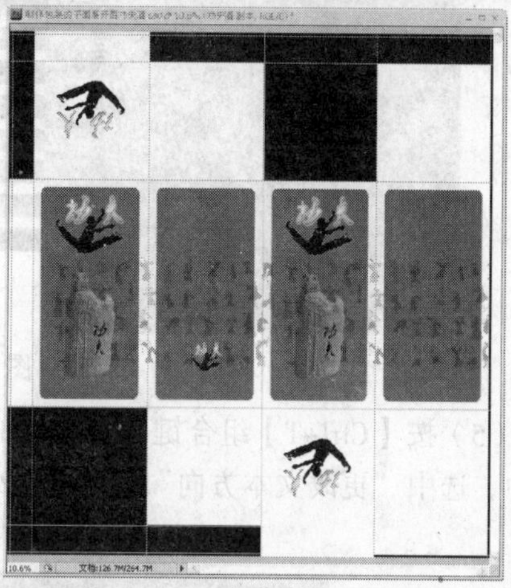

图 8-2-14　复制并移动图像

（3）单击选中工具栏上的“文字工具”，在属性栏中设置参数，字体为隶书，大小为 14 点。文本颜色为（R：244，G：181，B：30），如图 8-2-15 所示。

图 8-2-15　文字属性栏设置

（4）在图像编辑区内单击，输入文本。

文本内容如下：

河北是中国酿酒技术的发祥地之一。灿烂的造酒文明史，不仅是中华文明史的重要内容，也是燕赵文化的一个重要内涵。智慧的燕赵先民曾创造了多项酒文化的世界之最、中国之最。“功夫”酒是一款产自河北沧州的老白干香型酒，其以入口绵、落口甜、饮后余香、回味悠长特色而著称。

“功夫”酒以优质高粱、小麦、大麦、豌豆为原料，在吸收酒传统酿造工艺基础上精心秘方酿造，实为上等之绝品。

如图 8-2-16 所示。

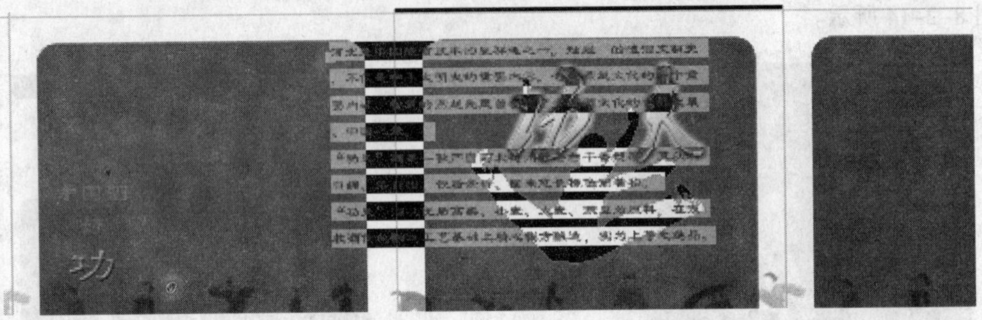

图 8-2-16 文字内容

（5）按【Ctrl+T】组合键，在弹出的“字符”面板中，单击右上角的下拉三角，在下拉菜单中，选中“更改文本方向”，如图 8-2-17 所示。

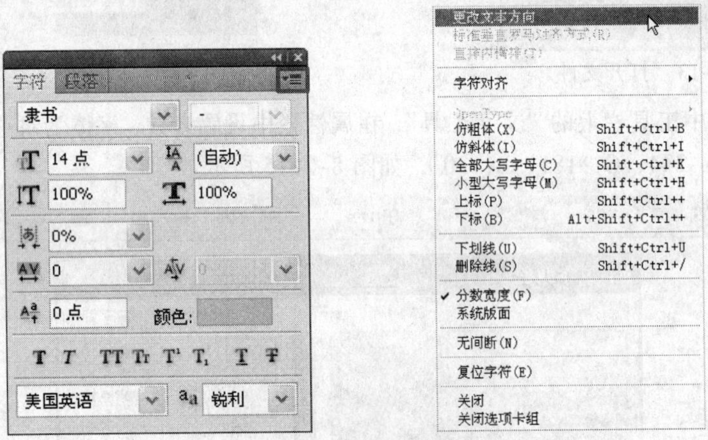


图 8-2-17 更改文本方向

（6）单击选中工具栏中的“移动工具”，将竖排文本移动到合适位置，如图 8-2-18 所示。

图 8-2-18 竖排文本位置

（7）单击选中工具栏上的“文字工具”，在属性栏中设置参数，字体为隶书，大小为 24 点。文本颜色为（R：230，G：65，B：35），如图 8-2-19 所示。

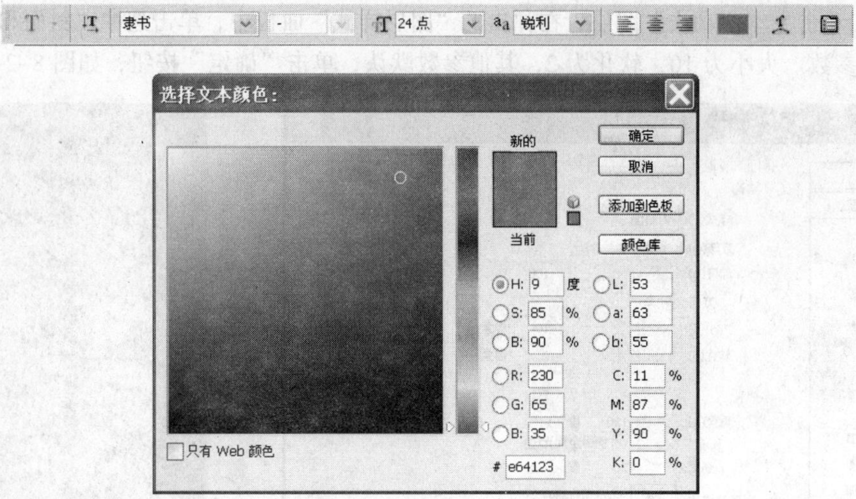


图 8-2-19　文本属性栏参数设置

（8）输入文本内容“中国酒”，并使用“移动工具”将文本移到合适位置。与此类似完成文本“好”的处理。最后效果，如图 8-2-20 所示。

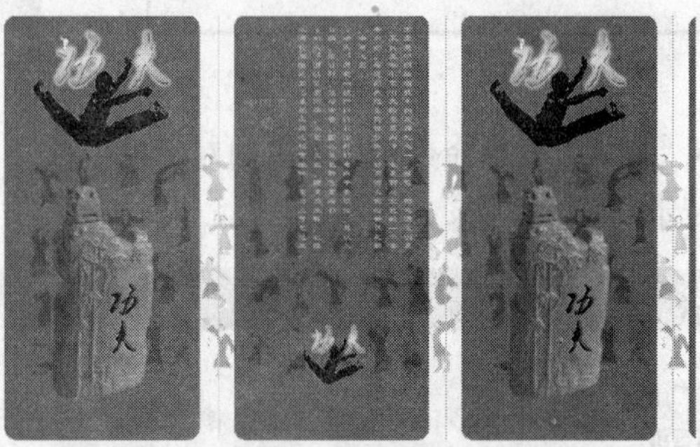

图 8-2-20　文本摆放位置

（9）单击选中工具栏上的“文字工具”，在属性栏中设置参数，字体为隶书，大小为 48 点。文本颜色为（R：230，G：65，B：25），如图 8-2-21 所示。

图 8-2-21　文本属性栏参数设置

（10）双击文本“功夫”图层，在弹出的“图层样式”面板中，单击选中“斜面和浮雕”选项，设置参数。大小为10，软化为2，其他参数默认，单击“确定”按钮，如图8-2-22所示。

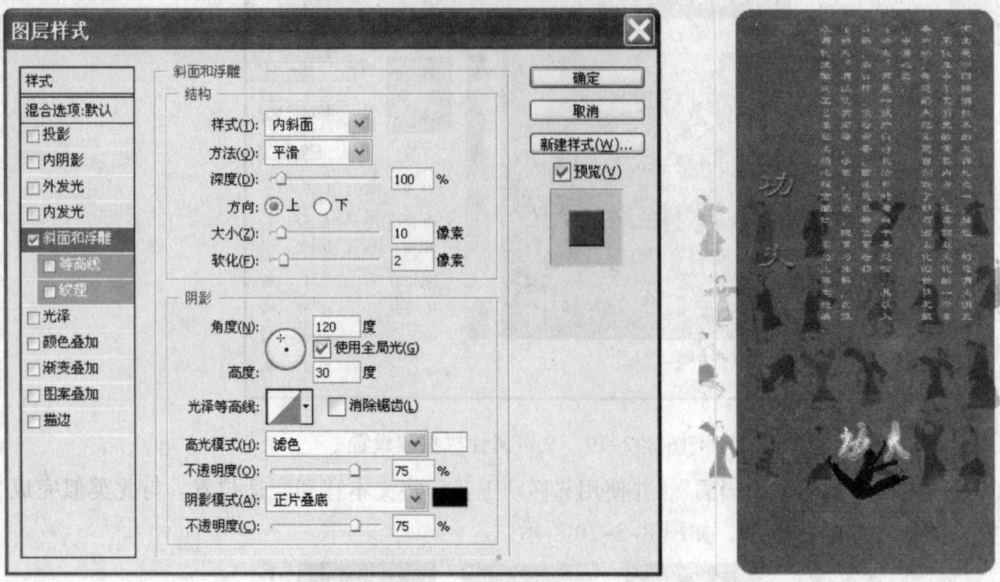


图 8-2-22 “斜面和浮雕”参数设置

（11）选择“文件”→“置入”菜单命令，在弹出的对话框中打开“通用符号.ai”。单击“确定”按钮，如图8-2-23所示。

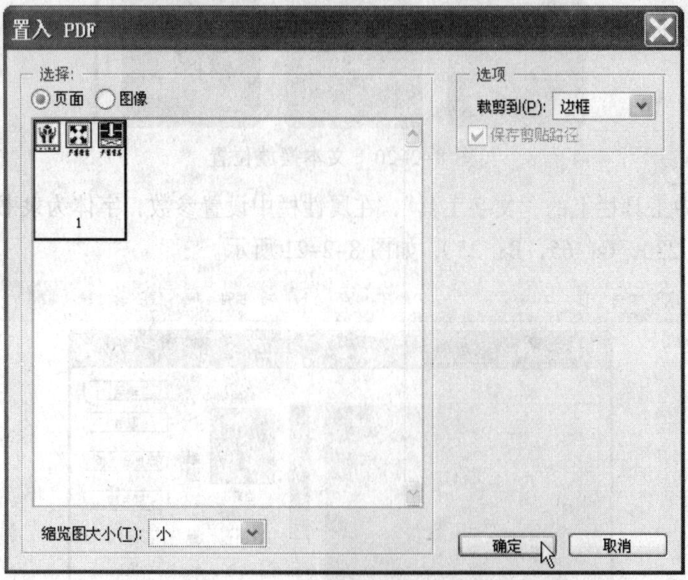


图 8-2-23 置入通用符号文件

（12）通过自由变换工具和移动工具，将通用符号移动到合适位置，如图8-2-24所示。

（13）通过复制图层，将徽标移动到合适位置，如图8-2-25所示。

图 8-2-24　置入通用符号文件

图 8-2-25　徽标摆放位置

（14）关闭掉黑色背景图层，按【Ctrl+Shift+E】组合键，拼合所有可见图层。按【Ctrl+W】组合键，保存退出文件。最后效果，如图 8-2-26 所示。

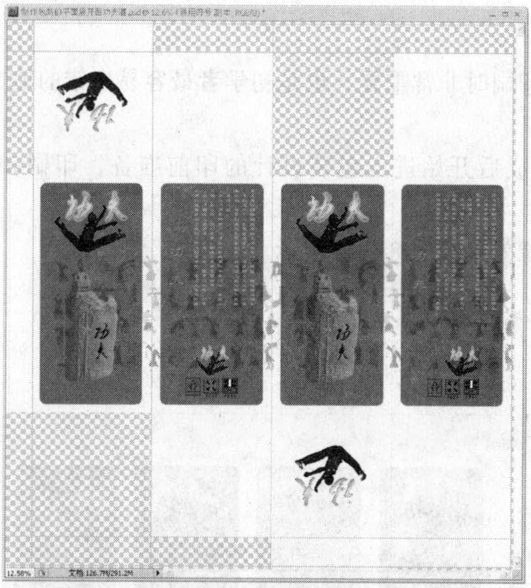

图 8-2-26　平面展开效果图

## 相关知识与技能

### 出血线

在印刷的版上印刷不会那么精准，每次印刷都是大量的令数（纸张计算方式）跟台数（计算方式），而在裁的时候如果没有出血线，那么印后裁剪出来的东西可能会上下左右其中一边画面没办法满版。

所以，出血线主要是让印刷画面超出那条线然后在裁的时候就算有一点点的偏差也不会让印出来的东西作废。

一般出血线都是留 3 mm，但不是绝对的，也可以留出 5 mm，这由纸张的厚度和具体的要求决定。留出血线只有一个目的，那就是为了画面更加美观，更加便于印刷。

### 技能训练

1. 熟悉抠图工具。
2. 练习综合抠图技巧。

### 完成任务

请完成玻璃瓶的抠图。

## 任务三　扣刀位和出血线的设置

### 任务描述

扣刀位和出血线在印刷时非常重要，也是初学者最容易出错的地方，本次任务将详细介绍这两方面内容。

包装平面展开图完成后开始进入包装设计的印前准备，印刷扣刀和出血位设置必须在CorelDRAW 软件中完成。

该任务完成后的图像效果如图 8-3-1 所示。

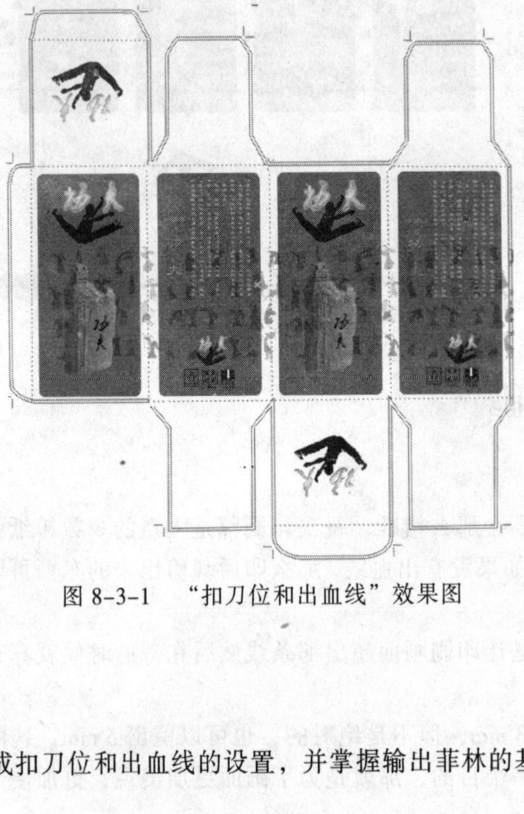

图 8-3-1　“扣刀位和出血线”效果图

### 任务分析

在本次任务中将完成扣刀位和出血线的设置，并掌握输出菲林的基础知识。

主要按照以下几大步骤来完成出菲林前的工作：

（1）摇盖的扣刀位及焊接结构线；

（2）绘制出血线；

（3）绘制折角虚线；

（4）绘制套版线；

（5）输出菲林。

## 方法与步骤

### 1. 摇盖的扣刀位及焊接结构线

（1）启动 CorelDRAW X4 程序，在启动界面单击“新建空白文档”选项，如图 8-3-2 所示。

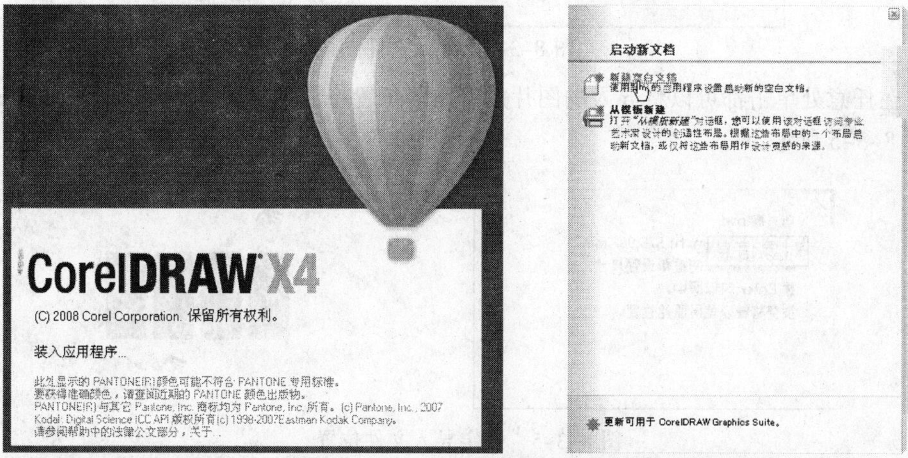

图 8-3-2　启动界面及新建图形

（2）选择“版面”→“页面设置”菜单命令，在弹出的对话框中设置文件大小，宽度为 551 mm，高度为 576 mm，其他参数默认。单击“确定”按钮，如图 8-3-3 所示。

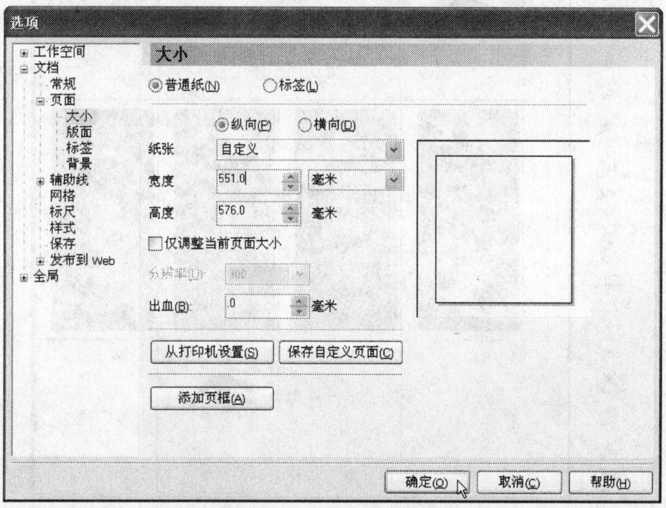


图 8-3-3　“页面”参数设置

（3）按【Ctrl+I】组合键，弹出“导入”面板。在导入面板中选中导入素材“功夫酒.psd”。单击“导入”按钮，如图 8-3-4 所示。

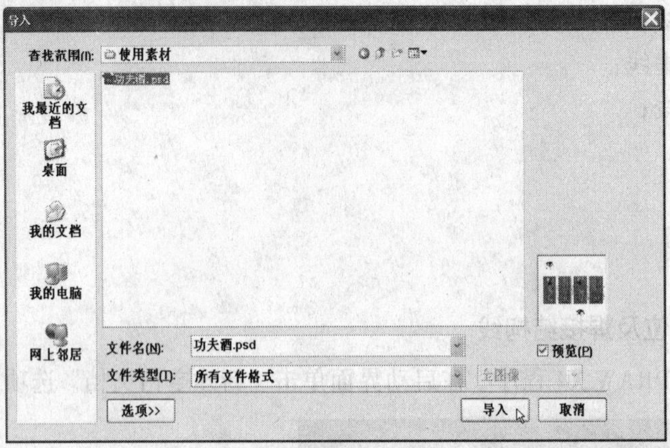


图 8-3-4　导入文件

（4）在任意处单击都可以将导入的图片放置在该位置将图像放置到页面中心，按【Enter】键，如图 8-3-5 所示。

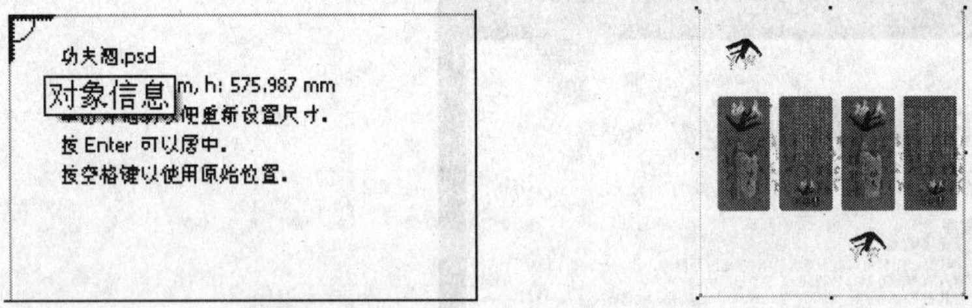


图 8-3-5　确定导入文件位置

（5）单击工具栏上的“矩形工具”，使用“矩形工具”绘制出结构线，如图 8-3-6 所示。

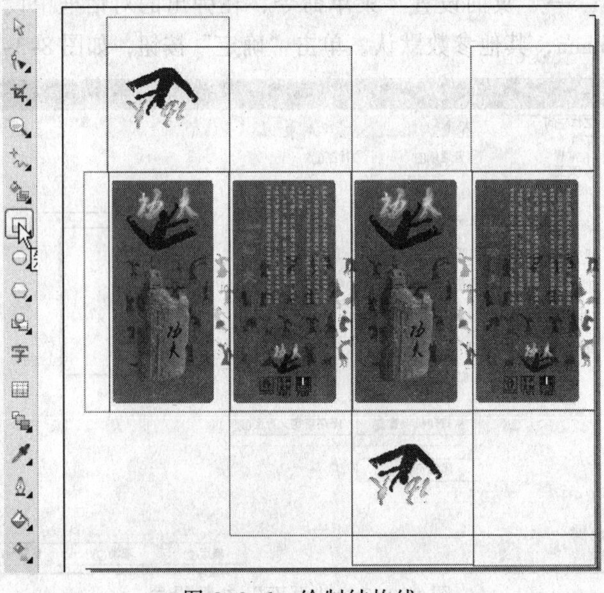

图 8-3-6　绘制结构线

**提示：** 根据图 8-1-8 可知包装的实际结构尺寸，借助该结构尺寸进行绘制。

（6）将包装的一个摇盖标注为 A。单击工具栏上的“选择工具”，选中摇盖 A 右击，在弹出快捷菜单中选中“转换为曲线”选项，如图 8-3-7 所示。

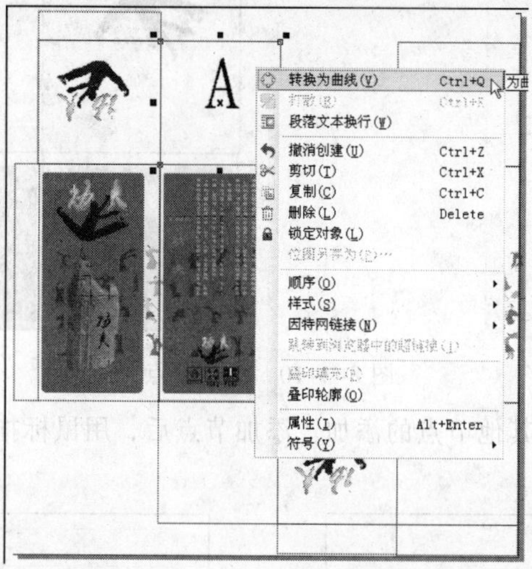


图 8-3-7　“转换为曲线”选项

（7）拉取标尺线，如图 8-3-8 所示。

图 8-3-8　拉取的标尺线

（8）单击选中工具栏中的“形状工具”，将鼠标移到标尺线所在位置，鼠标形状发生变化，如图 8-3-9 所示。

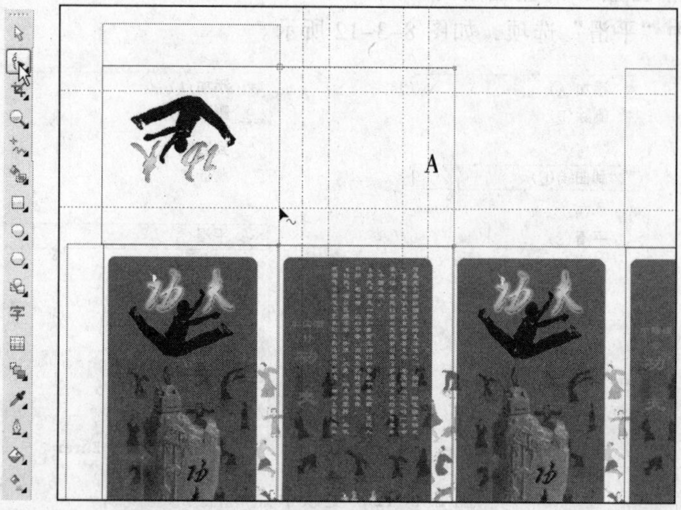


图 8-3-9　选中“形状工具”

（9）右击，在弹出的快捷菜单中选择“添加”选项，如图 8-3-10 所示。

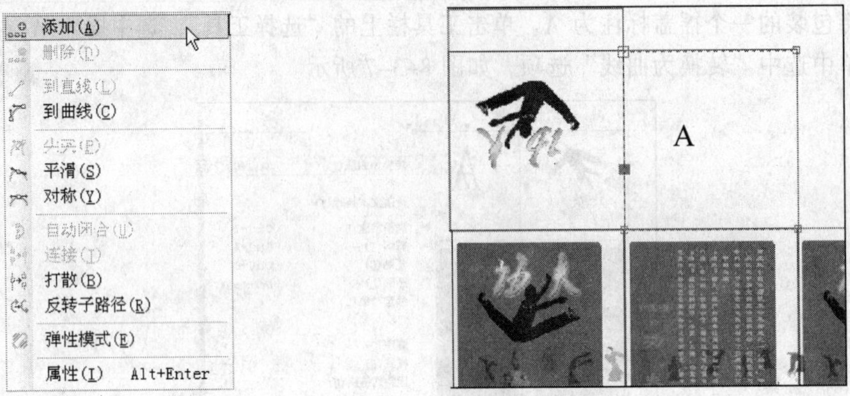


图 8-3-10　添加节点

（10）与此类似，完成其他节点的添加。添加节点后，用鼠标拖动即可移动线条位置，如图 8-3-11 所示。

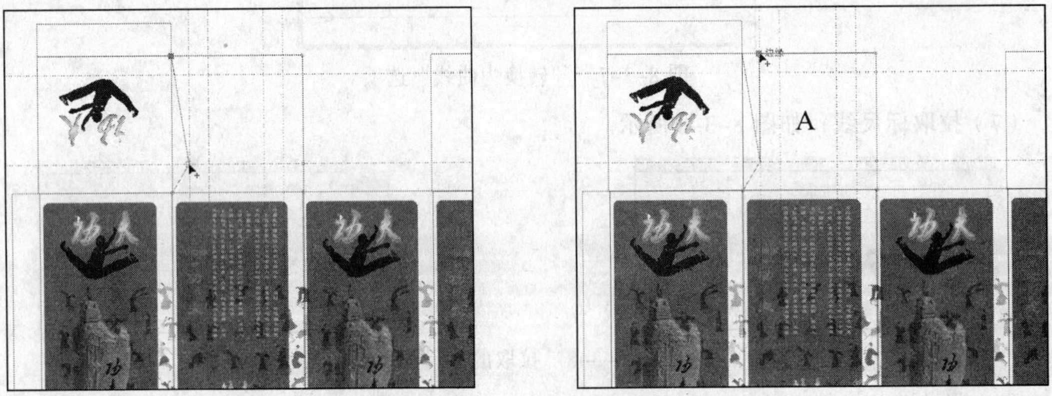


图 8-3-11　移动线条位置

（11）单击选中摇盖 A 的左上角的节点，右击，在弹出的快捷菜单中选择“到曲线”选项。再右击，选中“平滑”选项，如图 8-3-12 所示。

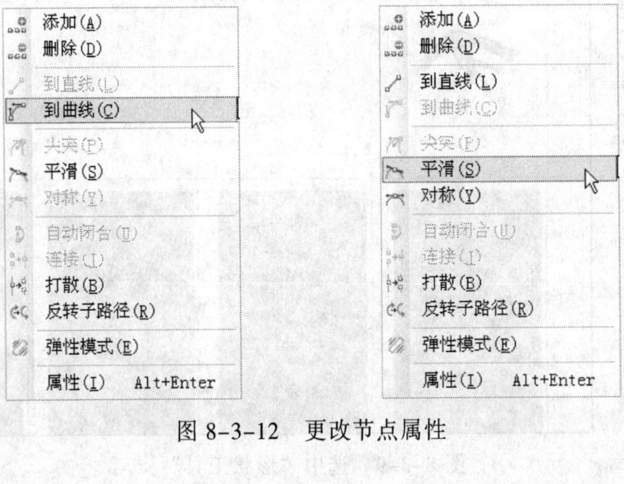


图 8-3-12　更改节点属性

（12）用鼠标拖动节点，即可出现曲线，与此类似，完成右侧曲线，如图 8-3-13 所示。

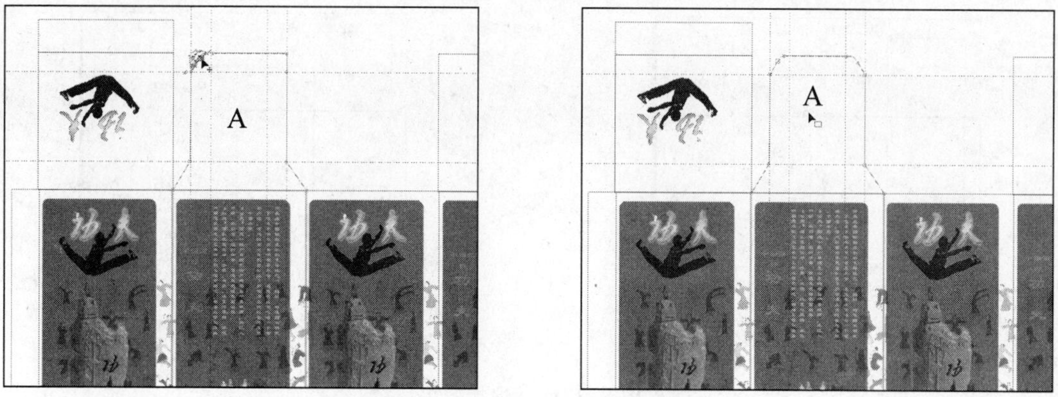


图 8-3-13　摇盖 A 的扣刀位

（13）与摇盖 A 的操作类似，完成 B-F 的操作，如图 8-3-14 所示。

（14）最后结果，如图 8-3-15 所示。

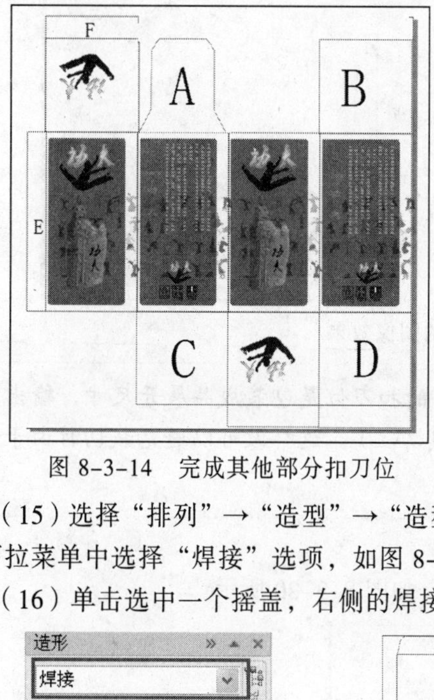


图 8-3-14　完成其他部分扣刀位

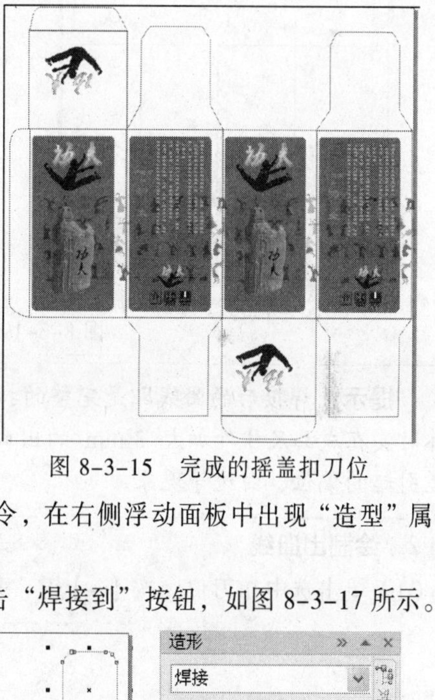

图 8-3-15　完成的摇盖扣刀位

（15）选择“排列”→“造型”→“造型”菜单命令，在右侧浮动面板中出现“造型”属性，在下拉菜单中选择“焊接”选项，如图 8-3-16 所示。

（16）单击选中一个摇盖，右侧的焊接可用。单击“焊接到”按钮，如图 8-3-17 所示。

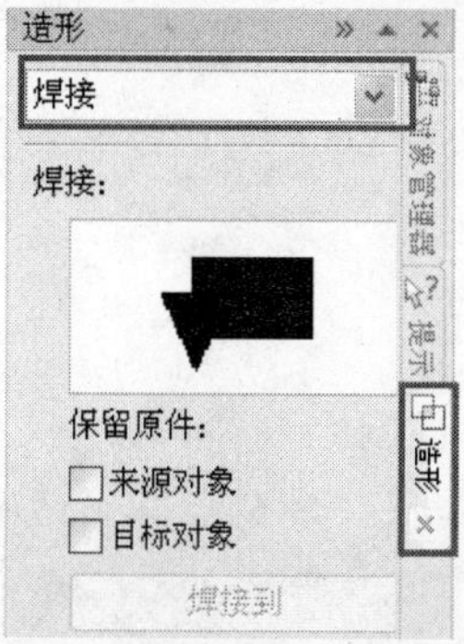


图 8-3-16　“修整”面板

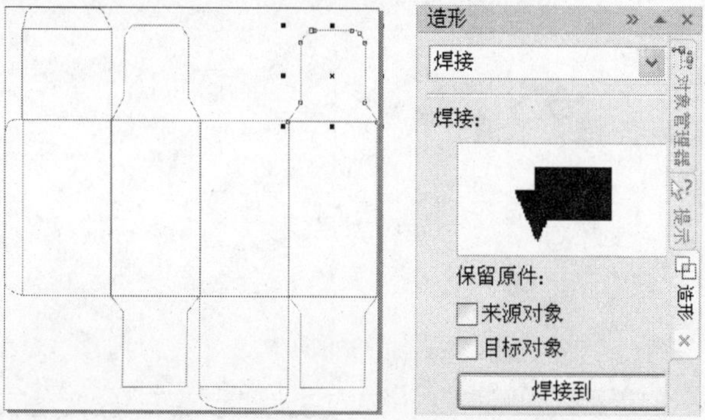


图 8-3-17　选中“源对象”

（17）鼠标样式发生改变，单击选中“目标对象”，单击完成焊接操作，如图 8-3-18 所示。

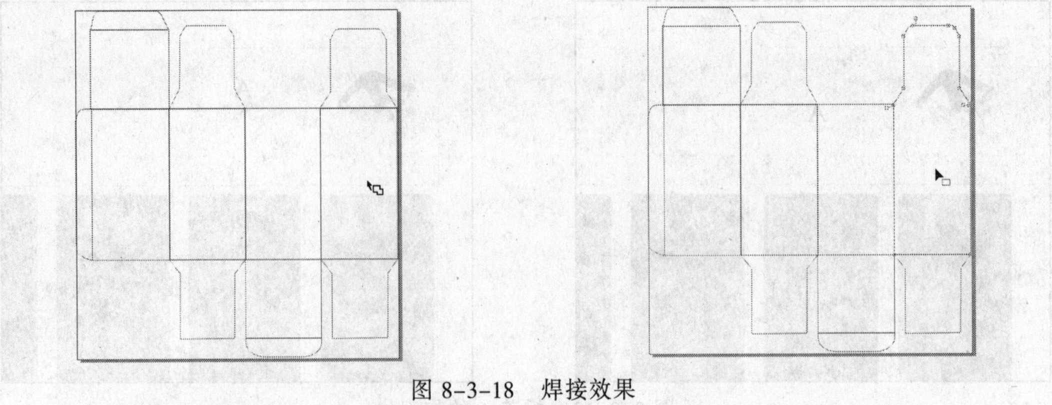

图 8-3-18　焊接效果

（18）与上步操作类似，完成其他部分焊接。焊接前后，如图 8-3-19 所示。

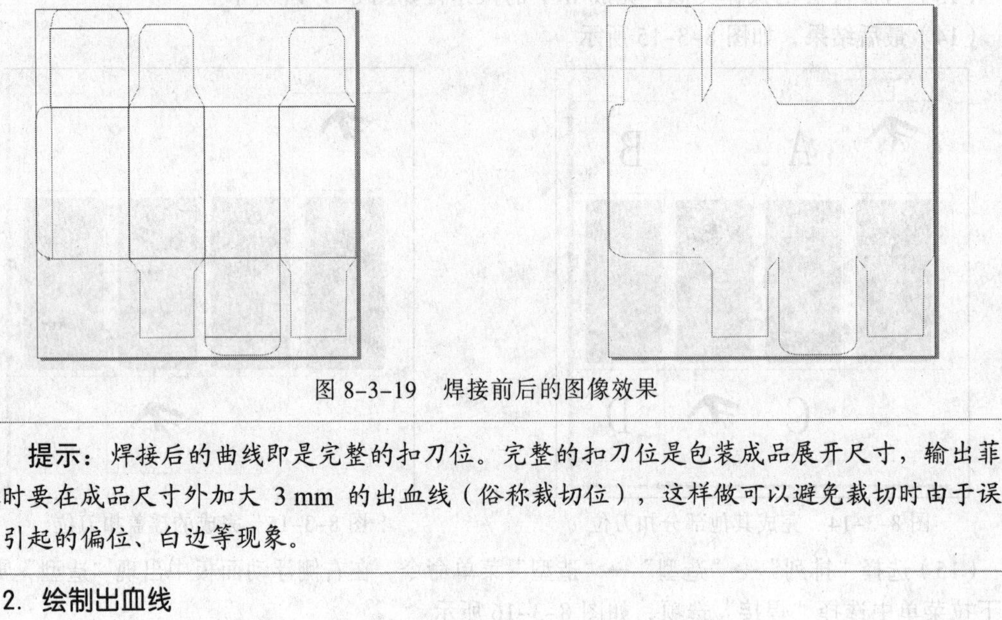

图 8-3-19　焊接前后的图像效果

**提示：**焊接后的曲线即是完整的扣刀位。完整的扣刀位是包装成品展开尺寸，输出菲林时要在成品尺寸外加大 3 mm 的出血线（俗称裁切位），这样做可以避免裁切时由于误差引起的偏位、白边等现象。

### 2. 绘制出血线

（1）单击选中扣刀位。按【+】键，复制扣刀位，如图 8-3-20 所示。

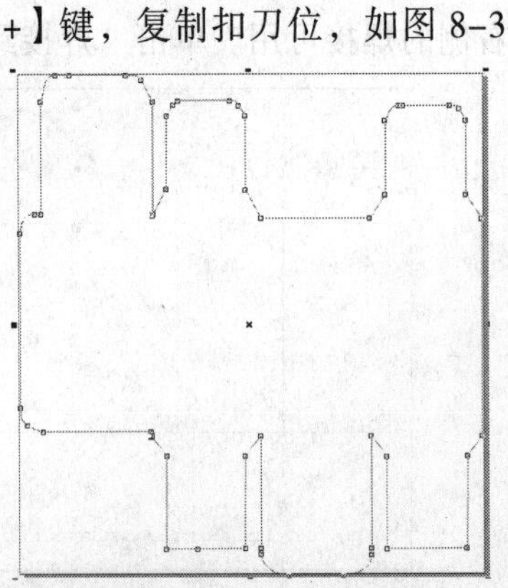

图 8-3-20　复制扣刀位

（2）单击选中工具栏中的“交互调和工具”下拉菜单中的“轮廓图”选项，在属性栏中设置参数，方向为向外，轮廓图步数为 1，轮廓图偏移为 3 mm，如图 8-3-21 所示。

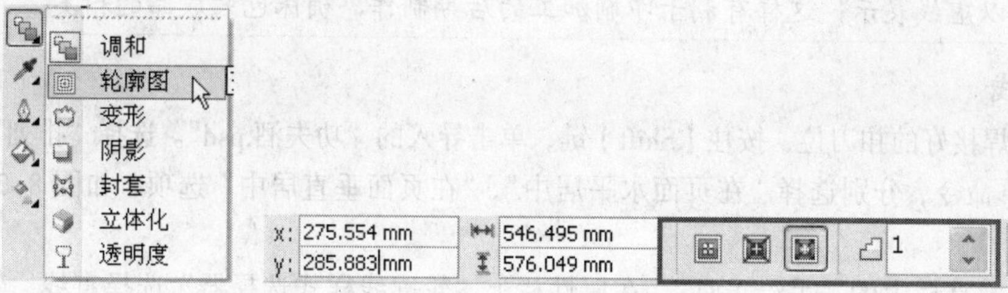


图 8-3-21 “交互式轮廓图工具”属性栏

（3）从完整的扣刀位中间向外拖动，在原来完整的扣刀位上自动生成一个扩大 3 mm 的轮廓线，如图 8-3-22 所示。

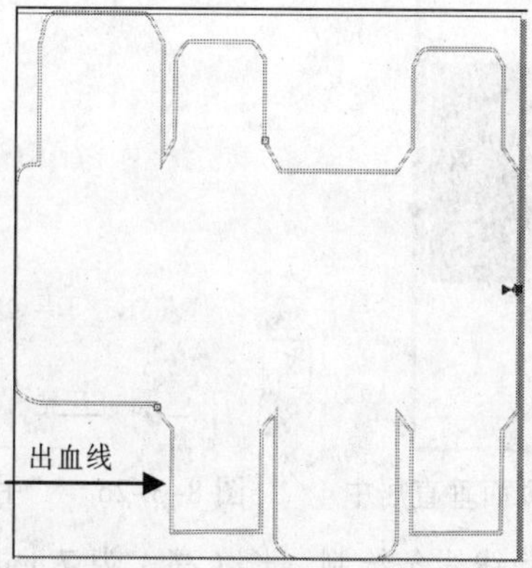


图 8-3-22 完成的出血线

提示：扩大的位置便是裁切线以外的位置。

### 3. 绘制折角虚线

（1）单击选中工具栏中的“手绘工具”，在属性栏上“轮廓线样式选择器”中选择虚线，如图 8-3-23 所示。

（2）按照结构线绘制折角虚线，如图 8-3-24 所示。

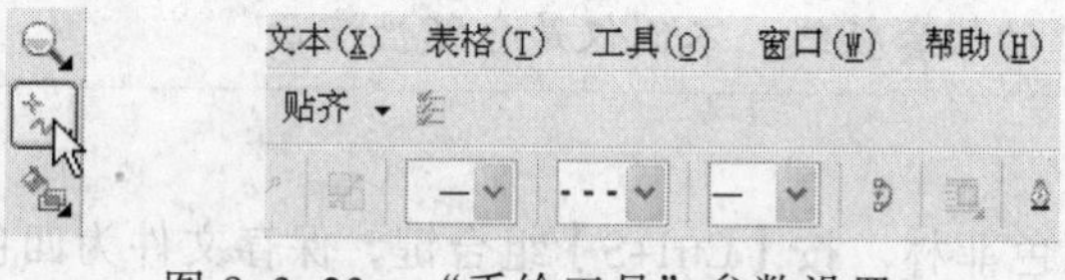


图 8-3-23 “手绘工具”参数设置

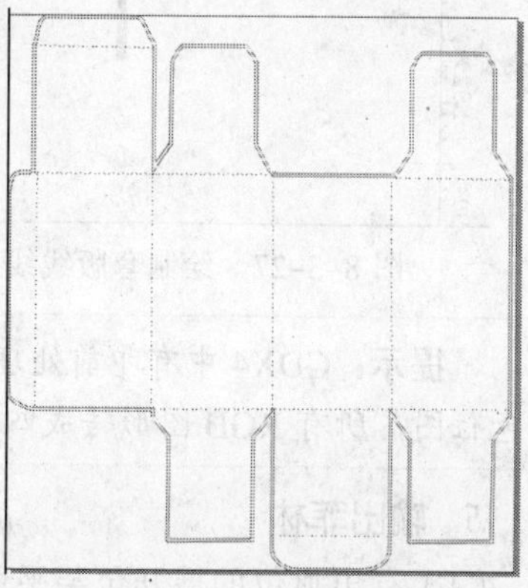

图 8-3-24 绘制折角虚线

**提示**：可以采用标尺进行辅助操作。扣刀位在输出菲林时以单色出现，裁切位以实线表示，而折角位以虚线表示，这样有利于印刷加工的后期制作，确保包装成品的精美。

### 4. 绘制套版线

（1）单击选中焊接好的扣刀位，按住【Shift】键，单击导入的“功夫酒.psd”。选择“排列”→“对齐和分布”菜单命令，分别选择“在页面水平居中”、“在页面垂直居中”选项，如图 8-3-25 所示。

（2）单击选中工具栏中的“手绘工具”，在属性栏上“轮廓线样式选择器”选择直线，轮廓宽度为 18 mm，如图 8-3-26 所示。

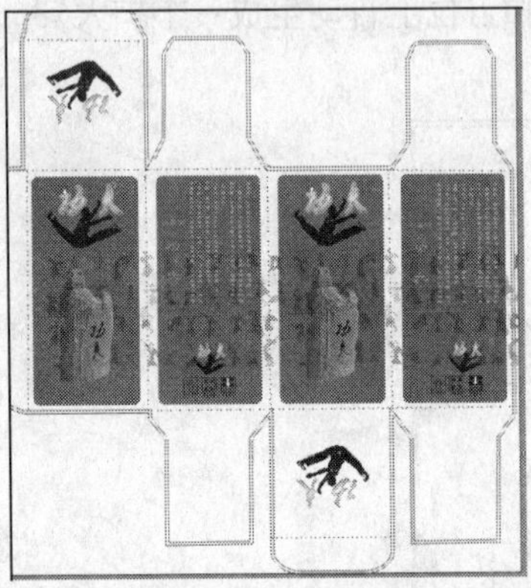

图 8-3-25　在页面水平居中/在页面垂直居中

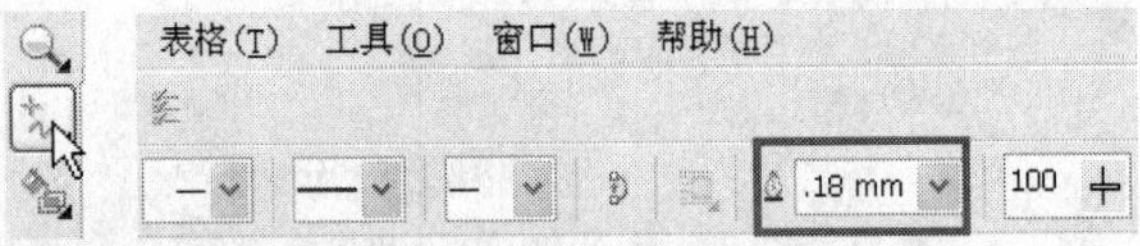


图 8-3-26　“手绘工具”属性栏参数设置

（3）借助标尺线，完成套版线线条绘制，长（高）为 7 mm，如图 8-3-27 所示。

（4）绘制完成套版线，如图 8-3-28 所示。

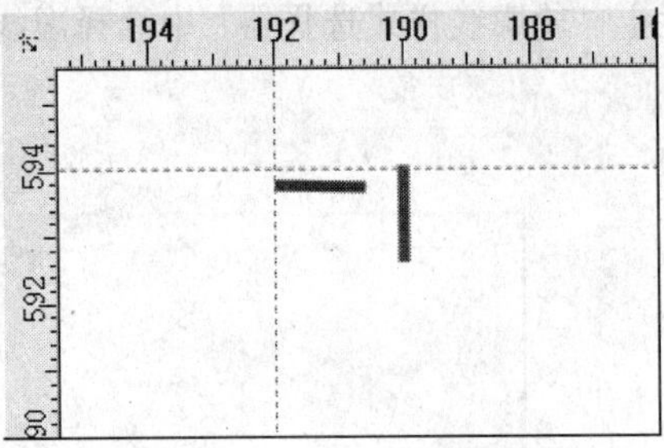


图 8-3-27　绘制套版线线条

图 8-3-28　完成套版线

**提示**：CDX4 中有印前处理功能，能一次性把所有文字转成曲线，所有 RGB 位转成四色位图，所有 RGB 图形转成四色图形，自动加套版线。本例仅是介绍性演示。

### 5. 输出菲林

（1）有出血位的展开包装平面图，为四色菲林。按【Ctrl+S】组合键，保存文件为四色菲林，如图 8-3-29 所示。

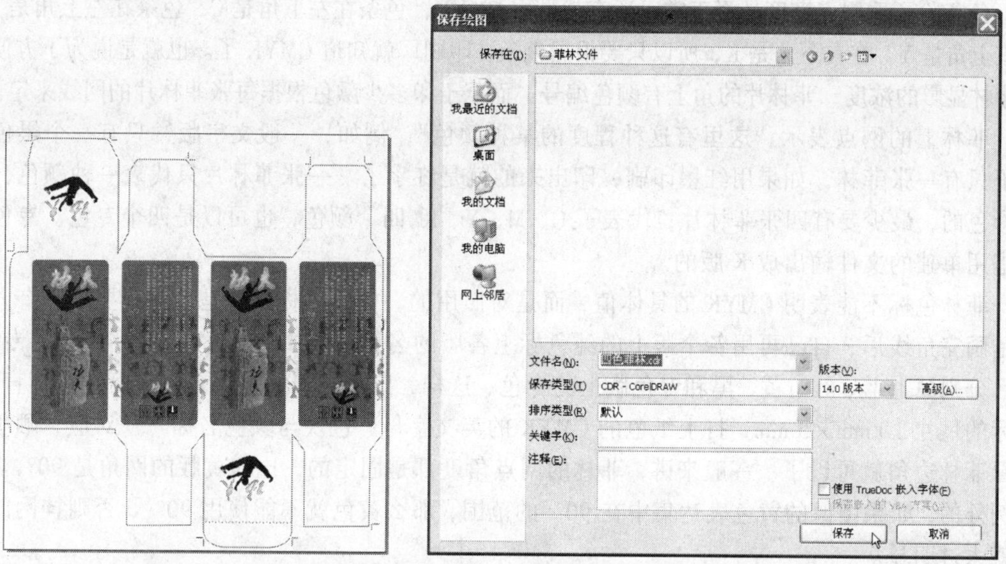


图 8-3-29　输出“四色菲林”文件

（2）有虚实切折线的扣刀位，俗称为啤位，为单色菲林。按【Ctrl+S】组合键，保存文件为单色菲林，如图 8-3-30 所示。

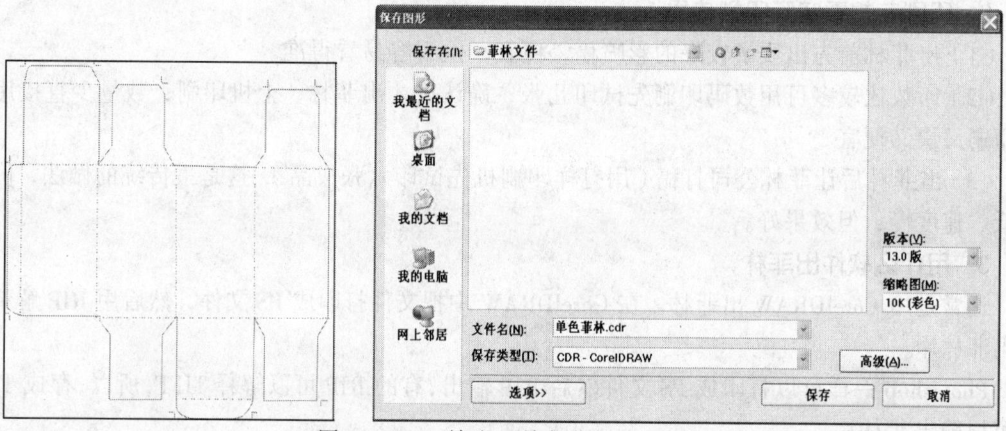


图 8-3-30　输出“单色菲林”文件

**提示：** 包装的出血位和扣刀位在输出菲林时是分开的，出血位跟包装的四色菲林同时存在，扣刀位则在输出菲林时于单色出现。将文件保存为.cdr 的文件就可以出菲林了。

## 相关知识与技能

### 1. 菲林

菲林就是胶片，是旧时对 film 的音译，现在一般是指胶卷，也可以指印刷制版中的底片。

菲林都是黑色的，菲林的边角一般有一个英文的符号，是菲林的编号，标明该菲林是 C、M、Y、K 中的哪一张。是 CMYK 的其中一个（或专色号），表示这张菲林是什么色输出的，如果没有，可以看挂网的角度，来辨别是什么色。旁边的阶梯状的色条是用来进行网点密度校对的。

色条除了看网点密度是否正常，还有就是看 CMYK，色条在左下角是 C，色条在左上角是 M，在右上角是 Y，在右下角是 K，所以只要根据色条，印刷厂就知道 CMYK 了。也就是说为了方便检验菲林显影的浓度，菲林片的角上有颜色编号。而至于印多少颜色根据每张菲林片的网线来定。

菲林上的网点表示“这里有这种程度的某种颜色”，例如，一般文字版，只有一个黑色，版子只有一张菲林，如果用红墨印刷，印出来的就是红字了。一张菲林片只代表一种颜色，印刷彩色的，最少要有四张菲林片，代表了 C、M、Y、K 四个颜色，也可以是四个专色。专色菲林是用单独的文件输出成 K 版的。

菲林色标不能表明 CMYK 的具体值，而是对照用的，检验菲林出的是否符合要求。有人习惯是画完角线后，自己再用各个版上的纯色标上各版的名称。例如，标上 C、M、Y、K、专银，然后分别填上蓝、红、黄、黑和专色版上的专色，这样，出来的菲林上都有标识而且特别直观。色标的尺寸 10 mm×5 mm，打上纸色的 CMYK 的英文字母，色块与颜色名称一一对应，晒版工人看菲林边角就可以了。一般来讲，菲林的网点角度都是固定的，比如黄版的网角是 90° 。也有例外的，如果图像的黄色表达集中在 90° 的范围，那么黄色就不能使用 90° ，否则挂网的痕迹就太过明显。

通常出一个色，就应该打一个色条，以此来检查在该色出菲林的过程中，各个密度阶梯上晒制的情况。一般是四个色条，而且排列得很整齐。大多数颜色都是靠这四色组合得来的。每个菲林都是黑色，只不过它们表示的颜色不同，看比例就知道了。

### 2. 印刷前想看实际印刷效果

（1）出菲林前先出质量较好的彩喷稿，便宜，但不容易看得准。

（2）印数比较多可用数码印刷先试印几张，确认后才出菲林、上机印刷；数量少直接用数码印刷又快又便宜。

（3）出菲林后让菲林公司打稿（用打样印刷机先试印六张成品），这是最传统的做法，价格不低、速度慢，但效果好。

### 3. 用什么软件出菲林

通常是用 CorelDRAW 出菲林。在 CorelDRAW 中把文件打印成 PS 文件，然后用 RIP 解释后输出菲林片。

Photoshop 一样可以打印成 PS 文件然后 RIP 输出，有的 RIP 可以解释 TIFF，所以，存成 TIFF 也可以输出菲林片。

### 4. RIP

RIP 是 Raster Image Processor 的缩写，中文译名为栅格图像处理器。它是一种解释器，用来将页面描述语言所描述的版面信息解释转换成可供输出设备输出的数据信息，并将其输出到指定的输出设备上。RIP 是整个印前行业的核心软件，一个桌面系统的输出质量、输出速度和开放性在很大程度上是取决于 RIP 的优劣的。

设计的稿件是不能直接用来进行 RIP 的（TIF 除外），而是通过把它打印成 RIP 能够识别的打印机语言——PS 文件，然后 RIP 就会解释这个 PS 文件，分解出颜色和网点来。比如一个 C30M30Y30K30 的色块，打印成 PS 文件后给 RIP 解释，它就会自动分成 CMYK 四个单色版加网的 1-bit-tiff（相当于一个位图模式的 TIFF 文件），通过 RIP 发排到照排机上输出菲林就变成了 CMYK 四张菲林。这时拿到菲林可以对比一下计算机，每个色的菲林上的色块都变成很多小点组成，而计算机里看则是一块完整的没有点的实色块。

照排机是一种行业专用设备。照排机就是一种计算机输出设备，其实就是和打印机属于同类的设备，打印机主要是将图文打印到纸张上，而照排机则是将图文信息输出到胶片上，以提供后续的晒版印刷使用。

5. 打出来的菲林和打印机输出的区别

打印机由于受器材和墨的影响，只应用于校对。而用菲林出片接近于印刷效果。

一般流程是先用打印机打印样稿给客户校对，确认无误后再用菲林出片确认颜色是否和设计一致。如果客户认可该效果，让其签字同意印刷。再把菲林和出片一起交给印刷公司印刷。

当然，印刷前还要和客户确定好所用纸张的材质、尺寸、克数、光铜还是亮铜以及是否覆膜，是否骑马订。

### 技能训练

1. 熟悉 CorelDRAW 的简单使用。
2. 理解菲林、出血线等印刷术语。

### 完成任务

请完成菲林的输出。

## 任务四　制作包装的立体效果图

### 任务描述

立体效果图是客户在产品包装前最直观的一种对产品包装后效果的了解。立体效果图的好坏将在很大程度上影响客户对产品包装的态度，所以立体效果图一定要在真实比例基础上制作出良好效果、吸引客户注意力，从而使客户对产品包装认同。

本次任务完成包装立体图制作，该任务完成后的图像效果，如图 8-4-1 所示。

图 8-4-1　包装的立体效果图

## 任务分析

本次任务中，立体效果图的制作涉及渐变、自由变形、滤镜等知识。

立体效果图的制作分成四个步骤：

（1）新建文件；

（2）拼接成立体图；

（3）使用滤镜；

（4）制作倒影。

## 方法与步骤

### 1. 新建文件

（1）运行 Photoshop CS4 程序，按【Ctrl+N】组合键，新建文件。文件名称为立体效果图，宽度为 280，高度为 460，单位为毫米，分辨率为 300，颜色模式为 RGB，其他参数默认。单击“确定”按钮，如图 8-4-2 所示。

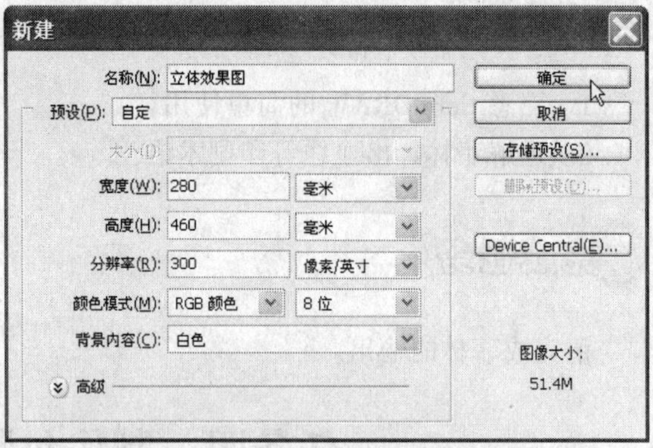


图 8-4-2　新建文件

（2）单击选中工具栏中的“渐变工具”，在属性栏中选中“线性渐变”选项。单击“渐变编辑器”，如图 8-4-3 所示。

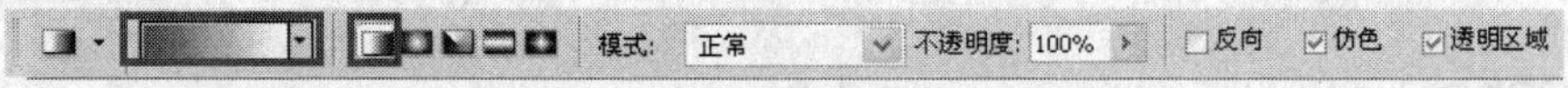


图 8-4-3　渐变工具属性栏参数设置

（3）单击选中预设中的第一项“前景到背景”渐变，分别单击首尾色标，更改颜色如下。首色标（R：30，G：40，B：100）；尾色标（R：180，G：160，B：200），如图 8-4-4 所示。

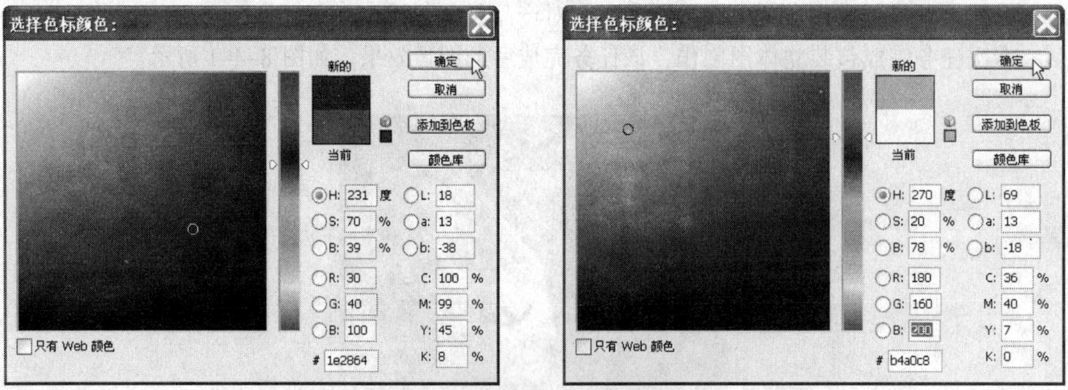


图 8-4-4　首尾色标的颜色设定

（4）单击然后拖放到文件底端，释放鼠标左键。渐变效果，如图 8-4-5 所示。

### 2. 拼接成立体图

（1）按【Ctrl+O】组合键，打开“功夫酒.psd”文件。分别将包装的正面、侧面和顶盖拖动到当前文档并更改图层名称，如图 8-4-6 所示。

图 8-4-5　更改后的图层名称

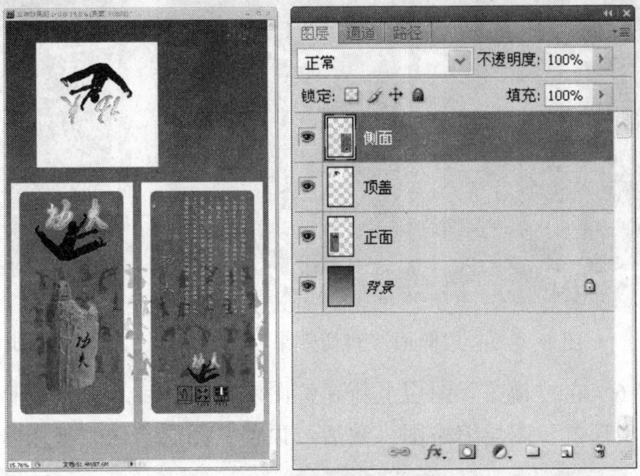


图 8-4-6　“线性渐变”效果

（2）按【Ctrl+’】组合键，显示网格；按【Ctrl+R】组合键，显示标尺。单击选中工具栏上的“移动工具”，将正面、侧面和顶盖对齐，如图 8-4-7 所示。

（3）关闭掉“侧面”图层、“顶盖”图层眼睛图标。单击选中“正面”图层，按【Ctrl+T】组合键，使用自由变形工具。按住【Ctrl】键不放，单击右侧中心角柄进行拖动。斜切效果，如图 8-4-8 所示。

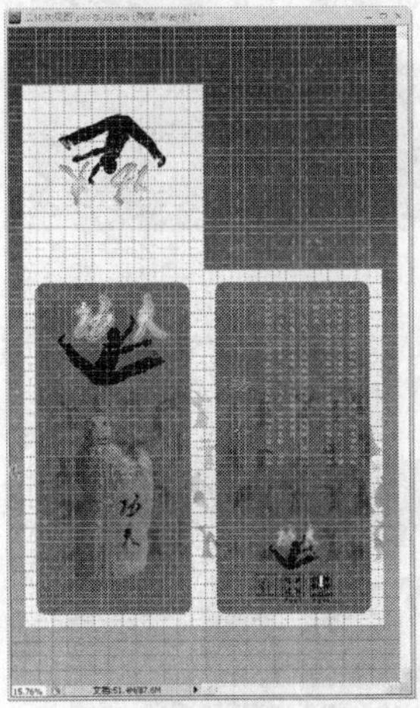

图 8-4-7　对齐图像

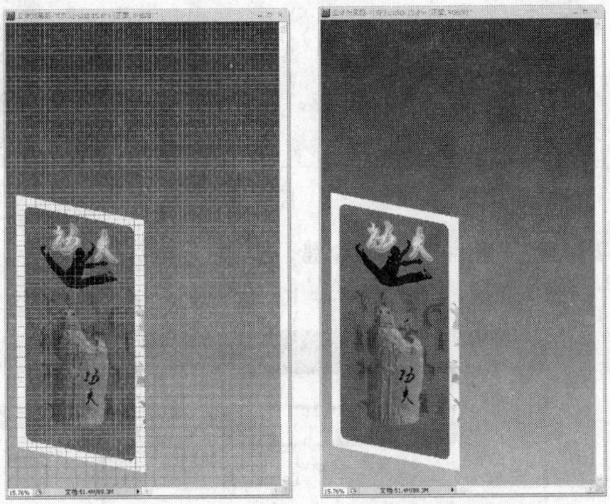

图 8-4-8　“正面”斜切效果

**提示：**斜切的角度、位置可以以网格为参照物。

（4）单击选中“侧面”图层，打开“侧面”图层眼睛图标，按【Ctrl+T】组合键，使用自由变形工具。经过斜切后，如图 8-4-9 所示。

（5）单击选中“顶盖”图层，打开“顶盖”图层眼睛图标，按【Ctrl+T】组合键，使用自由变形工具。经过斜切，如图 8-4-10 所示。

图 8-4-9　“侧面”斜切效果

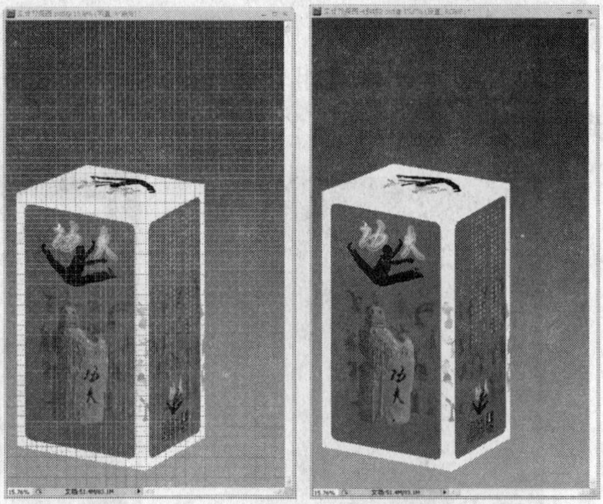

图 8-4-10　“顶盖”斜切效果

（6）在“顶盖”图层上新建“图层 1”图层。单击选中“图层 1”图层，按住【Ctrl】键，单击“顶盖”图层缩略图，激活“顶盖”图层选区，如图 8-4-11 所示。

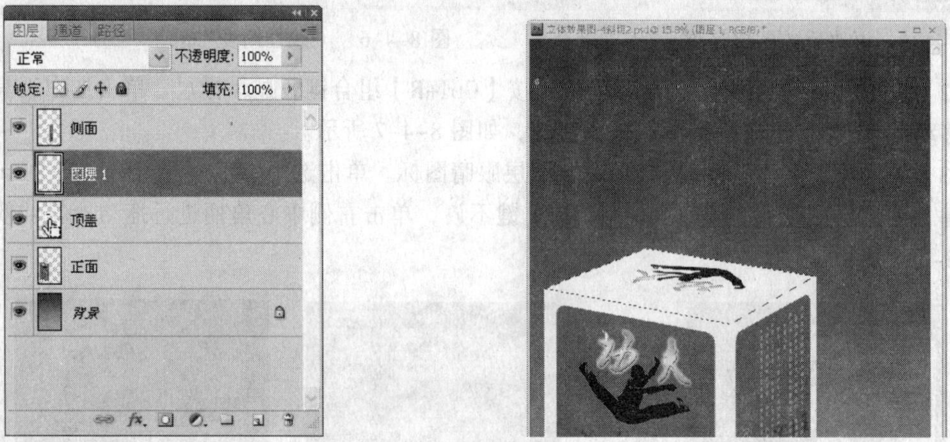


图 8-4-11　激活“顶盖”图层选区

（7）按【Shift+F5】组合键，弹出“填充”对话框。在下拉列表中选择“50%灰色”选项。单击“确定”按钮，如图 8-4-12 所示。

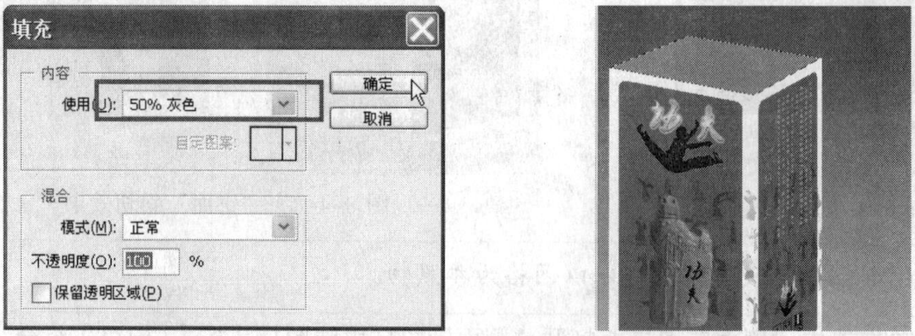


图 8-4-12　填充“50%灰色”

（8）按【Ctrl+D】组合键，取消选区。单击选中“图层 1”图层，更改不透明度为 50%，如图 8-4-13 所示。

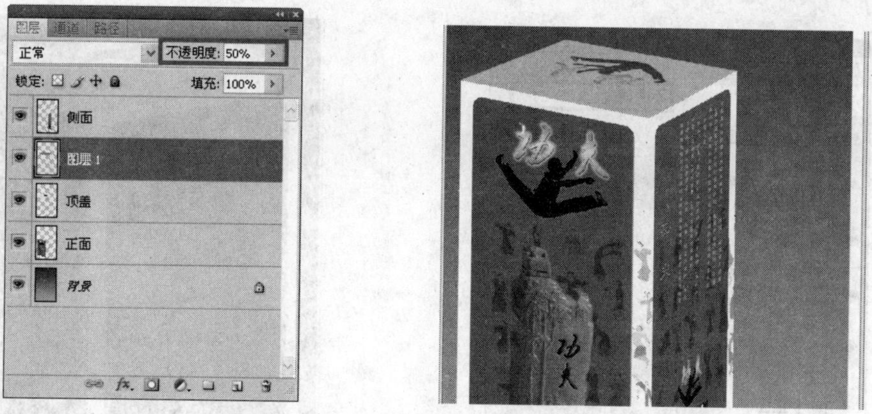


图 8-4-13　更改“图层 1”图层不透明度

（9）在“侧面”图层上新建“图层 2”图层。单击选中“图层 2”图层，按住【Ctrl】键，单击“侧面”图层缩略图，激活“侧面”图层选区，如图 8-4-14 所示。

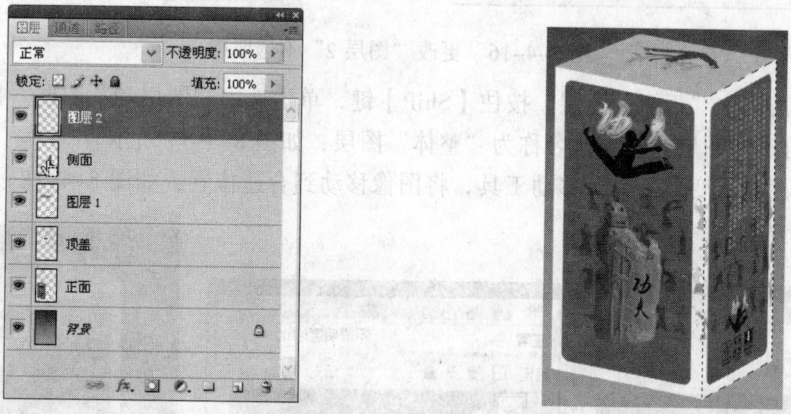


图 8-4-14　激活“侧面”图层选区

（10）按【D】键，恢复默认“前景色/背景色”。按【Alt+Delete】组合键，填充前景色，如图 8-4-15 所示。

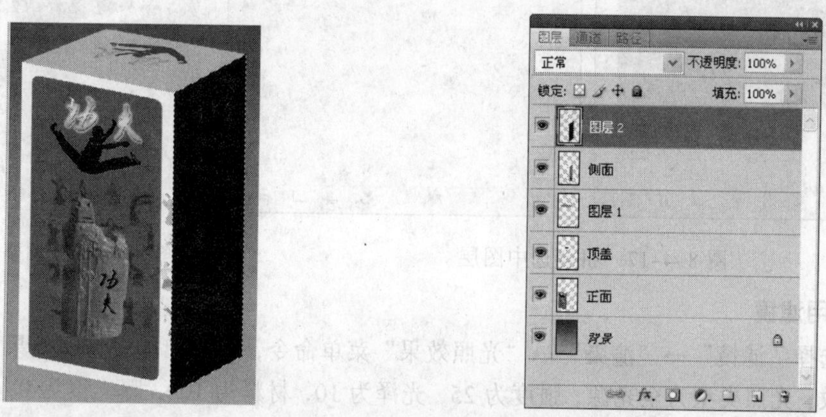


图 8-4-15　填充前景色

（11）按【Ctrl+D】组合键，取消选区。单击选中“图层 2”图层，更改不透明度为 50%，如图 8-4-16 所示。

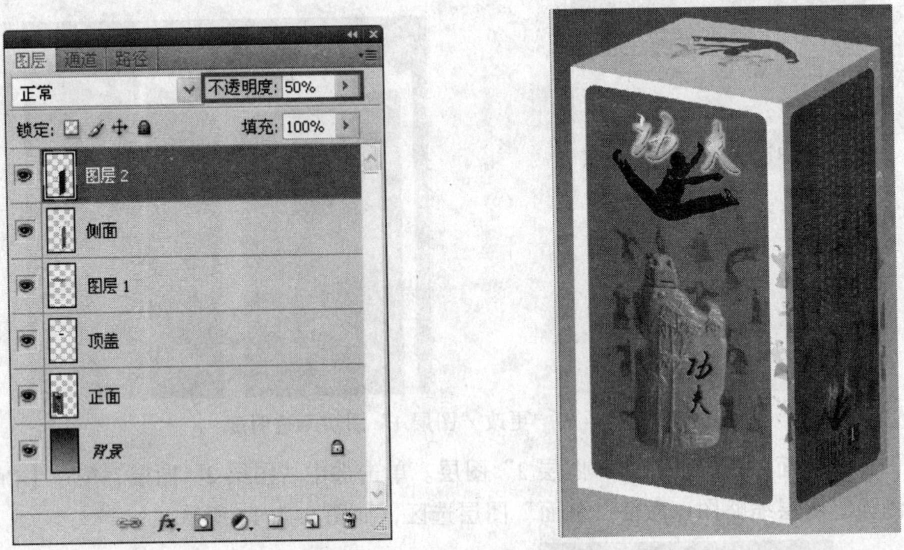


图 8-4-16　更改“图层 2”不透明度

（12）单击选中“正面”图层，按住【Shift】键，单击选中“图层 2”图层。按【Ctrl+E】组合键，拼合选中图层，并更改名称为“整体”图层，如图 8-4-17 所示。

（13）使用自由变形工具及移动工具，将图像移动到合适位置，如图 8-4-18 所示。

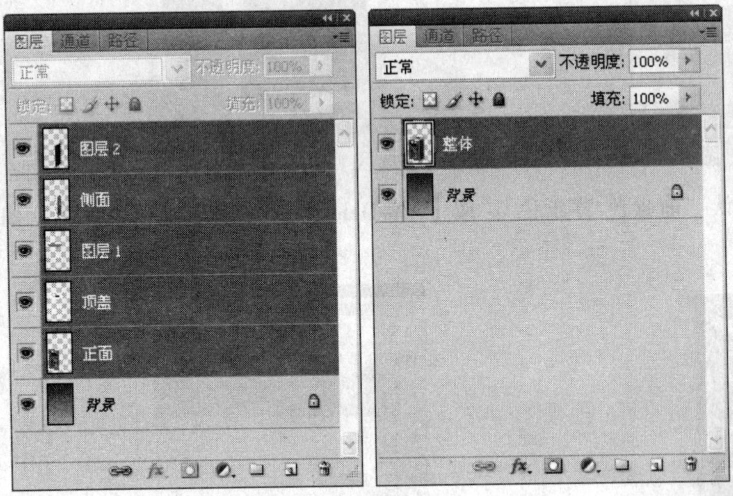


图 8-4-17　拼合选中图层

图 8-4-18　调整图像位置

### 3. 使用滤镜

（1）选择“滤镜”→“渲染”→“光照效果”菜单命令，在弹出的“光照效果”对话框当中设置参数，光照类型为全光源，强度为 25，光泽为 10，材料为 100，曝光度为 0，环境为 10，其他参数默认。单击“确定”按钮，如图 8-4-19 所示。

（2）最后效果，如图 8-4-20 所示。

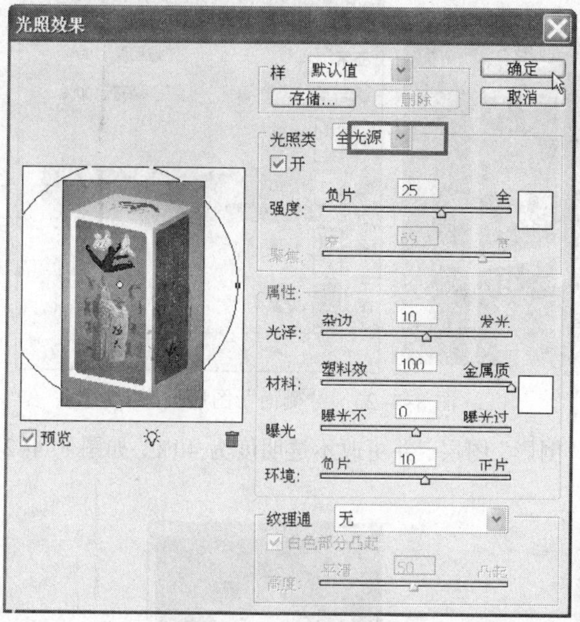


图 8-4-19　“光照效果”参数设置

图 8-4-20　光照效果

4. 制作倒影

（1）单击选中工具栏中的“多边形套索工具”，使用多边形套索工具，勾画出正面选区，复制并更名为正面，如图 8-4-21 所示。

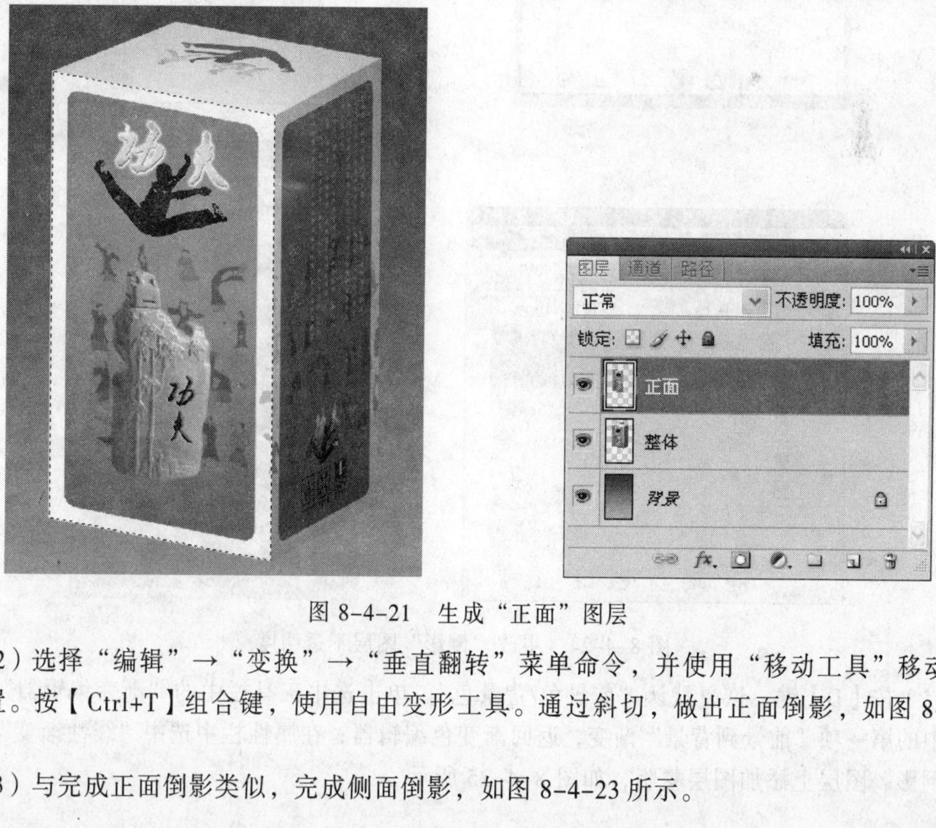


图 8-4-21　生成“正面”图层

（2）选择“编辑”→“变换”→“垂直翻转”菜单命令，并使用“移动工具”移动到合适位置。按【Ctrl+T】组合键，使用自由变形工具。通过斜切，做出正面倒影，如图 8-4-22 所示。

（3）与完成正面倒影类似，完成侧面倒影，如图 8-4-23 所示。

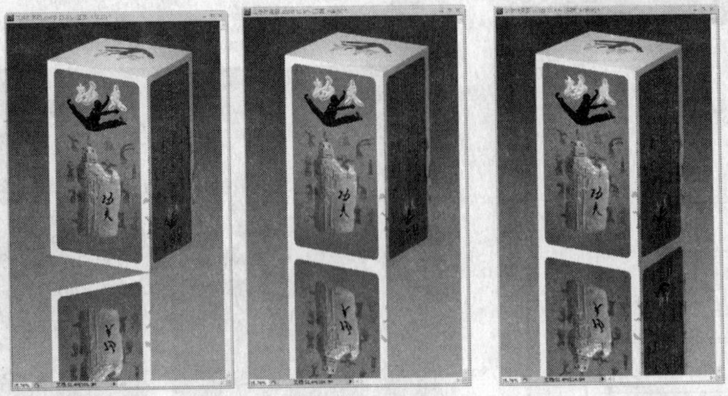

图 8-4-22 “正面”图层倒影

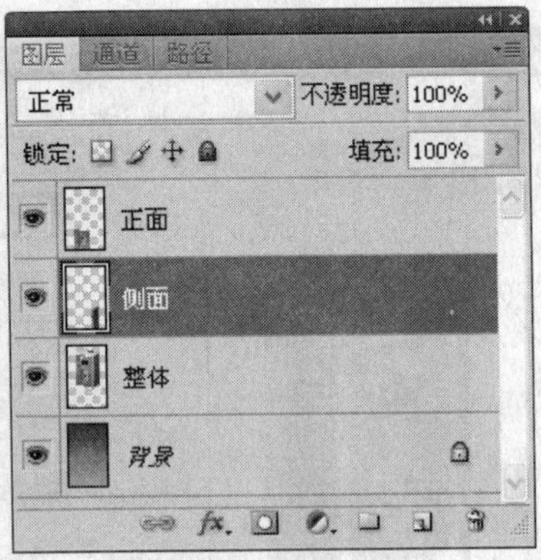


图 8-4-23 “侧面”图层倒影

（4）合并“正面”图层、“侧面”图层为“倒影”图层，并更改不透明度为 40%，如图 8-4-24 所示。

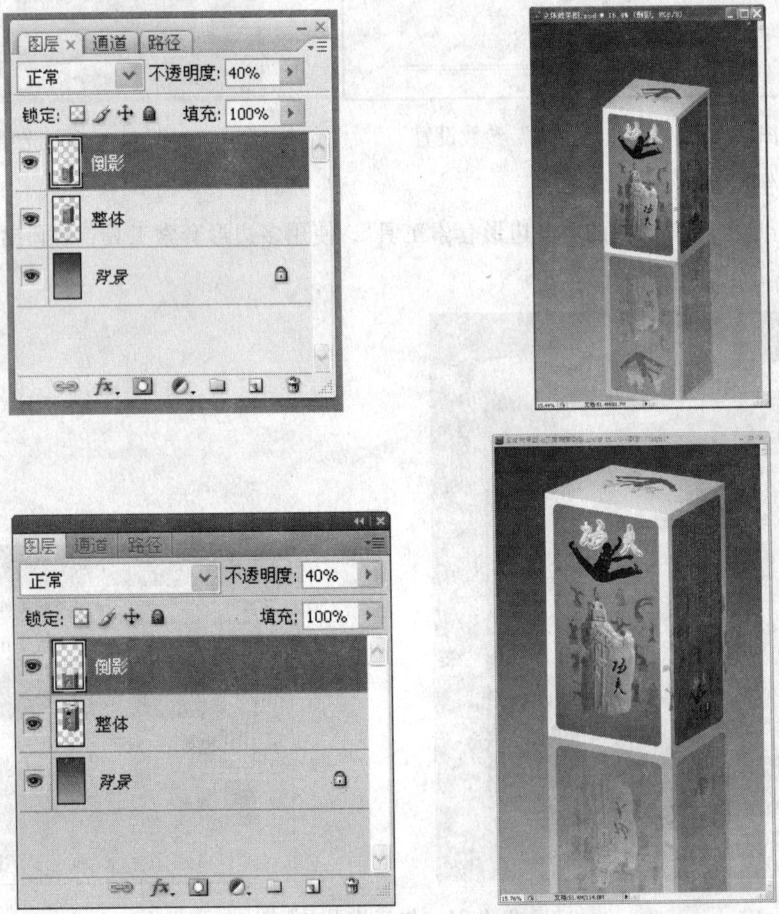


图 8-4-24 更改“倒影”图层不透明度

（5）按【D】键，恢复默认“前景色/背景色”。单击选中工具栏中的“渐变编辑器”，选中预设中的第一项“前景到背景”渐变，返回渐变色编辑器，在属性栏中选中“线性渐变”选项。在“倒影”图层上添加图层蒙版，如图 8-4-25 所示。

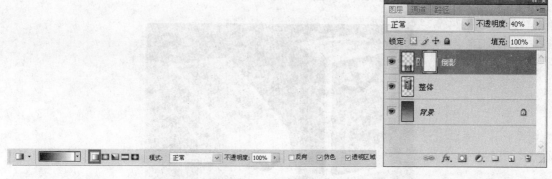


图 8-4-25　添加图层蒙版

（6）从左上到右下拉线性渐变，如图 8-4-26 所示。

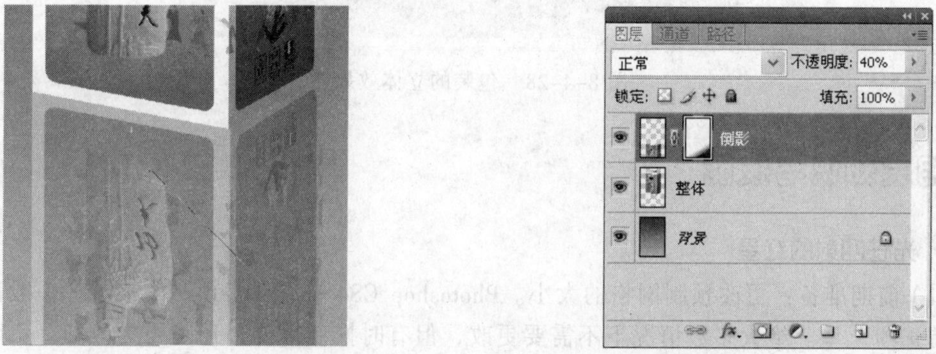


图 8-4-26　线性渐变

（7）图层蒙版效果，如图 8-4-27 所示。

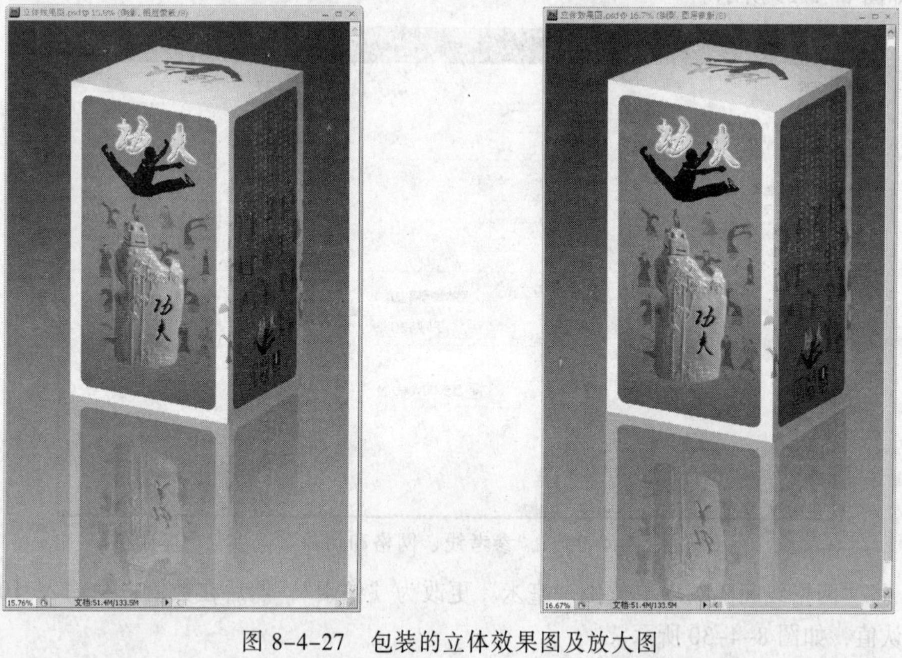

图 8-4-27　包装的立体效果图及放大图

（8）与此类似，完成其他效果，如图 8-4-28 所示。

图 8-4-28　包装的立体效果图

## 相关知识与技能

### 1. 光芒四射的红星

（1）前期准备：更改预制网格的大小。Photoshop CS4 中有很多预制的参数，一般都存放在“首选项”里。绝大多数情况下不需要更改，但有时操作需要，还是要更改的。更改步骤如下：

① 选择“编辑”→“首选项”→“参考线、网格和切片”菜单命令，打开“首选项”对话框，如图 8-4-29 所示。

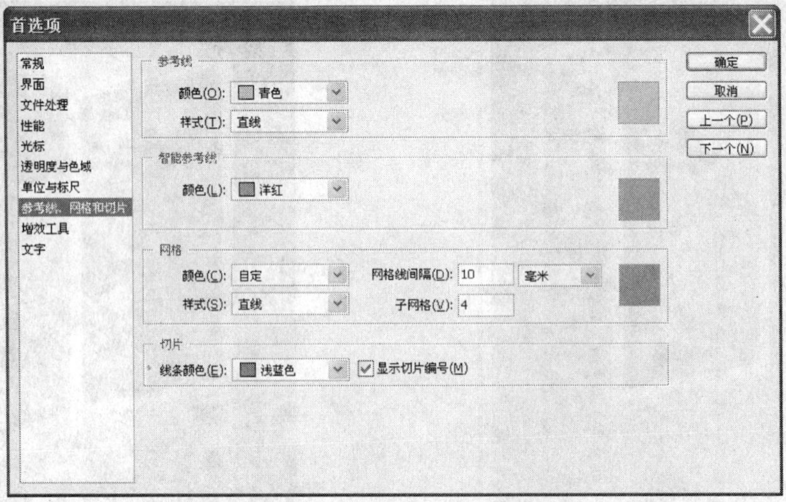


图 8-4-29　“参考线、网格和切片”选项

② 将“网格线间隔”中单位由“毫米”更改为“像素”，然后在数值框中输入 100，其他使用默认值，如图 8-4-30 所示。

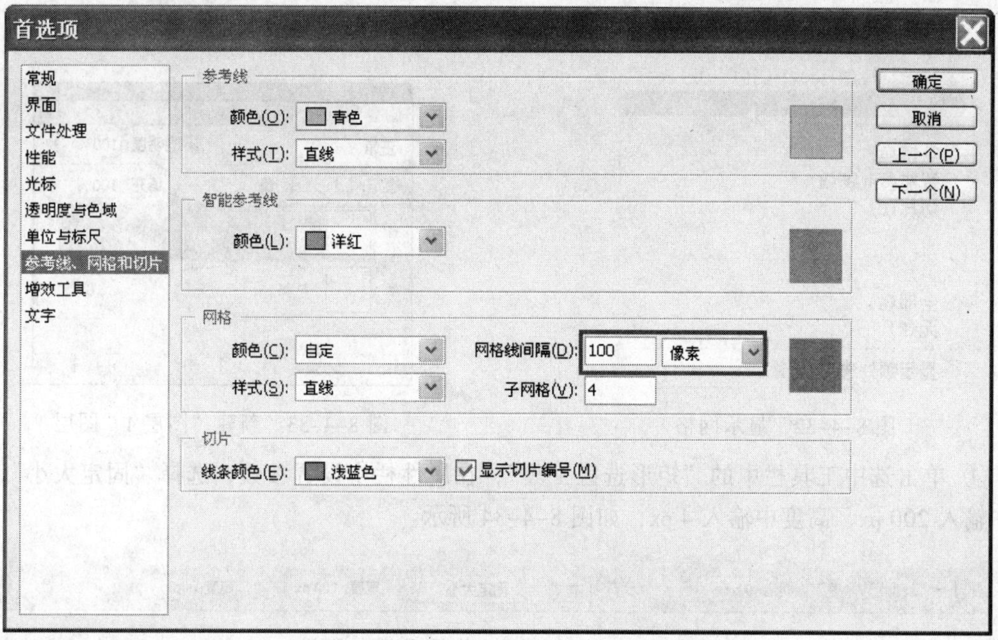


图 8-4-30　修改网格参数

> **提示**：如果是使用快捷键，操作如下：按【Ctrl+K】组合键，弹出“首选项”菜单；按【Ctrl+8】组合键，弹出“参考线、网格和切片”首选项菜单。

（2）底图制作：绘制出五角星轮廓：

① 按【Ctrl+N】组合键，新建文件。文件名称为光芒四射的红星，宽度为 600，高度为 600，单位为像素，其他使用默认值。单击“确定”按钮，如图 8-4-31 所示。

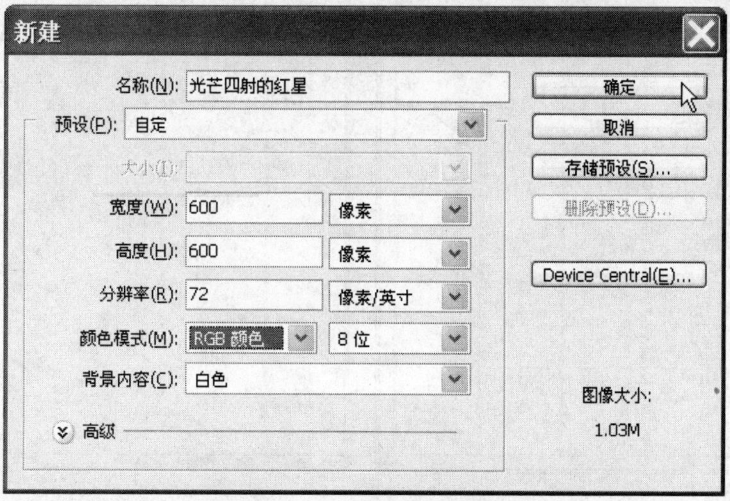


图 8-4-31　“新建”文件对话框

② 按【Ctrl+'】组合键，显示网格，如图 8-4-32 所示。

③ 单击“图层”面板下方的“新建图层”按钮，创建“图层 1”图层，如图 8-4-33 所示。

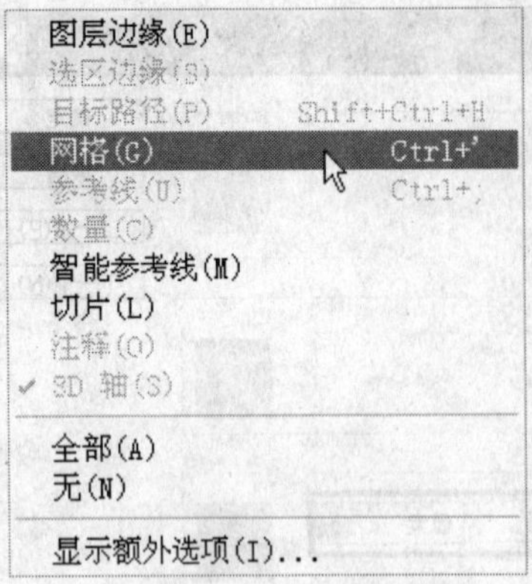


图 8-4-32 显示网格

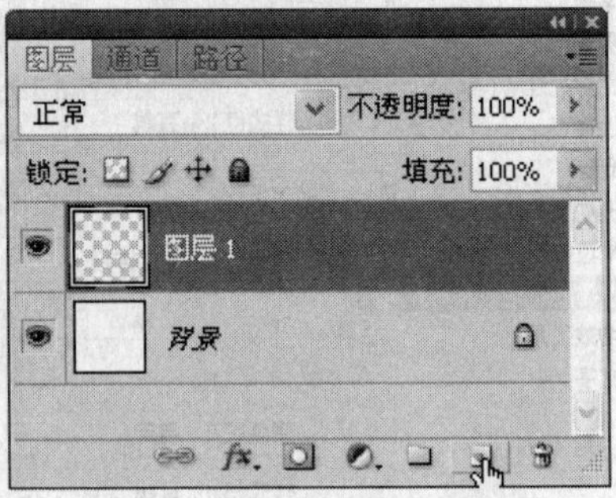


图 8-4-33 新建“图层 1“图层

④ 单击选中工具栏中的“矩形选区工具”，在属性栏中设置参数，选择“固定大小”，宽度中输入 200 px，高度中输入 4 px，如图 8-4-34 所示。

图 8-4-34 “矩形选区”属性栏参数设定

⑤ 在 A 处单击，会自动产生一个 A 到 B 的选区，宽度为 200，高度为 4，如图 8-4-35 所示。

⑥ 按【D】键，恢复默认“前景色/背景色”。按【Alt+Delete】组合键，填充前景色。按【Ctrl+D】组合键，取消选区。按【Ctrl+’】组合键，隐藏网格，如图 8-4-36 所示。

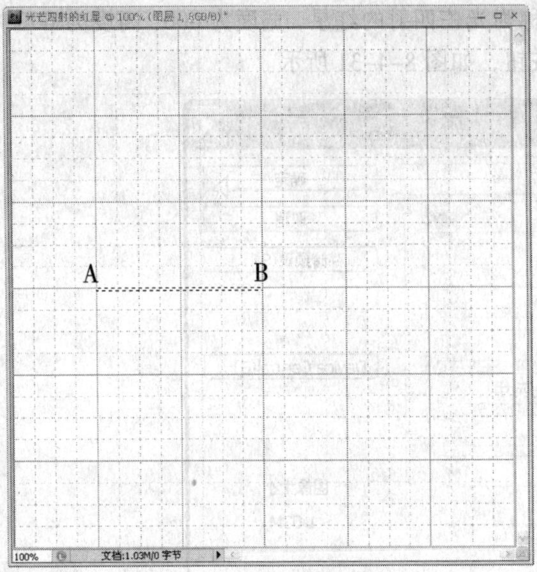


图 8-4-35 拉取选区

图 8-4-36 填充前景色

⑦ 单击选中“图层 1”图层，将“图层 1”拖动到“创建新图层”按钮上，重复两次该操作，得到“图层 1 副本”图层和“图层 1 副本 2 ”图层两个新图层，如图 8-4-37 所示。

⑧ 分别关闭掉“图层 1”图层、“图层 1 副本”图层眼睛图标。单击选中“图层 1 副本 2”图层，如图 8-4-38 所示。

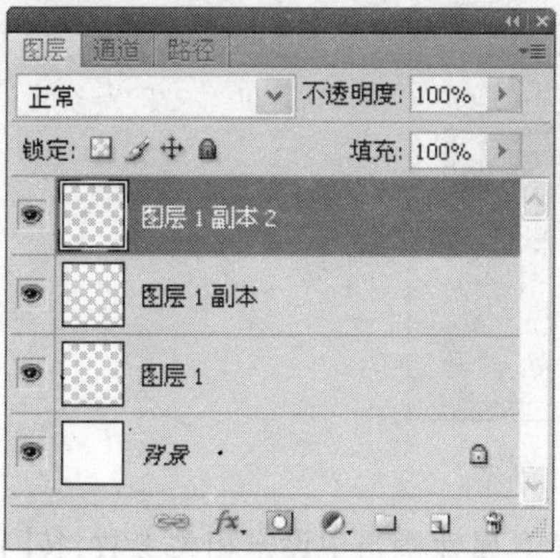


图 8-4-37　复制图层 1

图 8-4-38　隐藏图层

⑨ 按【Ctrl+’】组合键，重新显示网格。按【Ctrl+T】组合键，使用自由变形工具。在变形工具属性栏当中设定相关参数，按【Enter】键应用变形，如图 8-4-39 所示。

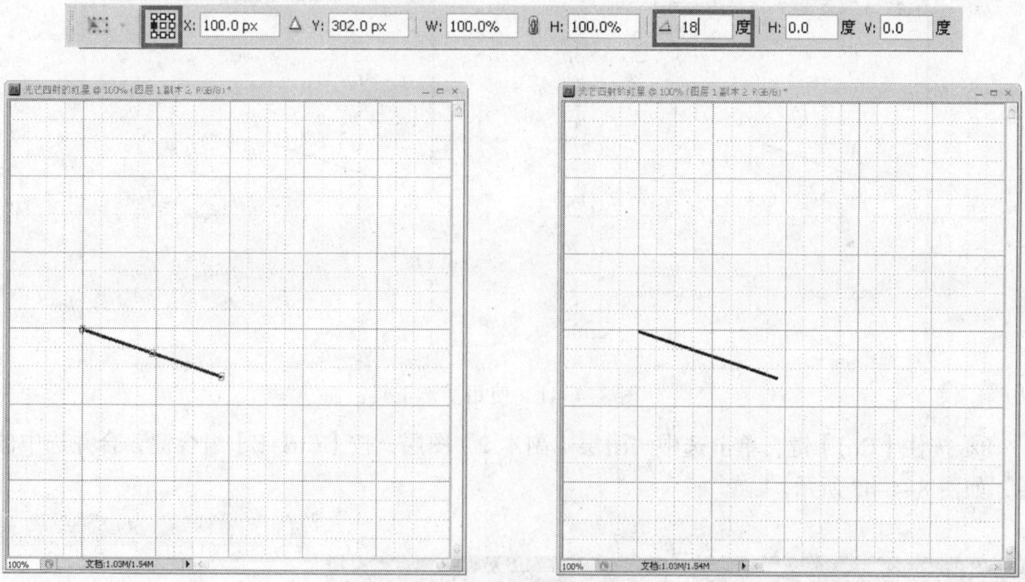


图 8-4-39　使用变形工具

**提示：** 应用变形还可以在变形范围内双击，但有时因为变形空间较小，双击时会发生应用不了的情况，不如按【Enter】键有效。

**注意：** 属性栏中轴心的位置是左侧居中，旋转角度设置是 18°。

⑩ 关闭掉“图层 1 副本 2”图层的眼睛图标。单击选中“图层 1 副本”图层，并打开眼睛图标，如图 8-4-40 所示。

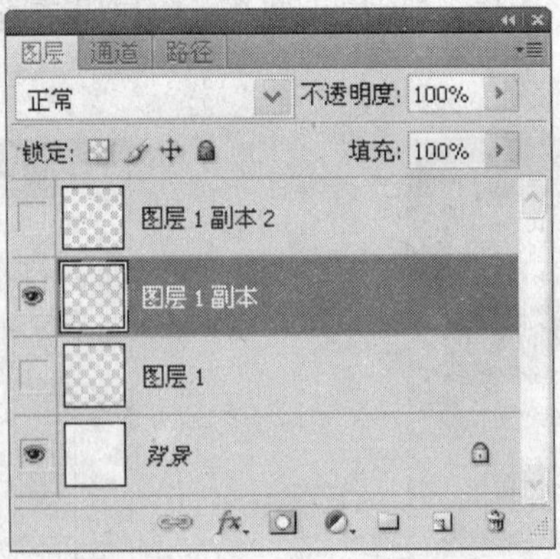

图 8-4-40　显示“图层 1 副本”

⑪ 按【Ctrl+T】组合键，使用自由变形工具。在变形工具属性栏当中设定相关参数，按【Enter】键应用变形，如图 8-4-41 所示。

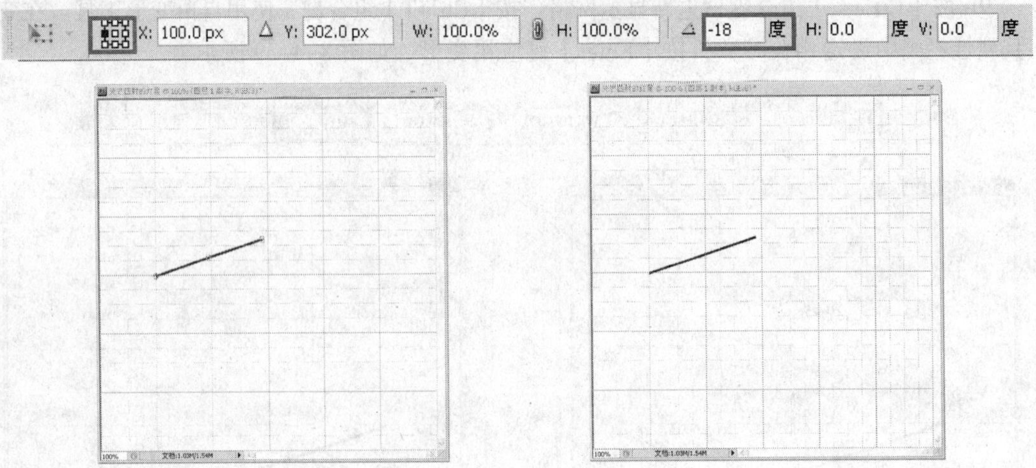

图 8-4-41　使用变形工具

⑫ 按住【Ctrl】键，单击选中“图层 1 副本 2”图层，按【Ctrl+E】组合键，合并选中的图层，如图 8-4-42 所示。

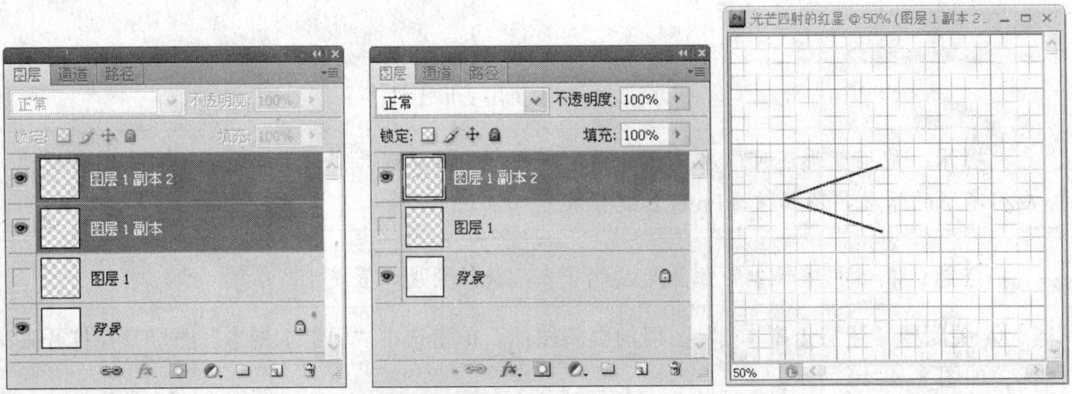

图 8-4-42　合并选中图层

⑬ 按【Ctrl+'】组合键，取消网格显示；按住【Ctrl】键，单击“图层 1 副本 2”图层缩略图，激活“图层 1 副本 2”选区；按【Ctrl+T】组合键，使用变形工具，如图 8-4-43 所示。

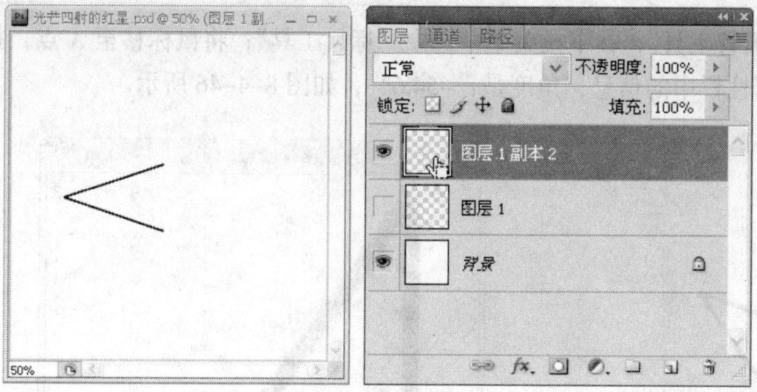

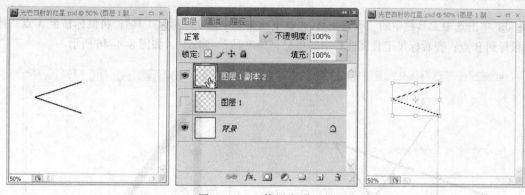


图 8-4-43 使用变形工具

⑭ 在属性栏中设置好参数，注意旋转角度的设定是 72°；并按【Enter】键应用变形，如图 8-4-44 所示。

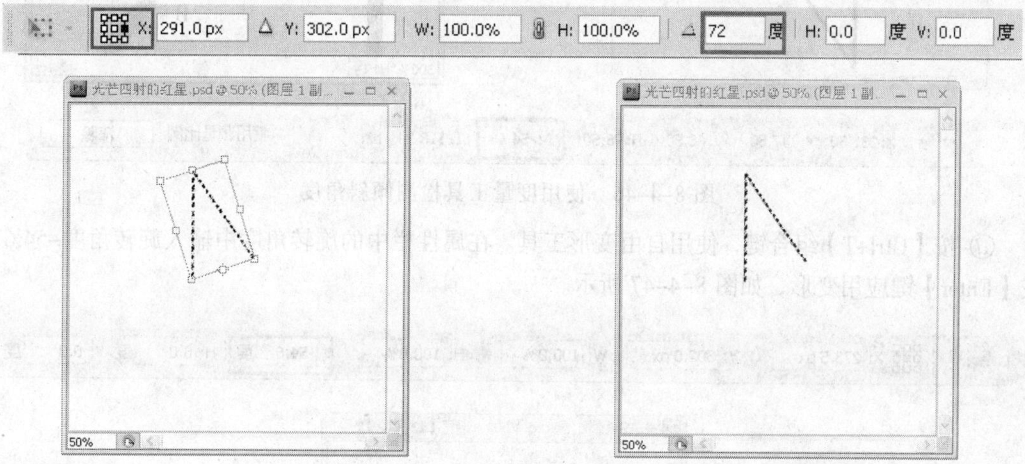


图 8-4-44 应用变形

⑮ 按【Ctrl+Alt+Shift+T】组合键，使用“复制应用变形”功能，重复应用 4 次；按【Ctrl+D】组合键取消选区，如图 8-4-45 所示。

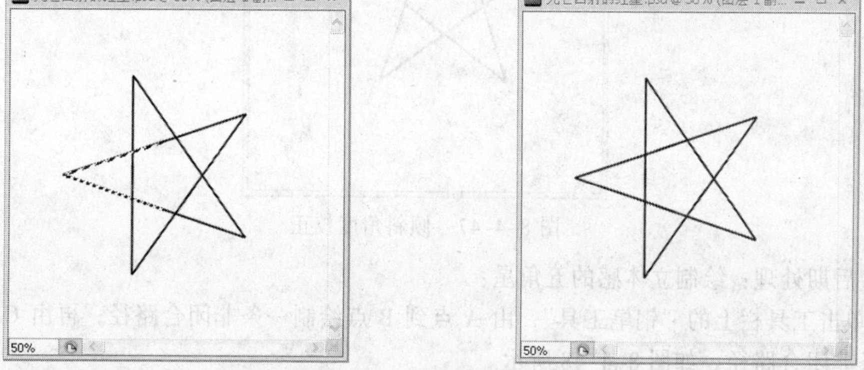


图 8-4-45 复制应用变形

**提示：**左手按住【Ctrl+Alt+Shift】组合键不松手，右手按【T】键，每按一次【T】键，会复制应用一次变形。

⑯ 单击选中工具栏中的“吸管工具”，在下拉菜单中选中“标尺工具”；将鼠标移至 A 点，拖动鼠标到 B 点；查看标尺工具属性栏中的信息，角度是：-54.6°，如图 8-4-46 所示。

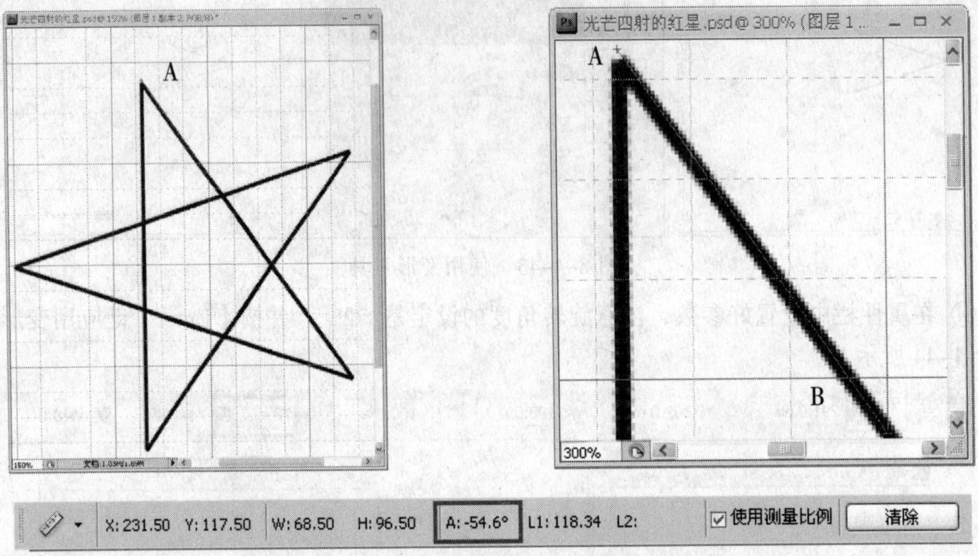


图 8-4-46　使用度量工具检测倾斜角度

⑰ 按【Ctrl+T】组合键，使用自由变形工具。在属性栏中的旋转角度中输入旋转角度-54.6°；按【Enter】键应用变形，如图 8-4-47 所示。

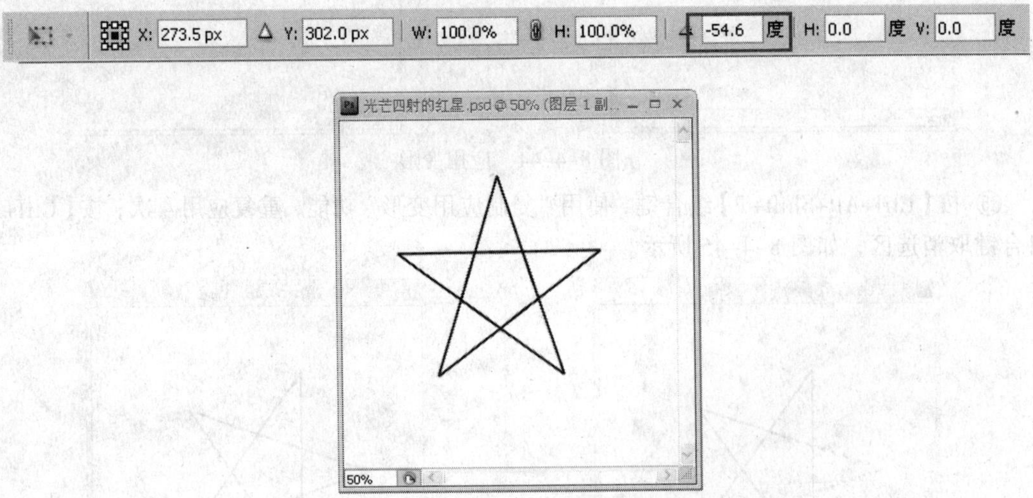


图 8-4-47　倾斜角度校正

（3）后期处理：绘制立体感的五角星：

① 单击工具栏上的“钢笔工具”，由 A 点到 B 点绘制一条非闭合路径；再由 C 点到 D 点绘制一条非闭合路径，如图 8-4-48 所示。

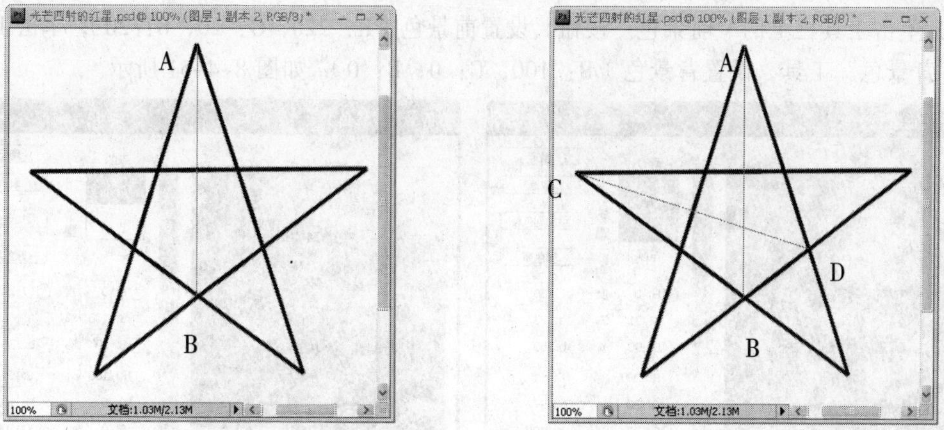


图 8-4-48　使用“钢笔工具”

② 按【Ctrl+R】组合键，显示标尺工具；在上方标尺栏处单击，并向下拖动鼠标，拉出一条水平标尺线，停留在两条路径相交处；然后，在左方标尺栏处单击，并向右拖动鼠标，拉出一条垂直标尺线，停留在两条路径相交处；按【Ctrl+R】组合键，隐藏标尺工具；按【Ctrl+Shift+H】组合键，隐藏路径，如图 8-4-49 所示。

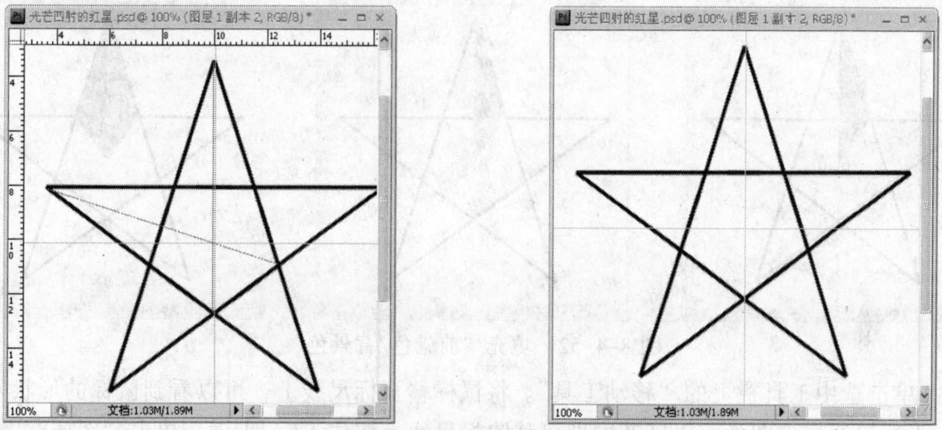


图 8-4-49　使用标尺定位中心位置

③ 单击图层面板上的“创建新图层”按钮，新建“图层 2”图层；单击选中工具栏上的“多边形套索工具”，在 A 点定义起点，将鼠标拖至 B 点，然后拖动到 C 点，闭合套索工具，如图 8-4-50 所示。

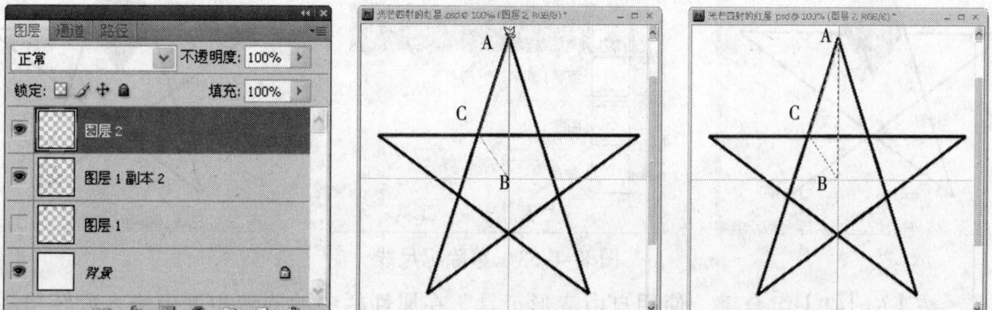


图 8-4-50　使用“多边形套索工具”

④ 单击工具栏上的“前景色”按钮，设置前景色（R：220，G：20，B：20）；单击工具栏上的“背景色”工具，设置背景色（R：100，G：0，B：0），如图 8-4-51 所示。

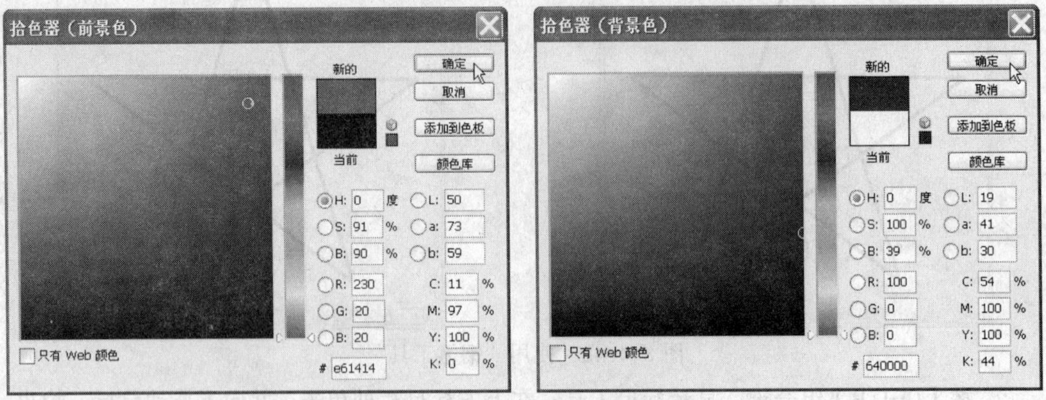


图 8-4-51　定义“前景色/背景色”

⑤ 按【Alt+Delete】组合键，填充前景色；使用多边形套索工具，沿着 A→B→D 顺序勾勒选区；按【Ctrl+ Delete】组合键，填充背景色；按【Ctrl+D】组合键，取消选区，如图 8-4-52 所示。

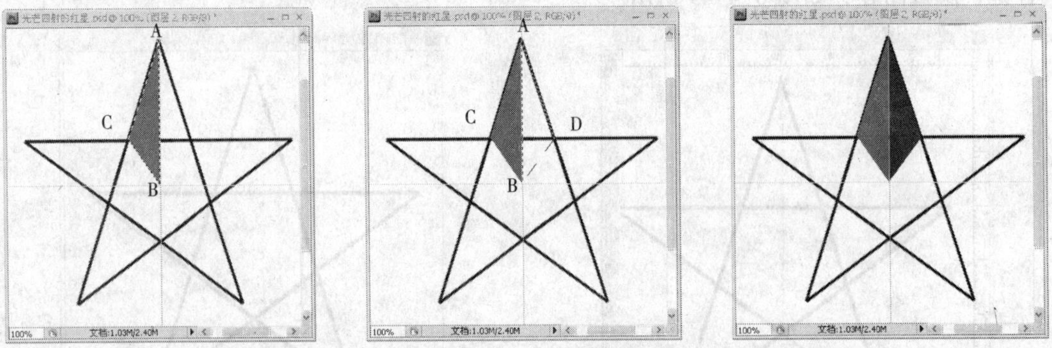


图 8-4-52　填充“前景色/背景色”

⑥ 单击选中工具栏上的“移动工具”。将鼠标移至标尺线上，可以看到鼠标的形状发生了变化，将标尺线拖出图像编辑区范围即可移除标尺线；按住【Ctrl】键，单击“图层 2”图层，激活“图层 2”图层选区，如图 8-4-53 所示。

图 8-4-53　移除标尺线

⑦ 按【Ctrl+T】组合键，使用自由变形工具。在属性栏中的旋转角度中输入旋转角度 72 度；按【Enter】键应用变形，如图 8-4-54 所示。

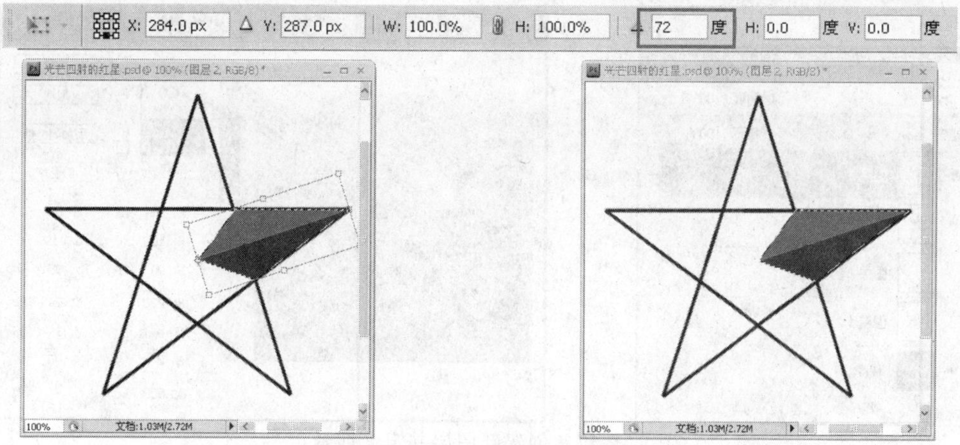


图 8-4-54　应用自由变形

⑧ 按【Ctrl+Alt+Shift+T】组合键，使用“复制应用变形”功能，重复应用 4 次；按【Ctrl+D】组合键取消选区，如图 8-4-55 所示。

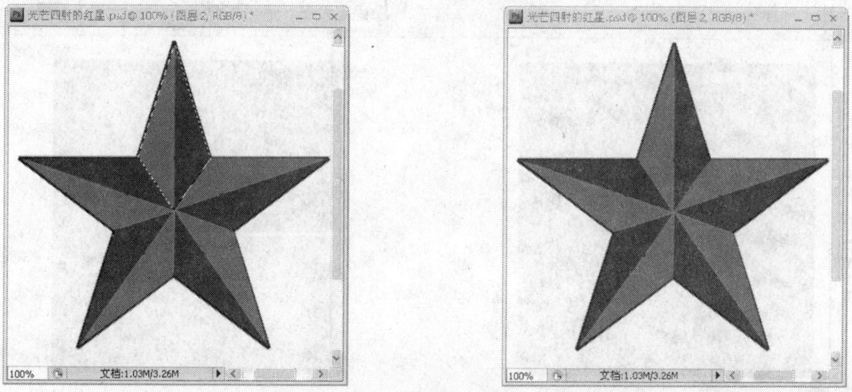


图 8-4-55　复制应用变形

⑨ 关闭掉“图层 1 副本 2”图层前的眼睛图标。按【D】键，恢复默认“前景色/背景色”。单击选中“背景”图层。按【Alt+Delete】组合键，填充前景色，如图 8-4-56 所示。

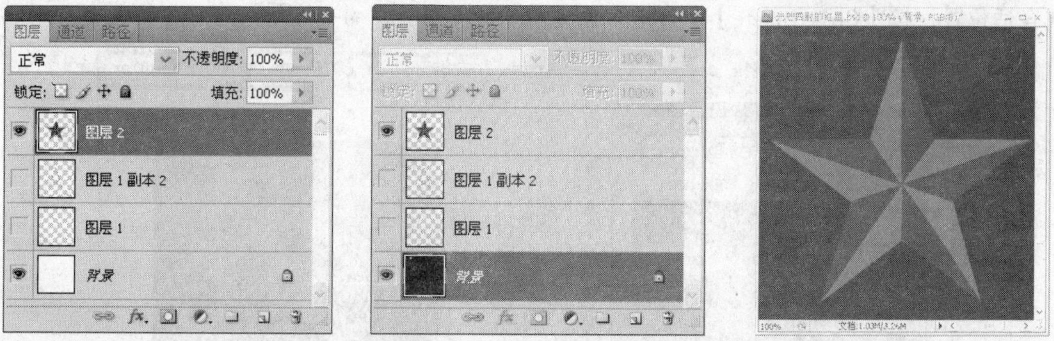


图 8-4-56　填充黑色背景色

⑩ 单击图层面板上的“创建新图层”按钮，创建“图层 3”图层；单击工具栏上的“前景色”按钮，在弹出的“拾色器”对话框中设置 RGB 值为（R：220，G：230，B：0），如图 8-4-57 所示。

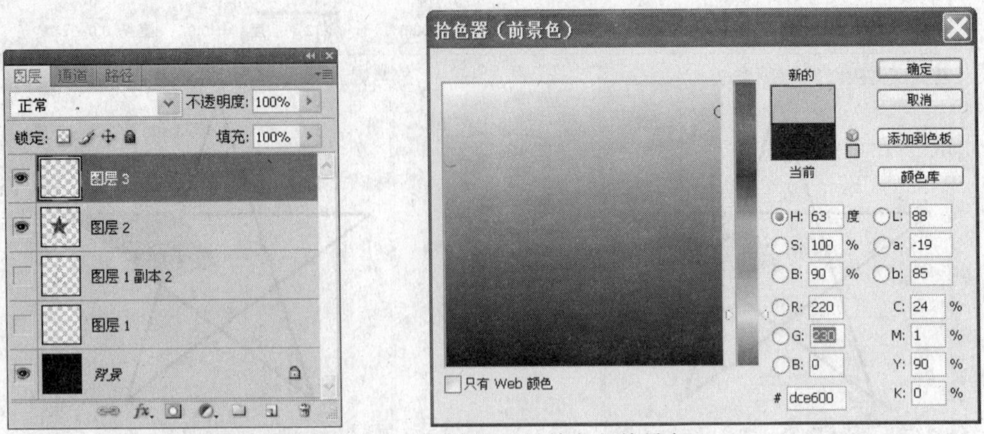


图 8-4-57　创建新图层并定义前景色

⑪ 单击选中工具栏上的“选区工具”，在属性栏上设置参数，样式为固定大小，宽度为 280 px，高度为 4 px；将选区移动到合适位置，按【Alt+Delete】组合键，填充前景色，如图 8-4-58 所示。

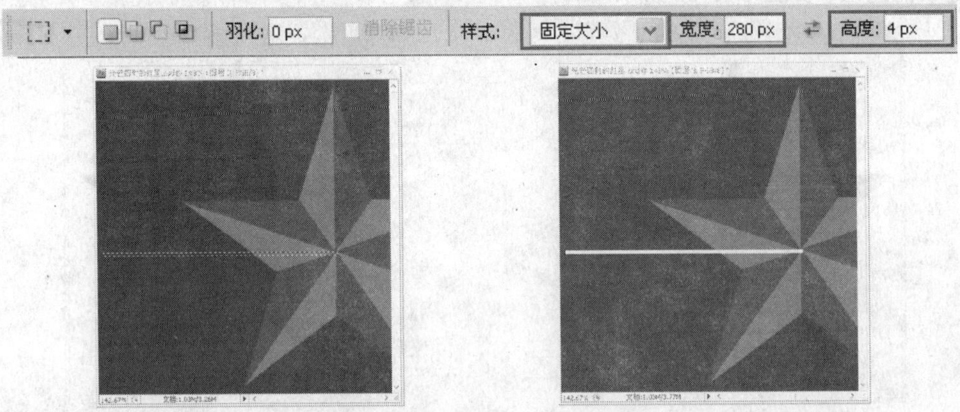


图 8-4-58　填充选区

⑫ 单击图层面板上的“创建新图层”按钮，创建“图层 4”图层；单击选中工具栏上的“选区工具”，在属性栏上设置参数，样式为固定大小，宽度为 10 px，高度为 100 px；将选区移动到合适位置，按【Ctrl+ Delete】组合键，填充背景色，如图 8-4-59 所示。

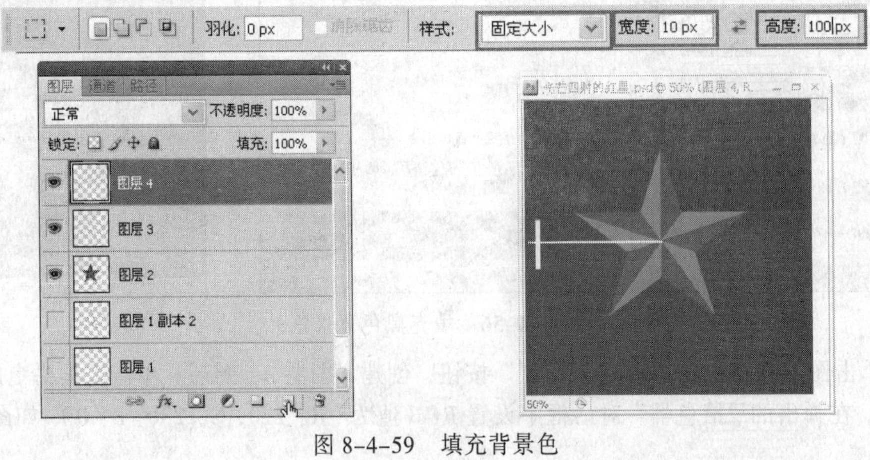


图 8-4-59　填充背景色

⑬ 单击选中“图层 4”图层，按住左键不放将其拖动到“创建新图层”按钮上，创建“图层 4 副本”图层。单击选中工具栏上的“移动工具”，按住【Shift】键，拖动图形到合适位置，如图 8-4-60 所示。

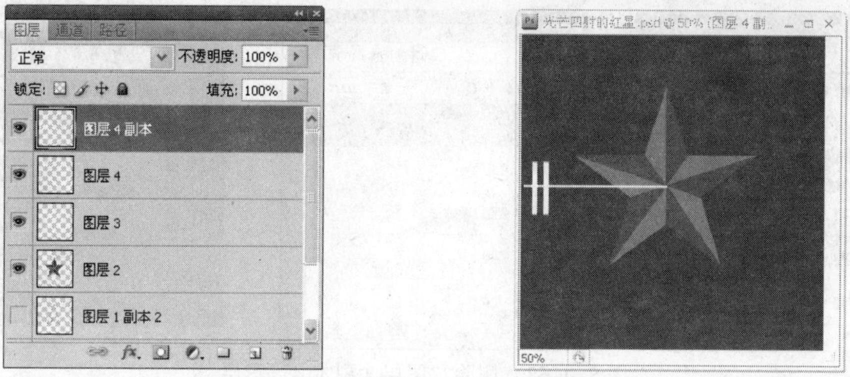


图 8-4-60　复制图层副本并移动图层内容

**提示：**【Shift】键是约束键，在这里起到水平限制的作用。

⑭ 按住【Ctrl】键，单击“图层 4”图层蓝色部分，可以连续选中两个图层；按【Ctrl+E】组合键，合并两个链接图层，如图 8-4-61 所示。

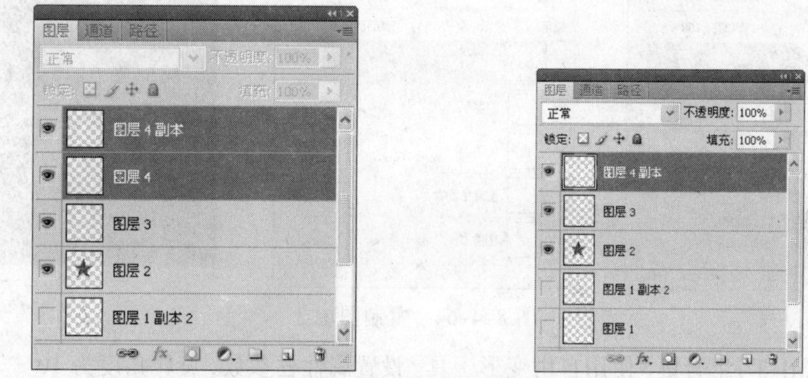


图 8-4-61　合并图层

⑮ 重复执行与步骤⑪、步骤⑫类似的操作。最后效果，如图 8-4-62 所示。

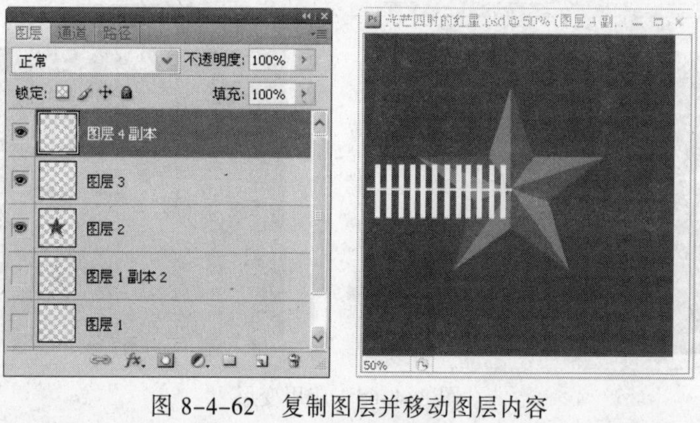


图 8-4-62　复制图层并移动图层内容

⑯ 单击选中“图层 3”图层。按住【Ctrl】键，单击“图层 4 副本 4”图层，激活“图层 4 副本 4”选区。按【Delete】键，删除选区内容。单击选中“图层 4 副本 4”图层，将其拖放到图层面板上的“删除图层”按钮上，删除该图层；按【Ctrl+D】组合键，取消选区，如图 8-4-63 所示。

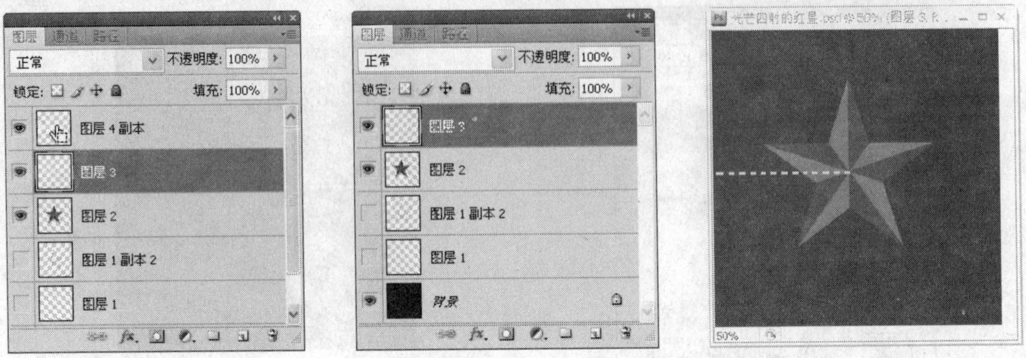


图 8-4-63　删除“图层 4 副本 4”图层

⑰ 单击选中“图层 3”图层，按住左键不放将其拖动到“创建新图层”按钮上，生成“图层 3 副本”图层；按住【Ctrl】键，单击“图层 3 副本”缩略图，激活该图层选区，如图 8-4-64 所示。

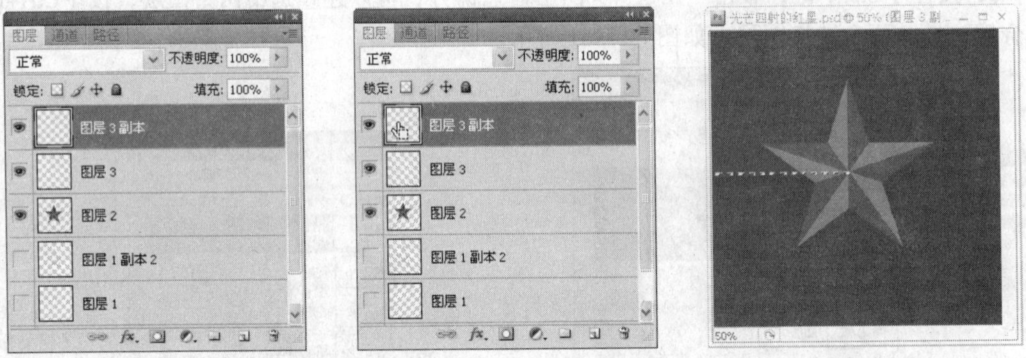


图 8-4-64　复制图层 3

⑱ 按【Ctrl+T】组合键，使用自由变形工具。设置属性栏参数，旋转角度为 10°　。按【Enter】键，应用变形，如图 8-4-65 所示。

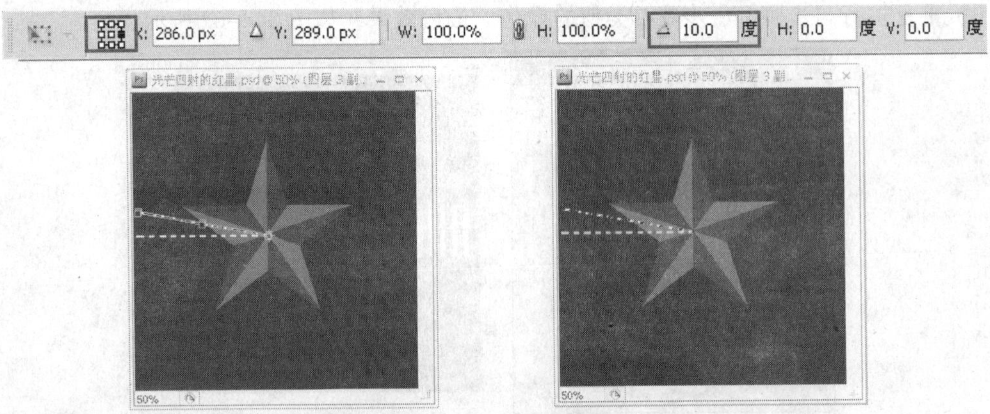


图 8-4-65　应用变形

⑲ 按【Ctrl+Alt+Shift+T】组合键，使用“复制应用变形”功能，重复应用多次，直至图 A；按【Ctrl+D】组合键取消选区；连续选中“图层 3”图层、“图层 3 副本”图层，按【Ctrl+E】组合键，合并图层，如图 8-4-66 所示。

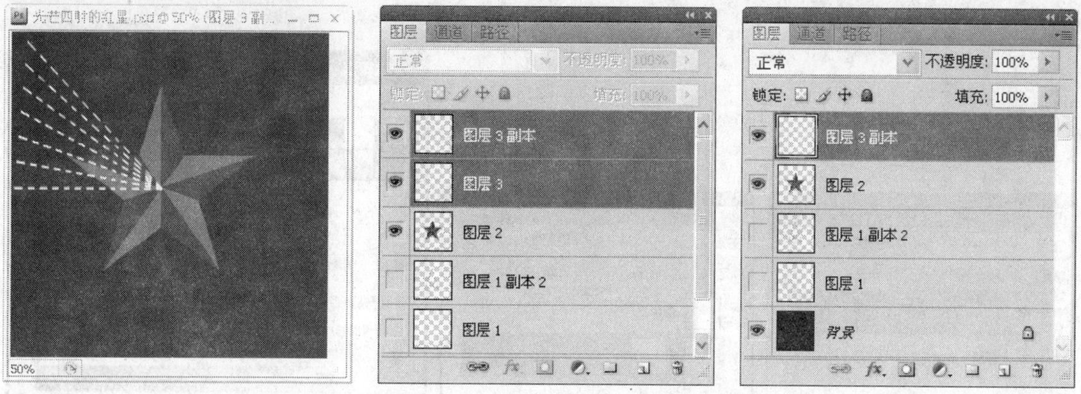


A　B　C

图 8-4-66　合并图层

⑳ 复制“图层 3 副本”图层为“图层 3 副本 2”图层。选择“编辑”→“变换”→“垂直翻转”菜单命令。使用“移动工具”，将“图层 3 副本 2”内容与“图层 3”内容对齐，如图 8-4-67 所示。

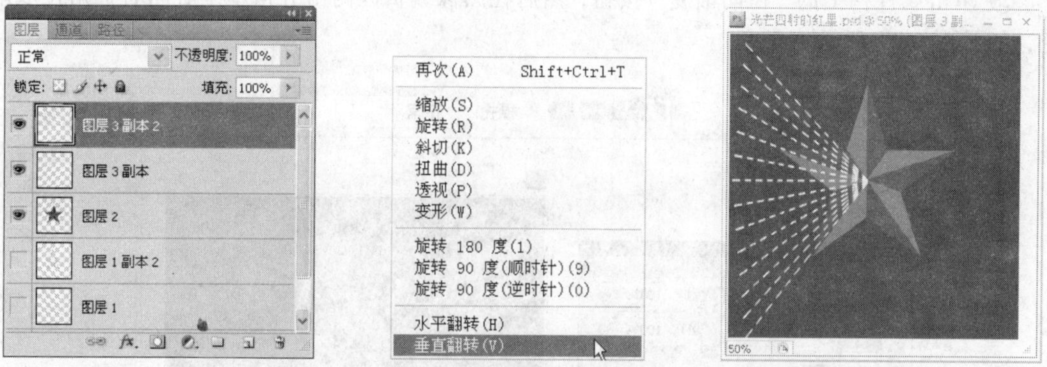


图 8-4-67　垂直翻转并对齐

㉑ 重复执行与步骤⑱、步骤⑲类似的操作。最后效果，如图 8-4-68 所示。

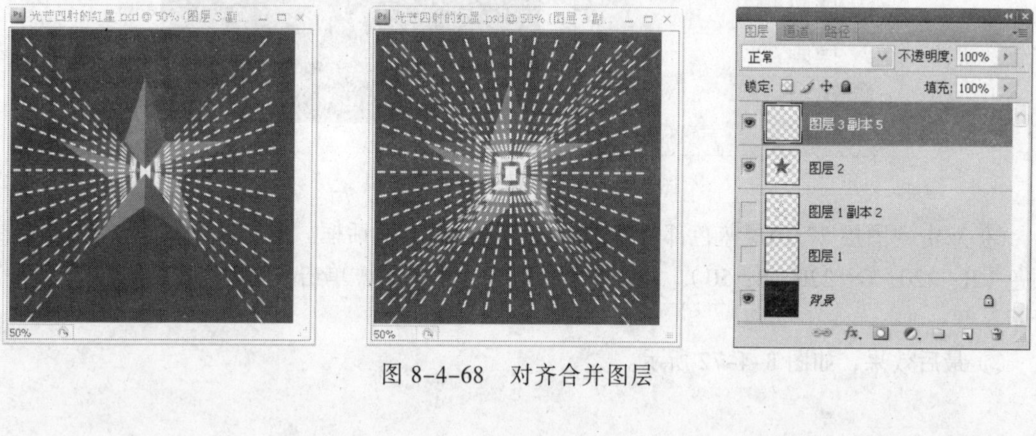


图 8-4-68　对齐合并图层

㉒ 选中“图层 2”图层，按住左键不放将其拖动到“图层 3 副本 5”上，交换两个图层位置；单击选中“图层 3 副本 5”图层，单击图层面板下方的“添加矢量蒙版”按钮，建立蒙版。单击工具栏中的“渐变工具”，在弹出的对话框中选择默认的“前景到背景”渐变，如图 8-4-69 所示。

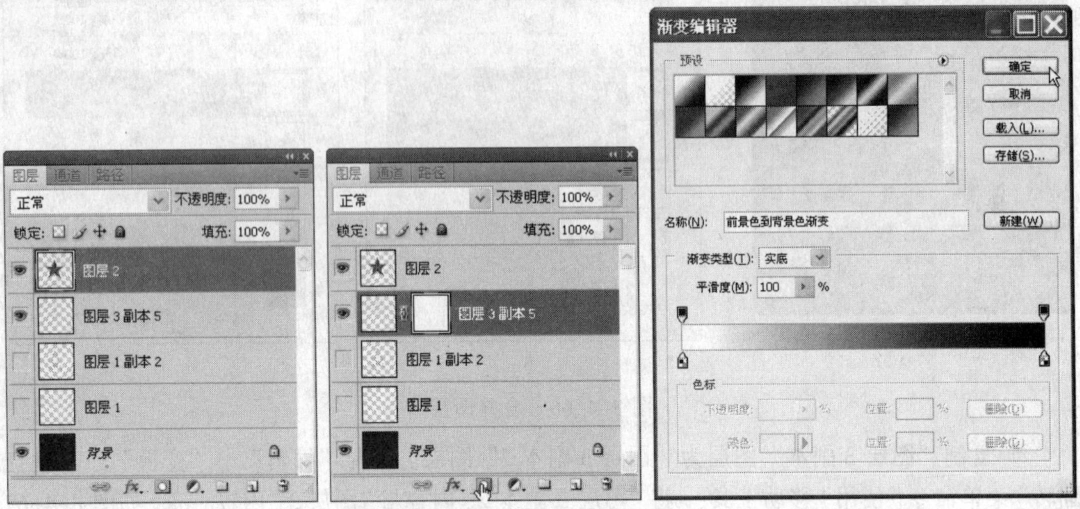


图 8-4-69　添加图层蒙版

㉓ 单击属性栏上的“径向渐变”按钮；然后在图像编辑区内由五角星中心向右下角拉取渐变，如图 8-4-70 所示。

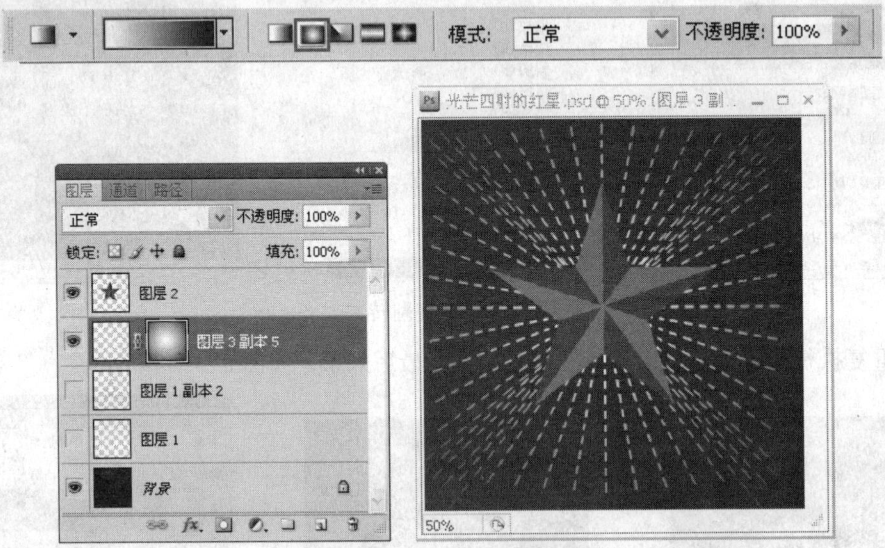


图 8-4-70　“径向渐变”工具

㉔ 双击“图层 2”图层蓝色部分，进入“图层样式”对话框。单击选中“外方光”选项。颜色（R：220，G：220，B：50），大小为 32，其他参数默认。单击“确定”按钮，如图 8-4-71 所示。

㉕ 最后效果，如图 8-4-72 所示。

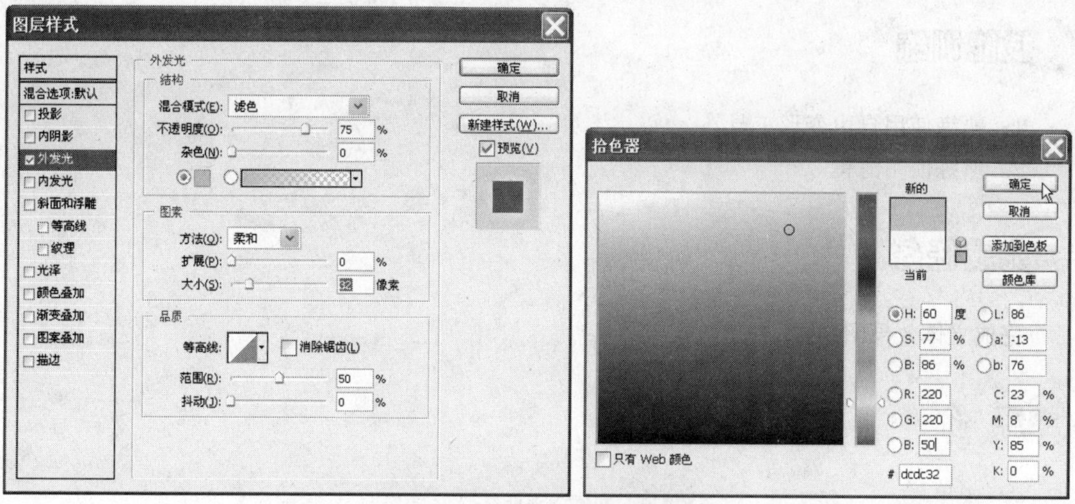


图 8-4-71　“外发光”参数设置

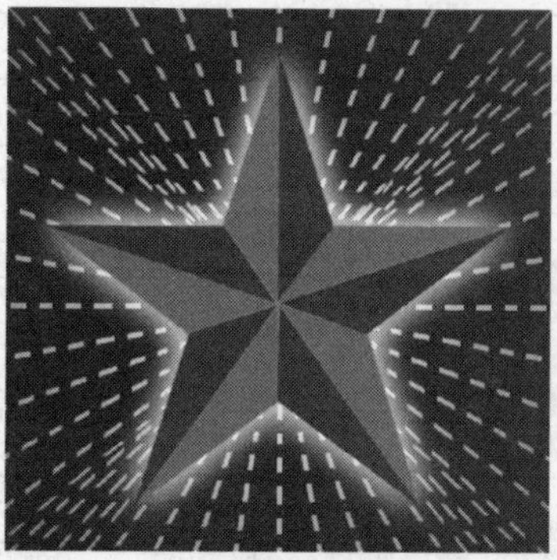

图 8-4-72　“光芒四射的红星”效果图

**提示：**如果合并图层之后，仅仅想要改变红星背景光线的颜色，可使用如下技巧：选择“图像”→“调整”→“色相 / 饱和度”菜单命令，在弹出的对话框中设置参数，编辑为黄色，色相为+140，饱和度为+50，明度为 50。使用这种技巧可以改变指定颜色的色相，而不会影响到整体颜色的色相，如图 8-4-73 所示

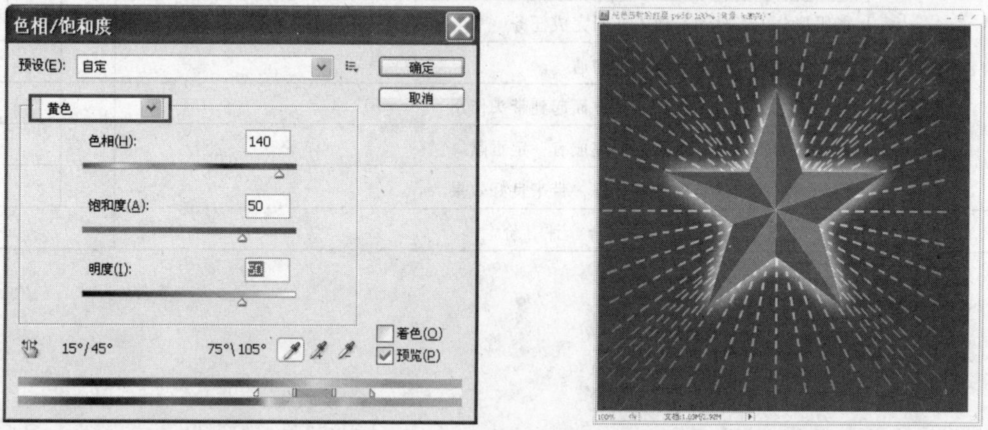


图 8-4-73　调整指定颜色色相

## 技能训练

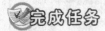

1. 熟练使用自由变形工具。
2. 熟练使用滤镜。

## 完成任务

完成立体效果图制作。

## 自评价

学习评价表

| 项目 | 内容 | | 评价 | | |
|---|---|---|---|---|---|
| | 能力目标 | 评价项目 | 3 | 2 | 1 |
| 职业能力 | 能使用标尺工具 | 能建立、移除标尺线 | | | |
| | | 能灵活使用标尺 | | | |
| | 能使用网格 | 能显示、隐藏网格 | | | |
| | | 能灵活使用网格 | | | |
| | 能熟练使用自由变形工具 | 能自由变形目标对象 | | | |
| | | 能灵活自由变形工具 | | | |
| | 能简单使用 CorelDraw X3 | 能创建、保存文件 | | | |
| | | 能置入文件 | | | |
| | 能使用矩形工具 | 能创建矩形 | | | |
| | | 能合成指定形状 | | | |
| | 能使用焊接工具 | 能打开焊接工具 | | | |
| | | 能完成焊接操作 | | | |
| 通用能力 | 能清楚、简明地发表自己的意见与建议 | | | | |
| | 能服从分工，自动与他人共同完成任务 | | | | |
| | 能关心他人，并善于与他人沟通 | | | | |
| | 能协调好组内的工作，在某方面起到带头作用 | | | | |
| | 积极参与任务，并对任务的完成有一定贡献 | | | | |
| | 对任务中的问题有独特的见解，带来良好效果 | | | | |
| 综合评价 | | | | | |

# 参 考 文 献


[1] 孙振池．Photoshop 图像处理能力教程[M]. 北京：中国铁道出版社，2006.

[2] 雷波．Photoshop CS4 中文版标准教程[M]. 北京：中国青年出版社，2009.

[3] 曹天佑．Photoshop CS4 中文版标准培训教程[M]. 北京：电子工业出版社，2009.

Learn more about it !

# 笔记栏